PERFECT GUIDE

Android Studio パーフェクトガイド

《Kotlin／Java対応版》

横田 一輝［著］

技術評論社

本書をお読みになる前に

- 本書に記載された内容は、情報の提供のみを目的としています。したがって、本書を用いた運用は、必ずお客様自身の責任と判断によって行ってください。これらの情報の運用の結果について、技術評論社および著者はいかなる責任も負いません。

- 本書記載の情報は、2019年6月現在のものを記載していますので、ご利用時には、変更されている場合もあります。ソフトウェアに関する記述は、特に断りのないかぎり、2019年6月現在での最新バージョンをもとにしています。ソフトウェアはバージョンアップされる場合があり、本書での説明とは機能内容や画面図などが異なってしまうこともあり得ます。本書ご購入の前に、必ずバージョン番号をご確認ください。

- 本書の内容およびサンプルダウンロードに収録されている内容は、次の環境にて動作確認を行っています。

OS	Windows 10 (64bit)
Android Studio	Android Studio 3.4 及び 3.4.1

上記以外の環境をお使いの場合、操作方法、画面図、プログラムの動作等が本書内の表記と異なる場合があります。あらかじめご了承ください。
以上の注意事項をご承諾いただいた上で、本書をご利用ください。

- 本書のサポート情報は下記のサイトで公開しています。
https://gihyo.jp/book/2019/978-4-297-10648-5

はじめに

Android Studioは、「ソフトウェアを作るためのソフトウェア」とも言える「IDE（統合開発環境）」の一つであり、Androidスマートフォンやタブレット用のアプリを作成するために特化したIDEです。

IDEの利用は、法人向けの業務システムの開発に限らず、一般消費者向けのアプリケーション開発をはじめ、実に様々なソフトウェア開発において、必要不可欠となっており、その中でもAndroid Studioは、Androidの出所であるGoogle社による安定のIDEと言えます。

本書は、これからプログラム開発を始めてみようという個人の皆様はもちろんのこと、「IT業界に就職したけれども、実はこれから初めてAndroidアプリを開発する」あるいは、Androidアプリ開発において、「このプログラムをテストして」「アプリケーションをビルドして」と言われても、「実は手順をきちんと把握していない」、「そもそもビルドの目的やテストの意味がよくわかっていない」などといった新人エンジニアの皆様を対象としており、Androidアプリ開発を始める前に、Android Studioでできることをさらっと知っておく書籍を目指しています。

●謝辞

本書の出版にあたり、多大なご協力をいただきました、株式会社ジェイテック 代表取締役社長 中川優介様、そして、執筆の機会をいただいた、第1編集部 原田崇靖様に深く感謝いたします。

2019年6月末日　横田一輝

第1章

Android Studioとは

まずはAndroid Studioの概要についてみていきましょう。Android Studioが、いつごろ、どのようなニーズで生まれ、現在に至るのかなどについて知ることで、改めて、近年多くの開発者に支持されている開発環境であることが理解できると思います。
また、後半では、Android Studioがライバル製品より優れている部分など、Android Studioの特徴についても取り上げていきます。

本章の内容

1-1 Android Studioの概要

Android Studioはどのようなアプリケーションで、どのような歴史を持ち現在に至るのかなど、Android Studioの概要について紹介していきましょう。

Android Studioは統合開発環境

インターネット上でAndroid Studioを調べると、

- Android StudioはAndroidアプリ開発用の公式な統合開発環境（IDE）で、IntelliJ IDEAがベースになっている（Android Developers[注1]より）
- Androidの開発元であるGoogle社が、IntelliJ IDEAをベースにした「Android Studio」という独自のIDEを発表（コトバンク[注2]より）

などといった解説が出てきます。

このようにAndroid Studioは、「統合開発環境」などと呼ばれるアプリケーションに属し、IntelliJ IDEA（インテリジェイ アイディア）をベースにしています。ちなみに、IntelliJ IDEAも統合開発環境であり、Javaを主に、多くのプログラミング言語に対応しています。

ところでAndroid Studioのような開発環境では、「エディター」「コンパイラー」「デバッガー」と呼ばれる様々なツールが必要となります（**表1.1**）。

表1.1　主としてアプリケーションの開発に必要なツール

ツール	概要
エディター	プログラム言語は、あらかじめ決められた文法に則って、ソースコードなどと呼ばれる文書を記述する必要があり、それらソースコードを記述するためのプログラムやソフトウェアを指す
コンパイラー	エディターで作成したソースコードを、コンピュータが理解できる形式に変換するプログラム
デバッガー	コンパイラーなどでエラーとなったプログラムの原因を究明するために利用される

前述の開発環境で用いられるツールは、それぞれを利用するための設定やコマンド（命令）が必要となります。そして、操作のほとんどはCUIであるため、作業効率が高くはありません。

注1　Android Developersは、Androidアプリの作成方法などを紹介するAndroid Studioの公式サイト　https://developer.android.com/
注2　コトバンクは、朝日新聞、講談社、小学館などの辞書から、用語を横断検索できるサービス　https://kotobank.jp/

しかし、Android Studioのような「統合開発環境」は、これらの開発に必要なツールをひとつのアプリケーションとして統合しているため、導入も容易で、操作もGUIであるため、作業効率が高くなります(**図1.1**)。

ONEPOINT

CUI(Character User Interface)とは、キーボードでコマンドなどの文字を入力し、コンピュータを操作することです。

GUI(Graphical User Interface)とは、マウスなどで、コンピュータの画面に表示されているアイコンやボタンを操作することです。操作が直観的に理解できる点が特徴です。

▼ **図1.1　これまでの開発環境と統合開発環境の違い**

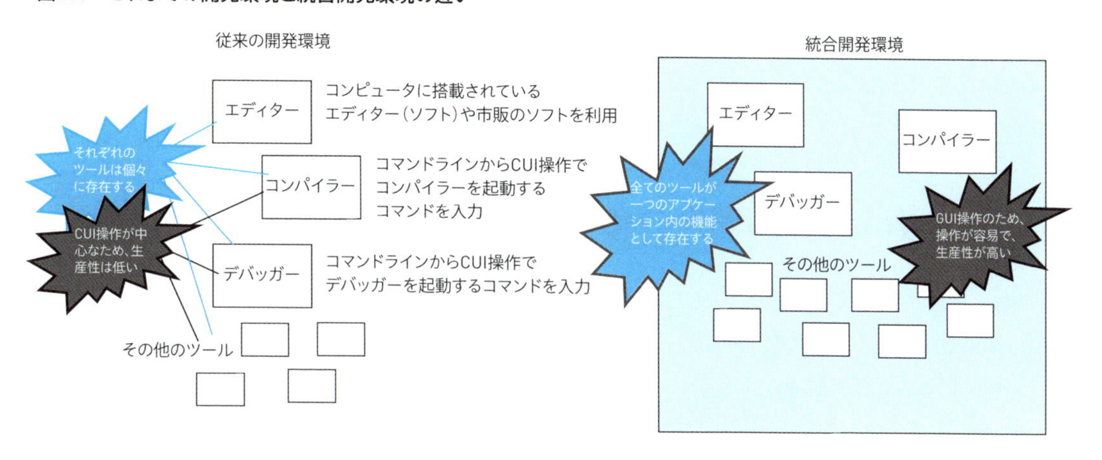

ひとまず、Android Studioは、アプリケーション開発の生産性を高めるための、統合開発環境の一つであるということを知っておきましょう。

統合開発環境(IDE)の歴史

統合開発環境(以降IDE)は、CUIによるプログラミング時代から存在しましたが、そもそもCUI自体が生産性の高い環境とは言い難いため、本格的なIDEの登場は、コンピュータのGUI操作が主流となった1990年以降と言えます。

1990年代、Windows上では、マイクロソフト社の「Visual Basic」や「Visual C++」、ボーランド社の「Delphi」といったIDEが登場しました。

ここでは、2019年6月現在でWindows以外のプラットフォーム用も含めた主なIDEを紹介しておきましょう(**表1.2**)。

> **ONEPOINT**
> プログラム言語「BASIC」の元祖として、1960年代に登場したCUI環境の「Dartmouth BASIC」は、世界初のIDEとも言われています。

▼ 表1.2 現在主流のIDE

IDEの名称	プラットフォーム	提供元
Eclipse	Windows,Linux,MacOS X	Eclipse Foundation
Visual Studio	Windows	Microsoft
Xcode	macOS	Apple
IntelliJ IDEA	Windows,Linux,MacOS X	JetBrains
Android Studio	Windows,Linux,MacOS X	Google

表にあるIDEは、プラットフォームの相違だけではなく、利用できるプログラム言語や開発できるアプリケーションにも共通点や相違点があります。

 Androidアプリ開発のIDEとして定着

現在主流となっている多くのIDEは、様々なプログラム言語に対応したものがほとんどですが、Android Studioは、その名の通り、Androidアプリ開発に特化したIDEです。

AndroidはGoogle社が2007年に発表した、スマートフォンやタブレット用のOSであり、Android搭載スマートフォンやタブレットは、Apple社のiPhoneやiPadと人気を二分しています（**図1.2**）。

▼ 図1.2 Androidスマートフォン Google Pixel3

当初、Androidデバイスで利用されるアプリは、JavaのIDEとして有名な「Eclipse」に、Google社が提供する「Eclipse Android Developer Tools(ADT)」というプラグインを導入して、開発を行っていました。

しかし2013年、Google社は「Android Studio」という独自のIDEを発表しました。そして、Androidアプリ開発は、「Android Studio」を使うスタイルが主流になってきました(**図1.3**)。

- Android Studioの「ユーザーガイド」サイト
  https://developer.android.com/studio/intro/

▼ **図1.3 Android Studioの「ユーザーガイド」サイト**

Android Studioは、2013年5月15日に米国サンフランシスコで開催されたGoogle社のイベント「Google I/O 2013」にて発表されました。Android Studioは、P.4で紹介したように、JetBrains社が開発したIDE「IntelliJ IDEA」をベースにしており、2014年12月8日には、正式バージョンとなる1.0.0が公開され、2016年4月7日にはメジャーバージョンアップとなる2.0が安定版として公開されました(**図1.4**)。

- Android Studioの「ダウンロード」サイト
  https://developer.android.com/studio/

▼ 図1.4　Android Studioの「ダウンロード」サイト

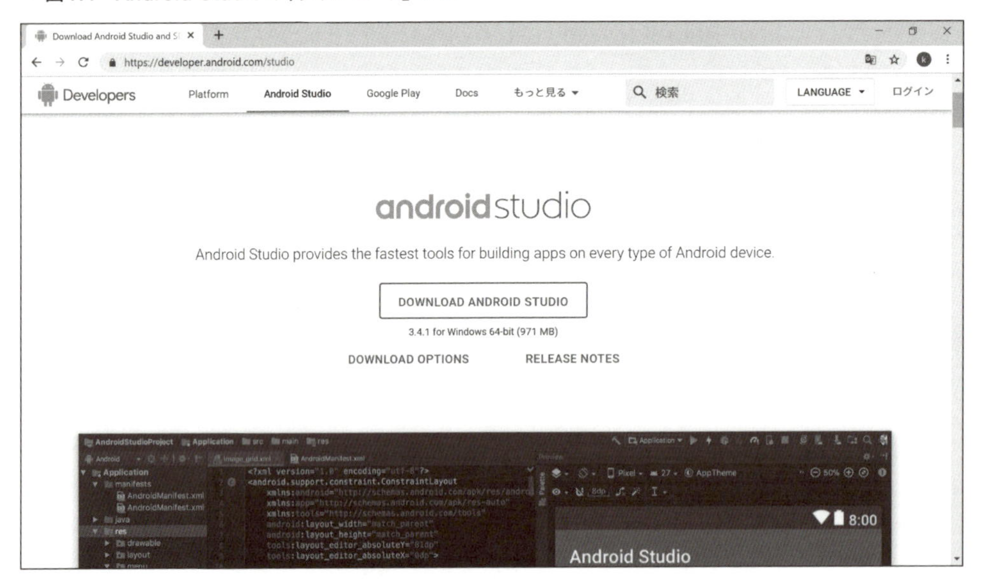

Android Studioのバージョンについて

図1.3で取り上げたAndroid Studioのサイト「ユーザーガイド」では、左側の「Android Studioの概要」にある「IDEとツールの更新」メニューから、Android Studioのバージョンについての詳細を確認することができます（**図1.5**）。

▼ 図1.5　「Android Studioの概要」の「Update the IDE and tools」メニュー

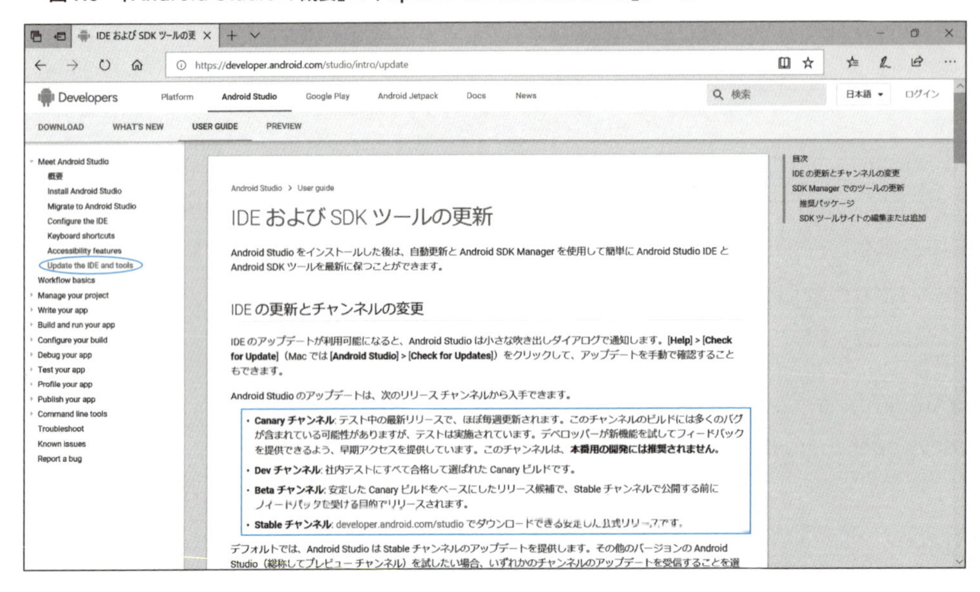

Android Studioのバージョンには、**表1.3**に示すチャンネルと呼ばれる4つの種類があります。

▼ **表1.3　Android Studioのバージョン**

チャネル	概要
Canaryチャンネル	テスト中の最新リリース。デベロッパー（開発者）が新機能を試してフィードバックを提供できるように、ほぼ毎週更新される。本番用の開発には推奨されない
Devチャンネル	社内テストにすべて合格して選ばれたバージョンだが、常用は推奨されていない。
Betaチャンネル	Stableチャンネルで公開する前にフィードバックを受ける目的でリリースされるバージョン
Stableチャンネル	安定版として公式リリースされるバージョン

表1.3で示したように、公式のバージョンは「Stableチャンネル」です。最新のStableバージョンは、P.6でも紹介した、以下のサイトからダウンロードできます。

- 公式リリースバージョンは以下のサイトからダウンロードできる
  https://developer.android.com/studio/

なお、Canaryビルドとも呼ばれるCanaryチャンネルは、以下のサイトからダウンロードできます。最新機能や改善された機能を早期に試したい場合は、このバージョンがお勧めですが、前述したように、本番用の開発には推奨されません（**図1.6**）。

- Canaryビルドは以下のサイトからダウンロードできる
  https://developer.android.com/studio/preview/

▼ **図1.6　Canaryビルドのダウンロードサイト**

Android Studioで利用されるプログラム言語

Android Studioが登場したときは、それまでのIDEであったEclipseと同様に、プログラミング言語はJavaを使っていました。しかし2011年7月に、Javaとの互換性を保ち、かつJavaよりも簡潔にコーディングができる「Kotlin」と呼ばれる言語が登場し、2017年より、Google社はKotlinを公式にサポートすると発表しました。

同年10月にリリースされたAndroid Studio 3.0では、Kotlin開発用のプラグインがデフォルトで組み込まれており、「Android Studio」の開発言語としての地位をゆるぎないものとしています（**図1.7**）。

▼ **図1.7　Android StudioのプログラミングはJavaからKotlinへ**

このように、Android Studioの今後は、Kotlinがデフォルトとなるため、本書でもKotlinのソースコードを中心にAndroid Studioの紹介を進めていきます。

ONEPOINT

Googleは2015年6月26日（米国時間）、「An update on Eclipse Android Developer Tools ｜ Android Developers Blog」において、Eclipse向けのプラグインである「ADT」の開発および公式サポートを終了すると発表しました。

Kotlinとは

Kotlinは、Javaと同じオブジェクト指向プログラミング言語であり、IntelliJ IDEAの開発元であるJetBrains社によって提供されました。Kotlinの構文はJavaに似ているところもありますが、Javaとは互換性のない独自性をもつ方式です。しかし、コンパイルされたKotlinのコードは、Javaと同じJava VM（仮想マシン）上で動作するため、Javaで資産の多くを流用できるという特徴を持っています。

以下にKotlinの主な特徴をあげておきましょう。

- 言語仕様上省略できない定型的なコード「ボイラープレートコード」の記述を減らすことができる
- 「NullPointerException」のような実行時にエラーになるかもしれないコードを、コンパイル時に検出してくれるなど、プログラミングのミスを回避できる機能が用意されている
- KotlinからJavaベースのコードを呼び出したり、JavaベースのコードからKotlinを呼び出したりできる

ONEPOINT

「NullPointerException」とは、null値の参照型変数を参照しようとした時に発生する例外です。

COLUMN　Java VMとは

Java VMとは、「Java Virtual Machine (Java仮想マシン)」の略で、Javaプログラムを実行するためのソフトウェアを意味します(**図1.A**)。

ソースプログラムは、コンパイルなどの過程を経て実行可能となるプログラムです。Javaが登場するまでの多くのプログラム言語は、特定のOSに依存していたため、特定のOS環境下でのみプログラムが実行可能でした。

しかし、Javaのソースプログラムから生成された実行可能プログラムは、Java VMによって、Windows、Mac、Linuxなどといった、異なるOS環境下で実行させることができます。

▼ **図1.A　Java VMのイメージ**

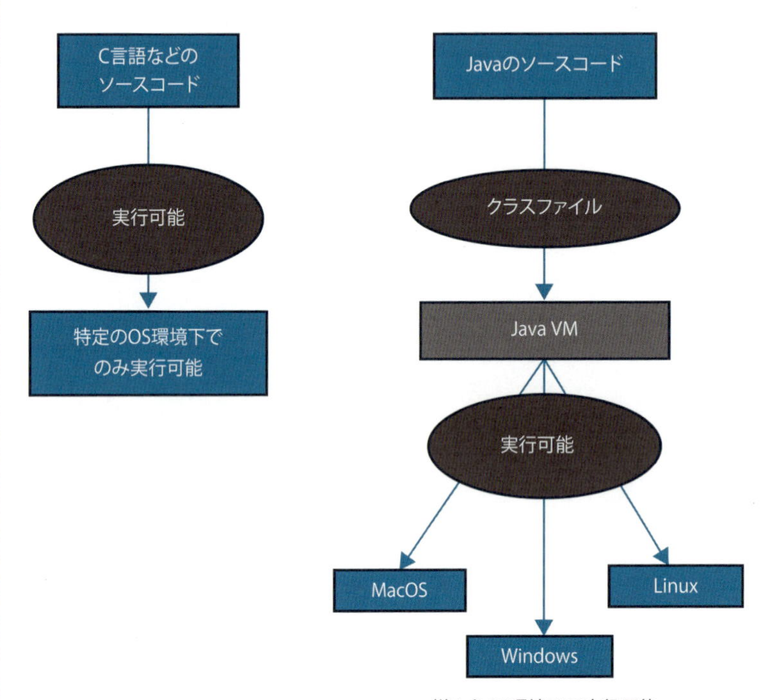

ちなみに、Kotlin以外にもJava VM上で動作するプログラム言語がいくつか存在します。**表1.A**に、主なものをあげておきましょう。

▼ 表1.A Java VM上で動作するプログラミング言語

言語名	特徴
JRuby	オブジェクト指向スクリプト言語のRubyをJava VM上に移植したもの
Groovy	Javaに似た文法で記述できるスクリプト言語
Scala	関数型とオブジェクト指向プログラミング言語の両方の特徴を持ったプログラミング言語

Kotlinの公式サイトでは、Kotlinの文法などを学ぶことができます。また、「TRY ONLINE」というメニューからは、Webページ上でKotlinのプログラミングを行うことができ、実行結果も確認できます。

- Kotlinの公式サイト
  https://kotlinlang.org/

KotlinとJava

Google社によって公式にサポートされることになったKotlinは、Android Studio 3.0より、デフォルトで利用可能となりました。ここでは、Kotlinのコーディングについて、Javaと比較しながら少し取り上げておきましょう(**表1.4**)。

●変数宣言

Kotlinは行末のセミコロンが不要です。また、Kotlinでは型推論が利用できます(Javaも10から型推論が導入された)。

▼ 表1.4 Java/Kotolin変数宣言

	Java	Kotlin
書き換え可能な変数宣言	int x = 100;	var x = 123
書き換え不可の変数宣言	final String s = "abc";	val s = "abc"

●構文

Kotlinにswitch構文はなく、whenを使います。**リスト1.1**はJavaのswitch case文の良くある例です。この例をKotlinでコーディングすると**リスト1.2**のようになります。

▼ リスト1.1　Javaのswitch case文

```
switch (x) {
   case 1:
      System.out.println("xは1です");
      break;
   case 2:
      System.out.println("xは2です");
      break;
   default:
      System.out.println("xは1でも2でもありません");
 }
```

▼ リスト1.2　Kotlinではwhenを使う

```
when (x) {
    1 -> print("xは1です")
    2 -> print("xは2です")
    else -> {
        print("xは1でも2でもありません")
    }
}
```

●Javaの構文がそのまま使えるケース

Kotlinでは、Javaで使われるパッケージ文やインポート文がそのまま使えます。

```
package com.example.kotlinsample

import java.util.*
```

●コメント

Javaと同じようにコメントができるだけでなく、コメントのネスト（入れ子）も可能です。

```
Javaと同じようにコメントができる
// 1行まるごとコメントにする場合は、行頭に「//」を付ける

/* 複数行に渡ってコメントにする(ブロックコメント)場合は、
   先頭に「/*」最後に「*/」を付ける
*/
```

```
/*  コメントのネストも可能です

  /*
   ここはコメントです
  */
  fun add(a:Int, b:Int): Int {
    ...
  }


  /*
   ここはコメントです
  */
  fun powerOf(number: Int, exponent: Int) {
  ...
  }

*/
```

ONEPOINT

Kotlinの公式サイトにあるリファレンスでは、文法やプログラミングが学べます。

・Kotlinのリファレンスサイト（図**1.B**）

https://kotlinlang.org/docs/reference/

▼ 図1.B　Kotlinのリファレンスサイト

COLUMN　Kotlin Foundation（Kotlin 財団）

　Kotlinの開発元であるJetBrains社と、Google社は、Kotlinの開発の保護、推進、発展を目的とした「Kotlin Foundation（Kotlin 財団）」を設立しています。

　財団では、KotlinをApache 2.0 ライセンスに基づいたオープンソースとして、公式バージョンへの変更を含め、自由にコピー、変更、再配布ができるようにしています。

- Kotlin財団の公式サイト（図1.C）
  https://kotlinlang.org/foundation/kotlin-foundation.html

▼ 図1.C　公式サイトのトップページ

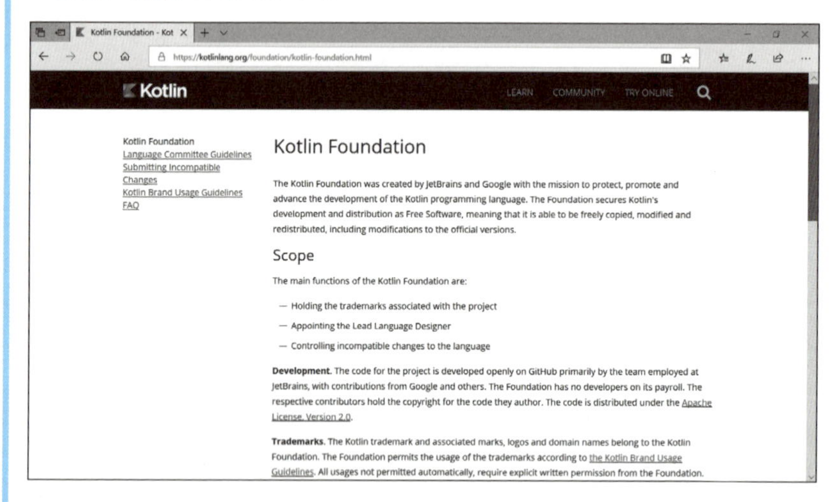

　Kotlin財団の主な機能は以下の通りです。

- プロジェクトに関連した商標の保有
  　Kotlinの商標、ロゴ、ドメイン名はKotlin財団が保有する。商標は、自動的には許可されず、財団からの書面による明示的な許可が必要となる

- 主導的言語デザイナー（Lead Language Designer）の任命
  　Kotlin財団は、Kotlinの設計や開発方法などを決める主導的言語デザイナー（Lead Language Designer）を任命する

- 互換性のない変更の管理
  　Kotlin財団が任命した特別言語委員会が、主導的言語デザイナー（Lead Language Designer）によって提案された変更を検討し、互換性のない変更は拒否、または特定の廃止手続きを実行するように要求する権限を持つ

1-2 Android Studioでできること

ここでは、Android Studioがどのようなプラットフォーム（PCのOSなど）に対応しているのか、どのようなアプリを開発することができるのかについて取り上げていきます。

Android Studioが利用できるプラットフォーム

Android Studioは、著名なPCで利用できます。WindowsやLinuxをOSとするPCはもちろんのこと、Androidアプリのライバルである、iPhoneやiPad用のiOSアプリを開発するためのプラットフォームである、Apple社のPC「Mac」（OSはmacOS）でも利用することが可能です（**図1.8**）。

▼ 図1.8　Android Studioは著名なPCのOSで利用できる

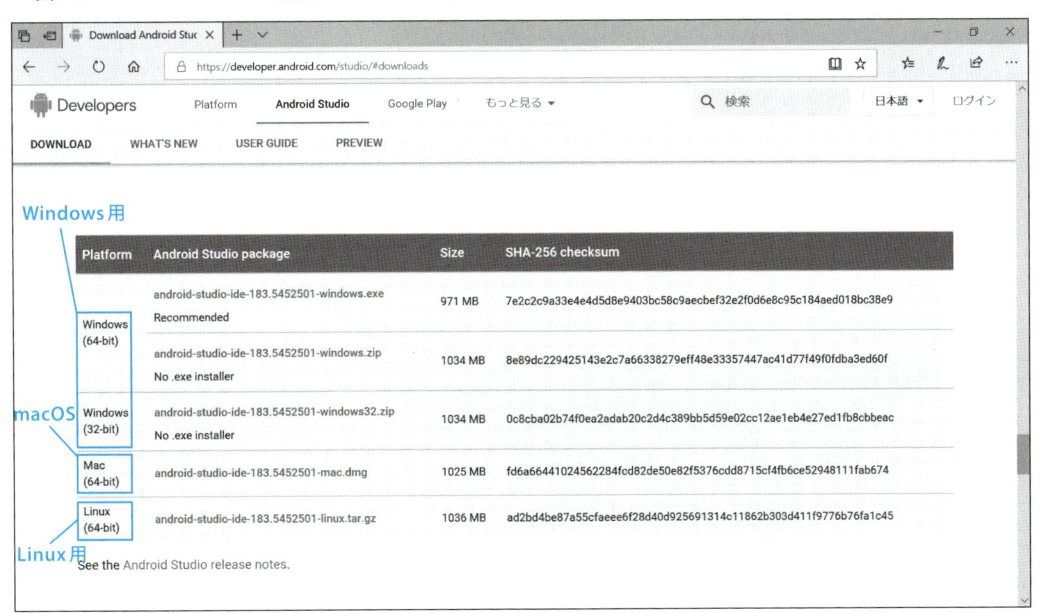

 Android Studioの機能

それでは、以下のサイトに掲載されているAndroid Studioの機能について紹介していきます。

- Android Studioの機能が確認できるサイト
  https://developer.android.com/studio/features
  https://developer.android.com/studio/intro/

インテリジェント コードエディター

コーディングの際には、高度なコード補完やリファクタリング、コード解析機能が利用できるため、生産性を向上します。

> ONEPOINT
> リファクタリングについては、7章を参照してください。

Gradleベースの柔軟なビルドシステム

Gradleと呼ばれるビルドツールで、様々なAndroidデバイス用のAPKが作成できます。

> ONEPOINT
> ビルドについては9章を、APKはP.90を参照してください。

高速で機能豊富なエミュレータ

エミュレータは、GPSの位置情報やネットワーク遅延、モーションセンサー、マルチタッチ入力など、さまざまなハードウェア機能に対応しているため、実機（Androidスマートフォンやタブレット）の代わりに、作成したアプリを素早くテストできます。

Instant Run機能を搭載

アプリの実行やデバッグ時には、コードの変更点等を実行中のアプリにプッシュできるため、ほとんどのケースで、アプリの再起動やAPKの再ビルドが不要となります。

サンプルアプリやコードテンプレートが利用可能

サンプルの検索ができるだけでなく、コードテンプレートをベースにして開発を始めることも

可能であり、完全に動く状態のアプリをGitHubからインポートすることもできます。

ONEPOINT

GitHubについては、10章を参照してください。

テストツールやフレームワークが提供されている

JUnitと呼ばれるフレームワークが提供されているため、アプリのテストやテストファーストが実現できます。

ONEPOINT

JUnitやテストファーストについては、8章を参照してください。

ソースコード管理がしやすい

「バージョン管理システム」として有名な、GitやSubversionなどが利用できるため、チーム開発が容易に行えます。

ONEPOINT

GitやSubversionについては、10章を参照してください。

Android Studioで開発できるアプリ

Androidデバイスは、Androidスマートフォンやタブレットの他にも様々なものがあり、Android Studioは、スマートフォンやタブレット以外のデバイスに向けたアプリを開発することも可能です。以下に、Android Studioでアプリの開発ができる、スマートフォン以外のデバイスをあげておきましょう。

Androidタブレット

Androidタブレットのサイズや向きに合わせたアプリを開発することができます。また、スマートフォンとタブレットの両方に対応できるアプリを作ることも可能です（**図1.9**）。

▼ 図1.9　Androidタブレットの例

Wear OS by Google

ウェラブルデバイスの代表例ともいえる、Android搭載スマートウォッチの「Wear OS by Google（旧称 Android Wear）」に対応するアプリを作成することも可能です。Wear OS by Googleは、アップル社のiOSにも対応している点も大きな特徴です（**図1.10**）。

▼ 図1.10　Android搭載スマートウォッチとWear OS by Google

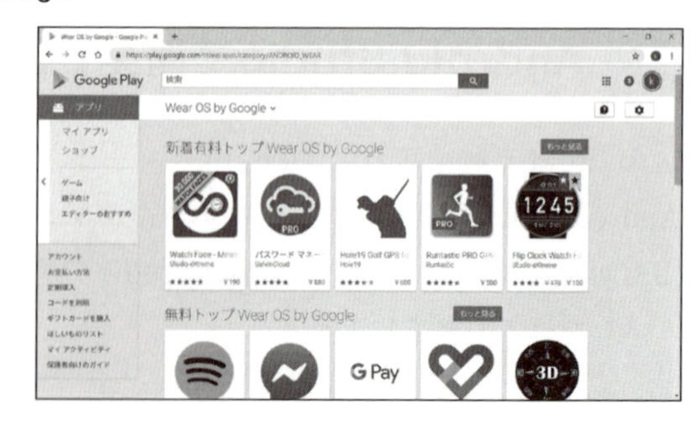

Android TV

「Android TV」は、Android搭載テレビのプラットフォームです。Android TVなら、音声検索機能の「Googleアシスタント」を使って、ハンズフリーでテレビを操作したり、大画面テレビでネット動画を楽しむことができます。Android Studioでは、Android TV対応のアプリも作成できるため、オリジナルのテレビ操作が実現可能です（**図1.11**）。

▼ 図1.11　Android TV

Android Auto

「Android Auto」はカーナビゲーションです。Android OS 5.0(Lollipop)以上のOSを搭載したAndroidスマートフォンやタブレットを、カーナビゲーションとして利用できるだけでなく、音楽再生やハンズフリーでの電話も可能です。Android Studioでは、自動車特有のハードウェアの違いを気にすることなく、Android Auto用のアプリが作成できます（**図1.12**）。

Bluetoothオーディオ機器が搭載されている自動車なら、一般的なカーナビゲーションと同様に、エンジンをかけてAndroid Autoを自動起動させることも可能です。

▼ 図1.12　Android Auto

COLUMN

Androidのバージョンについて

2019年6月末時点でのAndroidスマートフォンやタブレットのOSの最新バージョンは、Android 9.x Pieです。2019年3月には、Android 9の次期バージョンであるAndroid 10のベータ版「Android Studio 10 Q」が登場していますが、このOSは、現在Google社のスマートフォン「Pixel」シリーズなどの一部の端末でしか利用できません。

ちなみに、Google社が発表した2018年10月時点でのAndroidOSのバージョンシェアを見ると、9.x Pieは全体の10.4%で、一つ前のバージョンである8.x Oreoが合計で28.3%となっており、AndroidOSの中で一番利用されているバージョンであることがわかります。

- AndroidOSバージョンのシェアが確認できるサイト
  https://developer.android.com/about/dashboards

▼ 図1.D AndroidOSプラットフォームのバージョン

Version	Codename	API	Distribution
2.3.3 - 2.3.7	Gingerbread	10	0.3%
4.0.3 - 4.0.4	Ice Cream Sandwich	15	0.3%
4.1.x	Jelly Bean	16	1.2%
4.2.x		17	1.5%
4.3		18	0.5%
4.4	KitKat	19	6.9%
5.0	Lollipop	21	3.0%
5.1		22	11.5%
6.0	Marshmallow	23	16.9%
7.0	Nougat	24	11.4%
7.1		25	7.8%
8.0	Oreo	26	12.9%
8.1		27	15.4%
9	Pie	28	10.4%

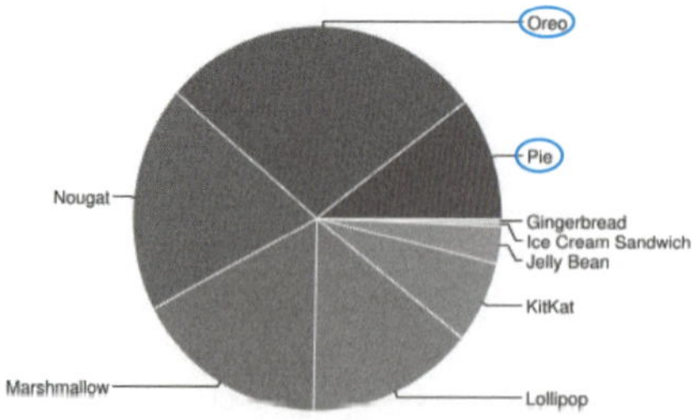

第2章

Android Studioをはじめよう

本章では、Android Studioのインストールから起動までの手順と、日本語化や基本的な画面構成について紹介します。また、2019年6月時点の最新バージョンである3.4.1に搭載された新機能や改善点などについても取り上げています。

本章の内容

2-1 Android Studioをインストールする

まずはAndroid Studioのインストール手順について見ていきましょう。ここでは、2019年6月時点の最新バージョンとなる「Android Studio 3.4.1」のインストールを紹介します。

Android Studioのインストール前に知っておくこと

P.15で触れているように、Android Studioは、Windows、macOS、Linuxというメジャーな3大OSで利用可能であり、頻繁に最新バージョンが公開されています（**図2.1**）。Android Studioのバージョン情報については、リリースノートのURLを参照してください。

- リリースノートのURL
  https://developer.android.com/studio/releases/

▼ **図2.1　リリースノートのURL**

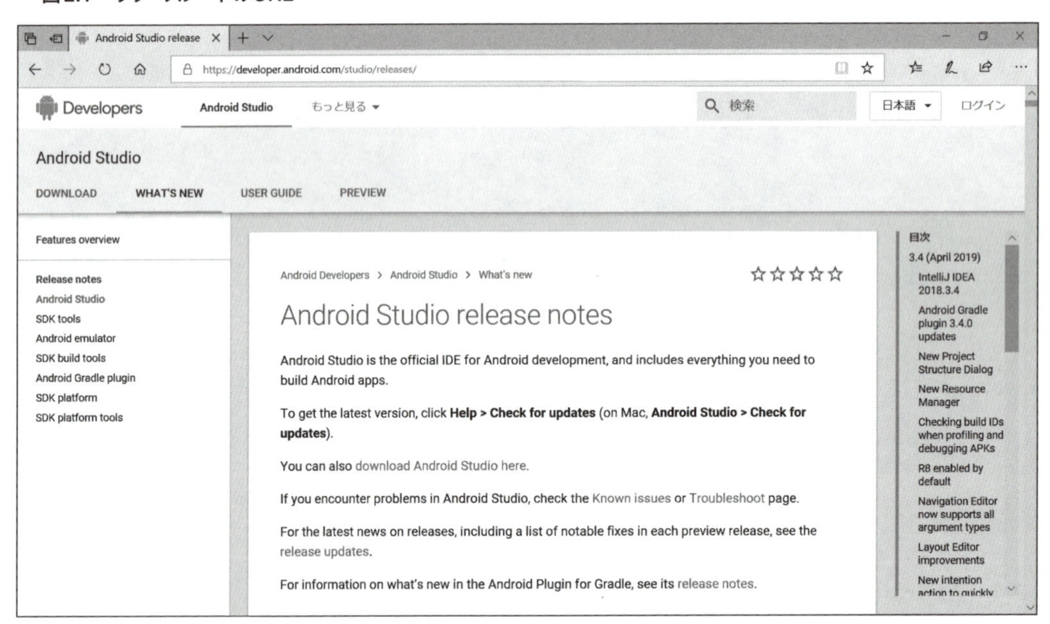

リリースノートとは、新しいバージョンのソフトウェアが公開される際に、そのソフトウェアの特徴や利用上の注意点などをまとめた文書のことを言います。

なお、**図2.1**では英語表記ですが、「Google Chrome」で開いた場合、ブラウザ上で右クリックして、ショートカットメニューから「日本語に翻訳(T)」をクリックすれば、日本語表記になります（**図2.2**）。

▼ 図2.2　リリースノート（日本語表記にした場合）

Android Studioを入手する

Android Studioは、以下のサイトから入手できます。

- Android Studioがダウンロードできるサイト
  https://developer.android.com/studio/

利用しているPCがWindowsの64ビット版であれば、**図2.3**で示すサイトにあるダウンロードボタンからは、Windows用64ビットバージョンのAndroid Studioがインストールできます。

▼ 図2.3 ダウンロードサイトでは、Windows64ビット用がダウンロードできる

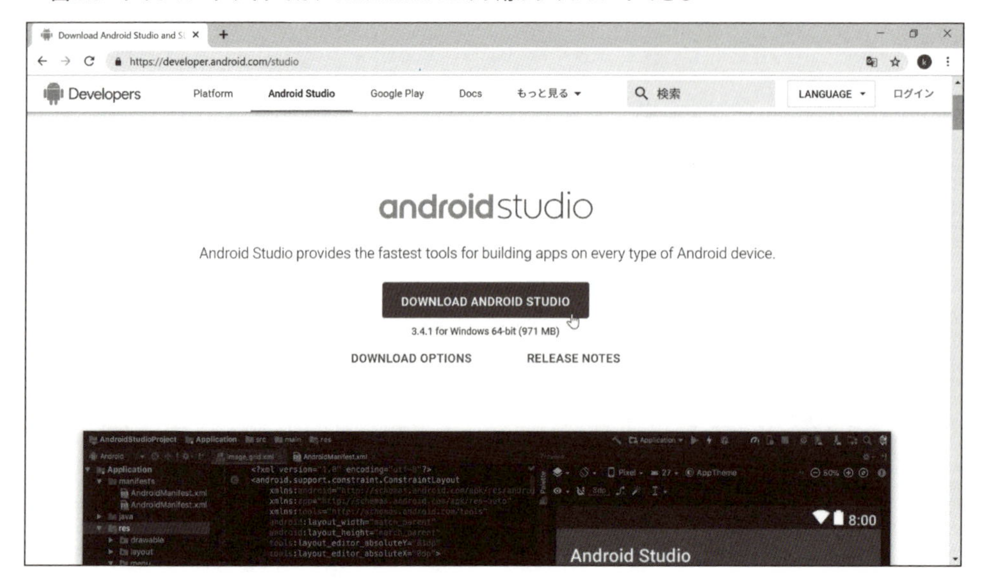

もし、macOSやLinux、そしてWindows32ビット版がダウンロードしたい場合は、先のサイトにある、「ダウンロード オプション」をクリックしてください。リンク先のページからは、先のWindows64ビット版以外のプラットフォームに対応したパッケージがダウンロードできることが確認できます（**図2.4**）。

▼ 図2.4 「ダウンロード オプション」のメニュー（英語版）

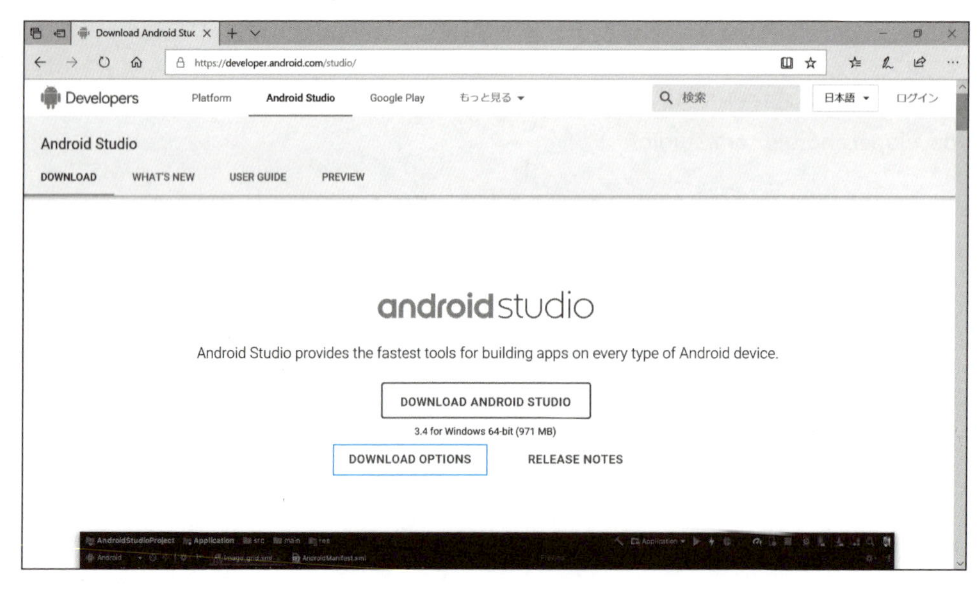

それでは、以下に、Windows64ビット用のパッケージをダウンロードする手順をあげておきます（以下の図版は日本語表記に変換した例です）。

1. P.24ページで紹介したWebページ上にある「ANDROID STUDIOをダウンロード」ボタンをクリックして、ダウンロードサイトへ移動します（**図2.5**）。

▼ **図2.5　Android Studioのダウンロードサイト**

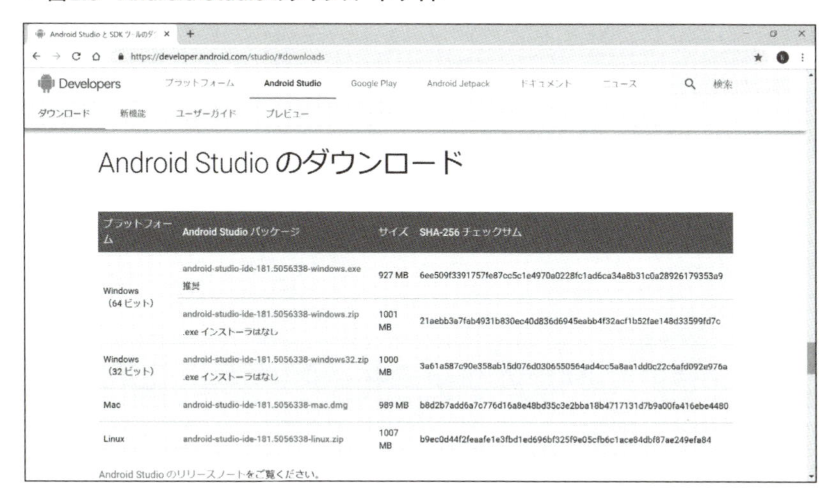

2. 利用規約が表示されるので、下欄にある「上記の利用規約を読み、同意します」にチェックを付けて、「Android Studio Windows ...ダウンロード」ボタンをクリックします（**図2.6**）。

▼ **図2.6　「利用規約を読み...」にチェックを付けてダウンロードボタンをクリック**

Windows10の場合なら、Android Studioのインストールパッケージが、「ダウンロード」フォルダなどにダウンロードされます。ダウンロードされたパッケージをインストールする手順については、次ページで紹介していきましょう。

COLUMN

プラットフォーム別のシステム要件

Android Studioには、Windowsの他、macOSやLinuxなどといったプラットフォームに対応したパッケージが存在しますが、それぞれのプラットフォームには、以下のようなシステム要件が必要となります（**表2.A**）。

●Windows macOS Linuxに共通するシステム要件

- 3GB以上のメモリ（8GB推奨）Androidエミュレータ用に1GB別途必要
- 2GB以上の空きディスクスペース（4GB推奨）
- 1280 x 800 以上の画面解像度

▼ **表2.A　プラットフォーム別の主なシステム要件**

OS	対応バージョン
Windows	Windows7/8/10（32ビットまたは64ビット）
macOS	macOS X 10.10（Yosemite）以降
Linux	Ubuntu14以上のGNOMEまたはKDEデスクトップ、32ビット版アプリが実行できる64ビット版、GNU C Library 2.19以降

Windows10（64ビット版）のパッケージをインストールする

本書では、Windows64ビット版のインストール手順について取り上げます。Windows10（64ビット版）のPCにAndroid Studioをインストールする手順は次の通りです。

1 ダウンロードしたパッケージをダブルクリックし、「ユーザーアカウント制御」が表示されたら、「はい」をクリックします（**図2.7**）。

▼ 図2.7　「ユーザーアカウント制御」が表示されたら「はい」をクリックする

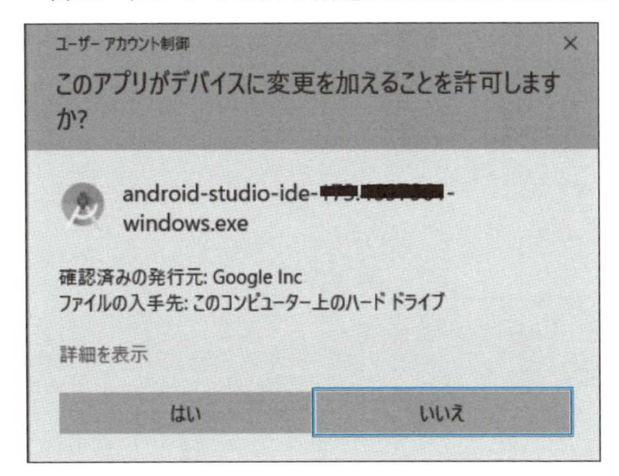

ONEPOINT

ダウンロードしたパッケージは、「android-studio-ide-xxx.xxxxx-windows.exe」などといった実行形式のファイルです。

2 「Welcome to Android Studio Setup」が表示されたら、「Next」ボタンをクリックします（**図2.8**）。

▼ 図2.8　「Welcome to Android Studio Setup」の画面

3 「Choose Components（コンポーネントの選択）」画面が表示されたら、デフォルトのままで、「Next」ボタンをクリックします（**図2.9**）。

▼ 図2.9 「Choose Components(コンポーネントの選択)」画面

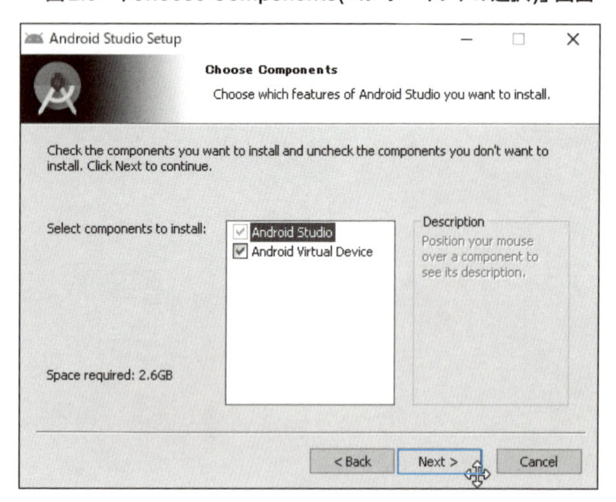

4 「Configuration Settings (Install Locations)」の画面では、Android Studioのインストール先が設定できるので、必要に応じて「Browse..」ボタンから、インストール先を変更し、「Next」ボタンをクリックします(**図2.10**)。

▼ 図2.10 「Configuration Settings (Install Locations)」画面

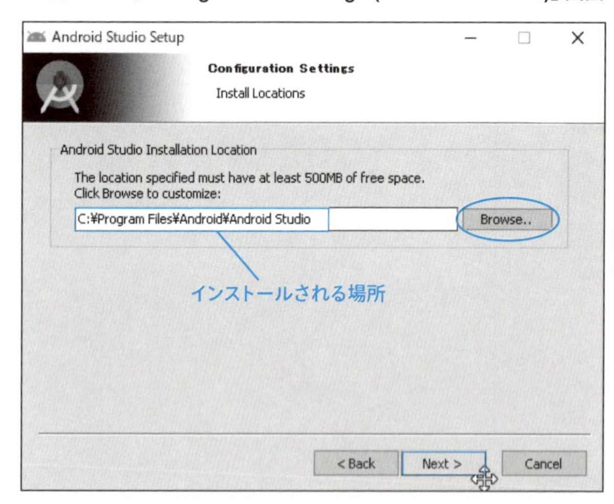

ONEPOINT

デフォルトで表示されているインストール先の空き容量等に問題がなければ、「Next」ボタンをクリックしてください。

5 「Choose Start Menu Folder」の画面では、デフォルトのままで、「Install」ボタンをクリックします（図**2.11**）。

▼ 図2.11 「Install」ボタンをクリックする

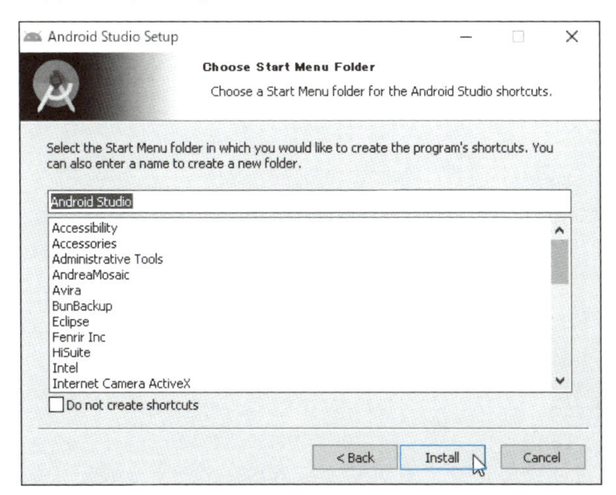

6 「Installation Complete」の画面では、「Next」ボタンで次へ進み、「Completing Android Studio Setup」画面が表示されたら、「Finish」ボタンをクリックします（図**2.12**）。

▼ 図2.12 「Completing Android Studio Setup」画面でインストール完了

以上で、Android Studioのインストールは完了します。なお、以前にAndroid Studioをインストールしていた場合などでは、次のダイアログボックスが表示されます。以前の設定を引き

継ぎたい場合は、一番上の「Previous version...」から、以前のバージョンを選択するか、「Config or installation folder」から任意の設定場所を選択します。引き継ぎたくない場合は、一番下の「Do not import settings」を選択して、「OK」ボタンをクリックしてください（**図2.13**）。

▼ **図2.13　以前のAndroid Studioの設定を引き継ぐか否かのダイアログボックス**

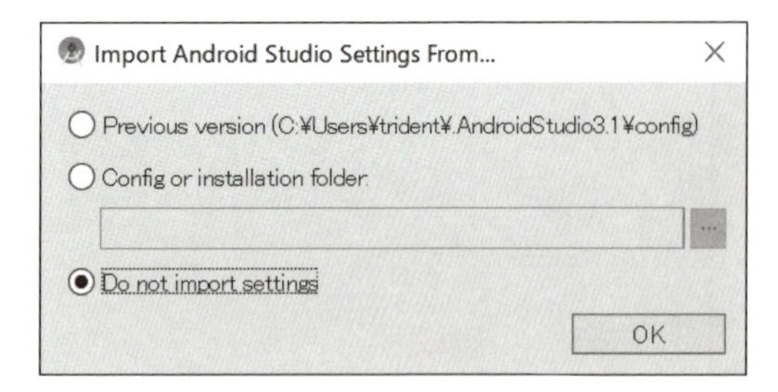

Android Studioの初期設定

　インストールが完了したら、次は初期設定作業に移ります。以下にスタンダードな設定手順をあげておきましょう。

1 「Welcome」画面で「Next」ボタンをクリックします（**図2.14**）。

▼ **図2.14　「Welcome」画面で「Next」ボタンをクリック**

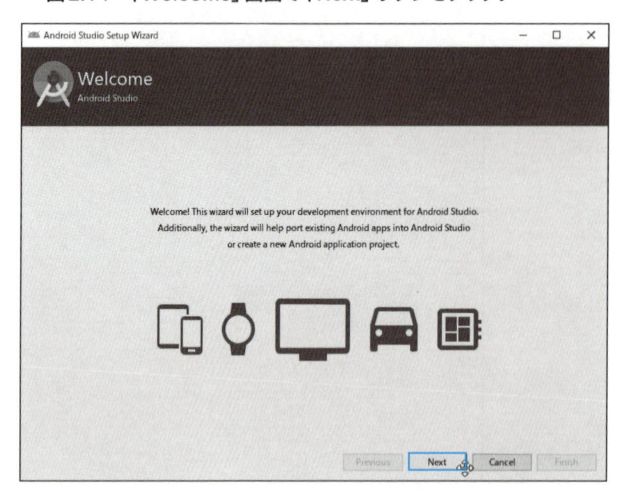

2 「Install Type」画面では、「Standard」を選択して、「Next」ボタンをクリックします（**図2.15**）。

▼ 図2.15 「Install Type」画面では、「Standard」を選択

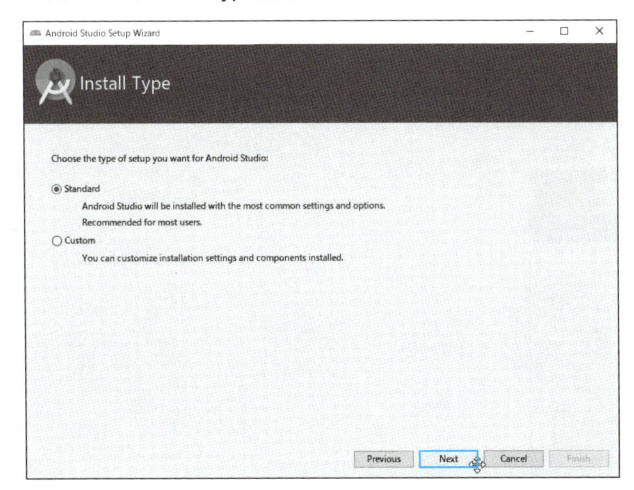

3 「Select UI Theme」画面では、画面背景などに白(IntelliJ)か、黒(Darcula)を基調としたものが選択できるため、好みの方を選択し、「Next」ボタンをクリックします(**図2.16**)。

▼ 図2.16 「Select UI Theme」画面では、白か黒の背景色を選択する

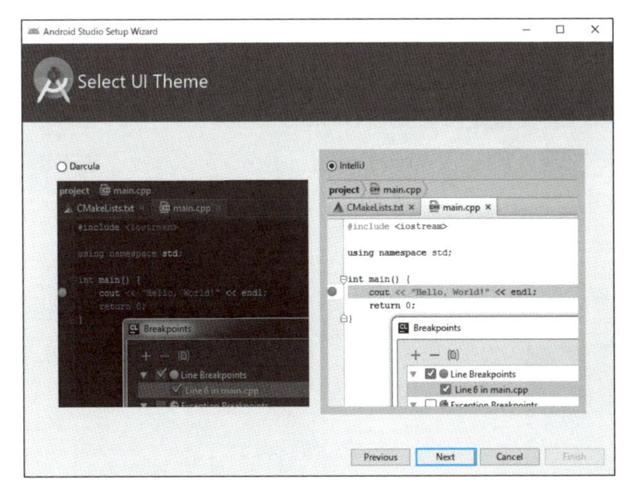

ONEPOINT

本書では、白(IntelliJ)を選択します。「UI Theme」は後で変更することも可能です。変更方法については、P.177ページを参照してください。

4 「Verify Settings」の画面では、ここまでの設定が表示されるので、「Finish」ボタンをクリックします（**図2.17**）。

▼ **図2.17 「Verify Settings」の画面では、ここまでの設定が表示される**

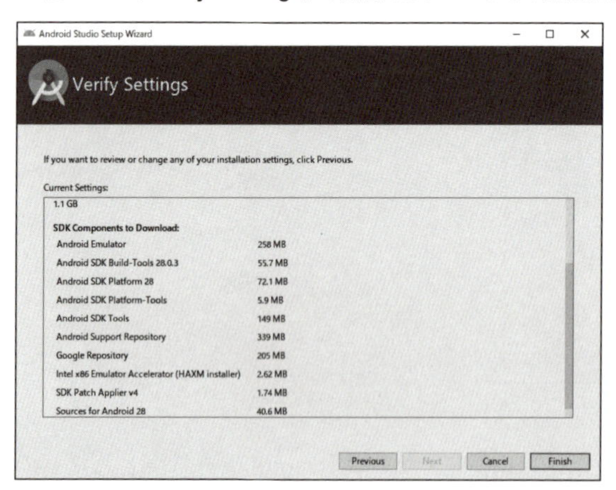

ONEPOINT

設定内容を変更したい場合は、「Previous」ボタンで前の画面に戻ってください。

5 次の「Downloading Components」画面では、設定に必要なものがダウンロードされるので、「Finish」ボタンが有効になるまで待ちます（**図2.18**）。「Show Details」ボタンをクリックすると、ダウンロードされているプログラムなどの詳細が表示されます。

▼ **図2.18「Downloading Components」画面では、ダウンロードが終わるまで待つ**

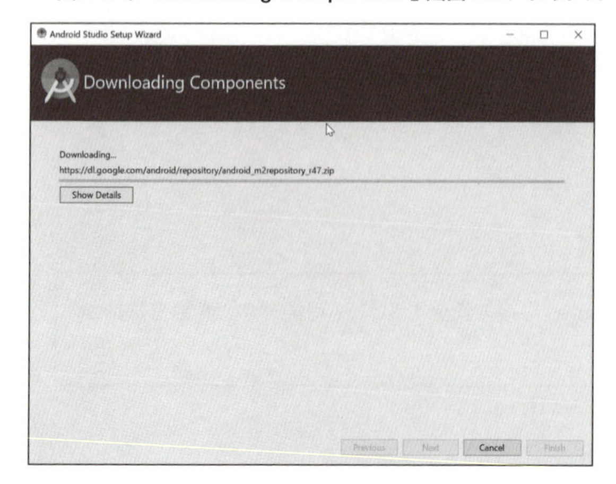

手順5の「Finish」ボタンをクリックして、次の画面が表示されたら、Android Studioの初期設定は完了です（図2.19）。

▼ 図2.19　初期設定完了後に起動される画面

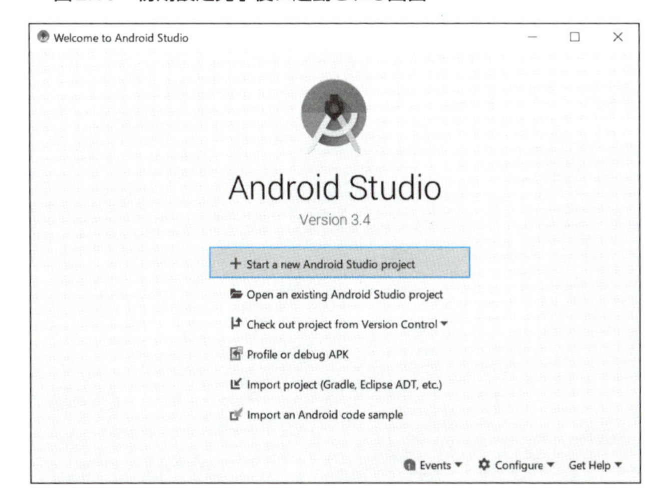

ONEPOINT

MacやLinuxでAndroid Studioをインストールする手順については、下記サイトの中頃を参考にしてください。

- https://developer.android.com/studio/install

COLUMN　ユーザーアカウントやフォルダ名が日本語の場合は注意が必要

Windowsでは、ログインする際のユーザーアカウント(ユーザー名)に日本語が使えますが、ユーザー名は、そのままユーザーフォルダ名として使用されるため、**図2.A**のようなフォルダが作られることになります。

▼ **図2.A　Windowsのユーザーアカウントが日本語の場合のフォルダ名**

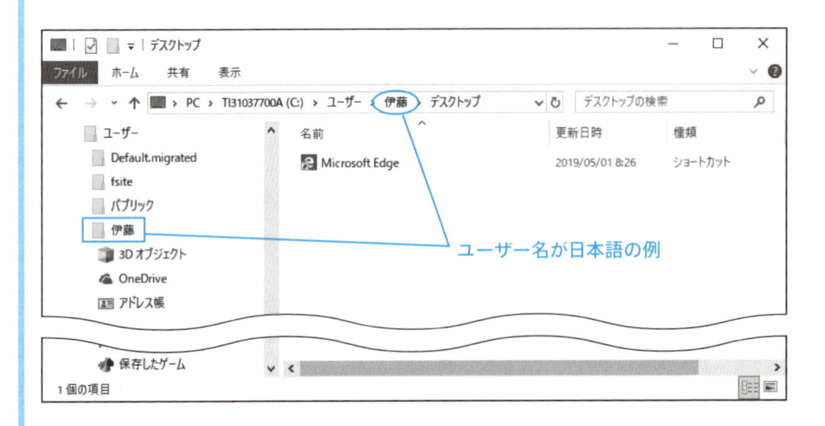

Android Studioや後述するAndroid SDKの導入の際、設定ファイルなどがユーザーフォルダー内に格納されるため、日本語などのマルチバイト文字の影響で、不具合を起こすことが知られています。したがって、Android Studioを導入する際には、あらかじめ日本語(マルチバイト文字)ではない、ASCII文字(半角英数字)のユーザーアカウントを用意して、このアカウントでログインした環境下で使用するか、「プラットフォーム別のパッケージ」にあるzipファイル(.exe インストーラはなし)をダウンロードして、ASCII文字だけのフォルダ環境へ展開する必要があります(**図2.B**)。

▼ **図2.B　「プラットフォーム別のパッケージ」にあるzipファイル**

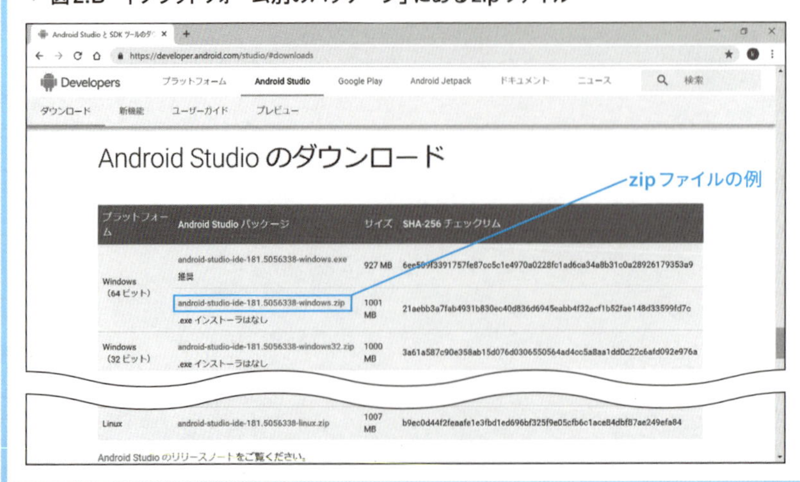

Android Studioの初期画面

ここでは、Android Studioの初期画面を取り上げるために、Androidスマートフォンやタブレット用の簡単なプログラムを、Kotlinを使って作成してみます。

Kotlinプロジェクトを作成する

Android Studioでは、はじめに「プロジェクト」と呼ばれる環境を作成する必要があるのですが、プロジェクトの詳細については、P.53を参照してください。

1. 「Start a new Android Studio project」を選択します。ここで右下の「Configure」メニューからSDK Managerを選択して、P.39の設定作業に進むこともできます。Android SDKについては、P.42を参照してください。
2. 「Choose your project」の画面では、「Phone and Tablet」欄の「Basic Activity」を選択して、「Next」ボタンをクリックします（図2.20）。

▼ 図2.20　「Choose your project」では「Basic Activity」を選択する

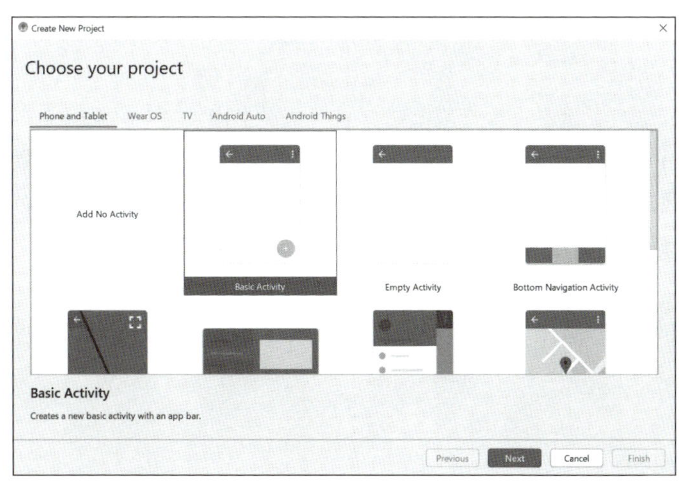

3. 「Configure your project」の画面では、「Language」欄で「Kotlin」を選択して「Finish」ボタンをクリックします（図2.21）。

▼ 図2.21　「Language」欄で「Kotlin」を選択する

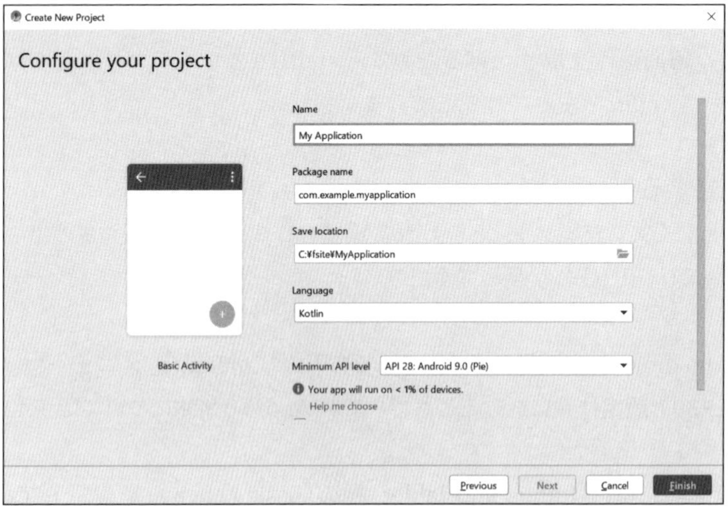

> **ONEPOINT**
> バージョン3.2以前と3.3以降では、ここまでの画面が異なります。

Android Studioでは、このようにプロジェクトを作成し、プロジェクト内でプログラミングを行うため、**図2.22**がAndroid Studioの初期画面に相当します。プロジェクトの詳細は、**3章**以降で取り上げていきますので、**図2.22**では、Android Studioの初期画面にどのようなものがレイアウトされているのかといった概要説明だけをあげています。

なお、プロジェクトで作成したアプリを動作させるには、Androidスマートフォンやタブレットの実機、またはAVD（Android Virtual Device）の設定が必要ですが、これらについては、P.62で具体的に取り上げています。

▼ 図2.22　Kotlinの簡単なプロジェクトを作成した

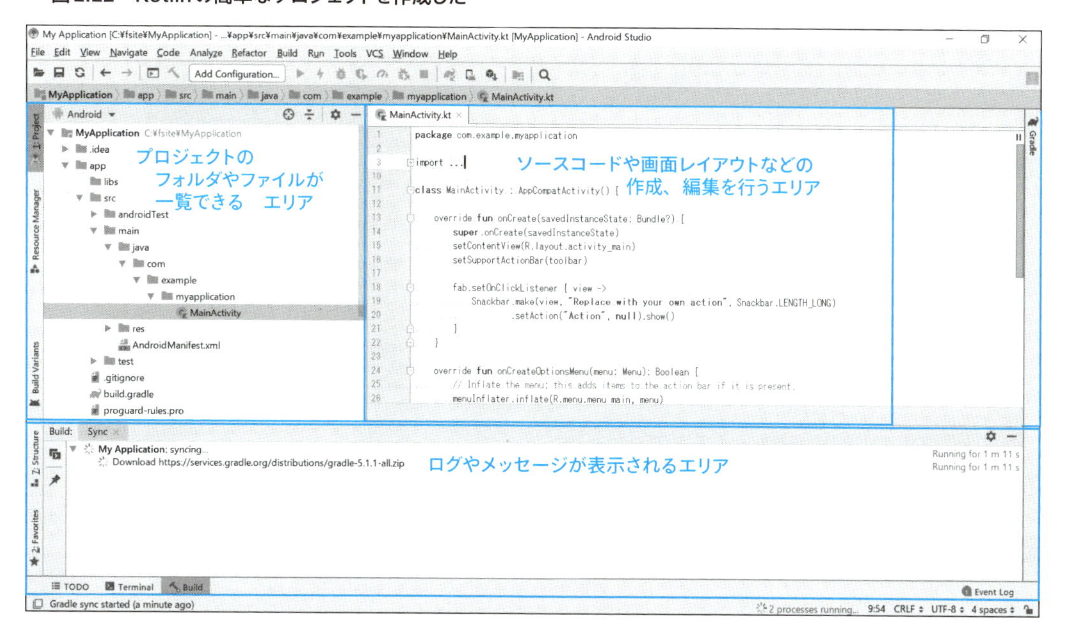

Android SDKの保存場所を確認する

Android SDKとは、Androidアプリの開発に必要なものをセットにしたものであり、Android SDKの場所は、Android Studio上の以下のメニューから確認することができます。

ONEPOINT

SDKとは、「Software Development Kit（ソフトウェア開発キット）」の略で、様々なプログラム開発において必要となる開発用の部品プログラムやデバッグツールなどをセットにしたものを意味します。

その1　Android Studioの「ファイル」メニューから確認する

1 「File」→「Project Structure」をクリックします（**図2.23**）。なお、P.45の手順で日本語化している場合は、「ファイル(F)」→「プロジェクト構造」を選択してください。

▼ 図2.23　「File」→「Project Structure」をクリック

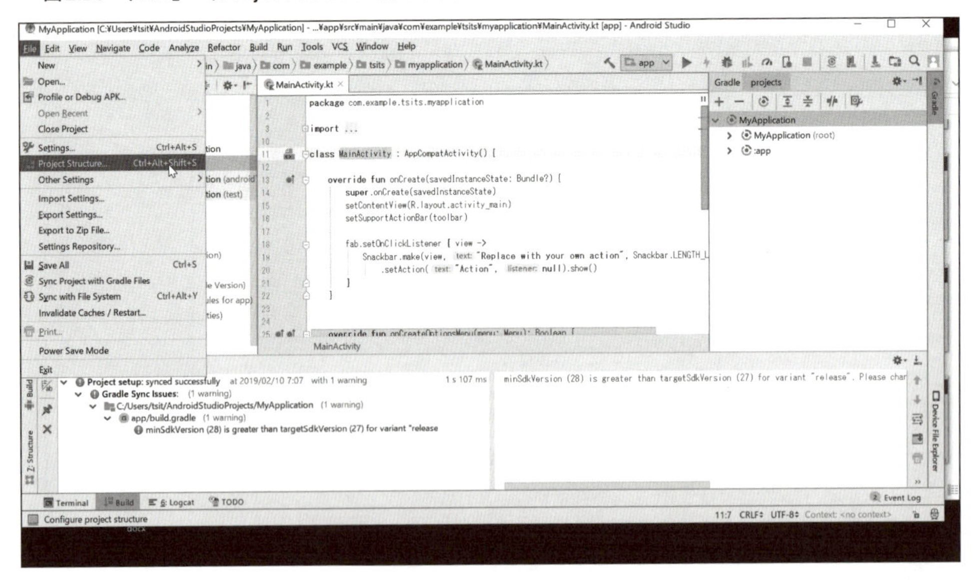

2 「Project Structure」ダイアログボックスの「Android SDK location」欄でAndroid SDKの場所が確認できます（**図2.24**）。

▼ 図2.24　「Project Structure」ダイアログボックス

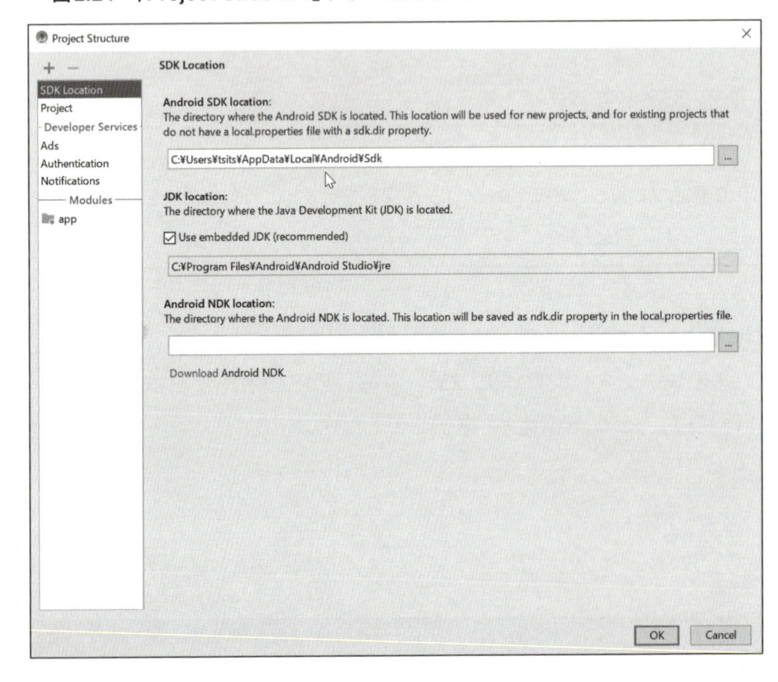

その2　Android Studioの「ツール」メニューから確認する

1. 「Tools」→「SDK Manager」をクリックします。なお、P.45の手順で日本語化している場合は、「ツール(F)」→「SDKマネージャー」を選択してください。
2. 「Default Settings」ダイアログボックスの「Android SDK Location」欄でAndroid SDKの場所が確認できます。**図2.25**の画面は、「Default Settings」ダイアログボックスの左側にあるメニューで「Appearance & Behavior」→「System Settings」→「Android SDK」が選択されているときに表示されます。

> **ONEPOINT**
>
> もし「Android SDK」メニューが表示されない場合は、**図2.26**で示した「Configure」メニューから、「SDK Manager」を選択してください。

▼ **図2.25　「Default Settings」ダイアログボックス**

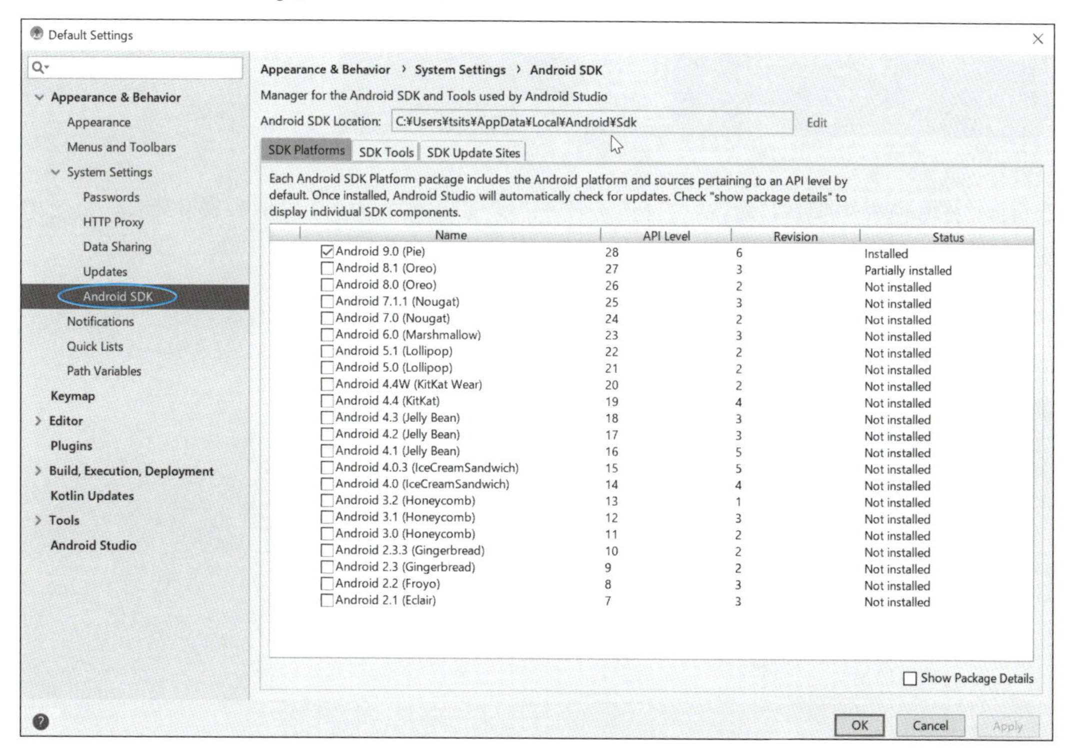

その3　Android Studioの起動時画面から確認する

P.33で取り上げた起動時の画面右下にあるメニューから、「Configure」→「Settings」で「その2」と同じ「Default Settings」ダイアログボックスが、「Configure」→「Project Default」→「Project

Structure」からは、P.37の「その1」と同じ「Project Structure」ダイアログボックスが表示されます。

P.45の手順で日本語化している場合は、「構成」→「設定」または、「構成」→「プロジェクト・デフォルト」→「プロジェクト構造」を選択してください（**図2.26**）。

▼ **図2.26　Android Studioの起動時画面からも確認できる**

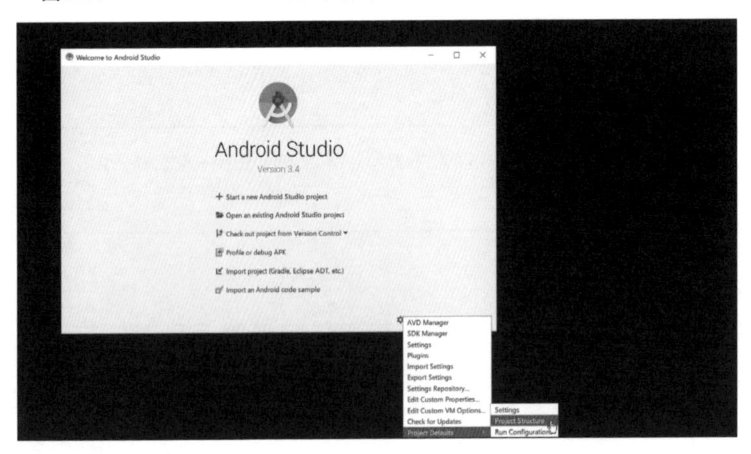

なお、Windowsの場合、先のいずれかの手順で確認したAndroid SDKの保存先は、以下の構成になっています（**図2.27**）。

▼ **図2.27　Android SDKの場所を開いたところ**

COLUMN Android SDKの保存場所について

Android SDKの保存場所は隠しフォルダになっている

Windowsの動作に影響を及ぼすようなプログラムやファイルを知らずに削除したり、移動させることのないように、Windowsでは、プログラムやシステムファイル、およびそれらの保存フォルダーが「隠しファイル」や「隠しフォルダ」として、非表示になっていることがあります。Android SDKの保存場所である「AppData」フォルダも「隠しフォルダ」に該当するため、Windowsのデフォルト設定では表示されません。

「AppData」フォルダを表示させるには、エクスプローラーの「表示」メニューにある「隠しファイル」にチェックを付けてください（**図2.C**）。

▼ 図2.C 「隠しファイル」にチェックを付ける

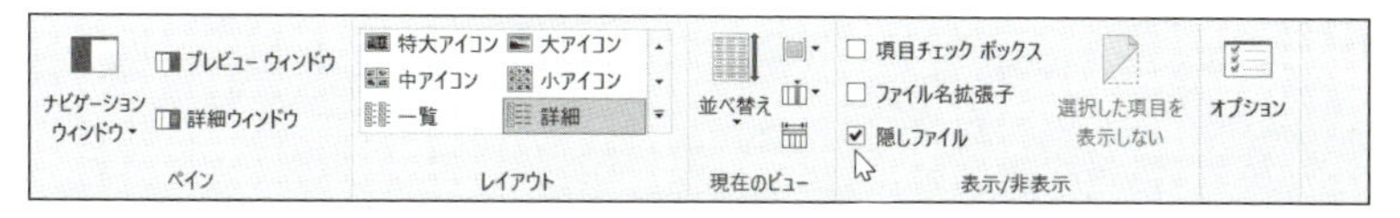

すると、**図2.D**のように、非表示になっていた「AppData」が表示されます。

▼ 図2.D 非表示になっていた「AppData」が表示される

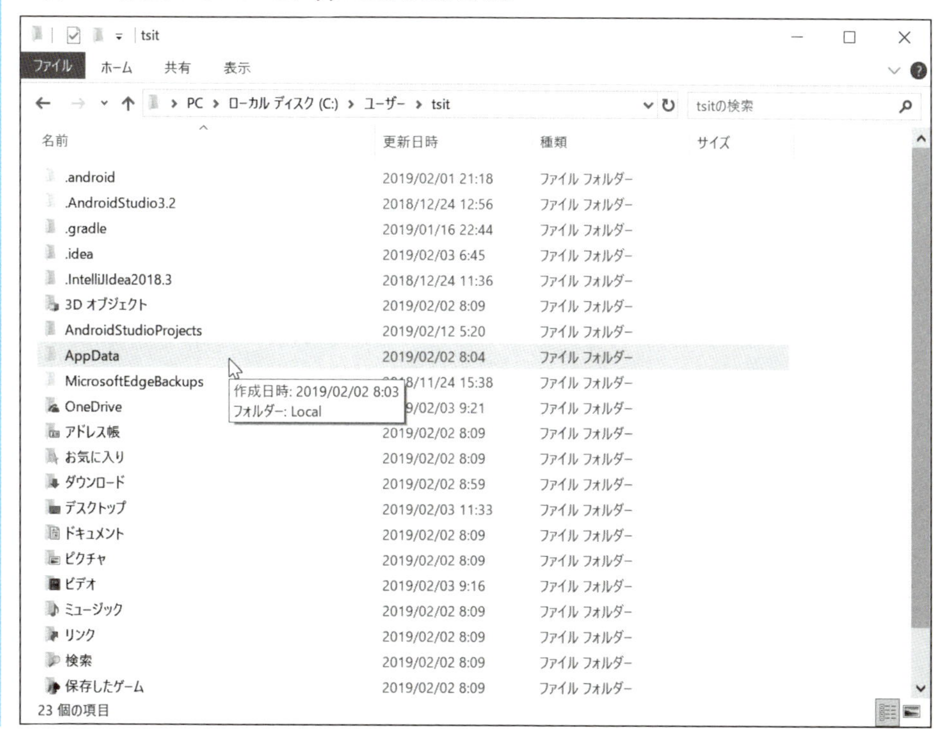

パス部分に「ユーザー」という日本語が含まれるが…

図2.Eは、パス部分をクリックしたときの様子で、最初は、**図2.D**のように「ユーザー」という日本語を含む表示になっていましたが、英語表記に変わります。

▼ **図2.E　パス部分をクリックすると表記が変わる**

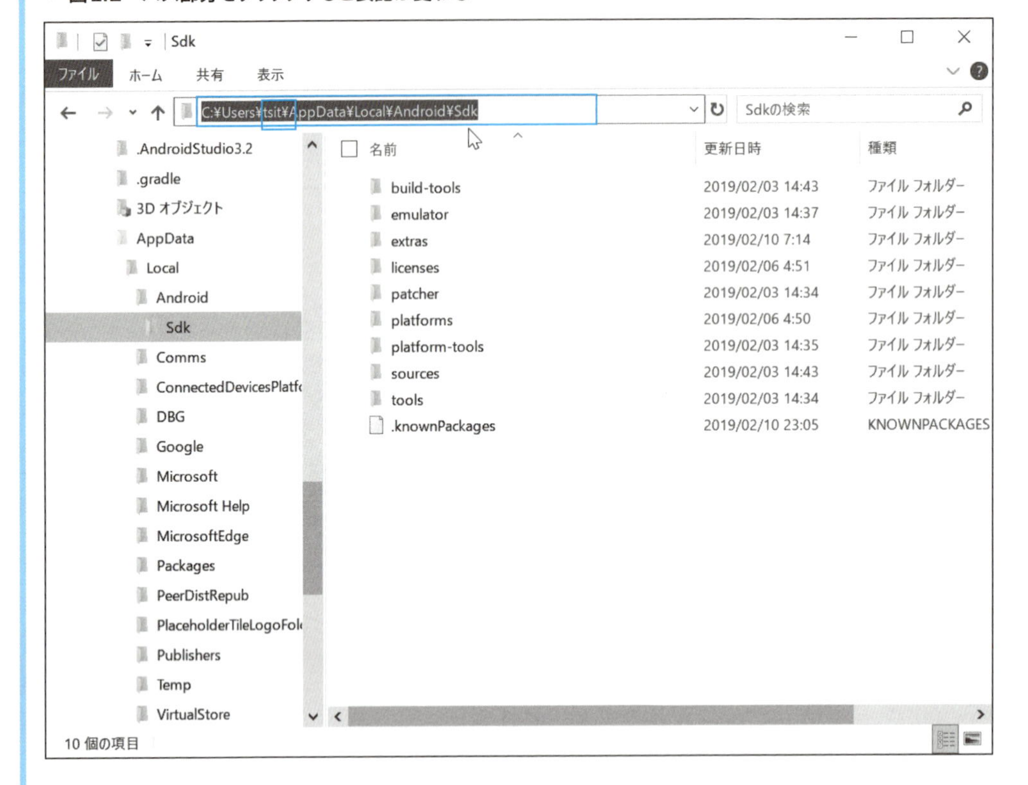

このように、Windowsでは、ユーザーフォルダーのパスが、デフォルトで**図2.D**の「ユーザー」という日本語をともなう表示になりますが、実際のフォルダ名は「Users」です。

 Android Studio SDKの主なツール

それでは、「Default Settings」ダイアログボックスにある主なツールを紹介しておきましょう。

「Default Settings」ダイアログボックスの「SDK Platforms」タブ

Android Studioでは、Androidプラットフォームのバージョンを1つ以上インストールする必要があります。「SDK Platforms」タブでは、使用したいAndroidプラットフォームのバージョン名（Name）の左側のチェックボックスをチェックしてください（**図2.28**）。

▼ **図2.28　使用したいAndroidプラットフォームをチェックする**

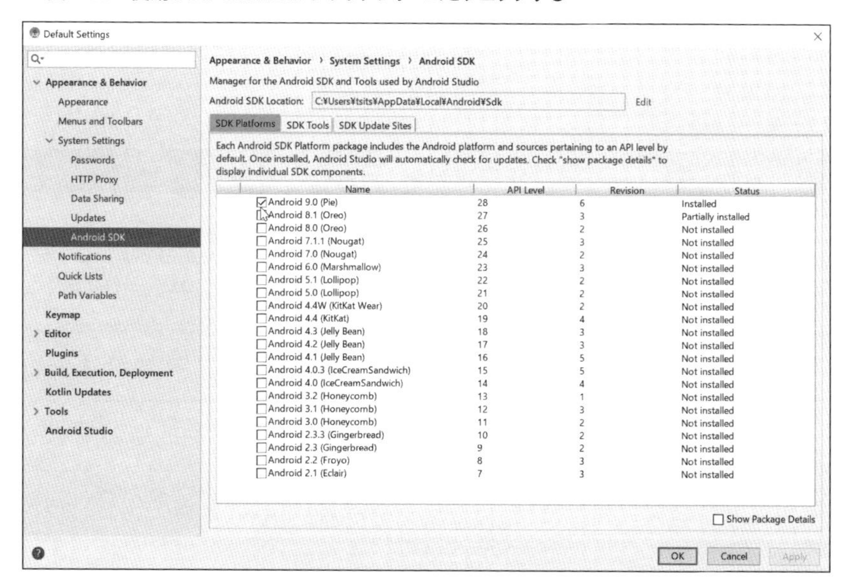

Androidプラットフォームごとで、利用可能なすべてのパッケージを表示させたい場合は、「Default Settings」ダイアログボックスの右下にある「Show Package Details」にチェックしてください（**図2.29**）。

▼ **図2.29　「Show Package Details」でパッケージの詳細が確認できる**

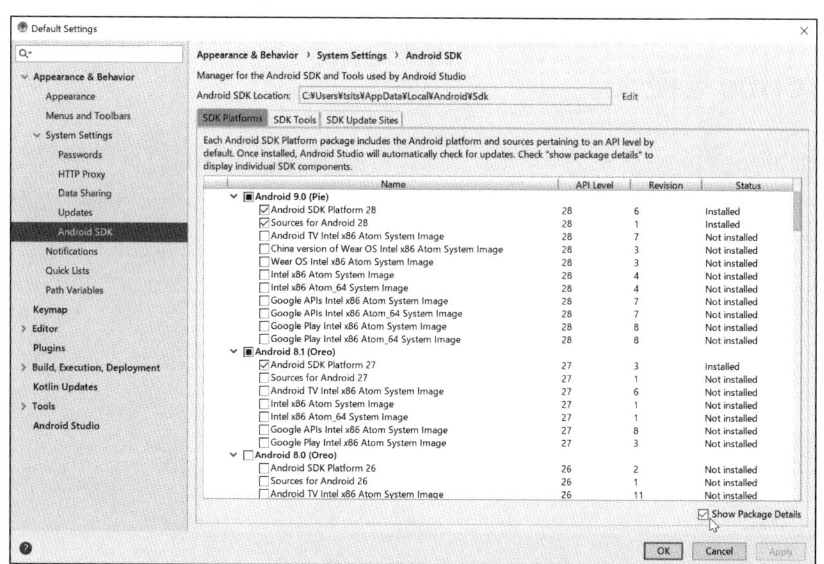

「Default Settings」ダイアログボックスの「SDK Tools」タブ

次に、「SDK Tools」タブの内容について見てみましょう（**表2.1**）。

▼ **表2.1　「SDK Tools」タブ一覧**

SDK Tool	内容
Android SDK Build Tools	Androidアプリをビルドするために必要なツールが含まれている
Android SDK Platform-tools	adb（Android Debug Bridge）ツールと呼ばれる、エミュレータやAndroid Studioデバイスとやり取りするツールをはじめ、Androidプラットフォームに必要な各種ツールが含まれている
Android SDK Tools	エミュレータ（Android Emulator）や、ソースコードの難読化や圧縮ができるProGuardなどの基本的なツールが含まれている
Android Support Repository	Androidの多くのバージョンと互換性のあるAPIの拡張セットを提供する、サポートライブラリ用のローカルMavenレポジトリが含まれている
Google Repository	FirebaseやGoogleマップなど、アプリで使用できる機能やサービスを提供する、Googleライブラリ用のローカルMavenレポジトリが含まれている

ONEPOINT

ProGuardは、アプリの脆弱性を回避し、ソースコードの盗用を防ぐため、ソースコードの難読化や圧縮を行うためのツールです。

Mavenについては、P.326を参照してください。

Firebaseは、Google社が提供している、スマートフォンアプリや、Webアプリのバックエンドサービスです。

SDK Platformsを使う

前述のように、「Default Settings」ダイアログボックスにある「SDK Platforms」タブからは、作成するアプリのターゲットとなるAndroidのバージョンを選択してインストールすることが可能です。なお、「SDK Platforms」タブでは、「Status」項目が「Installed」であれば、そのプラットフォームはすでにインストールされていることになります（**図2.30**）。

図2.30　インストールされたプラットフォームは「Installed」となっている

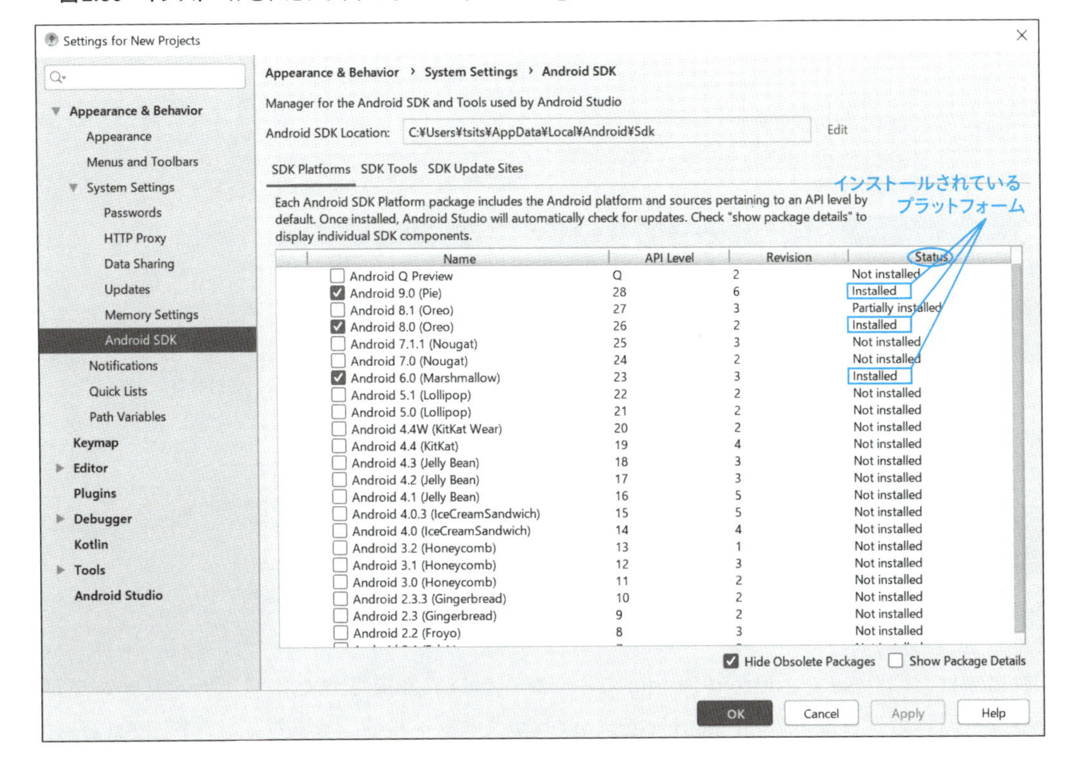

2-2 Android Studioの日本語化

Android Studioのメニューやガイドメッセージなどはすべて英語です。ここでは、インストール後に日本語化するための手順を知っておきましょう。

 Pleiades 日本語化プラグインとは

これまで紹介してきたAndroid Studioの画面を見ればお分かりだと思いますが、Android Studioは、デフォルトで日本語に対応していません。日本語化するには、「Pleiades 日本語化プラグイン」が必要です。

「Pleiades 日本語化プラグイン」は、「Mergedoc Project」のサイトからダウンロードできます（**図2.31**）。

- 「Mergedoc Project」のサイト
  http://mergedoc.osdn.jp/

▼ 図2.31　「Mergedoc Project」のサイト

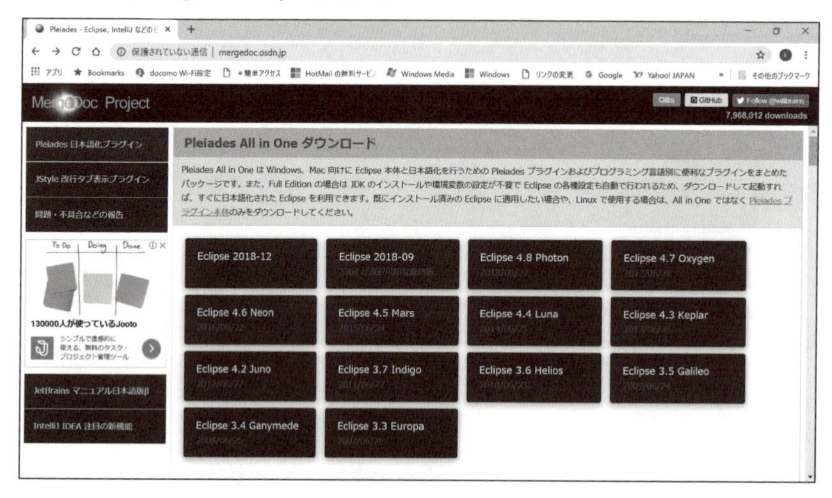

Pleiadesは、EclipseやAndroid Studioのような、Javaで作成されたアプリケーションを日本語化するためのツールです。Pleiadesは、AOP（アスペクト指向プログラミング）と呼ばれる、既存のプログラミング言語の拡張機能を持つ仕組みを使って、動的にAndroid Studioのメッセージを日本語化します。Android Studioのバージョンに依存せず、日本語化できる点が大きな特徴であり、Android Studioの新バージョンが登場した場合、いち早く日本語化できるといった強みを持っています。

 Pleiades 日本語化プラグインの導入

Pleiades 日本語化プラグインの導入手順を以下に示します。

1. 「Mergedoc Project」のサイトにある「Pleiadesプラグイン・ダウンロード」から、入手したいOS用のボタンをクリックします（図2.32）。ここではWindowsを選択しています。

図2.32　「Pleiades 日本語化プラグイン」はここからダウンロード

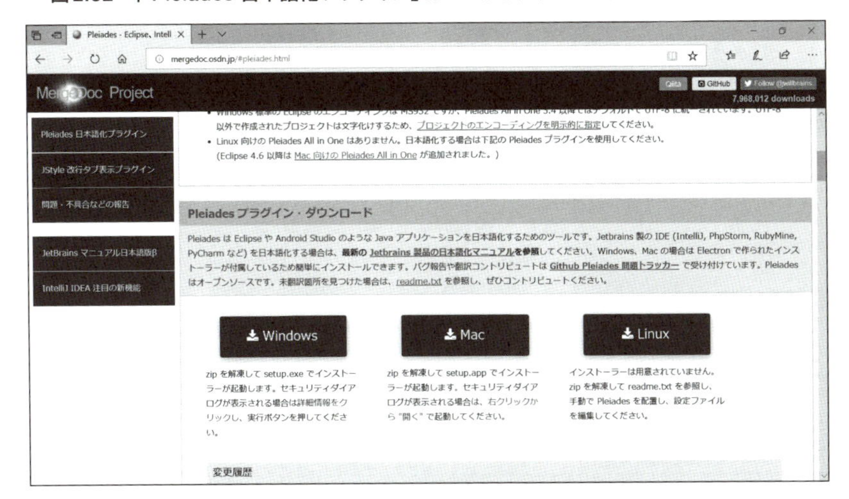

2　zip形式の圧縮ファイル（Windows版の場合なら「pleiades-win.zip」）のダウンロードが完了したら、そのファイルを展開後、できたフォルダー内にある、setup.exeをダブルクリックします（**図2.33**）。

図2.33　setup.exeをダブルクリックする

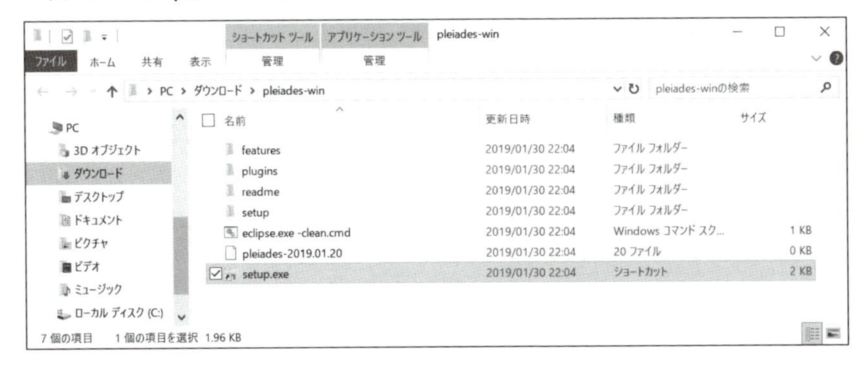

3　「Pleiades日本語化プラグインのセットアップ」ダイアログボックスが表示されたら、「日本語化するアプリケーション」部分の「選択」ボタンをクリックして、Android Studioの実行ファイル「studio64.exe」を指定します（**図2.34**）。

▼ 図2.34　「選択」ボタンからAndroid Studioの実行ファイルを指定する

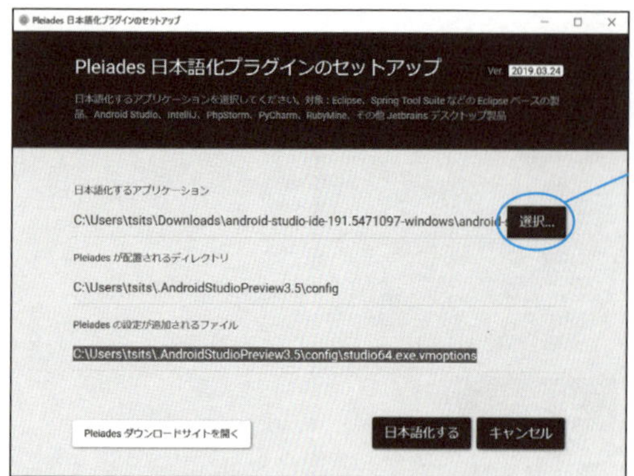

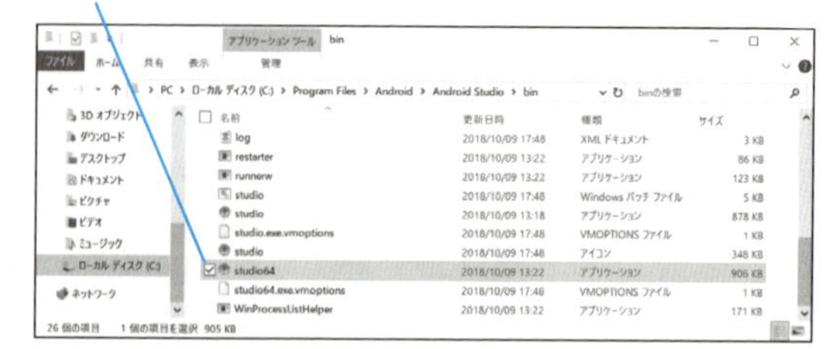

ONEPOINT

先の図のように、Windowsのデフォルト設定では、studio64.exeファイルの拡張子「.exe」が非表示になっています。拡張子が非表示の場合は、**図2.34**と同じアイコンを選択してください。

4　「日本語化する」ボタンをクリックして、次の「情報」メッセージが表示されたら、「OK」ボタンをクリックします（**図2.35**）。

▼ 図2.35　情報メッセージ

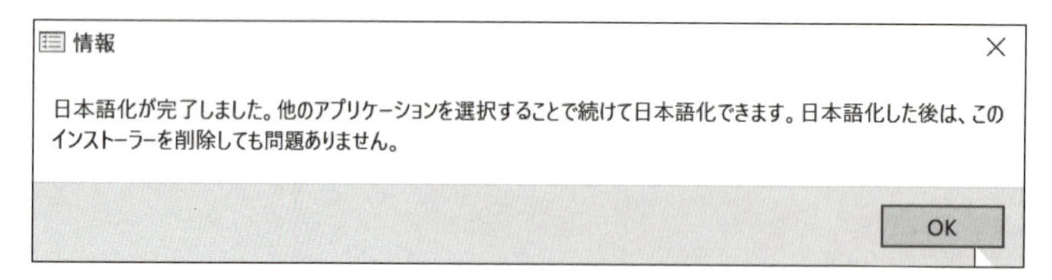

これで、日本語化は完了です。Android Studioを起動すると、日本語化されていることが確認できます（**図2.36**）。

▼ 図2.36 日本語化されたAndroid Studio

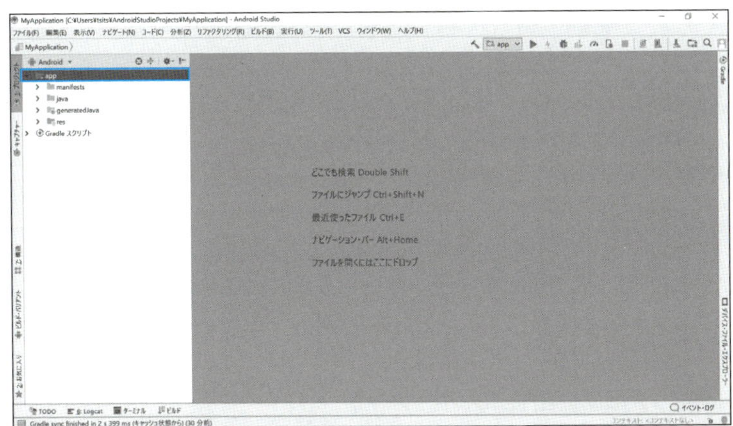

COLUMN

日本語化を英語に戻すには

日本語化に対応していない機能や、日本語化にしたことで、動作が不安定になるような場合は、以下の手順で、デフォルトの英語表記に戻すことができます。

日本語化を英語に戻す手順（Windowsの場合）

1. P.48で示した、「Pleiades日本語化プラグインのセットアップ」で割り当てた「Pleiadesの設定が追加されるファイル」欄のファイル「studio64.exe.vmoptions」をメモ帳やエディターソフトなどで開きます（**図2.F**）。

▼ 図2.F　「Pleiades日本語化プラグインのセットアップ」

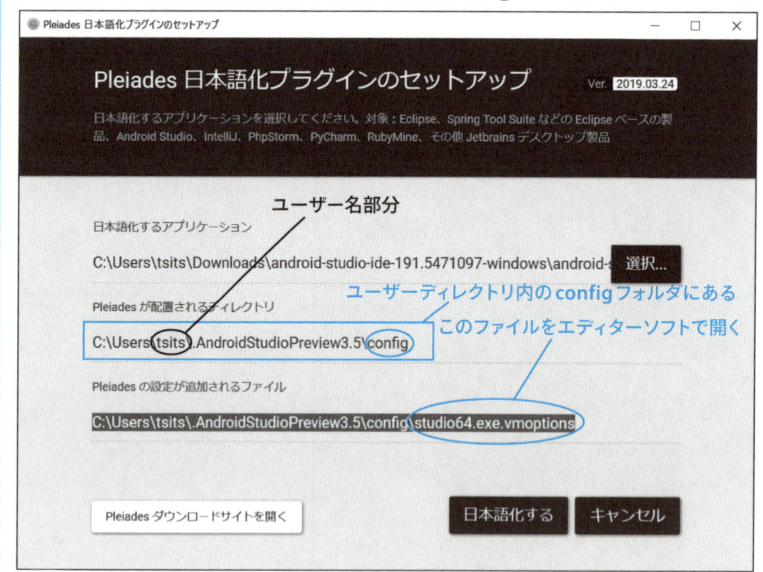

ONEPOINT

手順1の「studio64.exe.vmoptions」ファイルは、「Pleiadesが配置されるディレクトリ」に表記されているように、ユーザーディレクトリ（フォルダ）内の「config」フォルダにあります。このファイルをメモ帳などテキストファイルが編集可能なアプリケーションで開いてください。

2　「studio64.exe.vmoptions」ファイル内の**図2.G**で示した行の先頭に「#」を付けてコメントアウトし、編集後のファイルを上書き保存して、Android Studioを再起動します。

▼ 図2.G　「studio64.exe.vmoptions」ファイルの該当行をコメントアウトする

```
# Custom VM options (Generated by Pleiades Installer)↓
# See https://pleiades.io/pages/pleiades_jetbrains_manual.html↓
#-Xms256m↓
#-Xmx1280m↓
-XX:ReservedCodeCacheSize=240m↓
-XX:+UseConcMarkSweepGC↓
-XX:SoftRefLRUPolicyMSPerMB=50↓
-Dsun.io.useCanonCaches=false↓
-Djava.net.preferIPv4Stack=true↓
-Djdk.http.auth.tunneling.disabledSchemes=""↓
-Djna.nosys=true↓
-Djna.boot.library.path=↓
↓
-XX:MaxJavaStackTraceDepth=10000↓
-XX:+HeapDumpOnOutOfMemoryError↓
-XX:-OmitStackTraceInFastThrow↓
-ea↓
#-Xverify:none↓
#-javaagent:C:¥Users¥tsits¥.AndroidStudioPreview3.3¥config¥jp.sourceforge.mergedoc.pleiades¥pleiades.jar↓
```

先頭に「#」を付けて上書き保存する

もし、上記設定でも英語表記に戻らない場合は、先の「config」ディレクトリーの上の階層にある「.AndroidStudio[3.x(バージョン)]」ディレクトリーごと削除してください。

Android Studioの起動と終了

Android Studioのインストールと日本語化が完了したら、次は起動と終了について紹介します。また、Android Studioのフォルダー構成についても取り上げていきます。

Android Studioの起動

Windowsにインストールした Android Studioの場合なら、スタートメニューから Android Studioのメニューをクリックして起動することができます（**図2.37**）。

▼ 図2.37 スタートメニューから Android Studioを起動する

なお、Android Studioの実行ファイルは、P.48ページで紹介したように、Android Studio(Windows10 64ビット)をインストールしたフォルダ→「Android」→「Android Studio」→「bin」にある「studio64.exe」です（**図2.38**）。

▼ 図2.38　Android Studioの実行ファイル

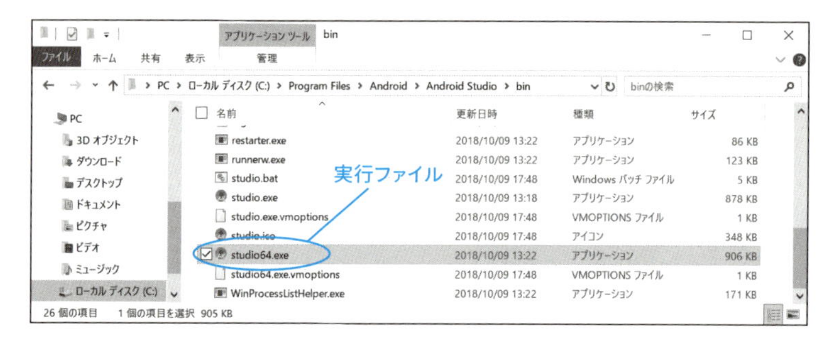

Android Studioの終了

他の多くのアプリケーションと同様に、Windows版 Android Studioを終了させるには、以下の3通りの方法があります(図2.39)。

- メニューから終了する
  Android Studioのメインメニューから、「ファイル(F)」→「終了(X)」をクリックする

- ボタンから終了する
  タイトルバーの右側にあるボタンをクリックする

- アイコンから終了する
  タイトルバーの左端にあるアイコンをクリックして、表示されたメニューから「閉じる(C)」をクリックする

▼ 図2.39　Android Studioが終了できる場所

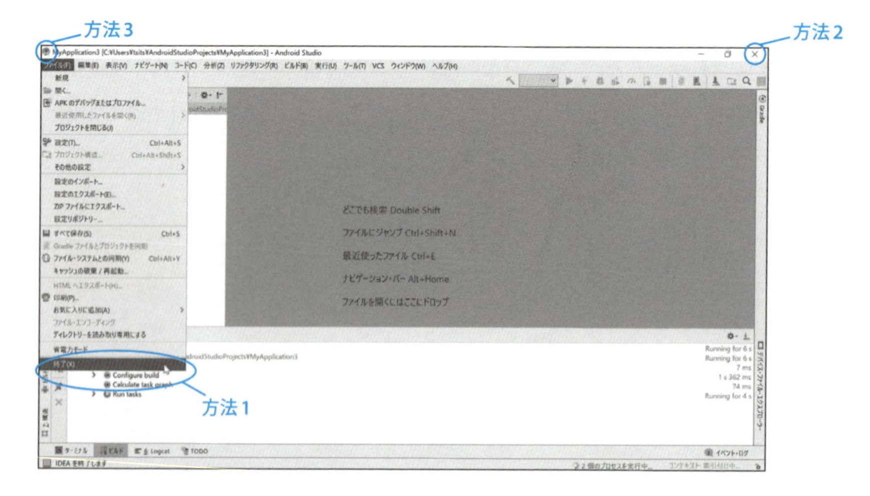

2-3 Android Studioのプロジェクト構成

ここまででAndroid Studioを使ったアプリ開発の準備ができました。次は、本題とも言える、アプリ開発の概要とプロジェクトの構成について紹介していきましょう。

Android Studioの開発ワークフロー

Android Studioを使ったアプリ開発の流れは以下のようになります。

①プロジェクトを作成する

P.37で紹介した手順で、プロジェクトを作成します。なお、プロジェクトについては、本章以降でもあらゆるところで取り上げていきます。

②アプリを作成する

Android Studioの様々な機能を使って、効率よくアプリを構築していきます。

③ビルドする

作成したアプリのプロジェクトを、APKパッケージにビルドして、エミュレータまたはAndroid搭載デバイスで実行します。

> **ONEPOINT**
> APK (Android application package) は、Androidアプリの本体ファイルを意味します。

④デバッグやテストを行う

②③の過程において、アプリが正常に動作するようデバッグを行います。また、Android Studioには、アプリの不具合を検出するためのテスト機能も搭載されています。

⑤アプリを公開する

デバッグやテストが完了したアプリは、いくつかの手順を踏み、ユーザーへの公開へと至ります。

Android Studioの基本構成

まずは、インストールされたAndroid Studioのフォルダ構成について見てみましょう。**図2.40**はAndroid Studioをインストールした先の基本的なフォルダ構成になります。主なフォルダ構成は**表2.2**を参照してください。

▼ 図2.40　Android Studioをインストールした先の基本的なフォルダ構成

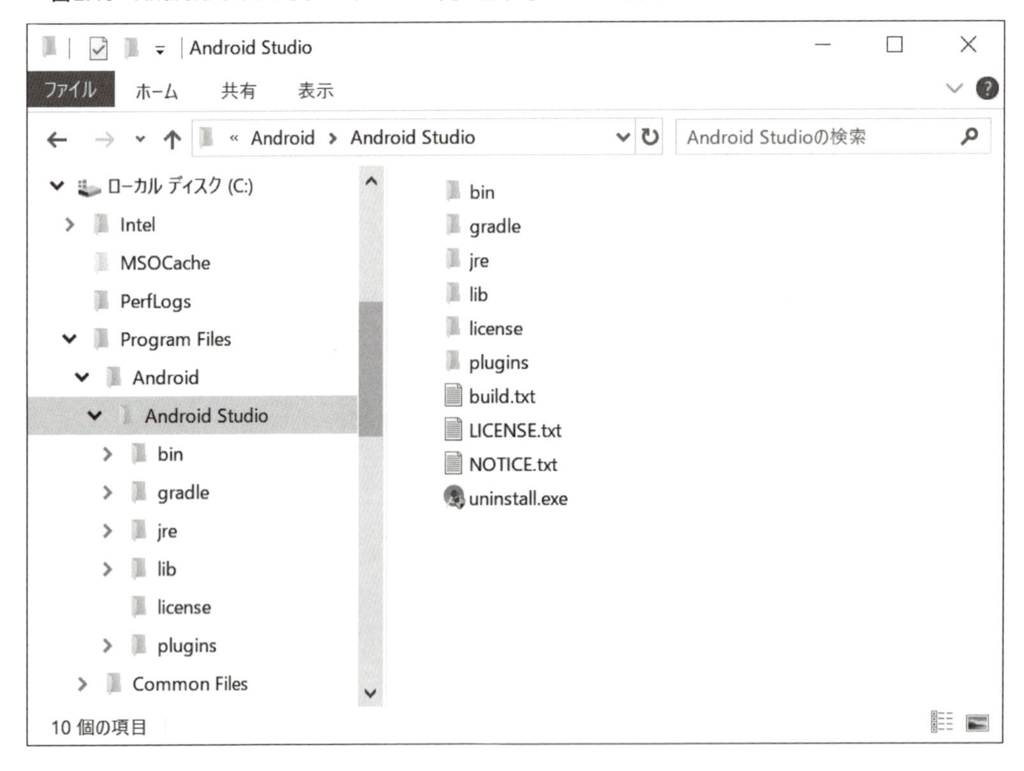

▼ 表2.2　Android Studioの主なフォルダ

フォルダ	内容
bin	Android Studioの実行プログラムを含む、様々なプログラムが収納されている
gradle	ビルドツール「Gradle」に関するプログラムが収納されている
jre	Javaに関する様々なプログラムが収納されている
lib	アプリ開発に役立つ様々な部品プログラムなどが、jarファイルとして収納されている
license	Android Studioが関わる様々なツールやプログラムのライセンスや、使用上の注意などを示したテキストファイルが収納されている
plugins	Android Studioの機能を拡張するプログラムである「Plugin」が収納されている

ONEPOINT

Gradleの詳細については9章を参照してください。JAR（JavaARchive）ファイルとは、Javaの複数のクラスから構成されるアプリケーションを配布しやすいように、圧縮（アーカイブ）して一つのファイルにまとめたものです。

なお、P.37で作成したプロジェクトは、Android Studioのインストール先ではなく、Android SDKと同じように、ユーザーフォルダへ格納されています（**図2.41**）。**図2.41**で示したように、プロジェクトは、ユーザーフォルダ内の「AndroidStudioProjects」へ格納されます。なお、プロジェクトの保存場所は、プロジェクト作成時に任意の場所へ変更することが可能です。

▼図2.41　プロジェクトの保存場所「AndroidStudioProjects」

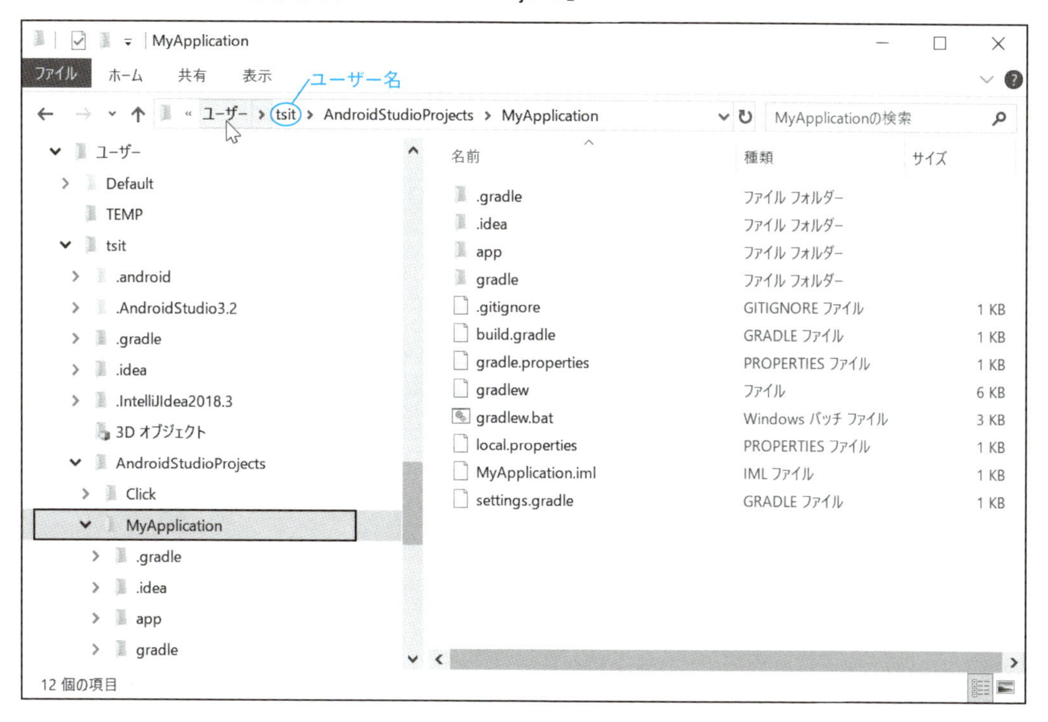

Android Studioのメインウィンドウ

Android Studioのメインウィンドウは、**図2.42**に示すようにいくつかのエリアに分かれています。

▼ **図2.42　プロジェクト内の主なエリア**

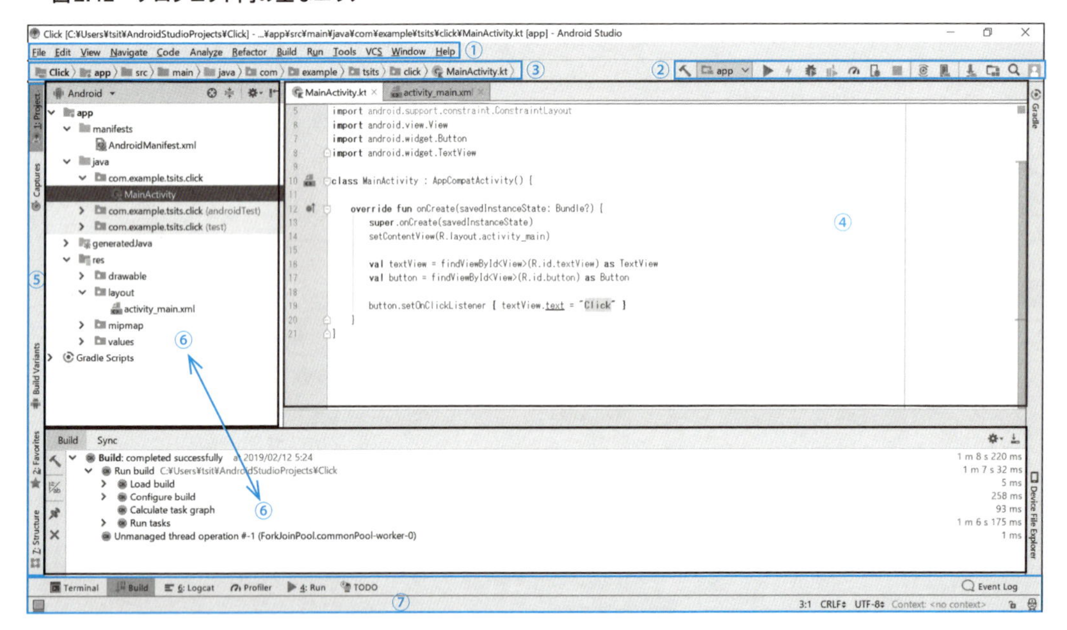

①メニューバー

プロジェクトの新規作成から、ファイル編集、リファクタリング、アプリの実行、デバッグなど、このメニューから、Android Studioのすべての機能が利用できます。

②ツールバー

メニューバー内にあるメニューのうち、使用頻度の高いものがボタンで表示されています。

③ナビゲーションバー

現在開いているファイルの位置が、分かりやすい構成でコンパクトに表示されています。プロジェクト内の移動や、ファイルの切り替えがスムーズに行えます。

④エディター ウィンドウ

ソースコードなどのファイル作成や編集を行うエリアです。編集するファイルの形式に応じてエディターが変化します。

> **ONEPOINT**
> エディター ウィンドウの詳細は、5章を参照してください。

1
2
3
4
5
6
7
8
9
10

⑤ツール ウィンドウ バー

Android Studioの周囲にあるバーです。ツールウィンドウバーに表示されたボタンをクリックすることで、個々のツールウィンドウを展開したり、折りたたんだりすることができます。

⑥ツール ウィンドウ

プロジェクト管理やバージョン管理、ログ監視など、Android Studioに搭載された様々なツールを表示して、利用するためのウィンドウです。

⑦ステータスバー

プロジェクトの警告メッセージや、Android Studio全体に関するステータスなどが表示されます。

プロジェクトの構造

次に、プロジェクトの構造内でよく使うファイルが格納されているフォルダをあげておきます（**図2.43**）。

▼ **図2.43　プロジェクト内の主なフォルダ**

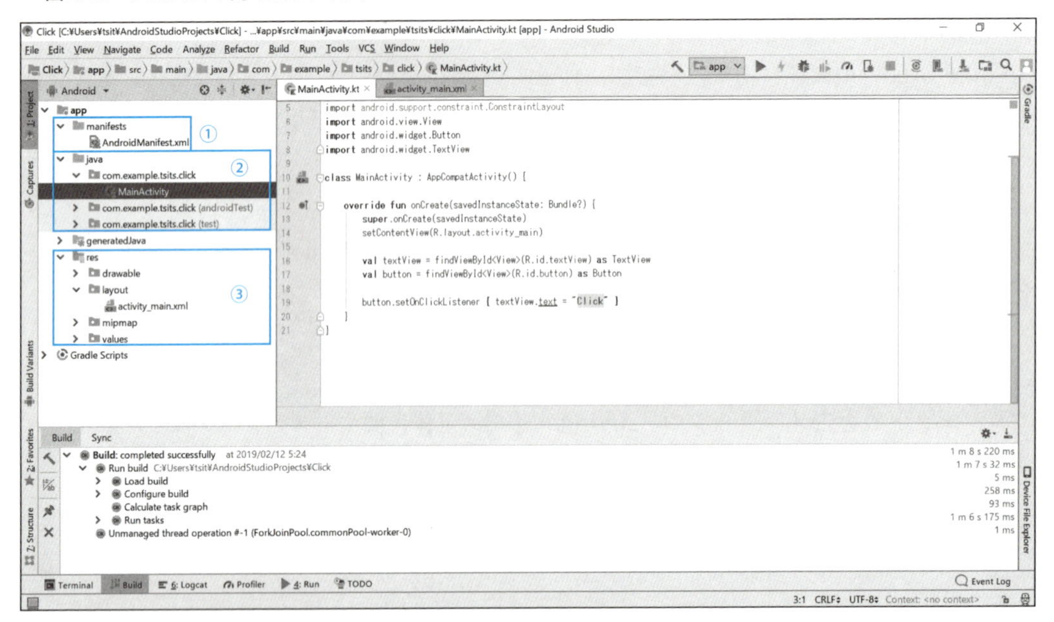

① manifestsフォルダ

アプリに関する重要な情報をAndroidシステムに提供するためのマニフェストファイルが格納されています。

② javaフォルダ

ソースファイルが含まれる。Kotlinのソースファイルもこのフォルダに格納されています。

③ resフォルダ

アプリのレイアウトをデザインするxmlファイルなどが格納されています。

なお、P.57の⑥で紹介したツール ウィンドウの構造は、デフォルトの「Android」であるため、実際のプロジェクト構造とは異なります。もしツール ウィンドウ内を、プロジェクトの実際の構造で表示させたい場合は、ツール ウィンドウ上部のドロップダウンから「Project」を選択してください（**図2.44**）。

▼ 図2.44　ツール ウィンドウが「Project」なら実際のプロジェクトと同じ構造になる

ここのドロップダウンリストから「Project」に切り替える

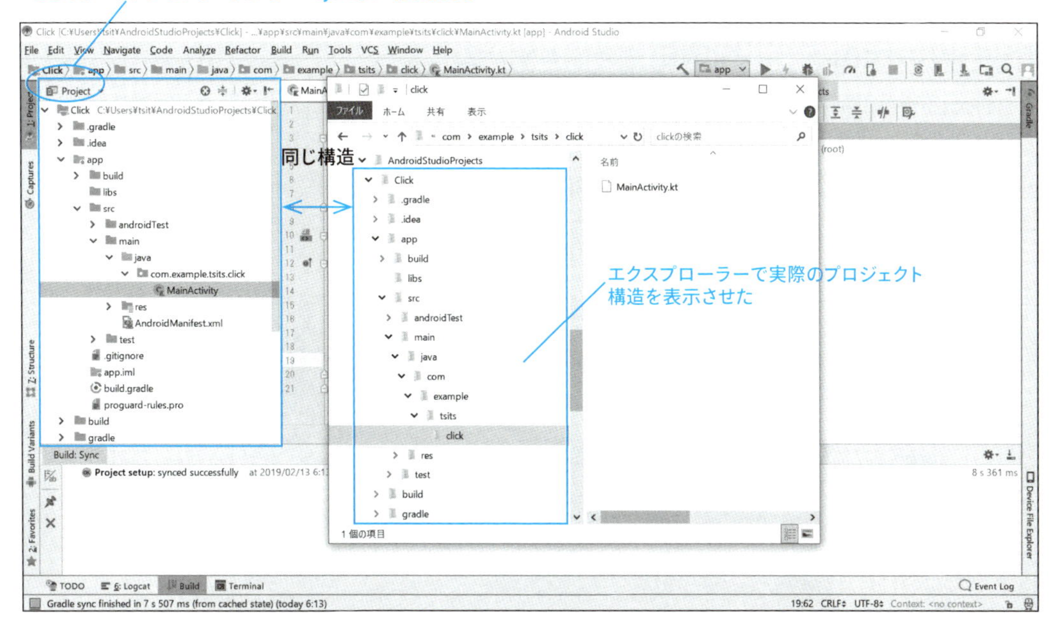

COLUMN

プロジェクトで使えるキー操作

ショートカットキーの具体例については、P.193で取り上げますが、ここで、プロジェクト上のウィンドウや表示されているファイルを切り替える際に便利なキー操作を紹介しておきます。

プロジェクト内のファイルを検索するためのキー操作

Shift キーを2回押すと、ソースファイルやXMLファイルなどを検索できるツールが表示されます。このツールでは、最近利用したファイルの履歴から選択することも可能です。なお、Shift キーを2回押すことで、検索ツールが表示されたり、非表示されたりといった切り替えができます(**図2.H**)。

▼ **図2.H Shift キーを2回押すと検索ツールが表示される**

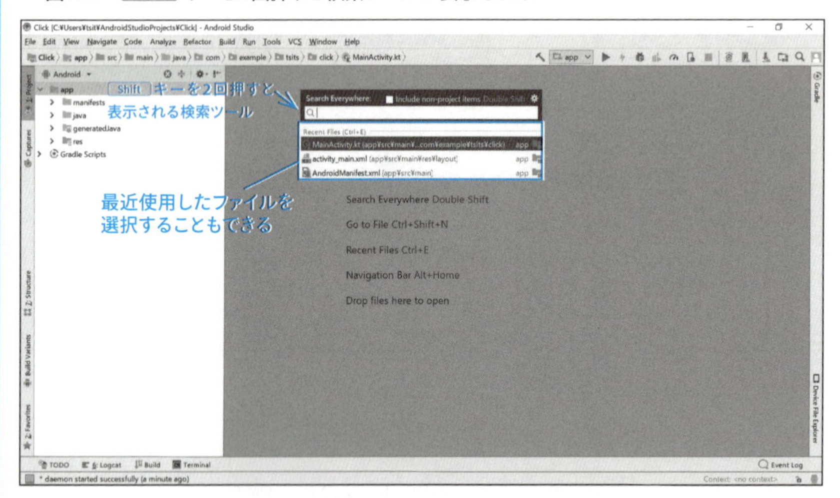

ツール ウィンドウを開くための便利なキーボード ショートカット

ショートカットキーでツール ウィンドウを開くこともできます。以下に一般的なショートカットキーをあげておきましょう(**図2.I**)。

▼ **図2.I ツール ウィンドウを開くための一般的なショートカットキー**

ツールウィンドウ	Windows、Linux	macOS
プロジェクト	Alt+1	Command+1
バージョン管理	Alt+9	Command+9
実行	Shift+F10	Control+R
デバッグ	Shift+F9	Control+D
Android Monitor	Alt+6	Command+6
エディタに戻る	Esc	Esc
ツールウィンドウをすべて非表示にする	Control+Shift+F12	Command+Shift+F12

第3章

Android Studioの基本機能を理解する

本章では、プロジェクトの作成からアプリ公開用パッケージ作成までを紹介します。一連の流れを通して、Android Studioのアプリ開発の手順、基本的な機能をマスターしていきましょう。

本章の内容

3-1 エミュレータで実行する仮想デバイスを作成する

実機でアプリを実行することはできますが、作成するアプリの動作をサポートする実機を全て揃えるとなると大変です。エミュレータを使用すれば、サポートしたい端末や、APIレベルに応じたAVDを作成することで、さまざまな環境で開発時のテストや公開後のシステムアップデートされた場合の上位互換性の確認をすることができます。

仮想デバイスを作成する

エミュレータ（Emulator）とは、端末の動作・機能を模倣するソフトウェアのことです。また、エミュレータで実行するAndroidスマートフォンやタブレット、Android Wear、Android TVなどの仮想的なデバイスをAVD（Android Virtual Device）と呼びます。

それでは、仮想デバイスの作成手順をみてみましょう。仮想デバイスを作成する場合は、ツールバーのをクリックするか、Android Studioのメニューから「ツール（T）」→「AVDマネージャー」を選択します（**図3.1**）。

▼ **図3.1　AVDマネージャーの起動**

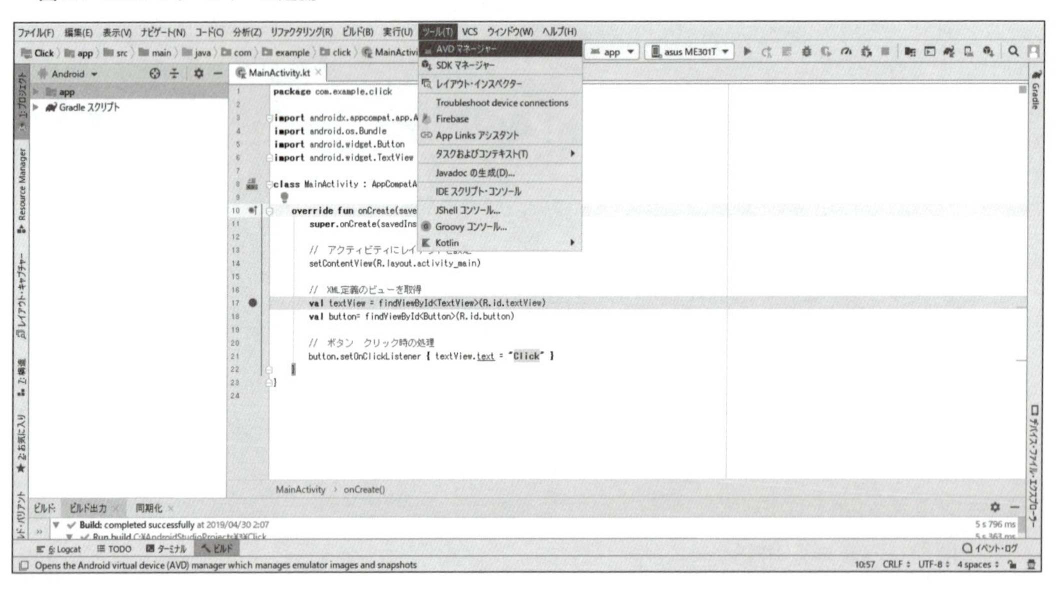

1 「Android仮想デバイス・マネージャー」ダイアログボックスが表示されたら、「+仮想デバイス

の作成...」をクリックします（**図3.2**）。すでに仮想デバイスを作成している場合は、**図3.3**のように表示されます。

▼ 図3.2　「Android仮想デバイス・マネージャー」ダイアログボックス

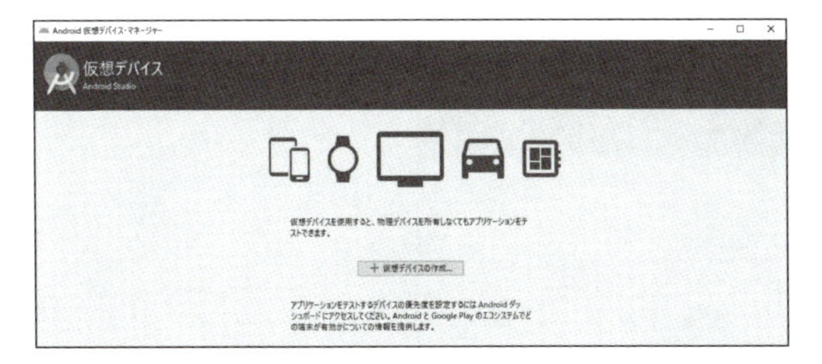

▼ 図3.3　すでに仮想デバイスを作成している場合

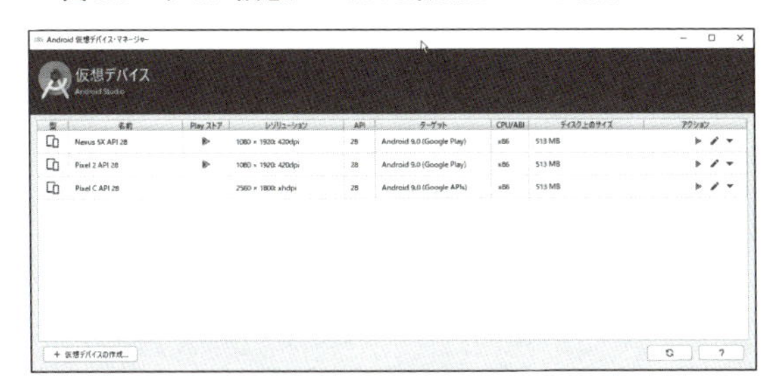

2 作成する仮想デバイスのハードウェアを選択します（**図3.4**）。「仮想デバイス構成 ハードウェアの選択」ダイアログボックスにある「カテゴリー」欄で対象としたいカテゴリーを選択します（ここではPhone）。また、端末一覧から対象としたい端末を選択して、「次へ(N)」をクリックします（ここではNexus 5X）。

▼ 図3.4　「仮想デバイス構成　ハードウェアの選択」ダイアログボックス

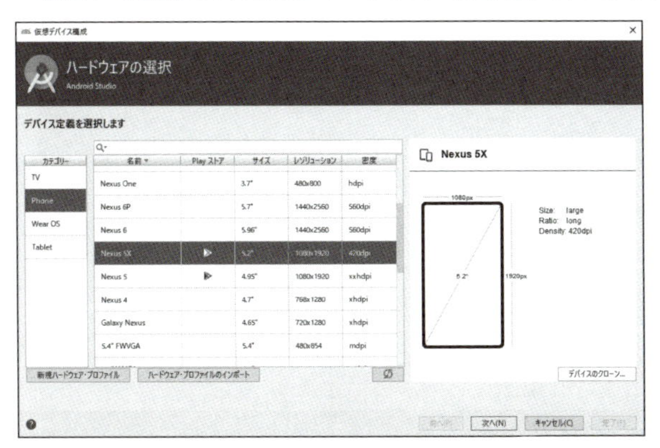

3 「仮想デバイス構成 システム・イメージ」ダイアログボックスで、任意のシステム・イメージを選択し、「次へ(N)」をクリックします(ここではPie 28 x86 Android9.0(Google Play))。

▼ 図3.5 「仮想デバイス構成　システム・イメージ」ダイアログボックス

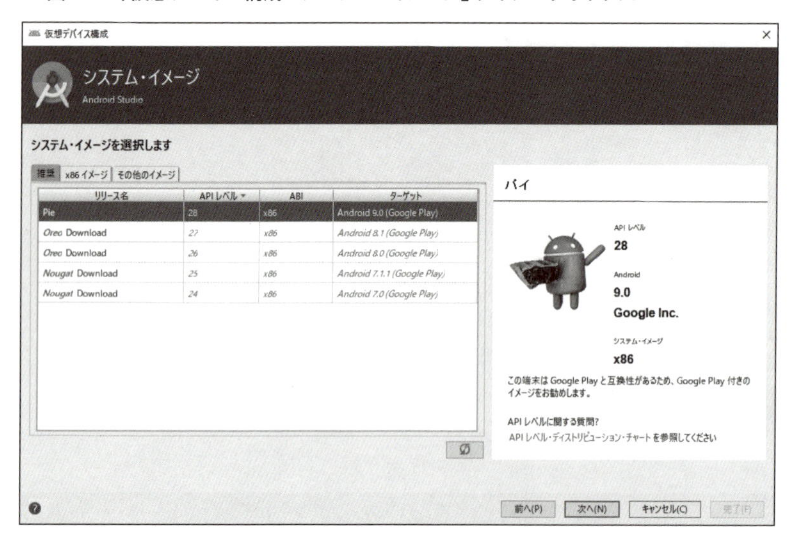

4 図3.6のように必要なイメージがダウンロードされていない場合は、「次へ(N)」が無効化されています。リソース名の横の「ダウンロード」をクリックし、ダウンロードが完了すると「次へ(N)」ボタンが有効化されます。

▼ 図3.6 システム・イメージがダウンロードされていない場合

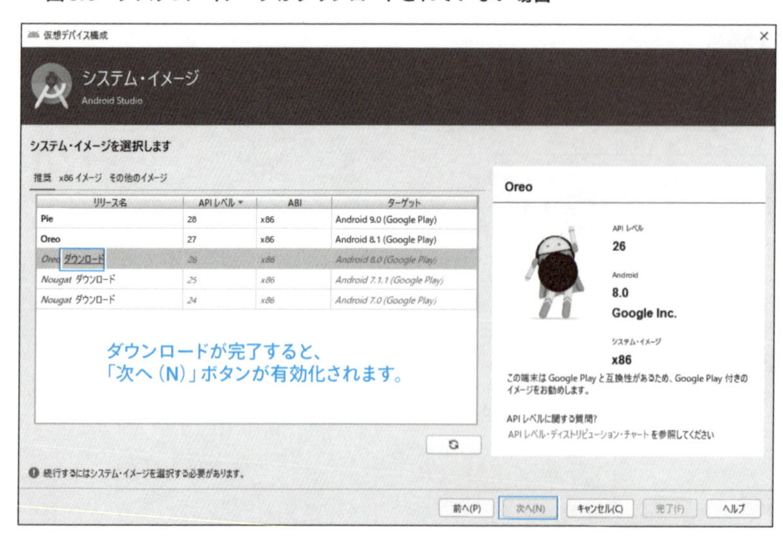

5 「仮想デバイス構成 Android仮想デバイス(AVD)」ダイアログボックスでは、「構成の検証」枠にある「AVD名」欄に任意の名前を入力します(ここではNexus 5X API 28)。なお、画面左下にある「詳細設定を表示」をクリックすると、カメラ、ネットワーク、エミュレートパフォーマンス、メモリーおよびストレージ、デバイス・フレーム、キーボードの設定が変更できます(ここでは既定のまま)。設定が終わったら「完了(F)」をクリックします。

▼ 図3.7 「仮想デバイス構成　Android仮想デバイス(AVD)」ダイアログボックス

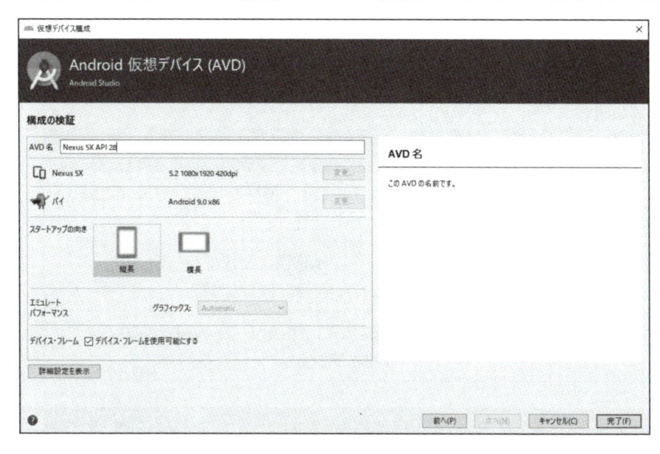

▼ 図3.8 「仮想デバイス構成　Android仮想デバイス(AVD)」詳細設定表示

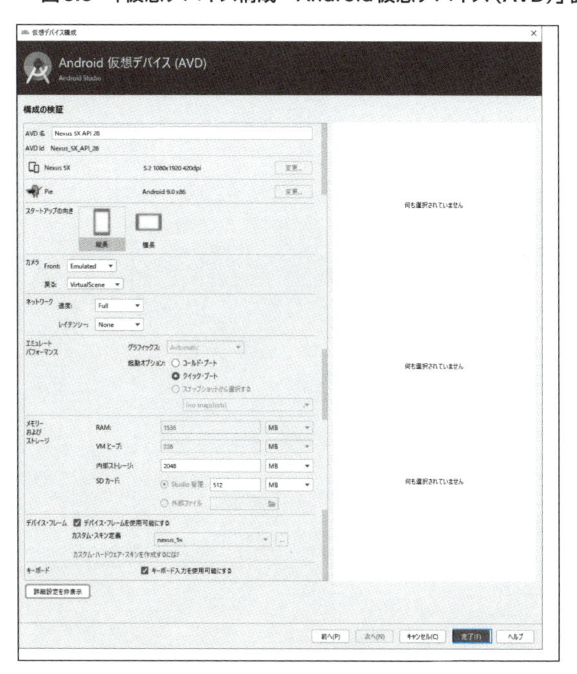

COLUMN

ABIとは

「仮想デバイス構成 システム・イメージ」ダイアログボックスなどに「ABI」という項目がありますが、ABI（Application Binary Interface）は、アプリのマシンコードが実行時にシステムとやりとりする方法を定義したものです。Android端末とWindowsなどのPCでは、使用CPUが異なり、それによってサポートされる命令セットも異なります。それらの橋渡しをするのがABIです。PC上でAndroidアプリを実行させるには、PCのCPUアーキテクチャに対応したABIを指定する必要があります（**表3.A**）。

▼ **表3.A　ABIの種類**

ABI	説明	サポート対象命令セット
x86	「x86」や「IA-32」と呼ばれる命令セットをサポートするCPU向け。X86 32bitプロセッサーをエミュレート	x86（IA-32）、MMX、SSE/2/3、SSSE3
x86_64	「x86-64」と呼ばれる命令セットをサポートするCPU向け。64bitプロセッサーをエミュレート	x86-64、MMX、SSE/2/3、SSSE3、SSE4.1, 4.2、POPCNT
armeabi-v7a	armeabiを拡張したARMベースCPU向け。ARMプロセッサーをエミュレート	armeabi、Thumb-2、VFPv3-D16、その他オプション

ABIは、仮想デバイスの「設定」→「システム」→「エミュレートされた端末について」から確認できます。**図3.A**では、「モデルとハードウェア」の部分に「Android SDK built for x86」と表示されていることが確認できます。

▼ **図3.A　「エミュレートされた端末について」の表示例**

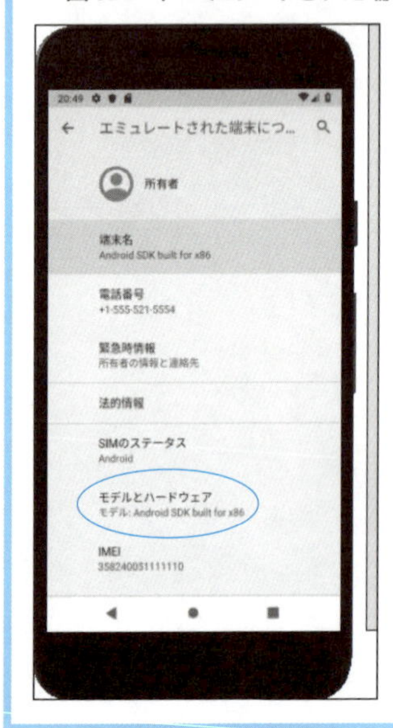

 仮想デバイスを起動する

それでは、仮想デバイスを起動してみましょう。まずは、先のAndroid Studioのメニューから「ツール(T)」→「AVDマネージャー」を選択して、「仮想デバイス」ダイアログボックスを表示させます(**図3.9**)。

▼ **図3.9　「仮想デバイス」ダイアログボックスから仮想デバイスを起動する**

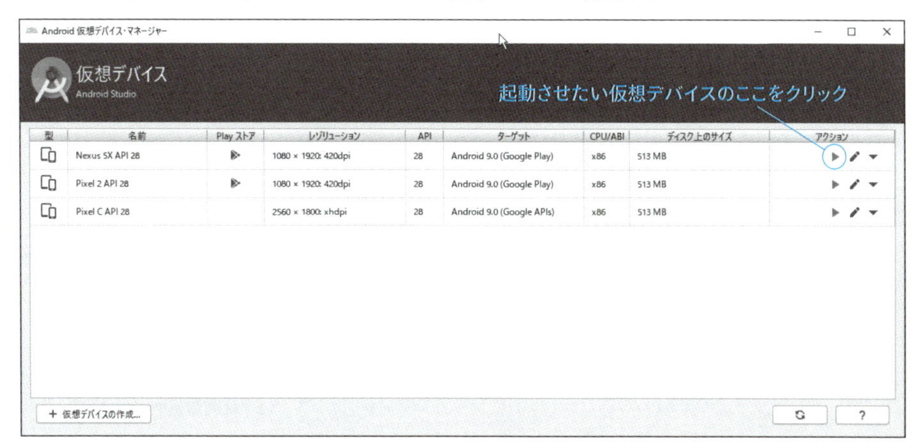

「仮想デバイス」ダイアログボックスでは、起動させたい仮想デバイスを選択し、AVDのアクション欄にある▶をクリックすると、仮想デバイスが起動します(**図3.10**)。

アクション欄の✏をクリックすると、AVD名や詳細設定の変更が、▼をクリックすると、複製や削除などができます。

▼ **図3.10　起動した仮想デバイス**

ONEPOINT

AVDは、プロジェクト実行時に直接起動できます。P.77では、AVDを利用した具体的な作業を取り上げています。

COLUMN　AVD構成の検証 詳細設定項目について

Android Studioの公式ページにある、AVD作成時の構成や設定項目について**表3.B**に一部をあげておきます。

- Android Studioの公式ページにあるAVDについての記載
  https://developer.android.com/studio/run/managing-avds

▼ 表3.B　AVD設定のプロパティ（一部）

設定項目	説明
AVD 名	AVD の名称です。使用できるのは大文字と小文字の英字、0 から 9 までの数字、ピリオド(.)、アンダースコア(_)、丸括弧(())です。この AVD 名が、AVD 設定を保存するファイル名になります
AVD ID(高度な設定)	この ID が AVD ファイル名になり、コマンドラインから AVD を参照するのに使用できます
ハードウェア プロファイル	[Change] を選択して、[Select Hardware] ページから異なるハードウェア プロファイルを選択します
システム イメージ	[Change] を選択して、[System Image] ページから異なるシステム イメージを選択します。新しいイメージをダウンロードするにはインターネット接続が必要です
起動時	エミュレータ画面の向きとして、どちらかを初期値に選択します [Portrait]: 縦長になります [Landscape]: 横長になります
カメラ(高度な設定)	カメラを有効にするには、以下のどちらか、または両方を選択します [Front]: ユーザーの反対側にレンズがある [Back]: ユーザー側にレンズがある
ネットワーク: 速度(高度な設定)	データ転送速度を決定するネットワーク プロトコルを選択します
マルチコア CPU(高度な設定)	エミュレータで利用したいコンピュータ上のプロセッサコア数を選択します。この数が多いほどエミュレータの速度は上がります
メモリとストレージ: RAM	端末の RAM (容量) この値はハードウェア メーカーによって設定されますが、エミュレータ動作を高速化したい場合など、必要に応じてオーバーライドすることができます。このサイズを大きくするほど、コンピュータのリソースをより多く使用します
メモリとストレージ: VM ヒープ	VM(Virtual Machine)ヒープサイズ(動的に確保できるサイズ)です。この値はハードウェアメーカーによって設定されますが、必要に応じてオーバーライドすることができます

メモリとストレージ：内部ストレージ	端末で利用可能な取り外しができないメモリ領域の容量です
メモリとストレージ：SD カード	端末データの保存に利用できる取り外し可能なメモリ領域の容量です
端末フレーム：端末フレームを有効にする	エミュレータ ウィンドウの周りに表示されるフレームを有効にすると、実機の外観を再現できます
カスタムスキン設定（高度な設定）	エミュレータを表示した際に端末の外観を決めるスキンを選択します
キーボード：キーボード入力を有効にする（高度な設定）	エミュレータと相互作用するハードウェア キーボードを使用したい場合は、このオプションを選択します

仮想デバイスの日本語化

仮想デバイスは英語表示が規定になっています。言語や時刻の設定を変更しておきましょう。ここでは、Nexus 5X API 28（Pie 28 x86 Android9.0(Google Play)）を例に設定方法を紹介します。なお、デバイスやAPIバージョンによって、メニュー階層や操作手順は多少異なります。

日本語が表示できるようにする

まずは、仮想デバイスの表示言語を日本語にしましょう。

1. ホーム画面で下から上にドラッグし「アプリ一覧画面」を表示し（**図3.11**）、Settings をクリックします。
2. 「System」→「Languages & Input」→「Language」→「Add a language」をクリックし、「日本語」をクリックし、「2 日本語(日本)」を「1 English(United States)」の上にドラッグし、追加した日本語を 1 にします（**図3.12**、**図3.13**）。

▼ **図3.11　仮想デバイス「アプリ一覧画面」表示**

▼ 図3.12　Languages & Input (English)

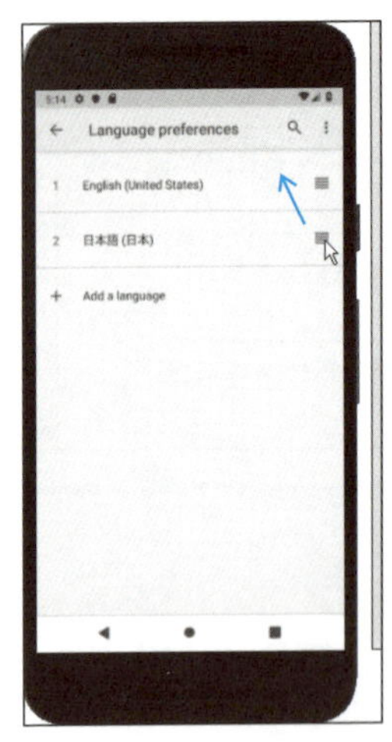

▼ 図3.13　言語と入力(日本語)

日付と時刻を変更する

規定の時刻設定はグリニッジ標準時になっています。日本標準時(東京)に変更しましょう。

1. 「アプリ一覧画面」からSettingsをクリックします。
2. 「システム」→「日付と時刻」を選択し、「タイムゾーンの自動設定」のチェックを外し、「タイムゾーンの選択」をクリックします。
3. 地域：「日本」、タイムゾーン：「東京(GMT+09:00)」を選択します。

日本語入力を行う

APIレベル28以降の場合は、入力言語の設定を変更すると日本語入力もできるようになりますが、それ以前のAPIレベルの場合は、手動で変更する必要があります。ここでは、APIレベル27以前の場合の入力モードの変更手順を紹介しましょう。

1. 「アプリ一覧画面」からSettingsをクリックします。
2. 「システム」→「言語と入力」→「仮想キーボード」→「+　キーボードを管理」をクリックし、「日本語　Japanese IME」をオンにします(**図3.14**)。

▼ 図3.14 「日本語　Japanese IME」をオンにする

3-2 プロジェクトを作成する

実際の開発の主体となるものが「プロジェクト」です。ここでは、テンプレートを利用したプロジェクトの作成からエミュレータで実行するまでの流れを紹介します。

プロジェクトを作成する

それでは、基本的なAndroidプロジェクトの作成を通して、プロジェクトの概要をみてみましょう。

プロジェクトを作成する場合は、Android Studioのメニューから「ファイル(F)」→「新規プロジェクト」を選択します(**図3.15**)。

▼ **図3.15　Android Studioのメニューから新規プロジェクトの作成を選択する**

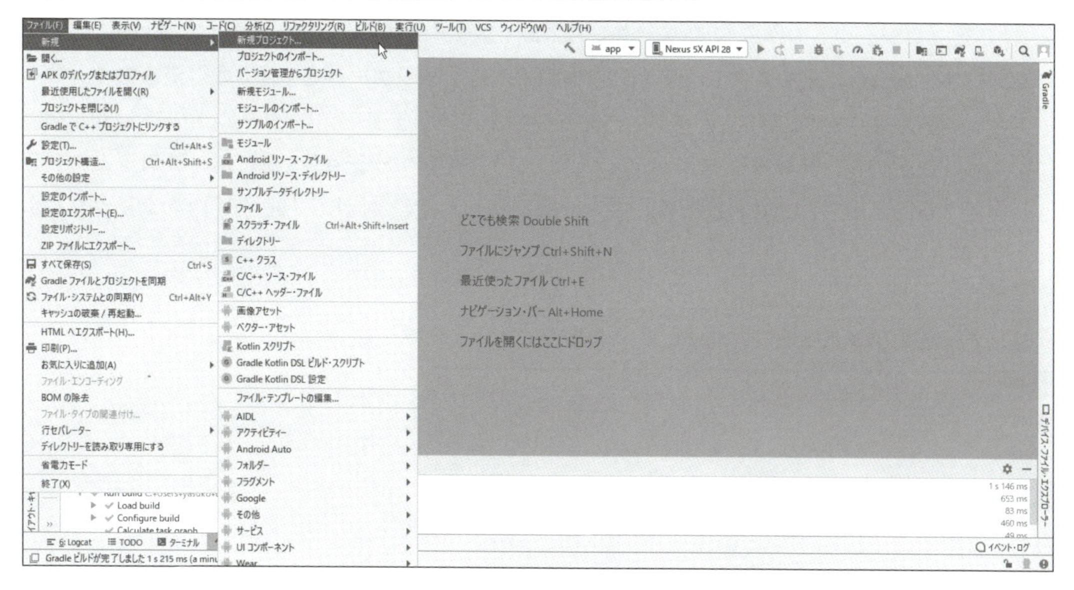

今回は、「空のアクティビティー」でAndroid Studioプロジェクトを作成する手順を紹介します。

1　「新規プロジェクトの作成 プロジェクトの選択」ダイアログボックスでは、「スマホおよびタブレット」タブで、デフォルトの「空のアクティビティー」を選択し、「次へ(N)」をクリックします（**図3.16**）。

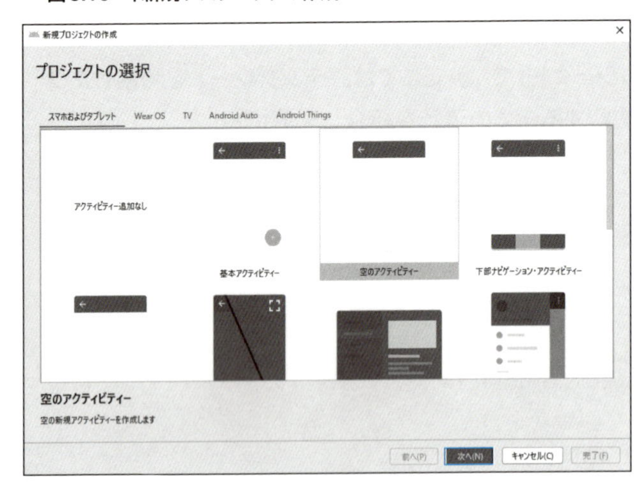

▼ **図3.16 「新規プロジェクトの作成 プロジェクトの選択」ダイアログボックス**

2 「新規プロジェクトの作成 プロジェクトの構成」ダイアログボックスにある「名前」欄に任意のアプリケーション名を入力します（ここではClick）。「パッケージ名」欄に取得済みのインターネットドメイン名の逆表記.アプリケーション名を入力します（アプリケーションを公開しない場合は架空のインターネットドメインでよい）。「保存ロケーション」欄には、プロジェクトを保存するフォルダ名を指定します。「言語」欄で「Kotlin」を選択し、「完了（F）」をクリックします（**図3.17**）。

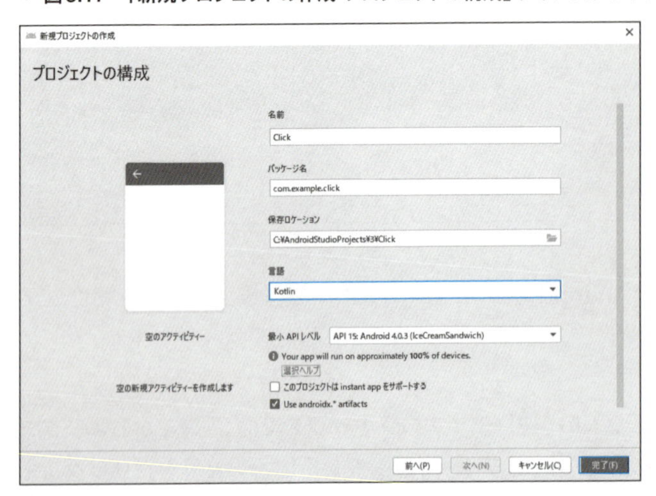

▼ **図3.17 「新規プロジェクトの作成 プロジェクトの構成」ダイアログボックス**

> **ONEPOINT**
> 図3.17の「言語」欄で「Java」を選択すると、Javaで記述されたプロジェクトが作成されます。

これで、指定した情報をもとにプロジェクトが構築されます（**図3.18**）。

▼ **図3.18　プロジェクト構築後のAndroid Studioの画面**

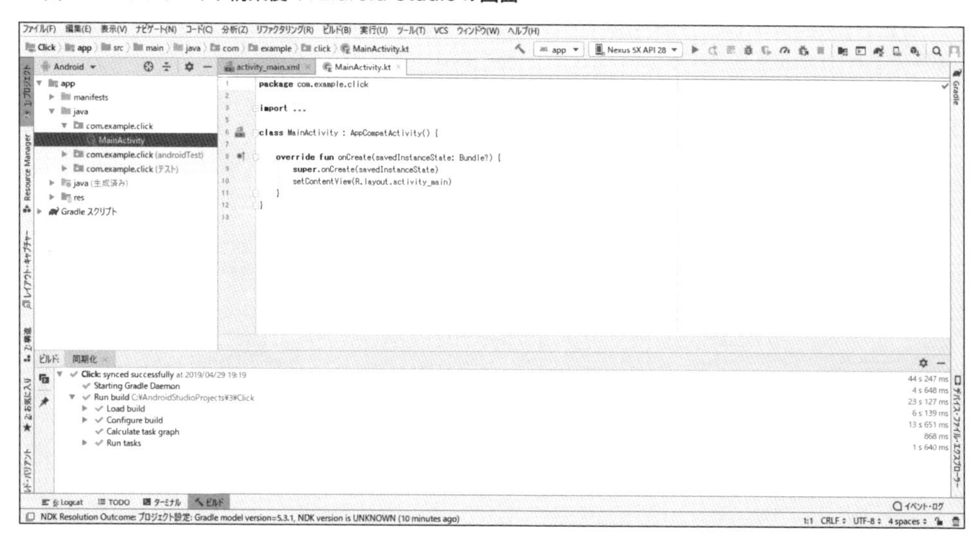

それでは、プロジェクトにどのようなファイルが生成されたか確認しておきましょう。

- コード
  「Android」ビュー→「app」→「com.example.click」→「MainActivity.kt」
  アプリのメインアクティビティ。アプリを起動するとこのアクティビティが起動される。

- レイアウトファイル
  「Android」ビュー→「app」→「res」→「layout」→「activity_main.xml」
  メインアクティビティのUIのレイアウト（今回のプロジェクトでは、「Hello world!」というテキストのTextView要素が定義されている）。

- マニフェストファイル
  「Android」ビュー→「app」→「manifests」→「AndroidManifest.xml」
  アプリの実行に必要な情報の宣言。

- ビルドスクリプト
  「Android」ビュー→「Gradle Scripts」→「build.gradle」
  アプリをビルドするための設定ファイルで、ビルドプロジェクト用ファイルと「アプリ」モジュール用ファイルの2つがある。

ONEPOINT

「Android」ビューでは、あまり使用されない特定のファイルやディレクトリが非表示になっています。ビューを「プロジェクト」にすると、Androidで非表示になっているすべてのファイルを含め、プロジェクトの実際のファイル構造を表示することができます(**図3.B**)。

▼ **図3.B プロジェクトビュー**

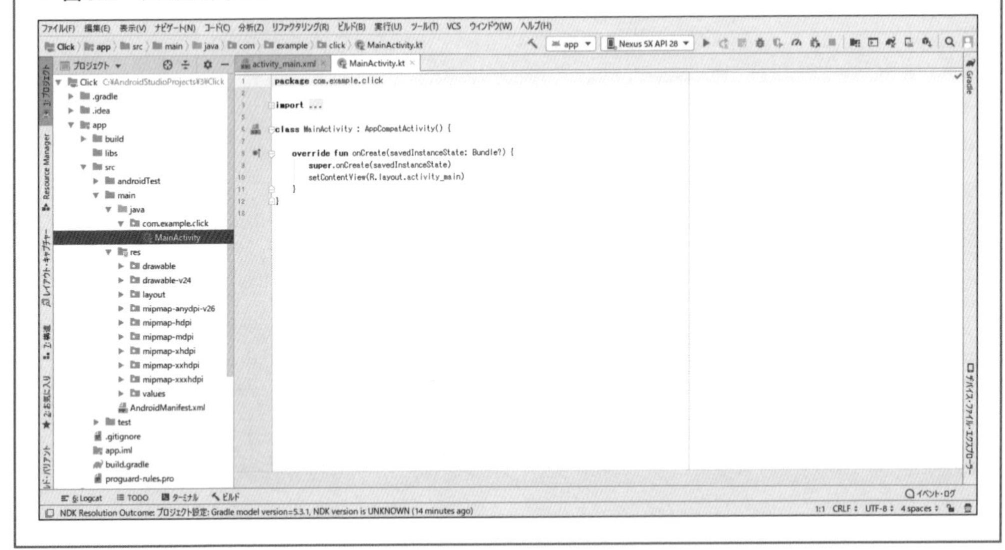

さらに、「Android」ビューでは、作成されたプロジェクトファイルも表示されます。「Android」ビューには、効率よく作業できるように主なファイルが種類別に整理されています。

今回のプロジェクトは、「空のアクティビティ」を使って作成しましたが、Android Studioには、他にもたくさんのアクティビティテンプレートが用意してあります。**表3.1**に、Android Studioの公式ページにある、「スマホおよびタブレット」のテンプレートをあげておきましょう。

- Android Studioのアクティビティテンプレート
  https://developer.android.com/studio/projects/templates

▼ 表3.1　アクティビティテンプレート一覧

テンプレート名	説明
BasicActivity	アプリバーとフローティング アクション ボタンを使うシンプルなアプリを作成します。一般的なUIコンポーネントを提供するこのテンプレートは、プロジェクトを開始する際のベースになります
BottomNavigationActivity	このテンプレートはアクティビティの画面の下部に標準的なナビゲーション バーを提供し、ユーザーが1回のタップでトップレベル ビューを簡単に操作および切り替えられるようにします。このテンプレートは、アプリに3～5個のトップレベルの移動先がある場合に使用します
EmptyActivity	1つのEmpty Activityと、テキスト コンテンツのサンプルを含む1つのレイアウト ファイルを作成します。アプリ モジュールやアクティビティを一から構築する際のベースになります
FullscreenActivity	基本となるフルスクリーン ビューと、標準的なUI（ユーザーインターフェース）コントロールを含むビューを切り替えるアプリを作成します。デフォルトはフルスクリーン ビューです。端末の画面をタップすると標準ビューがアクティブになります
LoginActivity	標準的なログイン画面を作成します。ユーザーインターフェースには、メールアドレスとパスワードの各フィールドとログインボタンがあります。一般に、アプリ モジュール テンプレートではなくアクティビティ テンプレートとして使用されます
Master／DetailFlow	項目リストと各項目の詳細を表示するアプリを作成します。リスト画面で項目をクリックすると、項目の詳細を示す画面が表示されます。2つの画面のレイアウトは、アプリを実行している端末により異なります
NavigationDrawerActivity	ナビゲーションドロワー メニューを使用したBasicActivityを作成します。通常のアプリバーに加えて、アプリの右側または左側からナビゲーション バーをスライドさせて表示します
ScrollingActivity	折りたたみツールバーと長文コンテンツのスクロール ビューを使用するアプリを作成します。ページを下にスクロールしていくと、ヘッダーとして機能するツールバーが自動的に折りたたまれ、フローティング アクション ボタンが非表示になります
SettingsActivity	アプリのユーザープリファレンスや設定を表示するアクティビティを作成します。PreferenceActivityクラスを拡張します。これは一般に、アプリ モジュール テンプレートではなくアクティビティ テンプレートとして使用されます
TabbedActivity	このテンプレートでは、複数のセクション、スワイプ ナビゲーション、アプリバーを使用するアプリを作成します。セクションは、左右にスワイプしてナビゲートできるフラグメントとして定義されます

COLUMN　パッケージ名

パッケージ名は一般的に取得済みのインターネットドメイン名の逆表記.アプリケーション名を小文字で表記したものになります。このパッケージ名は端末上やGoogle PlayストアでAndroidアプリを識別するためのアプリケーションIDとして使われます。

取得したドメインは世界で固有のものなので、アプリケーション名に同じものがあっても、世界中で固有な会社ドメイン名を含めることで、名前の衝突が起こらなくなります。例えばAさん(ドメイン：a.com)とB社(ドメイン：b.com)が同じ「Click」というアプリケーションを開発しても、それぞれのパッケージ名は、「com.a.click」「com.b.click」となり、異なるものとして認識できるわけです(**図3.C**、**図3.D**)。

▼ **図3.C　プロジェクト作成時のパッケージ指定**

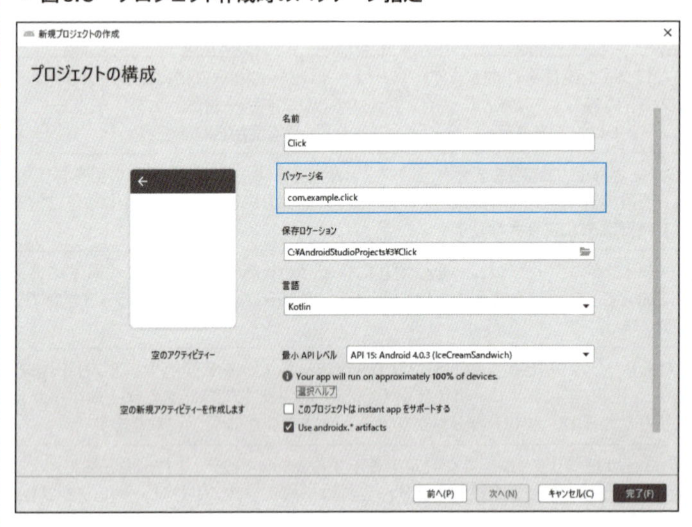

▼ **図3.D　プログラム内でのパッケージ表記**

MainActivity.kt

```
1   package com.example.click
2
3   import androidx.appcompat.app.AppCompatActivity
4   import android.os.Bundle
5
6   class MainActivity : AppCompatActivity() {
7
8       override fun onCreate(savedInstanceState: Bundle?) {
9           super.onCreate(savedInstanceState)
10          setContentView(R.layout.activity_main)
11      }
12  }
13
```

アプリを実行する

それでは、作成されたプロジェクトをエミュレータで実行してみましょう。

1. Android Studioのツールバーにある「デプロイ対象の選択」ボックスで、先ほど作成したAVD（ここでは「Nexus 5X API 28」）を選択します（**図3.19**）。

▼ **図3.19　「デプロイ対象の選択」ボックス**

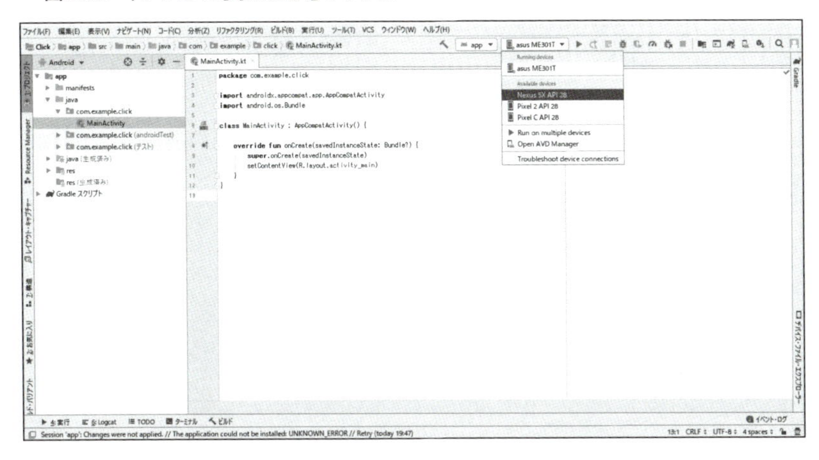

2. ツールバーの▶をクリックするか、Android Studioのメニューから「実行（U）」→「実行（U）'app'」を選択します（**図3.20**）。

▼ **図3.20　メニューから実行**

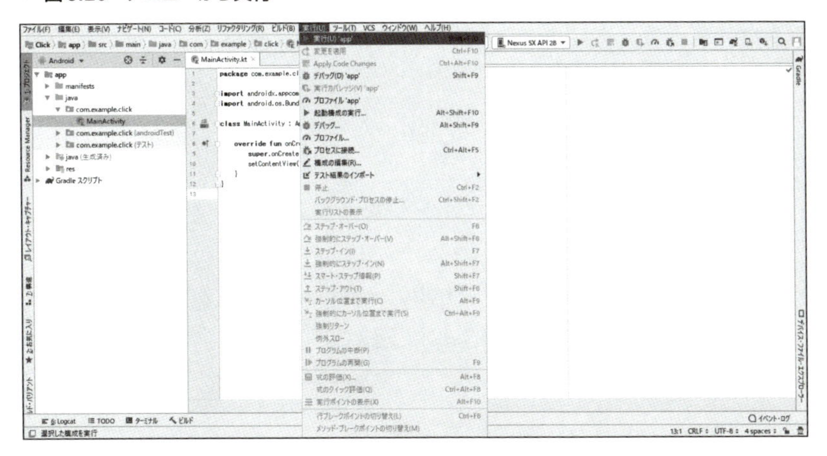

> **ONEPOINT**
> デプロイとは、「展開する」や「配置する」などを意味する英単語です。ここでは、エミュレータや実機上に、作成したプロジェクトを配置して利用可能な状態にすることをいいます。

実行すると、エミュレータの画面中央に「Hello World!」と表示されます（**図3.21**）。

▼ **図3.21 アプリの実行（Hello World）**

 ボタンを追加する

アプリの実行が確認できたところで、次はボタンをクリックすると、表示文字を変更する機能を追加してみましょう。

レイアウトファイルの変更

レイアウトにボタンを追加するため、レイアウトファイルを変更します。

1. 「Androidビュー」→「app」→「res」→「layout」→「activity_main.xml」をダブルクリックして、XMLレイアウトファイル「activity_main.xml」を開きます（**図3.22**）。

▼ 図3.22 activity_main.xmlをデザインエディターで表示

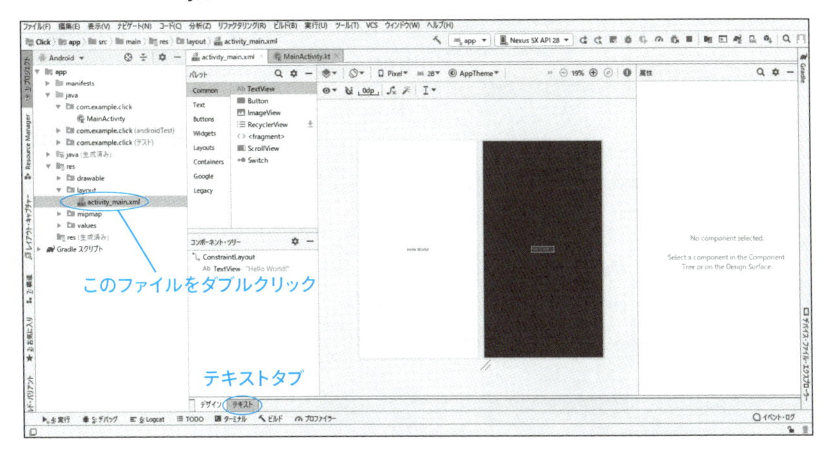

2 手順 1 で示した、ウィンドウ下部にある「テキスト」タブをクリックし、XMLソースを表示します（**図3.23**）。

▼ 図3.23 activity_main.xmlをテキストエディターで表示(XMLソース表示)

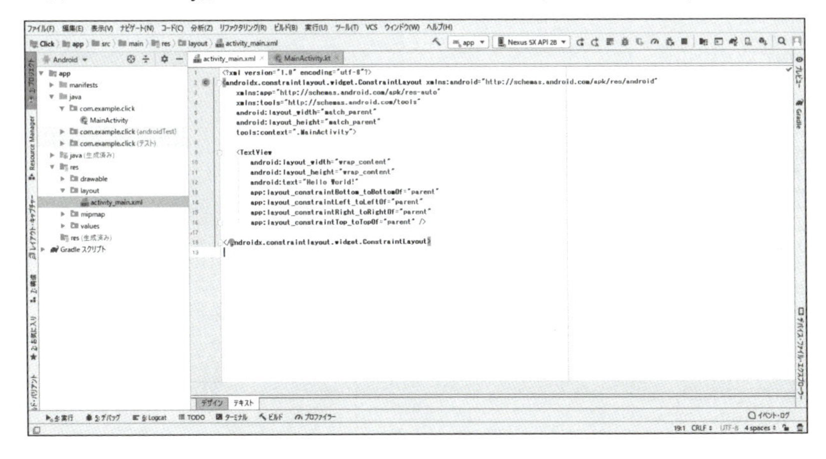

3 「activity_main.xml」を下記の内容に変更します（**図3.24**）。

```
<?xml version="1.0" encoding="utf-8"?>
<androidx.constraintlayout.widget.ConstraintLayout
                   ：中略
                   tools:context=".MainActivity">
    <TextView
        android:id="@+id/textView"
```

```
                ：中略
        app:layout_constraintTop_toTopOf="parent"/>

    <!--TextViewの下にボタンを作成-->
    <Button                              ・・・ここから18行目まで追加
        android:id="@+id/button"
        android:layout_width="wrap_content"
        android:layout_height="wrap_content"
        android:text="Button"
        app:layout_constraintLeft_toLeftOf="parent"
        app:layout_constraintRight_toRightOf="parent"
        app:layout_constraintTop_toBottomOf="@+id/textView" />

</androidx.constraintlayout.widget.ConstraintLayout>
```

▼ 図3.24　<activity_main.xml>

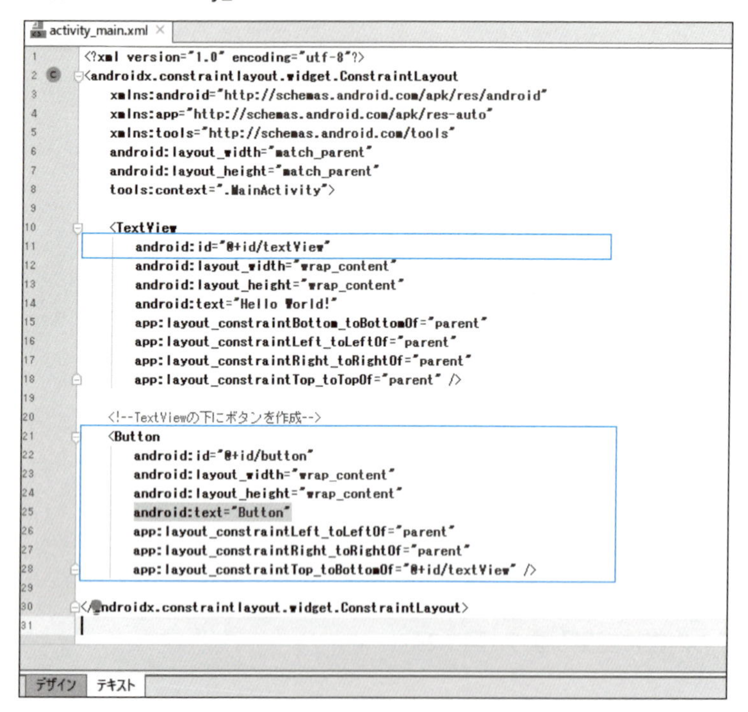

ONEPOINT

ここでは、テキスト（XMLコード）でボタンの追加を記述しました。レイアウトエディターのデザインエディターを利用したレイアウト作成については、4章を参照してください。

ソースファイルの追加と変更

レイアウトが完成したら、次は、ボタンをクリックするとテキストビューの文字を変更する機能をソースファイルに追加します。

1. 「Androidビュー」→「app」→「java」→「com.example.click」(パッケージ名)→「MainActivity」をダブルクリックし、ソースファイル「MainActivity.kt」を開きます（**図3.25**）。

▼ **図3.25　ソースファイル「MainActivity.kt」を表示**

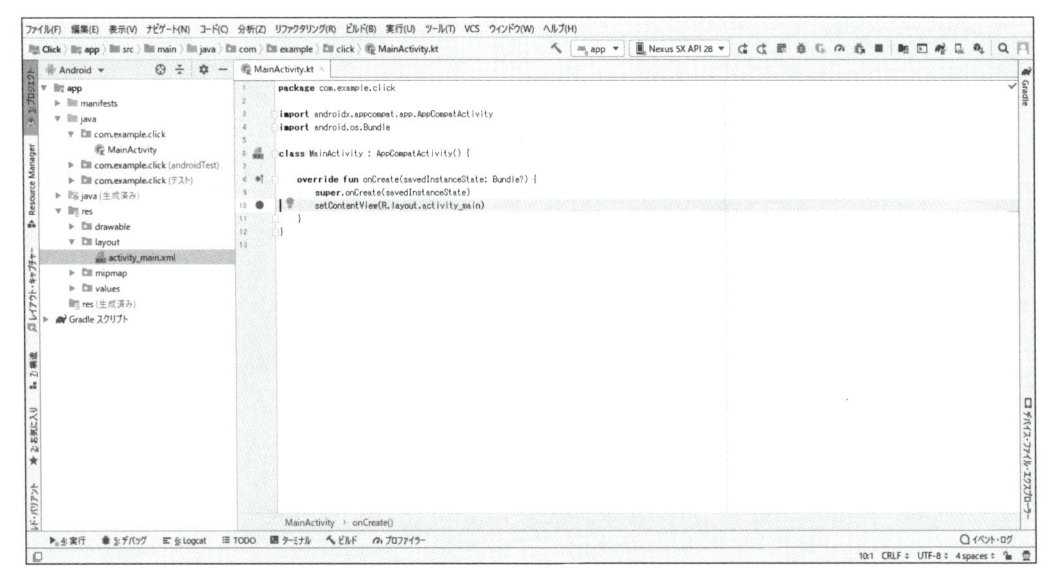

2. MainActivity.ktを以下の内容に変更します（**図3.26**）。

```
        ：省略

class MainActivity : AppCompatActivity() {

    override fun onCreate(savedInstanceState: Bundle?) {
        super.onCreate(savedInstanceState)

        //アクティビティにレイアウトを設定
        setContentView(R.layout.activity_main)

        //XML定義のビューを取得　・・・ここから16行目まで追加変更
        val textView = findViewById<TextView>(R.id.textView)
        val button= findViewById<Button>(R.id.button)
```

```
        //ボタン　クリック時の処理
        button.setOnClickListener { textView.text = "Click" }
    }
}
```

▼ 図3.26　MainActivity.kt（Kotlin版）

```
MainActivity.kt
1   package com.example.click
2
3   import androidx.appcompat.app.AppCompatActivity
4   import android.os.Bundle
5   import android.widget.Button
6   import android.widget.TextView
7
8   class MainActivity : AppCompatActivity() {
9
10      override fun onCreate(savedInstanceState: Bundle?) {
11          super.onCreate(savedInstanceState)
12
13          // アクティビティにレイアウトを設定
14          setContentView(R.layout.activity_main)
15
16          // XML定義のビューを取得
17          val textView = findViewById<TextView>(R.id.textView)
18          val button= findViewById<Button>(R.id.button)
19
20          // ボタン　クリック時の処理
21          button.setOnClickListener { textView.text = "Click" }
22      }
23  }
24
```

これで完成です。作成したアプリをエミュレータで実行して動作確認してみましょう。実行手順は、P.136を参考にしてください（**図3.27**）。

▼ 図3.27　エミュレータで実行した（クリック前とクリック後）

ONEPOINT

P.81手順2で示した同じ処理をJavaを使って記述することもできます（**リスト3.A**）。

リスト3.A　MainActivity2.java

```
package com.example.click;

import android.os.Bundle;
import android.view.View;
import android.widget.Button;
import android.widget.TextView;

import androidx.appcompat.app.AppCompatActivity;

public class MainActivity2 extends AppCompatActivity {
    TextView textView;
    Button button;

    @Override
    protected void onCreate(Bundle savedInstanceState) {
        super.onCreate(savedInstanceState);

        // アクティビティにレイアウトを設定
        setContentView(R.layout.activity_main);

        // XML定義のビューを取得
        textView = findViewById(R.id.textView);
        button = findViewById(R.id.button);

        // ボタン　クリック時の処理
        button.setOnClickListener(new View.OnClickListener() {
            @Override
            public void onClick(View view) {
                textView.setText("Click");
            }
        });
    }
}
```

COLUMN

パッケージ名のディレクトリ

「Androidビュー」→「app」→「java」には3つのディレクトリがあります。プロジェクト作成時に使用するのは、一番上の「パッケージ名」だけのディレクトリです(**図3.E**)。下の2つはテスト用のディレクトリなので間違えないようにしましょう。詳しくは、P.282を参照してください。

- パッケージ名
- パッケージ名(androidTest)
- パッケージ名(テスト)

▼ **図3.E　パッケージ名のディレクトリ**

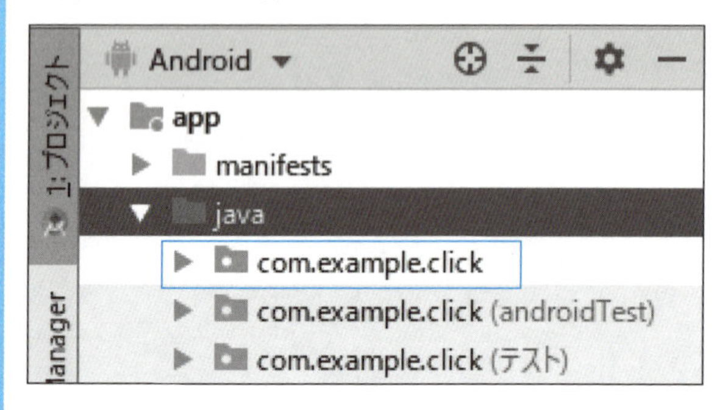

3-3 開発に関する基礎知識

開発とは、一般的に「システム開発」を意味します。ここでは、システム開発の工程のうち、Android Studioに関するメジャーな用語を紹介していきます。

プログラミングの流れ

IT業界で「開発」というと、「システム開発」を意味することが多く、**図3.28**のような作業工程を踏むことが一般的です。

▼ 図3.28　システム開発の作業工程

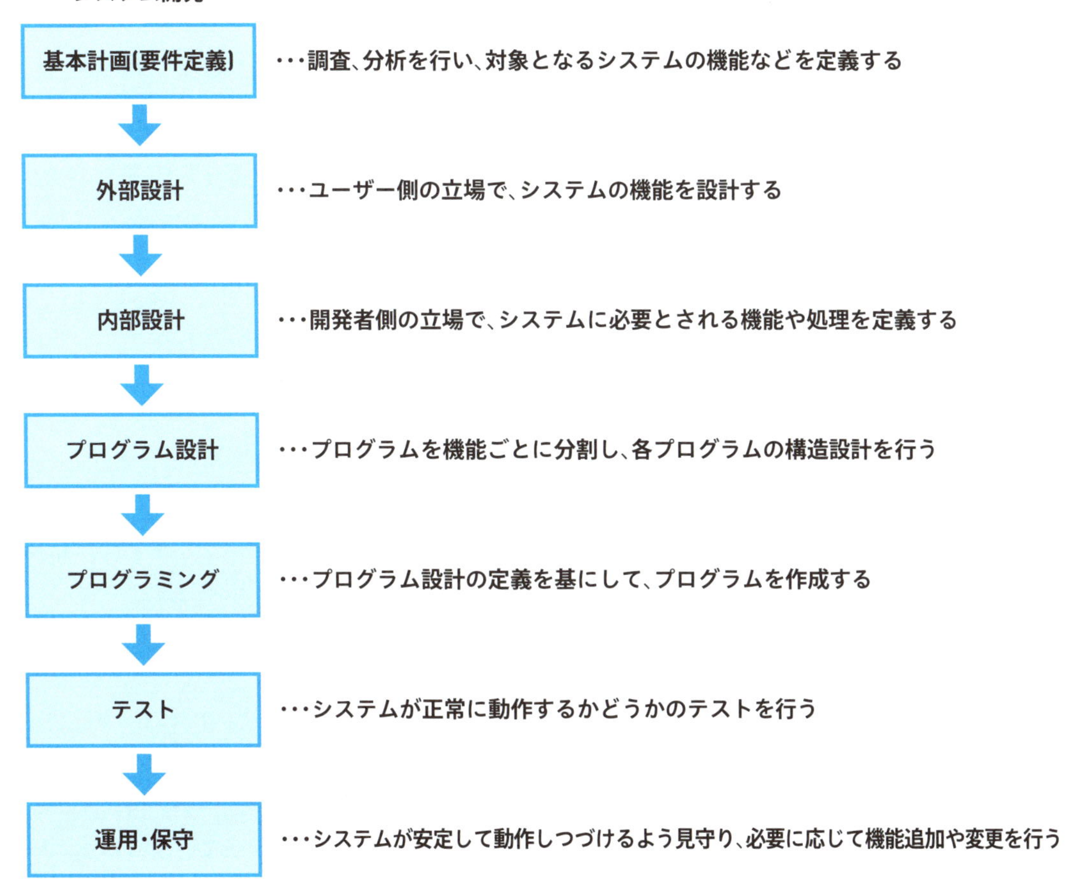

図3.28のうち、主としてプログラミングやテストの工程でAndroid Studioが活躍します。なお、プログラミング作業は、一般的に以下の作業で構成されています。

- 作業①
  エディターを使って、プログラム言語の文法に基づいたソースプログラムを作成（コーディング作業）

- 作業②
  ソースプログラムをコンパイル（コンピュータがソースプログラムを実行可能な機械語に翻訳する）

- 作業③
  コンパイルエラーがあればデバッグ（プログラムのミスや欠陥をチェックして、修正する）

- 作業④
  実行して、仕様通りの結果が出れば作業完了

この作業をAndroid Studioのメニューや機能で表現すると、以下のようになります。

- 作業①　エディターウィンドウでプログラミング（コーディング作業）
- 作業②、④　Android Studioのメニューから「実行（U）」→「実行（U）'app'」を選択するか、実行アイコン▶でコンパイル、ビルド、実行
- 作業③　アイコンからデバッグ

それでは、先に作業②のコンパイルについて紹介しましょう。

コンパイルとは

コンパイルとは、コーディングしたソースプログラムをコンピュータが実行可能な機械語に翻訳することを指します。

デバッグとは

コーディングしたプログラムのタイプミスや欠陥のことを「バグ（Bug）」と呼び、バグを除去する作業が「デバッグ（Debug）」です。Android Studioのメニューにあるデバッグ用アイコンを見てもわかるように、バグは英語で「虫」を意味します。デバッグによって、プログラム中の「バグ（虫）」を除去し、プログラムを正常な（きれいな）状態にするわけです（**図3.29**）。

▼ **図3.29　デバッグ用のメニュー**

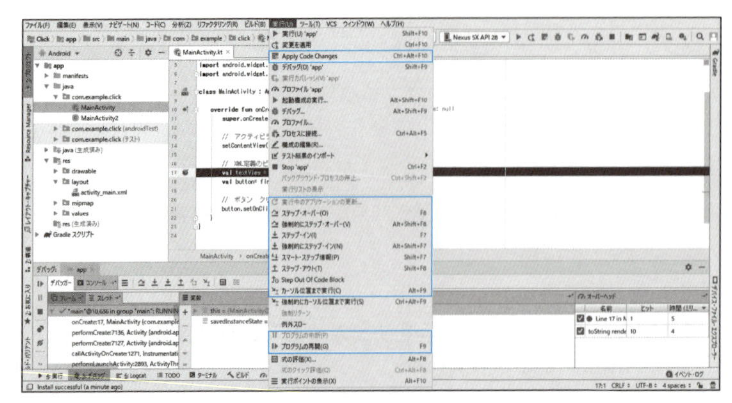

Android Studioには、デバッグに役立つ便利なツールが搭載されています。デバッグ作業の具体例については、P.206で取り上げます。

COLUMN

デバッグとテスト

一般的には、テストが「プログラムの不具合を検出する作業」に対し、デバッグは「プログラムの不具合を修正する作業」といった区分けになります。

また、デバッグは、プログラムの作成者であるプログラマーが行う作業であるのに対し、テストは、プログラマーとは異なる「テスター」などと呼ばれる担当者が行うことが基本です。

プログラムの作成者以外の第３者がテストを行うことで、作成者の思い込みなどが除外でき、作成者が予想しない問題点を発見することも可能になるわけです（**図3.F**）。

▼ 図3.F　テストとデバッグ

テスト ･･･プログラムの不具合を検出する作業

デバッグ ･･･ プログラムの不具合を修正する作業

ビルドとは

「ビルド（build）」は、「建造する」とか「築く」といった意味であり、まさにプログラムを築き上げる過程を指します。具体的には、前述したコンパイルに加え、ライブラリとリンクし、最終的な実行可能ファイルを作成する作業です（**図3.30**）。

ちなみにライブラリとは、プログラムに必要とされる部品群であり、例えば、ビルド対象になっているプログラムに、キー入力が必要とされる記述があれば、キー入力に必要とされるライブラリがリンクされて、実行可能ファイルが作成されます。ビルドの詳細については、9章で取り上げています。

▼ 図3.30　ビルド用のメニュー

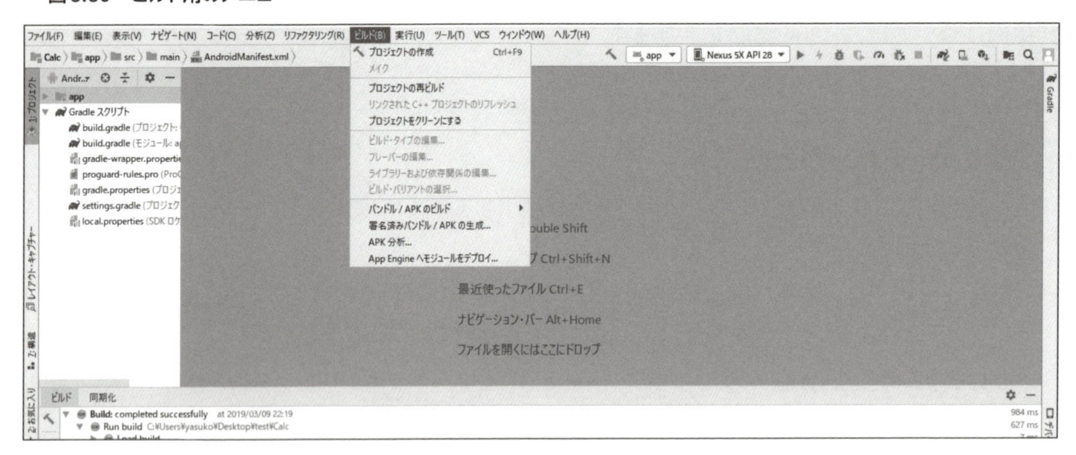

テスティングとは

テスティングとは、プログラムが正常に動作するか否かをテストすることを意味します。コーディングしたソースプログラムのテストを含め、システム開発では**表3.2**のようなテスト工程があります。テスト手法について、**8章**で詳しく紹介しています。

▼ 表3.2　システム開発におけるテストの種類

テスト	内容
単体テスト	プログラムの一機能である「モジュール」単位で実施するテスト。Kotlinプログラミングでは、メソッド単位でのテストを実施します。なお、クラスの設計内容次第では、クラス単位での単体テストもあります。なお、コーディング直後のソースプログラムのテストは、単体テストに相当します
結合テスト	単体テストが完了した複数のクラスやプログラムを、クラス間や機能間のインターフェイスを中心に実施するテスト
システムテスト	本番環境に近い状況で行うテスト。主に開発したシステムが、仕様通りに動作するか否かを確認する工程

リファクタリングとは

リファクタリング(refactoring)とは、現在動作しているプログラムの動作や機能、仕様を保ちつつ、内部構造を見直すことです。現在のソースプログラム内に書かれている変数やメソッドの名前を変更するといった例が、一番身近なリファクタリングでしょう。

数百～数千行で構成されるソースプログラムなどでは、単に変数やメソッドの名前を変更すると言っても、該当箇所を手作業で全て変更するのは至難の業であり、一つでも変更を忘れるとエラーになります。リファクタリングについて、**7章**で詳しく紹介しています。

3-4 開発サイクルを理解する

前節では、主に開発に関する用語について取り上げました。ここでは、実際のAndroidアプリ開発の工程を紹介していきます。

Androidアプリ開発の工程

Android Studioアプリ開発は、まずプロジェクトを作成し、そしてプロジェクトの実行と検証、分析といった工程で構成されます。

プロジェクトの作成

●工程①　レイアウトの作成

画面を提供するコンポーネントであるアクティビティのレイアウトを定義する

●工程②　コーディング

仕様に基づき、KotlinもしくはJavaでプログラムを記述する

●工程③　マニフェストの作成

アプリの実行に必要な情報を宣言する

プロジェクトの実行・検証・分析

●工程①　ビルド・実行

アプリ実行に必要な情報をパッケージ化したAPKファイルを作成し、エミュレータや実機にインストールし実行する

●工程②　デバッグ・テスト

プログラムの不具合を検出し、修正する

●工程③　プロファイル

メモリ使用量、ネットワークトラフィック、CPUへの影響など、さまざまなパフォーマンス

を分析する

Android Studioアプリの公開

公開用APKを作成し、Google Playなどでリリースする（リリース方法についてはP.110を参照してください）

> **ONEPOINT**
>
> APK(Android application package)は、コンパイルしたソース、必要なライブラリ、レイアウトなどのリソース、マニフェストなどをまとめた圧縮形式のファイルです。拡張子は「.apk」となります。

アクティビティを追加しないプロジェクトの作成

3-2では、テンプレートを利用したプロジェクトの作成を取り上げました。ここでは、プロジェクトの構成を理解するために、「アクティビティの追加なし」からスタートする少し応用的なプロジェクトを作成していきましょう。

アクティビティの追加なしプロジェクトを作成する手順

1. Android Studioのメニューから「ファイル（F）」→「新規プロジェクト」を選択します。
2. 「新規プロジェクトの作成　プロジェクトの選択」ダイアログボックスが表示されたら、「スマホおよびタブレット」タブの先頭にある「アクティビティー追加なし」を選択し、「次へ（N）」をクリックします（図**3.31**）。

▼ **図3.31　「新規プロジェクトの作成 プロジェクトの選択」ダイアログボックス**

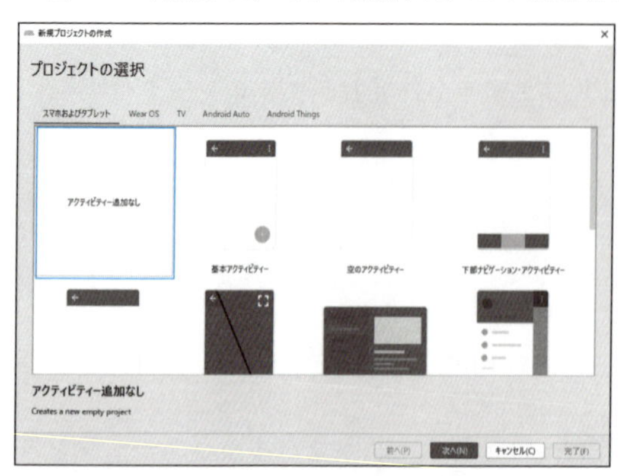

3 「新規プロジェクトの作成　プロジェクトの構成」ダイアログボックスが表示されたら、各項目に以下の設定を行います（**図3.32**）。

- 「新規プロジェクトの作成」ダイアログボックスにある「名前」欄に任意のアプリケーション名を入力する（ここではCalc）
- 「パッケージ名」欄に取得済みのインターネットドメイン名の逆表記.アプリケーション名を入力する（ここではcom.example.calc）。アプリケーションを公開しない場合は架空のインターネットドメインでよい
- 「保存ロケーション」欄にプロジェクトを保存するフォルダ名を指定する
- 「言語」欄に「Kotlin」を選択し、「完了(F)」をクリックする

▼ **図3.32　「新規プロジェクトの作成　プロジェクトの構成」ダイアログボックス**

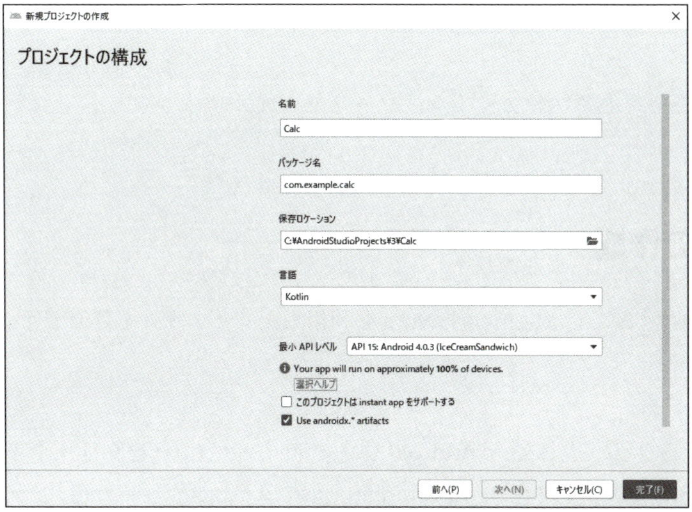

プロジェクトの構成を確認する

　アクティビティなしのプロジェクトが完成したら、Androidビューで、現時点でのプロジェクト構成を確認しておきましょう（**図3.33**）。

▼ 図3.33　Androidビュー（ソースやレイアウトがない状態）

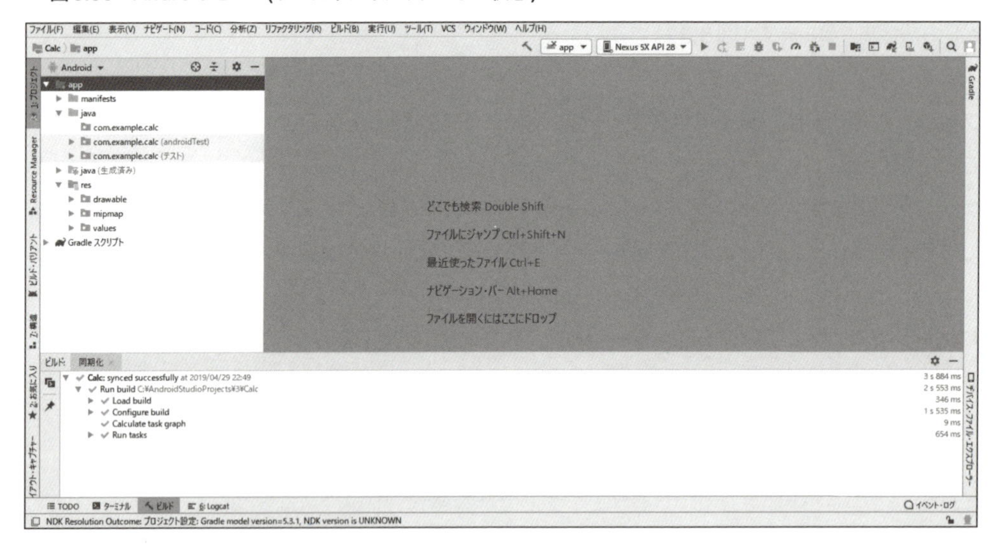

それでは、アプリの実行に必要なレイアウトファイル、ソースファイル、マニフェストファイルを作成していきましょう。

 レイアウトファイルの作成

アクティビティのUIを作成します。ここでは、LinearLayoutを利用したレイアウトを作ります。

アクティビティのUIを作成する

1. 「Androidビュー」→「app」を右クリックして、「Androidリソース・ファイル」をクリックするか、「Androidビュー」の「app」を選択しておき、Android Studioのメインメニューから「ファイル(F)」→「新規」→「Androidリソース・ファイル」をクリックします（**図3.34**）。

▼ 図3.34 「Androidリソース・ファイル」を選択する

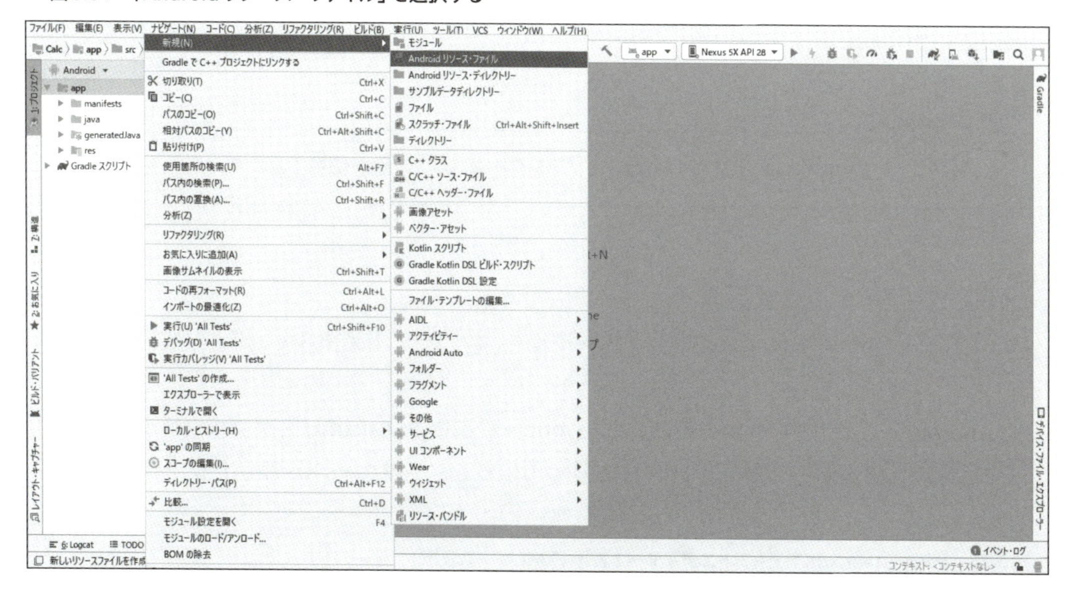

2 「新しいリソースファイル」ダイアログボックスが表示されたら、「新しいリソースファイル」ダイアログボックスにある「ファイル名：」欄に任意のレイアウト名を（ここではcalc_linear）入力し、「リソース・タイプ：」欄で「Layout」を選択します（**図3.35**）。

▼ 図3.35 「新しいリソースファイル」ダイアログボックス

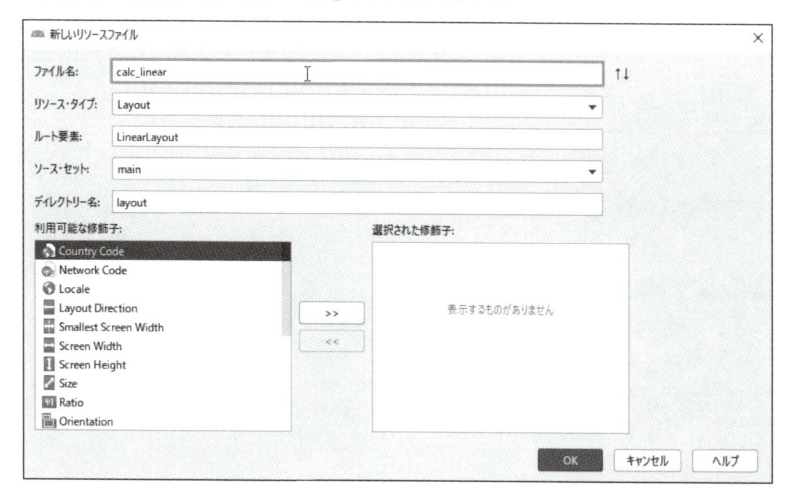

3 「ルート要素：」欄は「LinearLayout」、「ソース・セット：」欄に「main」、「ディレクトリー名：」欄が「layout」になっていることを確認し、「OK」ボタンをクリックします。

ここまでの作業で、「app」→「res」下に「layout」ディレクトリが生成され、その中に「calc_linear.xml」が作成されます。

> **ONEPOINT**
> レイアウトファイル名は、小文字のa-z,0-9,_（アンダースコア）のみが使用できます。

レイアウトファイルを変更する

次に、作成したcalc_linear.xmlにテキストビュー、エディットテキスト、ボタンを追加します。

1. 「Androidビュー」→「app」→「res」→「layout」→「calc_linear.xml」をダブルクリックで開き、ウィンドウの下部にある「テキスト」タブをクリックし、XMLソースを表示します（**図3.36**）。

▼ **図3.36　calc_linear.xmlをテキストエディターで表示（XMLソース表示）**

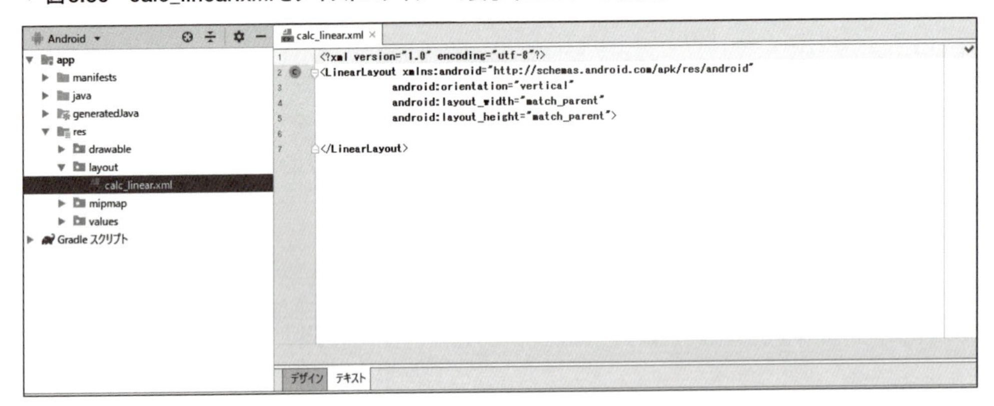

2. calc_linear.xmlの内容を下記に変更します（**図3.37**）。

```
<!--数値入力用のEditText配置　水平方向に配置-->
<LinearLayout
    android:orientation="horizontal"
    android:layout_width="match_parent"
    android:layout_height="wrap_content">
    <EditText
        android:id="@+id/editText"
        android:text="100"
        android:layout_width="wrap_content"
        android:layout_height="wrap_content"
```

```
            android:ems="10"
            android:inputType="number"/>
        <EditText
            android:id="@+id/editText2"
            android:text="200"
            android:layout_width="wrap_content"
            android:layout_height="wrap_content"
            android:ems="10"
            android:inputType="number"/>
    </LinearLayout>

    <!--結果表示-->
    <TextView
        android:id="@+id/textView"
        android:text="答え"
        android:layout_width="match_parent"
        android:layout_height="wrap_content"
        android:textSize="18sp"/>

    <!--加算ボタン、減算ボタン　　水平方向に配置-->
    <LinearLayout
        android:orientation="horizontal"
        android:layout_width="match_parent"
        android:layout_height="wrap_content">
        <Button
            android:id="@+id/button"
            android:text="Add"
            android:layout_width="wrap_content"
            android:layout_height="match_parent"/>
        <Button
            android:id="@+id/button2"
            android:text="Sub"
            android:layout_width="wrap_content"
            android:layout_height="match_parent"/>
    </LinearLayout>
```

▼ 図3.37　calc_linear.xml

```
<?xml version="1.0" encoding="utf-8"?>
<LinearLayout xmlns:android="http://schemas.android.com/apk/res/android"
        android:orientation="vertical"
        android:layout_width="match_parent"
        android:layout_height="match_parent">

    <!--数値入力用のEditText配置　水平方向に配置-->
    <LinearLayout
        android:orientation="horizontal"
        android:layout_width="match_parent"
        android:layout_height="wrap_content">
        <EditText
            android:id="@+id/editText"
            android:text="100"
            android:layout_width="wrap_content"
            android:layout_height="wrap_content"
            android:ems="10"
            android:inputType="number"/>
        <EditText
            android:id="@+id/editText2"
            android:text="200"
            android:layout_width="wrap_content"
            android:layout_height="wrap_content"
            android:ems="10"
            android:inputType="number"/>
    </LinearLayout>

    <!--結果表示-->
    <TextView
        android:id="@+id/textView"
        android:text="答え"
        android:layout_width="match_parent"
        android:layout_height="wrap_content"
        android:textSize="18sp"/>

    <!--加算ボタン、減算ボタン　　水平方向に配置-->
    <LinearLayout
        android:orientation="horizontal"
        android:layout_width="match_parent"
        android:layout_height="wrap_content">
        <Button
            android:id="@+id/button"
            android:text="Add"
            android:layout_width="wrap_content"
            android:layout_height="match_parent"/>
        <Button
            android:id="@+id/button2"
            android:text="Sub"
            android:layout_width="wrap_content"
            android:layout_height="match_parent"/>
    </LinearLayout>
</LinearLayout>
```

3　ウィンドウ下部の「デザイン」タブをクリックし、レイアウトを確認します（**図3.38**）。

▼ 図3.38 レイアウトをデザインエディターで表示

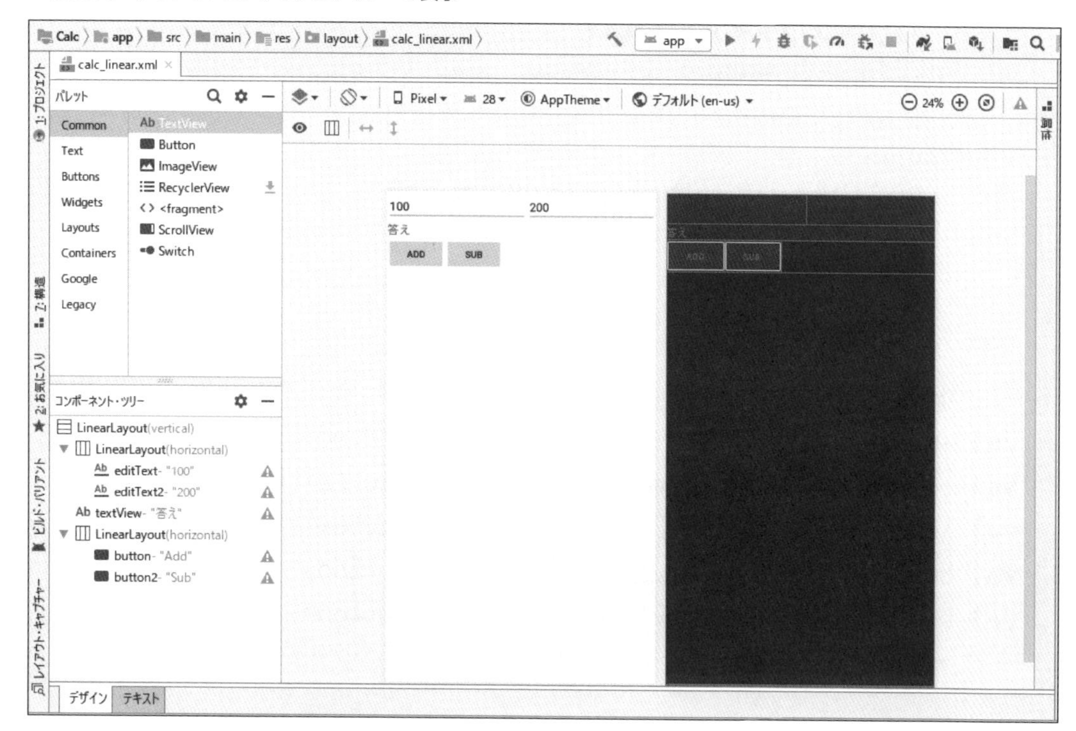

COLUMN リソースファイルについて

リソースファイルはXMLで作成された、レイアウト、画像、文字列、色などの設定ファイルです。コードとは別に独立して保持できるので、プログラムに影響せずに設定を変更することが可能になります（**図3.G**）。

なお、これらのリソースはビルド時にRクラスとして生成されます。コード内では、生成されたRクラスのリソースIDを使用して各リソースにアクセスします。主なリソースタイプを**表3.C**に示します。

▼ 図3.G コード内でのリソース使用例

```
// XML定義のビューを取得
val editText1 = findViewById<EditText>(R.id.editText)
val editText2 = findViewById<EditText>(R.id.editText2)
val textView = findViewById<TextView>(R.id.textView)
val button1 = findViewById<Button>(R.id.button)
val button2 = findViewById<Button>(R.id.button2)
```

▼ 表3.C 主なリソースタイプ一覧

ディレクトリ	リソースタイプ
animator	プロパティ アニメーションを定義
anim	トゥイーン アニメーションを定義
color	色の状態リストを定義
drawable	ビットマップ ファイル（.png、.9.png、.jpg、.gif）
mipmap	さまざまなランチャー アイコン密度のドローアブル ファイル
layout	ユーザー インターフェースのレイアウトを定義
menu	オプション メニュー、コンテキスト メニュー、サブ メニューといった、アプリケーション メニューを定義
raw	未加工の形式で保存する任意のファイルを定義
values	文字列、整数、色などの単純な値を定義

ソースファイルの作成

画面レイアウトが完成したところで、次にソースファイルを作成します。ここでは、ボタンをクリックすると、エディットテキストに入力した数値を加算、減算し、その結果をテキストビューに表示する処理を記述します。

Kotlinのソースファイルを作成する

1 「Androidビュー」→「app」→「java」→「com.example.calc」(パッケージ名)を右クリックし、「Kotlinファイル/クラス」をクリックします(**図3.39**)。

▼ 図3.39　「Kotlinファイル/クラス」を選択する

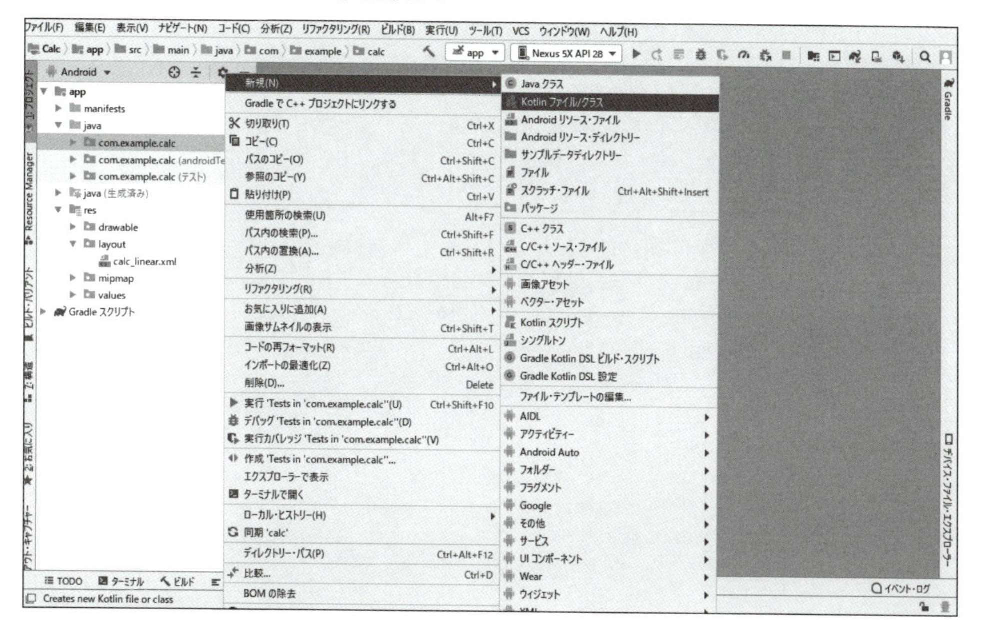

2 「新規Kotlinファイル/クラス」ダイアログボックスの「名前：」欄に任意のファイル名を入力します(ここではCalcLinear)。

3 ソースファイルが生成されたら、以下のコードを入力してください(**図3.41**)。

▼ 図3.40　「名前：」欄にソースファイル名を入力する

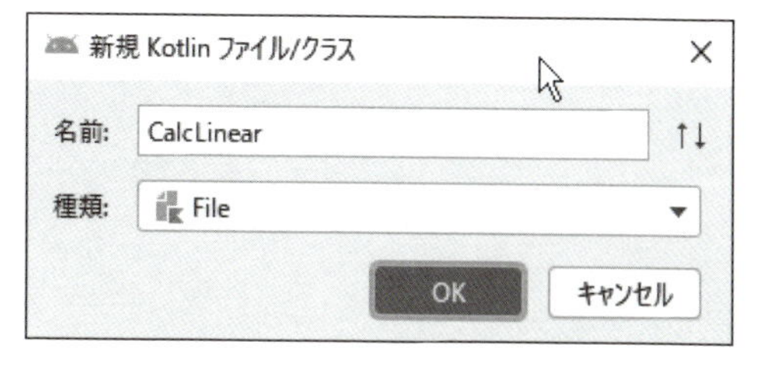

```
import android.os.Bundle
import android.widget.Button
import android.widget.EditText
import android.widget.TextView
import androidx.appcompat.app.AppCompatActivity

class CalcLinear : AppCompatActivity() {

    override fun onCreate(savedInstanceState: Bundle?) {
        super.onCreate(savedInstanceState)

        // アクティビティにレイアウトを設定
        setContentView(R.layout.calc_linear)

        // XML定義のビューを取得
        val editText1 = findViewById<EditText>(R.id.editText)
        val editText2 = findViewById<EditText>(R.id.editText2)
        val textView = findViewById<TextView>(R.id.textView)
        val button1 = findViewById<Button>(R.id.button)
        val button2 = findViewById<Button>(R.id.button2)


        // ボタン　クリック時の処理
        // Addボタン　加算処理
        button1.setOnClickListener {
            textView.text = (editText1.text.toString().toInt() +
                                  editText2.text.toString().  toInt()).toString()
        }
        // Subボタン　減算処理
        button2.setOnClickListener {
            textView.text = (editText1.text.toString().toInt() -
                                  editText2.text.toString().  toInt()).toString()
        }
    }
}
```

▼ 図3.41 CalcLinear.kt

```
package com.example.calc

import android.os.Bundle
import android.widget.Button
import android.widget.EditText
import android.widget.TextView
import androidx.appcompat.app.AppCompatActivity

class CalcLinear : AppCompatActivity() {

    override fun onCreate(savedInstanceState: Bundle?) {
        super.onCreate(savedInstanceState)

        // アクティビティにレイアウトを設定
        setContentView(R.layout.calc_linear)

        // XML定義のビューを取得
        val editText1 = findViewById<EditText>(R.id.editText)
        val editText2 = findViewById<EditText>(R.id.editText2)
        val textView = findViewById<TextView>(R.id.textView)
        val button1 = findViewById<Button>(R.id.button)
        val button2 = findViewById<Button>(R.id.button2)


        // ボタン クリック時の処理
        // Addボタン 加算処理
        button1.setOnClickListener { it: View!
            textView.text = (editText1.text.toString().toInt() + editText2.text.toString().toInt()).toString()
        }
        // Subボタン 減算処理
        button2.setOnClickListener { it: View!
            textView.text = (editText1.text.toString().toInt() - editText2.text.toString().toInt()).toString()
        }
    }
}
```

今回のプロジェクトでは、言語にKotlinを選択して作成しましたが、Javaのソースを作成することもできます。同じ処理をJavaを使って記述した例もあげておきましょう。

Javaのソースファイルを作成する

1 「Androidビュー」→「app」→「java」→「com.example.calc」(パッケージ名)を右クリックし、「Javaクラス」をクリックします(**図3.42**)。

▼ 図3.42　「Javaクラス」を選択する

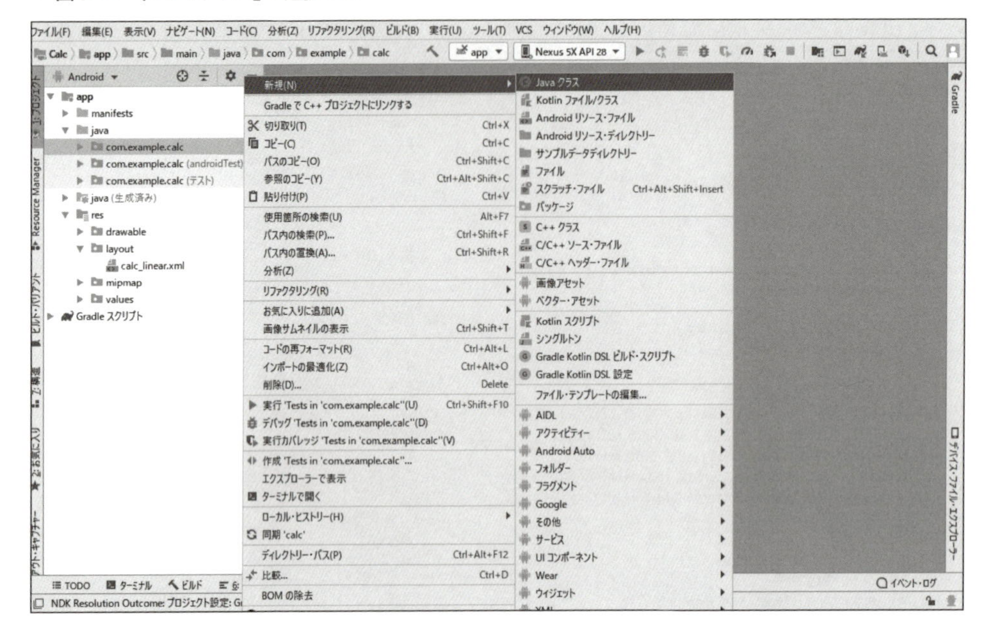

[2] 「新規クラスの作成」ダイアログボックスの「名前：」欄に任意の名前を入力します（ここではCalcLinearJava）。

▼ 図3.43　「新規クラスの作成」ダイアログボックス

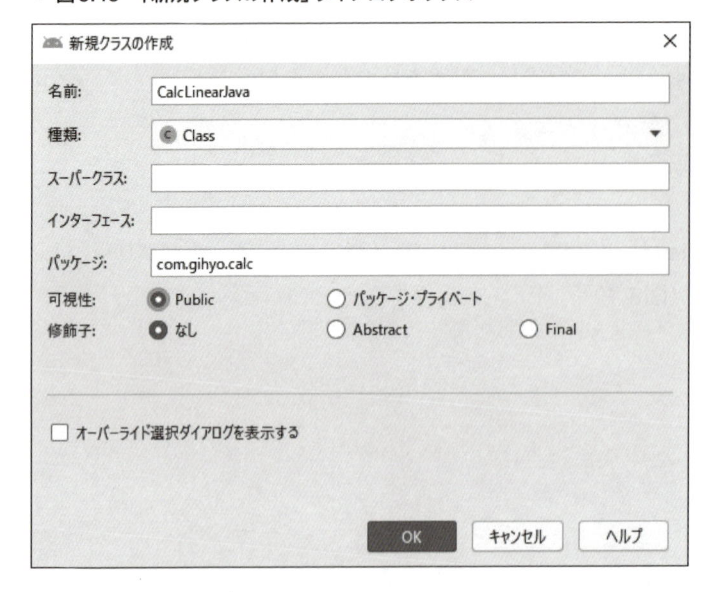

3 ソースファイルが生成されたら、以下のコードを入力します（**図3.44**）。

```
package com.example.calc;

import android.os.Bundle;
import android.view.View;
import android.widget.Button;
import android.widget.EditText;
import android.widget.TextView;
import androidx.appcompat.app.AppCompatActivity;

public class CalcLinearJava extends AppCompatActivity {
    TextView textView;
    EditText editText1,editText2;
    Button button1,button2;

    @Override
    protected void onCreate(Bundle savedInstanceState) {
        super.onCreate(savedInstanceState);

        //  アクティビティにレイアウトを設定
        setContentView(R.layout.calc_linear);

        //  XML定義のビューを取得
        textView = findViewById(R.id.textView);
        editText1 = findViewById(R.id.editText);
        editText2 = findViewById(R.id.editText2);
        button1 = findViewById(R.id.button);
        button2 = findViewById(R.id.button2);

        //  ボタン クリック時の処理
        //  Addボタン 加算処理
        button1.setOnClickListener(new View.OnClickListener() {
            @Override
            public void onClick(View view) {
                textView.setText((Integer.parseInt(editText1.getText().toString()) +
                                  Integer.parseInt(editText2.getText().toString())) + "");
            }
        });
        //  Subボタン 減算処理
        button2.setOnClickListener(new View.OnClickListener() {
            @Override
            public void onClick(View view) {
                textView.setText((Integer.parseInt(editText1.getText().toString()) -
                                  Integer.parseInt(editText2.getText().toString())) + "");
```

```
            }
        });
    }
}
```

▼ 図3.44 CalcLinearJava.java

```
CalcLinearJava.java
1  package com.example.calc;
2
3  import android.os.Bundle;
4  import android.view.View;
5  import android.widget.Button;
6  import android.widget.EditText;
7  import android.widget.TextView;
8  import androidx.appcompat.app.AppCompatActivity;
9
10 public class CalcLinearJava extends AppCompatActivity {
11     TextView textView;
12     EditText editText1,editText2;
13     Button button1,button2;
14
15     @Override
16     protected void onCreate(Bundle savedInstanceState) {
17         super.onCreate(savedInstanceState);
18
19         //  アクティビティにレイアウトを設定
20         setContentView(R.layout.calc_linear);
21
22         //  XML定義のビューを取得
23         textView = (TextView) findViewById(R.id.textView);
24         editText1 = (EditText) findViewById(R.id.editText);
25         editText2 = (EditText) findViewById(R.id.editText2);
26         button1 = (Button) findViewById(R.id.button);
27         button2 = (Button) findViewById(R.id.button2);
28
29         //  ボタン  クリック時の処理
30         //  Addボタン  加算処理
31         button1.setOnClickListener(new View.OnClickListener() {
32             @Override
33             public void onClick(View view) {
34                 textView.setText((Integer.parseInt(editText1.getText().toString()) + Integer.parseInt(editText2.getText().toString())) + "");
35             }
36         });
37         //  Subボタン  減算処理
38         button2.setOnClickListener(new View.OnClickListener() {
39             @Override
40             public void onClick(View view) {
41                 textView.setText((Integer.parseInt(editText1.getText().toString()) - Integer.parseInt(editText2.getText().toString())) + "");
42             }
43         });
44     }
45 }
```

マニフェストファイルを編集する

それでは、最後にマニフェストファイルにアクティビティの設定を追加しましょう。

マニフェストファイル（AndroidManifest.xml）とは、アプリの実行に必要な情報を設定するXML形式のファイルです。マニフェストファイルの主な設定内容は以下の通りです。

- 実行するアプリのパッケージ名の指定
- アプリが使用するコンポーネント（アプリを構成するアクティビティ、サービス、ブロードキャストレシーバー、コンテンツ プロバイダ）の記述
- パーミッションの宣言
- アプリに必要なAndroid APIの最小限のレベルの宣言
- アプリにリンクする必要があるライブラリを記載

マニフェストファイルの編集手順を以下に示します。

1. 「Androidビュー」→「app」→「manifests」→「AndroidManifest.xml」をクリックします。
2. 「AndroidManifest.xml」に以下の設定を追加します（**図3.45**）。

```
<manifest xmlns:android="http://schemas.android.com/apk/res/android"
    package="com.example.calc">

    <application
        android:allowBackup="true"
        android:icon="@mipmap/ic_launcher"
        android:label="@string/app_name"
        android:roundIcon="@mipmap/ic_launcher_round"
        android:supportsRtl="true"
        android:theme="@style/AppTheme">
        <activity android:name=".CalcLinear">
            <intent-filter>
                <action android:name="android.intent.action.MAIN"/>

                <category android:name="android.intent.category.LAUNCHER"/>
            </intent-filter>
        </activity>
    </application>
</manifest>
```

▼ 図3.45　AndroidManifest.xml

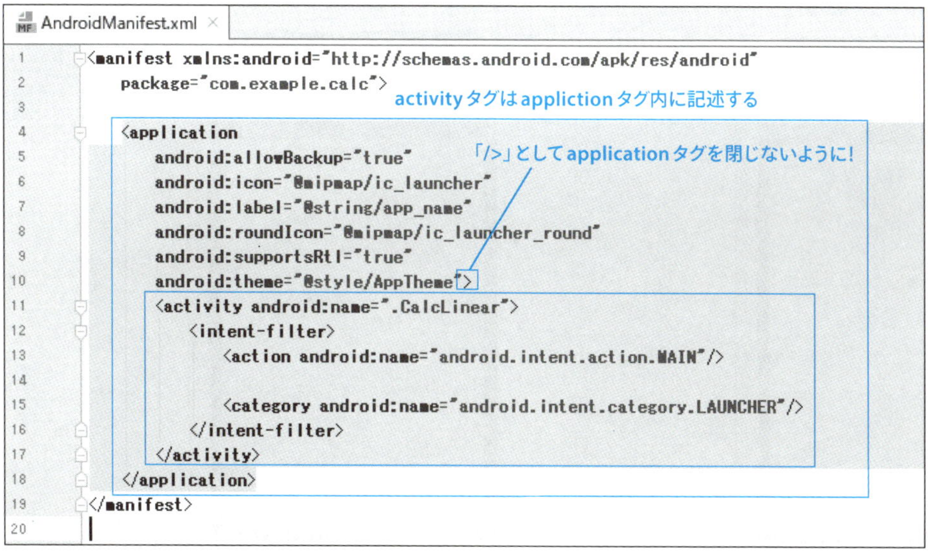

AndroidManifest.xml

activityタグはapplictionタグ内に記述する

「/>」としてapplicationタグを閉じないように!

それでは、作成したアプリをエミュレータで実行して動作確認してみましょう（**図3.46**～**図**

3.48）。

▼ 図3.46　エミュレータで実行　起動時

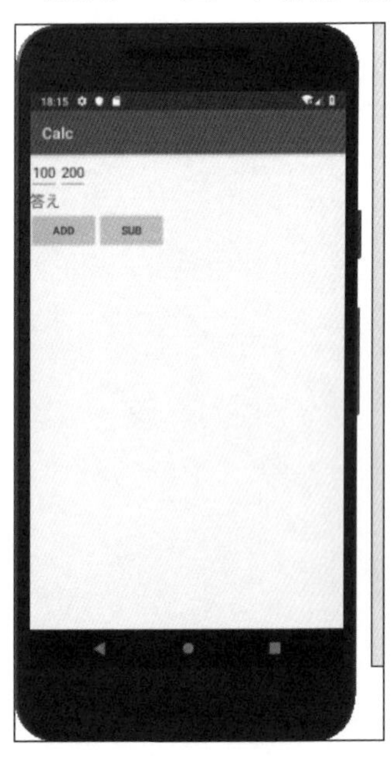

▼ 図3.47　エミュレータで実行　「Add」ボタンクリック時

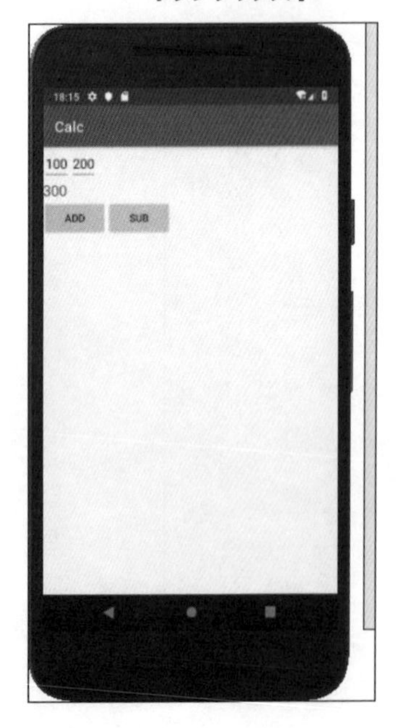

▼ 図3.48　エミュレータで実行　「Sub」ボタンクリック時

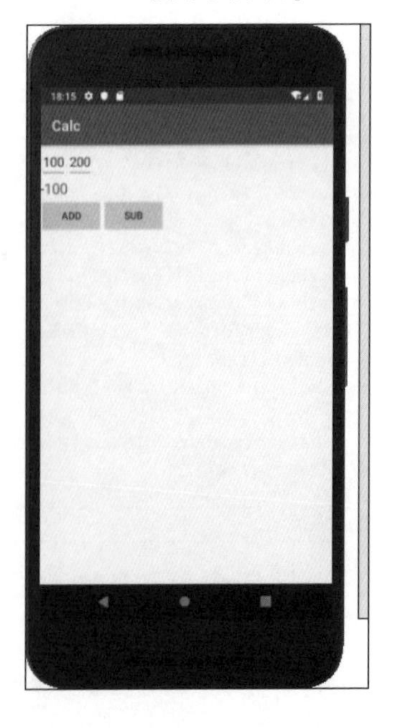

COLUMN　コードでのレイアウト作成

Android Studioでは、レイアウトファイルを使わないで、コーディングだけでレイアウトを設定したり、Viewの追加をすることも可能です(**図3.H**)。

アプリによっては、実行中に動的にレイアウトを変更したり、Viewを追加することもあるため、コーディングによるレイアウトの記述も知っておくと便利です。

▼ 図3.H　コーディングでレイアウトを作成した例

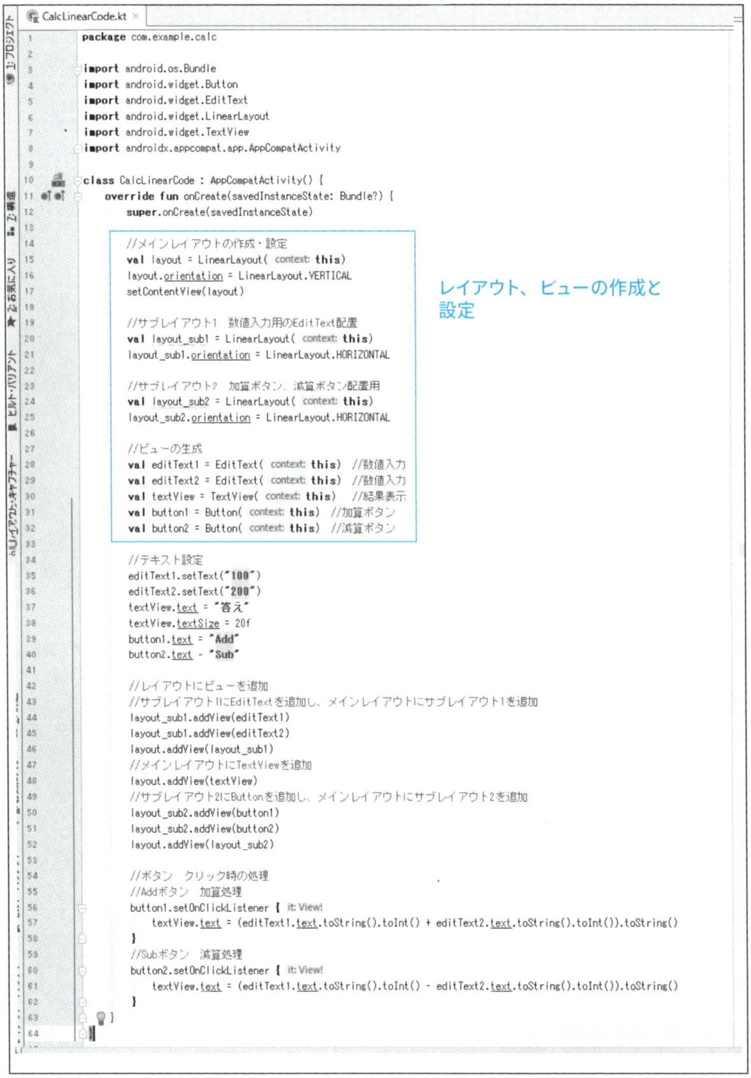

CalcLinearCode.kt

```
package com.example.calc

import android.os.Bundle
import android.widget.Button
import android.widget.EditText
import android.widget.LinearLayout
import android.widget.TextView
import androidx.appcompat.app.AppCompatActivity

class CalcLinearCode : AppCompatActivity() {
    override fun onCreate(savedInstanceState: Bundle?) {
        super.onCreate(savedInstanceState)

        //メインレイアウトの作成・設定
        val layout = LinearLayout( context: this)
        layout.orientation = LinearLayout.VERTICAL
        setContentView(layout)

        //サブレイアウト1　数値入力用のEditText配置
        val layout_sub1 = LinearLayout( context: this)
        layout_sub1.orientation = LinearLayout.HORIZONTAL

        //サブレイアウト2　加算ボタン、減算ボタン配置用
        val layout_sub2 = LinearLayout( context: this)
        layout_sub2.orientation = LinearLayout.HORIZONTAL

        //ビューの生成
        val editText1 = EditText( context: this)  //数値入力
        val editText2 = EditText( context: this)  //数値入力
        val textView = TextView( context: this)   //結果表示
        val button1 = Button( context: this)  //加算ボタン
        val button2 = Button( context: this)  //減算ボタン

        //テキスト設定
        editText1.setText("100")
        editText2.setText("200")
        textView.text = "答え"
        textView.textSize = 20f
        button1.text = "Add"
        button2.text - "Sub"

        //レイアウトにビューを追加
        //サブレイアウト1にEditTextを追加し、メインレイアウトにサブレイアウト1を追加
        layout_sub1.addView(editText1)
        layout_sub1.addView(editText2)
        layout.addView(layout_sub1)
        //メインレイアウトにTextViewを追加
        layout.addView(textView)
        //サブレイアウト2にButtonを追加し、メインレイアウトにサブレイアウト2を追加
        layout_sub2.addView(button1)
        layout_sub2.addView(button2)
        layout.addView(layout_sub2)

        //ボタン　クリック時の処理
        //Addボタン　加算処理
        button1.setOnClickListener { it: View!
            textView.text = (editText1.text.toString().toInt() + editText2.text.toString().toInt()).toString()
        }
        //Subボタン　減算処理
        button2.setOnClickListener { it: View!
            textView.text = (editText1.text.toString().toInt() - editText2.text.toString().toInt()).toString()
        }
    }
}
```

レイアウト、ビューの作成と設定

ビルド・実行（実機でアプリを実行する）

作成したプロジェクトからデバッグ可能なAPKパッケージを作成し、エミュレータまたは実機にインストールし、アプリを実行します。

前節では、エミュレータを使用した方法を紹介したので、ここでは実機を使って実行してみましょう（具体的なビルド作業は**9章**で取り上げています）。

Android端末の開発者向けオプションを有効にしてUSBケーブルで接続すると、実機でAndroidアプリを実行することができます。

1. 「設定」→「システム」→「開発者向けオプション」に移動し、「USBデバッグ」を有効にします（**図3.49**）。なお、機種やAndroidのバージョンによっては、「設定」→「開発者向けオプション」の場合もあります。

▼ 図3.49　実機の「開発者向けオプション」メニュー

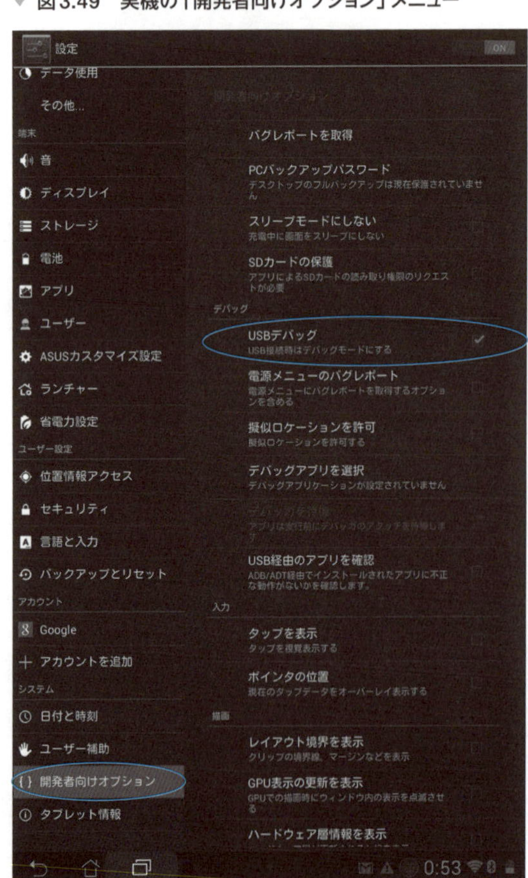

> **ONEPOINT**
>
> Android4.2以降のバージョンでは、デフォルトで「開発者向けオプション」が表示されません。表示するには、「設定」→「端末情報」→「ビルド番号」を7回タップします。その後「設定」に戻ると、開発者向けオプション」が表示されます。

2 PCとAndroid端末をUSBケーブルで接続し、Android Studioのツールバーにある「デプロイ対象の選択」ボックスで、表示された実機を選択します（**図3.50**）。

▼ 図3.50 「デプロイ対象の選択」ボックス 実機表示

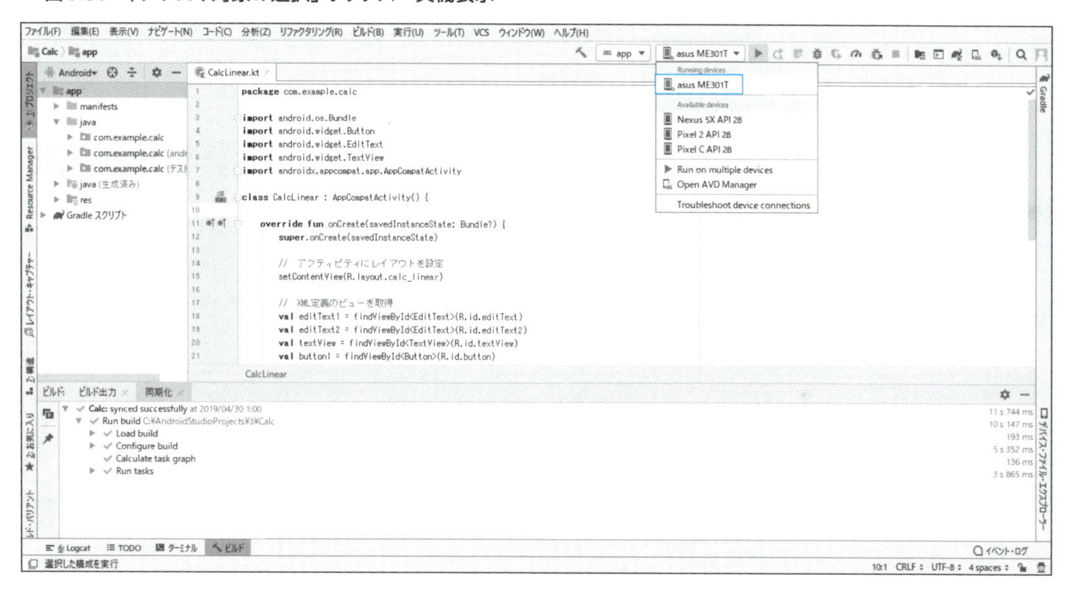

3 Android Studioのツールバーにある▶をクリックするか、メインメニューから「実行(U)」→「実行(U) 'app'」を選択すると、ビルドが実行され、生成されたAPKが実機にインストールされ、アプリが起動されます（**図3.51**）。

▼ 図3.51　実機でアプリを起動した

> **ONEPOINT**
> **6**章でデバッグについて、**8**章でテスト手法について取り上げています。

 アプリを公開する

アプリが完成したら、公開用APKを作成しGoogle Playなどでリリースしましょう。

Androidシステムでは署名のないAPKはデバイスにインストールできないようになっています。これまでAndroid Studioから実行していたアプリには、デバッグ用の署名がされていたので、エミュレータや実機にインストールすることができました。正式にユーザーにインストールしてもらう公開用のアプリを作成する場合は、所有者の署名をアプリに付与する必要があります。

図3.52に、署名ファイルの作成と、公開用APKを発行するまでの手順を紹介しましょう。

▼ 図3.52　アプリ公開の手順

アプリ公開の手順

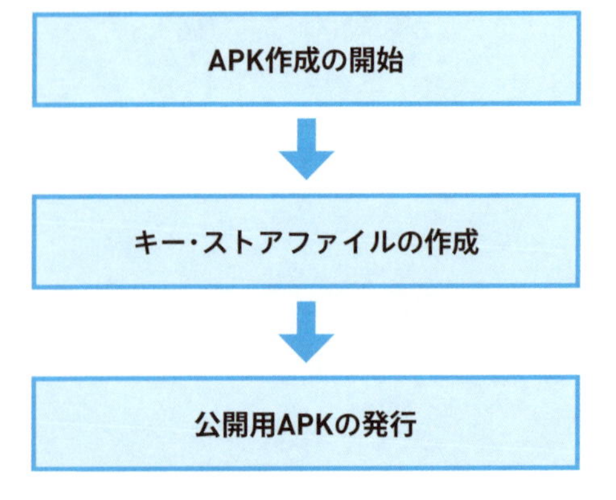

APK作成の開始

1. Android Studioのメニューから「ビルド(B)」→「署名済みバンドル/APKの生成...」を選択します(**図3.53**)。

▼ 図3.53　「ビルド(B)」→「署名済みバンドル/APKの生成...」

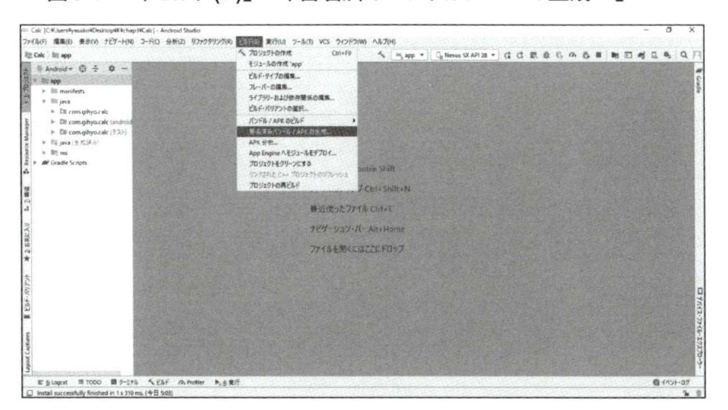

2. 「署名済みバンドルまたはAPKの生成」ダイアログボックスが表示されたら、「APK」を選択し、「次へ(N)」をクリックします(**図3.54**)。

▼ 図3.54　「署名済みバンドルまたはAPKの生成」ダイアログボックス

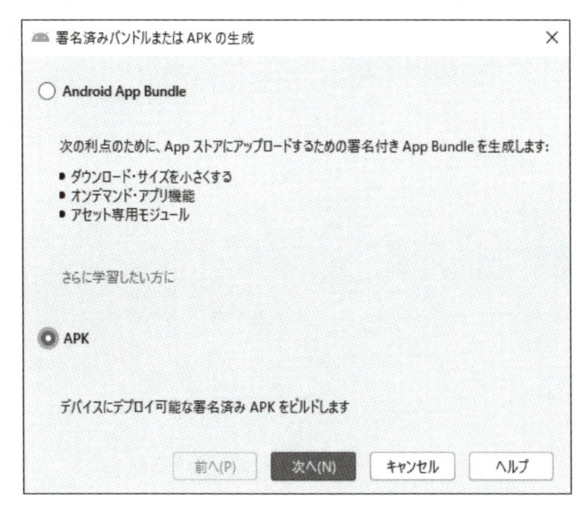

3. 次のダイアログボックスでは、「キー保管パス」欄の「新規作成...」をクリックします(**図3.55**)。なお、キー・ストアを作成済みの場合は、「既存選択...」をクリックし、作成済みのファイルを選択します。

▼ 図3.55 「新規作成…」ボタンをクリックする

キー・ストアファイルの作成

キー・ストアファイルとは、署名をするための秘密鍵や証明書の所有者に関する情報を保管するファイルです。一つのキー・ストアに複数のキーを保管することができます。

それでは、キー・ストアファイルを作成しましょう。

1. 「新規キー・ストア」ダイアログボックスが表示されたら、「キー保管パス:」欄の右端にあるアイコンをクリックします（図**3.56**）。

▼ 図3.56 「新規キー・ストア」ダイアログボックス

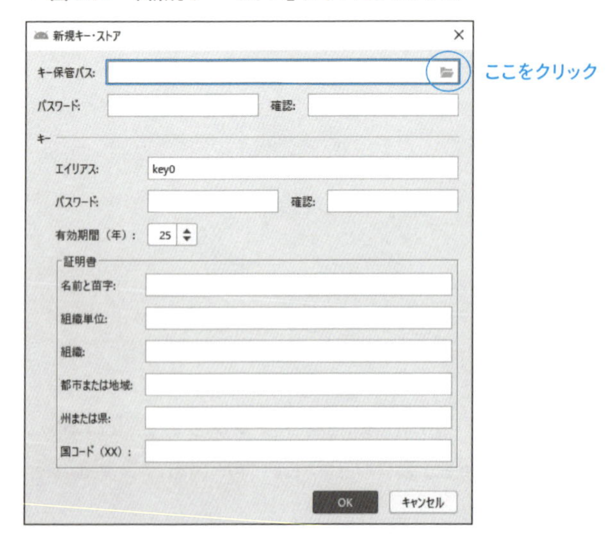

2 「キー・ストアファイルを選択する」ダイアログボックスが表示されるので、任意のフォルダとファイル名を指定して（ここではmyKeystore.jks）、「OK」ボタンをクリックします（**図3.57**）。

▼ **図3.57　「キー・ストアファイルを選択する」ダイアログボックス**

3 「新規キー・ストア」ダイアログボックスに戻り、キー・ストアの「パスワード」欄、「確認」欄、「キー欄」の「パスワード」欄、「確認」欄にそれぞれ6文字以上のパスワードを設定します。さらに、「証明書」欄の少なくとも1か所以上の情報を入力し、「OK」ボタンをクリックします（**図3.58**）。

▼ **図3.58　「新規キー・ストア」ダイアログボックスで必要項目を設定**

ここで、新規「キー・ストア」の入力項目について確認しておきましょう（**表3.3**）。

▼ **表3.3　新規「キー・ストア」の入力項目**

入力項目	内容
キー保管パス	「キー・ストア」のパスとファイル名
パスワード	「キー・ストア」のパスワード
「キー」欄	証明書の暗号化キーの情報 ・エイリアス　キーを識別名 ・パスワード　キーのパスワード ・有効期間（年）　キーの有効期間を年単位で設定（規定値は25年）
「証明書」欄	証明書の所有者に関する情報。この情報はアプリには表示されないが、APKの一部として証明書に含まれる ・名前と苗字 ・組織単位 ・組織 ・都市または地域 ・州または県 ・国コード（日本の場合は、jpまたは81）

ONEPOINT

公開したアプリは、使用期間全体を通じて同じ証明書を使用しないと新しいバージョンとしてアップデートできなくなります。キー・ストアファイルは大切に保管し、パスワードを忘れないようにしましょう。

公開用APKの発行

暗号鍵や署名情報の準備ができたところで、仕上げは、この暗号鍵を使った署名付きAPKの発行です。

1. 「署名済みバンドルまたはAPKの生成」ダイアログボックスに戻り、「キー保管パス」、「キー保管パスワード」、「キー・エイリアス」、「鍵パスワード」が入力されていることを確認し、「次へ(N)」をクリックします（**図3.59**）。

▼ 図3.59　「署名済みバンドルまたはAPKの生成」ダイアログボックス

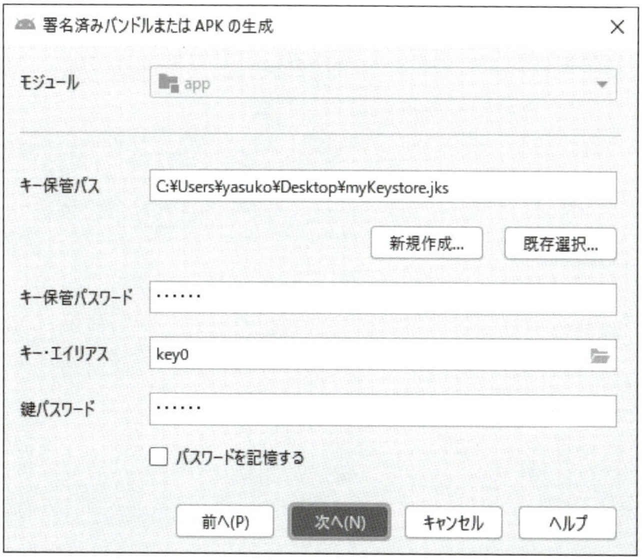

2 次のダイアログボックスにある「ビルド・バリアント」欄では、「release」を選択し、「署名バージョン:」欄は「V1(Jar署名)」、「V2(完全APK署名)」の両方をチェックし、「完了(F)」ボタンをクリックします（**図3.60**）。

▼ 図3.60　「ビルド・バリアント」欄と「署名バージョン」のチェックボックス

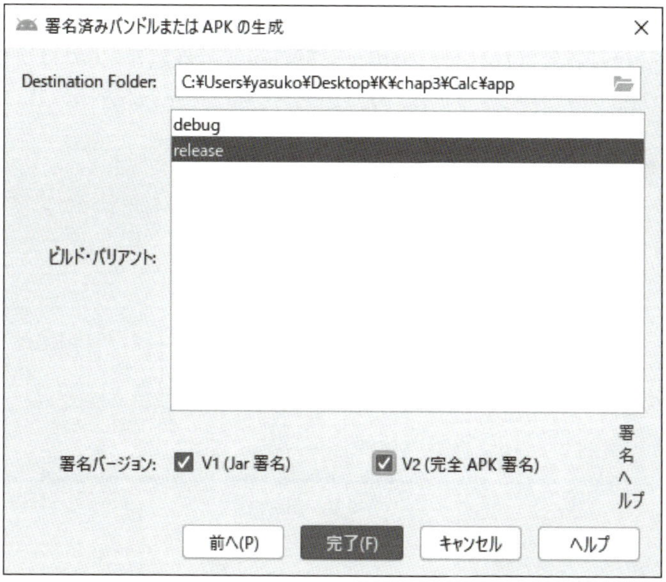

「プロジェクト」ビュー→「Calc」→「app」→「release」の中に、生成された公開用のAPKファイル「app-release.apk」が生成されています。このファイルをGoogle Playなどにアップロードすれば、全世界のユーザーにアプリを公開することができます（**図3.61**）。

▼ **図3.61 「app-release.apk」の確認**

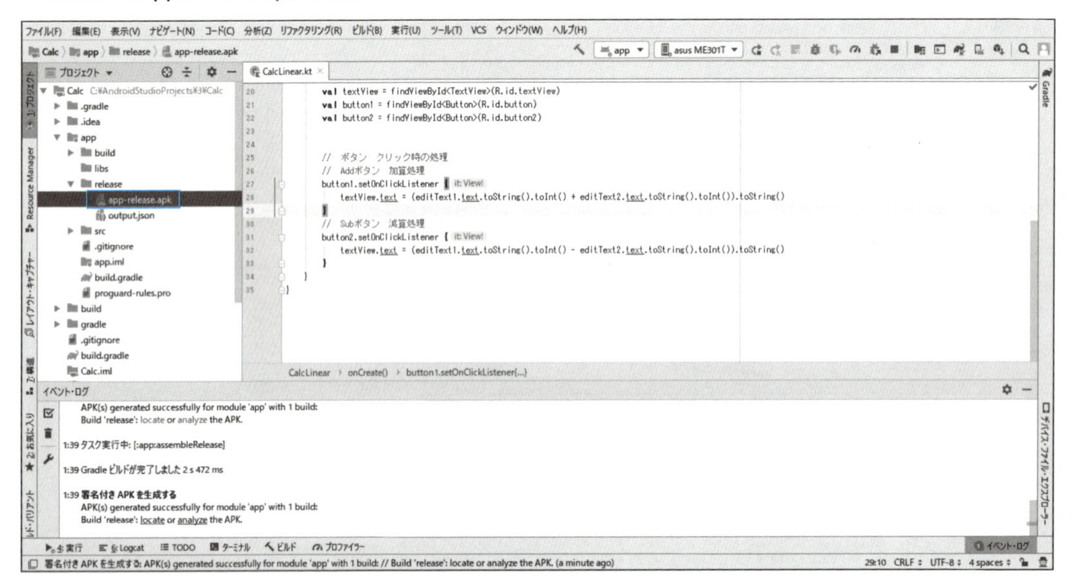

COLUMN 署名バージョンについて

Android7.0以降、APK署名スキームv2と呼ばれる、アプリのインストール時間を高速化したり、APKファイルに無許可の変更が行われないようにしたりする、新しいアプリ署名スキームが導入されました。

「V1(Jar署名)」と「V2(完全APK署名)」の両方を選択しておくと、

- **Android7.0以降のデバイス　・・・　「V2(完全APK署名)」を採用**
- **Android7.0未満のデバイス　・・・　「V1(Jar署名)」を採用**

となります。

ちなみに、「V2(完全APK署名)」のみ選択したAPKは、Android7.0未満のデバイスにインストールできないことがあります。

第4章

レイアウトエディターの基本操作

レイアウトエディターはアプリのUI・レイアウトの作成を支援するツールです。機能的に優れているアプリであっても、操作画面や操作方法が良くなければ、ユーザーの満足度は得られません。この章では、レイアウトエディターを活用したレイアウト作成を紹介します。

本章の内容

4-1 レイアウトエディターの構成要素

Android Studioでは、直接コードを入力したり、XMLタグを使う以外に、レイアウトエディターを使ってレイアウトを作成することができます。ここでは、レイアウトエディターの構成などを見ていきましょう。

レイアウトエディターとは

レイアウトとは、「配置図」を表す英単語です。Android Studioでは、アクティビティなどの画面を構成する要素やその要素の配置を定義したものを指します。

Android Studioでは、ソースファイルに直接コードを入力したり、XML(eXtensible Markup Language)を使ってAndroidアプリのレイアウトを作ることも可能です。XMLはタグを使った表記方法で、コードでの記述と比べると容易ですが、タグの使い方や種類などを把握するまでは多少時間がかかります。

しかし、Android Studioでは、これら以外に、レイアウトエディターを使ってレイアウトを作成することもできます。レイアウトエディターを使うと、視覚的に操作するだけで直感的にレイアウトが作成でき、Android Studioがユーザーの操作を自動的にXMLファイルとして出力してくれます。

この章では、まずは視覚的な操作でレイアウトを作成し、次にXMLコードの編集を紹介します。レイアウトエディターを活用したアクティビティのUI作成をマスターしましょう。

> **ONEPOINT**
>
> XMLは、HTMLと同じ母体であるSGMLを単純化し拡張可能にしたマークアップ言語です。HTMLと同様にタグを使い、データの意味や属性情報、論理構造などを記述していくことができます。

新規プロジェクトの作成

それでは、レイアウト練習用の新規プロジェクトを作成し、レイアウトエディターを表示し、構成要素を見ていきましょう。

アクティビティのテンプレートは「空のアクティビティ」を選択、名前は「Layout」、言語は「Kotlin」を利用します。なお、プロジェクトの作成手順については、P.35を参照してください。

> **ONEPOINT**
>
> この章のレイアウト練習用のプロジェクトのテンプレートでは、「アクティビティ追加なし」を選ばないようにしましょう。「アクティビティ追加なし」にすると、「ConstraintLayout」のライブラリが含まれないプロジェクトが作成され、Constraintレイアウトを作成する場合は、ライブラリを追加しないといけなくなります。

プロジェクトが作成できたら、以下の手順で、生成されたXMLレイアウトファイル「activity_main.xml」をレイアウトエディターで開きます。

1. 「Androidビュー」→「app」→「res」→「layout」→「activity_main.xml」をダブルクリックします。
2. レイアウトエディターが表示されたら、ウィンドウ左下の「デザイン」タブをクリックします。

レイアウトエディターの画面構成

それでは、レイアウトエディターの画面構成を見ていきましょう（**図4.1**）。レイアウトエディターの構成を**表4.1**にまとめます。

▼ **図4.1　レイアウトエディターの画面構成**

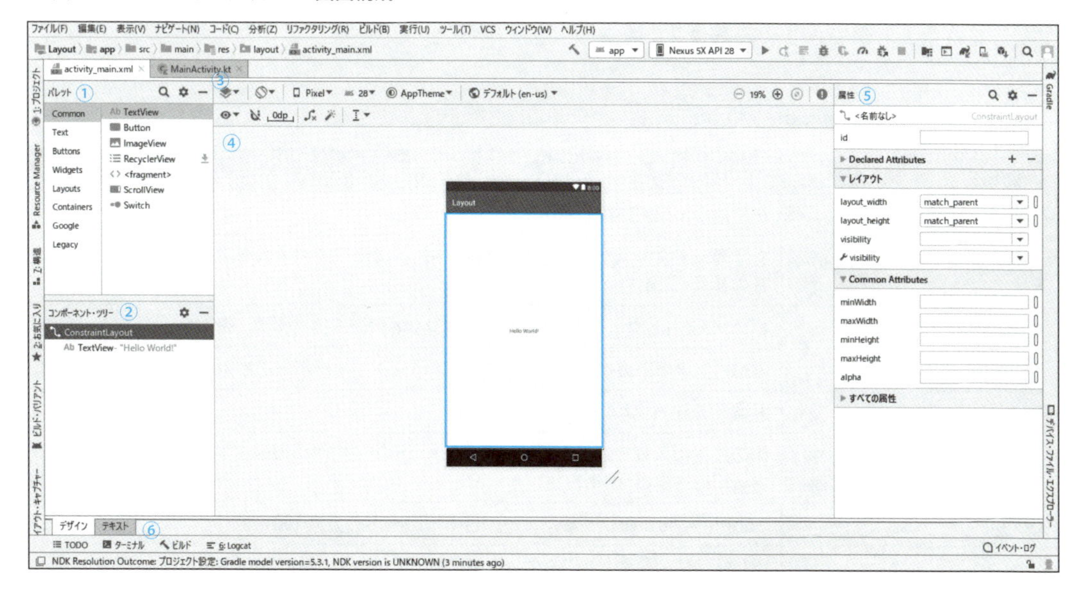

▼ **表4.1　レイアウトエディターの構成**

レイアウトエディター	内容
①パレット	レイアウトで使用できる要素のリスト
②コンポーネント・ツリー	レイアウトの構成要素を階層構造で表示
③ツールバー	レイアウトの外観設定やプロパティ編集などのためのボタン
④デザインエディター	デザインビューとブループリントビューの組み合わせでレイアウトを表示
⑤属性パネル	現在選択されているビューの属性を表示
⑥タブ	レイアウトエディターとテキストエディターの切り替え

レイアウトエディターの構成要素

それでは、前述したレイアウトエディターの構成から、①(パレット)、③(ツールバー)、⑤(属性パネル)の要素について詳しく見ていきましょう。

パレット

レイアウトで使用できる要素が、カテゴリ別に表示されています。
これらの要素をデザインエディターやコンポーネントツリーにドラッグすることでレイアウトを作成していくことができます。**表4.2**にカテゴリ別の要素を表示します。

▼ **表4.2　カテゴリ別の要素一覧**

要素	内容
「Common」	一般的なよく使う項目(**図4.2**)
「Text」	文字表示、文字入力、自動補完機能やチェックマーク付きの文字入力などの文字処理系の要素(**図4.3**)
「Buttons」	ボタン、チェックボックス、ラジオボタンなどの選択系の要素(**図4.4**)
「Widget」	画像、ビデオ、カレンダー、プログレスバー、サーチバーなどの要素(**図4.5**)
「Layouts」	配置系の要素(**図4.6**)
「Containers」	他の要素の入れ物となる要素。スピナー(ドロップダウンリスト)、スクロールビュー、ツールバーなど(**図4.7**)
「Google」	Google APIsが提供するバナー広告や地図表示の要素(**図4.8**)
「Legacy」	新しい代替の要素ができたため、古くなってしまった要素(**図4.9**)

ONEPOINT

「Text」カテゴリの「Plain Text」から「Number(Decimal)」は、要素としてはすべて文字列を入力したり編集するために利用する「EditText」として作成されます。それぞれ、InputType属性に「textPersonName」、「textPassword」、「numberDecimal」などを指定することで表示形式や入力方法が規制されます。

▼図4.2　Common

▼図4.3　Text

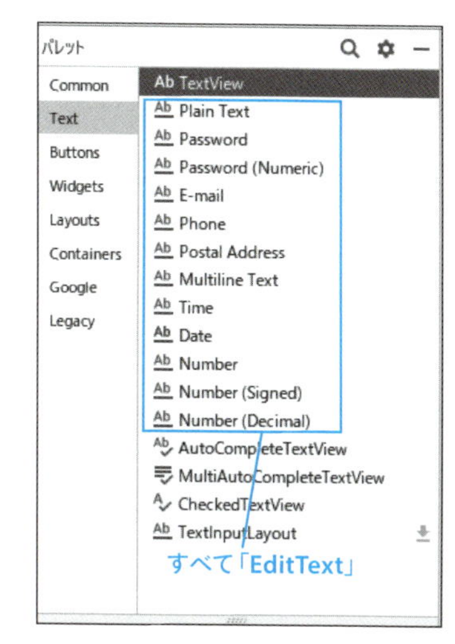

▼図4.4　Buttons

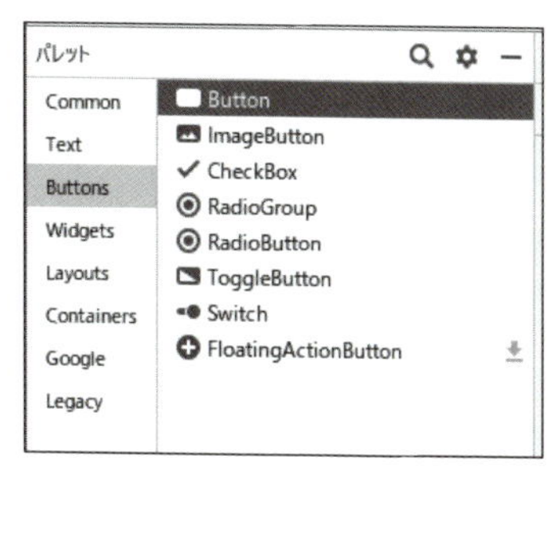

▼図4.5　Widget

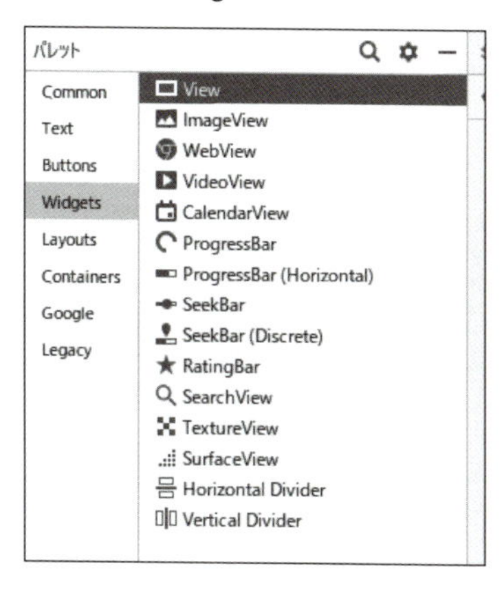

▼図4.6　Layouts

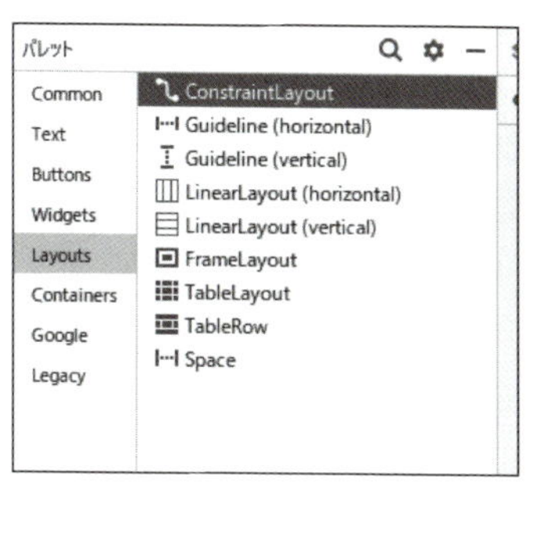

▼図4.7　Containers

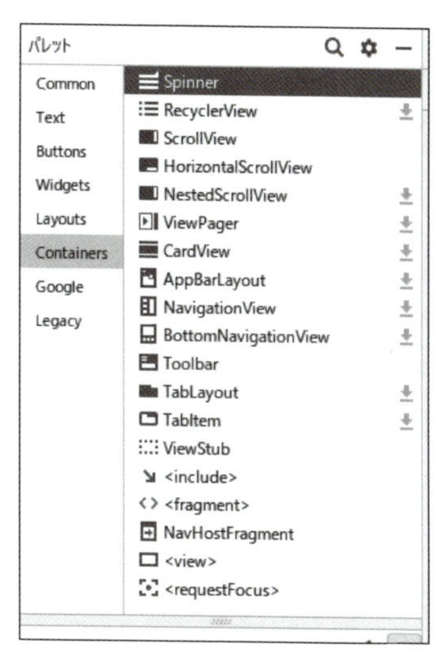

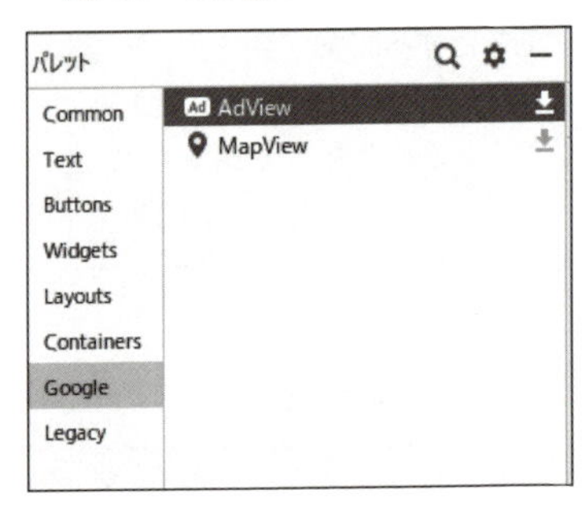

▼ 図4.8　Google

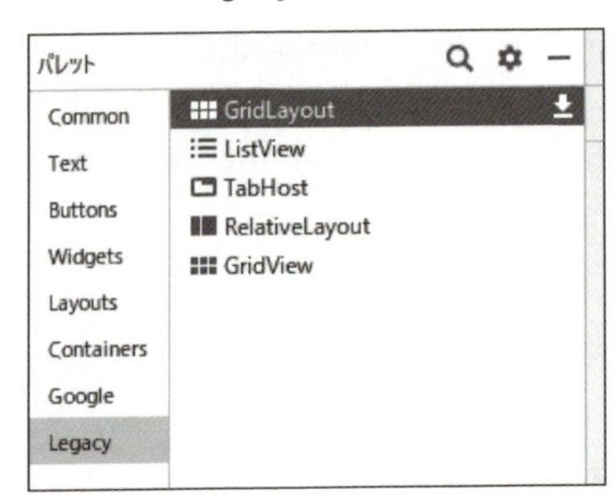

▼ 図4.9　Legacy

ツールバー

デザインエディター上のレイアウトの外観を設定したり、レイアウトのプロパティを編集したりするためのボタンがあります（**図4.10**）。

▼ 図4.10　ツールバー

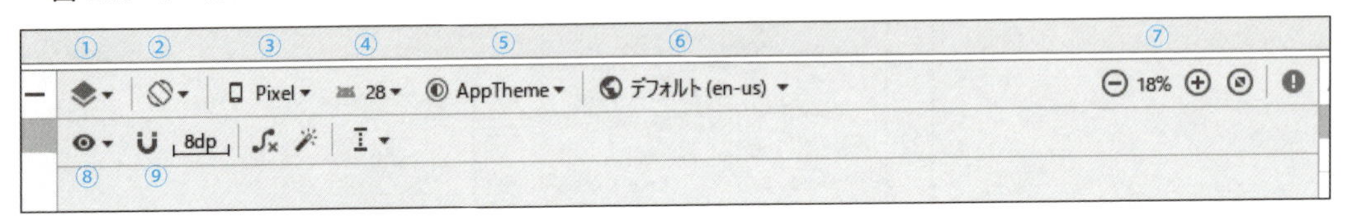

①デザインとブループリント

レイアウトを表示する方法を選択します。

- デザイン …レイアウトのカラープレビュー
- ブループリント …各ビューのアウトラインのみを表示
- デザイン＋ブループリント …2つのビューを並べて表示

図4.11は、後述するレイアウトエディターの「ツールバー」の「表示オプション」から「レイアウト装飾の表示」をチェックしたものです。

▼ 図4.11　デザイン＋ブループリント

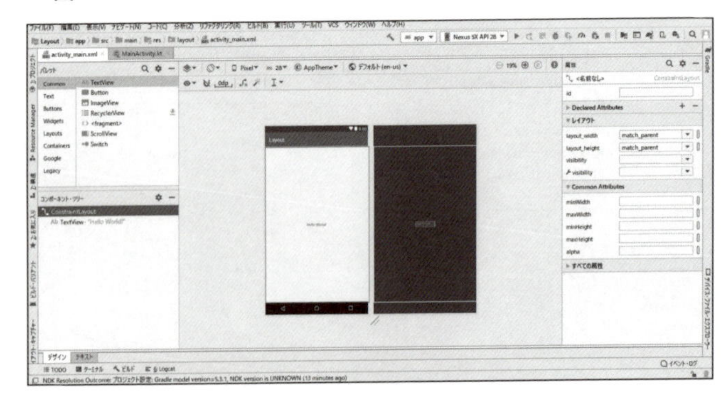

ONEPOINT

「デザインエディター」を選択した状態で、キーボードのⒷキーを押すと、「デザイン」、「ブループリント」「デザイン+ブループリント」を切り替えることができます。

②画面の向き

端末の向きを横にしたり、縦にしたりできます。

③端末のタイプとサイズ

端末タイプ（スマートフォン、タブレット、テレビ、ウェア、AVD）と画面サイズを選択します（**図4.12**）。

▼ **図4.12　端末のタイプとサイズ**

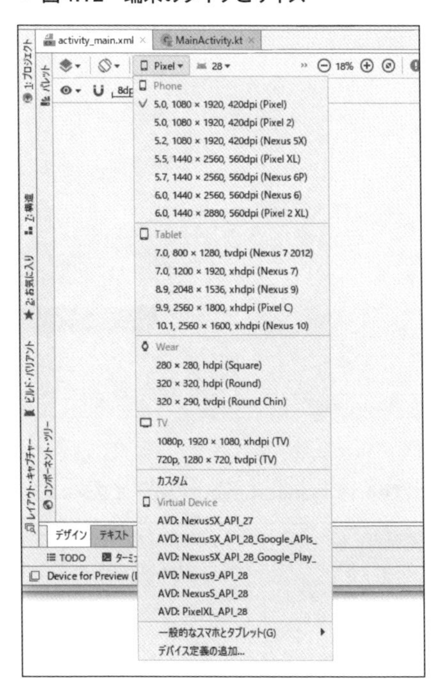

④APIのバージョン

プレビューするAndroidバージョンを選択します。

⑤アプリのテーマ

プレビューに適用するUIテーマを選択します。

⑥言語

文字列に表示する言語を選択します。

⑦ズームアウト、ズームイン、画面に合わせて拡大

レイアウトの表示倍率を変更します。

⑧表示オプション

デザインエディター上の画面表示に関するオプションです。レイアウト部分のみの表示、タイトルバーやナビゲーションボタンを付加して表示するなどを選択します。なお、選択したレイアウトによっては多少項目が異なります。

⑨拡張ツール

選択したレイアウトによってレイアウトエディターの「ツールバー」に表示される項目が異なります（**図4.13**、**図4.14**）。

▼ 図4.13　ConstraintLayoutの表示オプションと拡張ツールの表示例

▼ 図4.14　LinearLayoutの表示オプションと拡張ツールの表示例

> **ONEPOINT**
>
> レイアウトエディターの「ツールバー」は、テキストエディタのー「プレビュー」表示でも利用できます。P.158では、テキストエディターの「プレビュー」機能を紹介しています。

属性パネル

現在選択されているビューの属性を表示します。ビューによって、表示される属性は異なります（**図4.15**、**図4.16**）。

▼ **図4.15　ConstraintLayoutの属性**

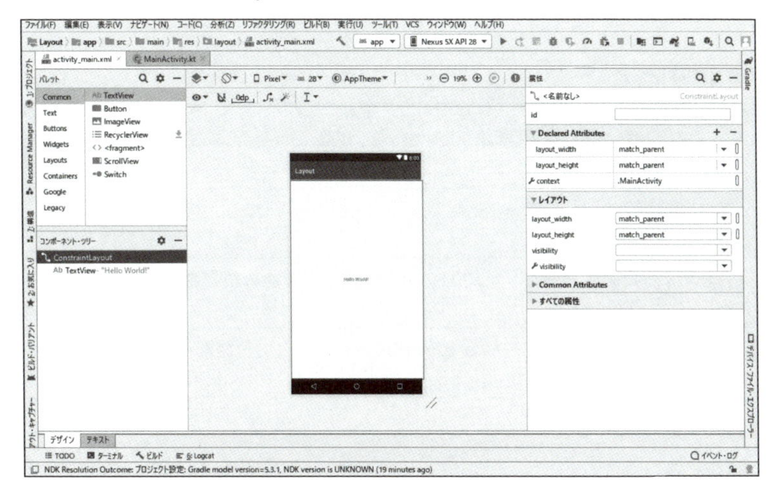

▼ **図4.16　TextViewの属性**

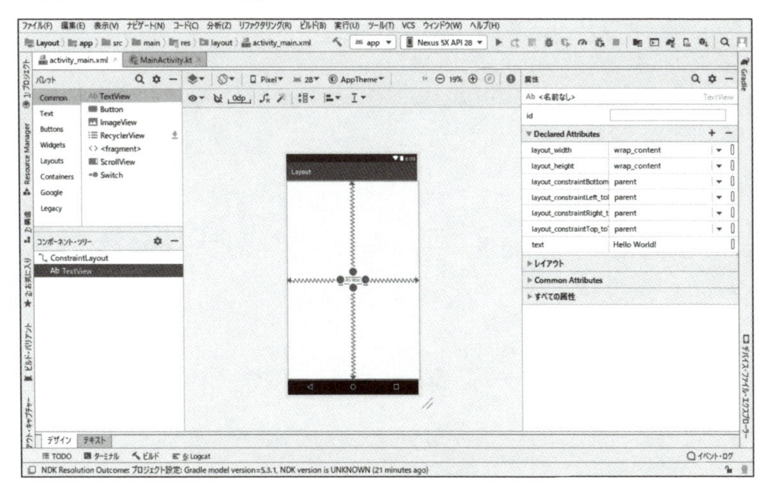

4-2 レイアウトの作成と編集

Android Studioには、さまざまなレイアウトが用意されています。この節では、よく使うレイアウトの作成例を通して、レイアウトエディターの使い方をマスターしていきましょう。

Android Studioで利用できる主なレイアウト

まずは、Android Studioで利用できる主なレイアウトについて紹介しましょう(**表4.3**)。

▼ **表4.3　Android Studioで利用できる主なレイアウト**

レイアウト	内容
「LinearLayout」	垂直方向、または水平方向に線状にビューを配置するレイアウト
「TableLayout」	表形式のレイアウト。各行は「TableRow」要素で指定し、その中に1つ以上のビューを含めることができる
「FrameLayout」	単一のビューを表示するための軽量なレイアウト。複数のビューを含めた場合は、配置順に重ねて表示される
「ConstraintLayout」	描画を迅速に行えるよう工夫したレイアウト。ビューを他のビューとの位置関係を定義することによって配置している

LinearLayoutを使う

それでは、一番シンプルなLinearLayoutを使って、レイアウトの作成、ビューの追加、ビューの属性設定を学習していきましょう。

LinearLayoutの作成

まずは、レイアウトファイルを作成します。

1. 「Androidビュー」→「app」を右クリックし、「新規」→「Androidリソース・ファイル」をクリックします(**図4.17**)。

▼ 図4.17　「Androidリソース・ファイル」を選択する

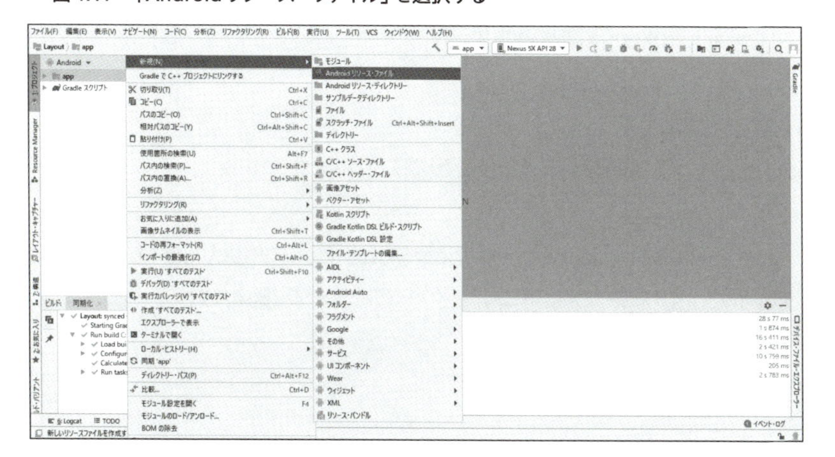

2　「新しいリソースファイル」ダイアログボックス（**図4.18**）が表示されたら、各項目に**表4.4**に示す設定を行います。

▼ 図4.18　「新しいリソースファイル」ダイアログボックス

新しいリソースファイル
ファイル名: linear1
リソース・タイプ: Layout
ルート要素: LinearLayout
ソース・セット: main
ディレクトリー名: layout
利用可能な修飾子:
Country Code
Network Code
Locale
Layout Direction
Smallest Screen Width
Screen Width
Screen Height
Size
Ratio
Orientation
選択された修飾子:
表示するものがありません
OK　キャンセル　ヘルプ

▼ 表4.4　設定する項目一覧

項目	設定内容
「ファイル名：」	任意のレイアウト名を入力する（ここではlinear1）
「リソース・タイプ：」	「Layout」を選択する
「ルート要素：」	「LinearLayout」となっていることを確認する
「ソース・セット：」	「main」を選択する
「ディレクトリー名：」	「layout」になっていることを確認する

3　手順 2 の設定ができたら、「OK」ボタンをクリックします。これで、「Androidビュー」の「app」→「res」→「layout」に「linear1.xml」が作成されます。

LinearLayoutにUI部品を追加する

次は、作成されたlinear1.xmlにUI部品の「ボタン」を配置していきます。

1　「Androidビュー」の「app」→「res」→「layout」→「linear1.xml」をダブルクリックして、XMLレイアウトファイル「linear1.xml」をレイアウトエディターで開きます（**図4.19**）。

▼ 図4.19　linear1.xmlをレイアウトエディターで表示した

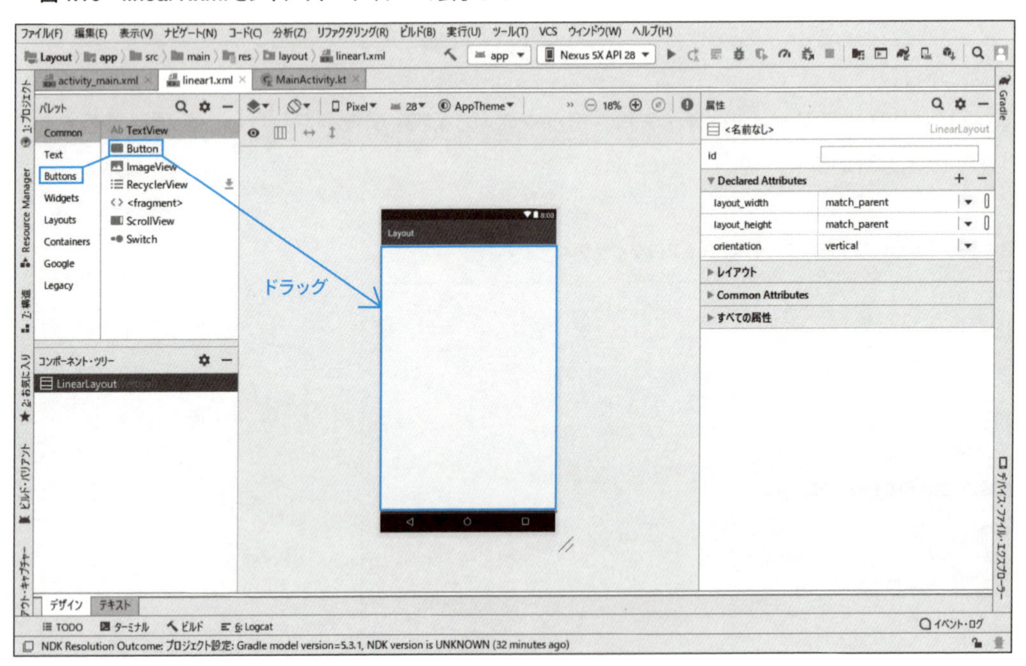

2　「パレット」から「ボタン」を選択し、デザインエディターのLinearLayout内にドラッグします（**図4.20**）。なお、「Button」は、パレットの「Buttons」にありますが、頻繁に使用される項目が登録される「Common」からも利用することができます。

▼ 図4.20　「ボタン」をレイアウトした例（layout_widthはmatch_parentになっている）

ONEPOINT

ビューの追加は、デザインエディターだけでなく、コンポーネントツリーにもドラッグして追加することができます。デザインエディター上でうまく追加できないときはコンポーネントツリーを利用してみてください。

ボタンの「属性」を変更する

ボタンをレイアウトした後は、「属性」パネルでボタンの属性を変更します。なお、「属性」パネルの「layout_width」属性は、デフォルトで「match_parent」になっています。

1. デザインエディター上のボタンをクリック、または、コンポーネントツリーの「button」をクリックします。

2. 属性パネルでは、「layout_width」属性を「wrap_content」に、「text」属性を「Button1」に変更します（**図4.21**）。

▼ 図4.21　「layout_width」と「text」属性を変更する

属性	
button	ボタン
id	button
▼ Declared Attributes	
layout_width	wrap_content
layout_height	wrap_content
id	button
text	Button1
▶ レイアウト	
▶ Common Attributes	
▶ すべての属性	

「layout_width」属性を「wrap_content」に変更すると、画面横最大まで広がっていたボタンの幅が、コンテンツにフィットしたサイズに変わります(**図4.22**)。なお、ボタンの表示文字は小文字を指定しても大文字で表記されますが、「textAllCaps」属性をfalseにすると小文字のまま表示できるようになります(**図4.23**)。

それでは、先のデザインエディターに、さらに後2つボタンを追加して、垂直や水平に整列させる手順をみていきましょう。以下に、2つのボタンを追加した後の手順をあげておきます。

▼ 図4.22　ボタンの属性を変更した例

▼ 図4.23　textAllCaps

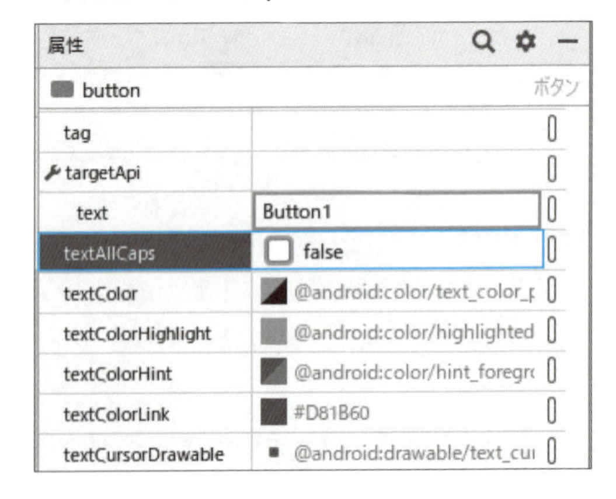

ボタンを2つ追加して垂直に整列させる

追加した2つのボタンをそれぞれ選択し、「layout_width」属性を「wrap_content」に、「text」属性を、それぞれ「Button2」、「Button3」に変更します(**図4.24**)。

▼ 図4.24　3つのボタンを垂直に整列させた例

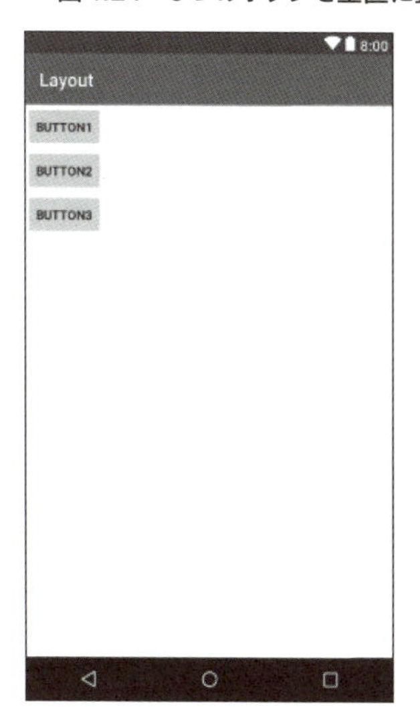

ボタンの並び方向を水平にする

レイアウトエディター上のボタン以外の部分をクリック、もしくは、コンポーネントツリーの「LinearLayout」をクリックし、対象の部品が選択されている状態にし、「orientation」属性を「horizontal」に変えます（**図4.25**、**図4.26**）。

▼ 図4.25　LinearLayoutの「orientation」属性を変更

▼ 図4.26　3つのボタンが水平に並んだ

各ボタンの配分を指定する

レイアウトに対する各ボタンの配分を指定することもできます。まずは、各ボタンの配分を1対1対1にして均等に割り付けてみましょう。

図4.27に示すように、各ボタンの「layout_weight」属性を「1」、「layout_width」属性を「0」にすると、画面の横幅に対するボタンの比率が1:1:1のレイアウトになります（**図4.28**）。

▼ 図4.27　ボタンの「layout_width」、「layout_weight」属性を変更

属性
button　ボタン
id　button
Declared Attributes
layout_width　0dp
layout_height　wrap_content
layout_weight　1
id　button
text　Button1
レイアウト
layout_width　0dp
layout_height　wrap_content
layout_weight　1
visibility
visibility
Common Attributes
すべての属性

▼ 図4.28　3つのボタンが均等にレイアウトされた

1つ目のボタンの「layout_weight」属性を「2」に変えると、画面の横幅に対するボタンの比率が2:1:1となります（**図4.29**）。

▼ 図4.29　1つ目のボタンの「layout_weight」属性を「2」に変えた例

COLUMN **属性の種類は「検索」が便利**

属性の種類が多くてどこにあるかわからないときは「検索」を使うと便利です。パネル右上の 🔍 をクリックし、キーワードを入力して検索しましょう(**図4.A**)。

▼ 図4.A 属性パネル 属性の検索

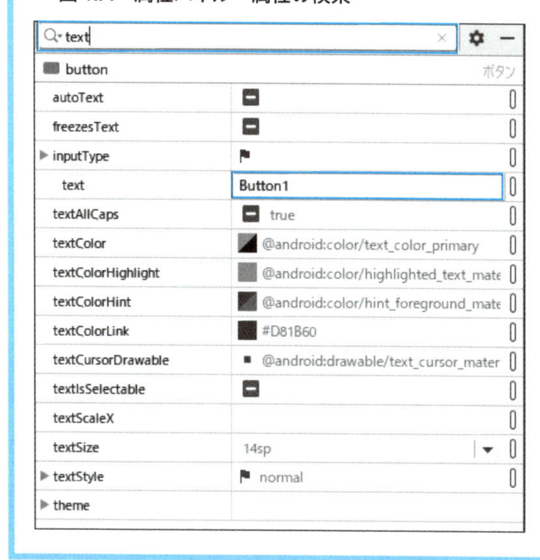

ボタンに任意のサイズを指定する

ボタンの幅や高さを任意のサイズを指定することもできます。なお、単位はdp(density-independent pixels:密度非依存ピクセル)です。

図4.30は「LinearLayout」を用い、「orientation」属性を「vertical」に、各ボタンの属性を**表4.5**のように設定した例です。

▼ 表4.5 ボタン属性の設定

ボタン	属性値
1つ目のボタン	「layout_width」属性:「match_parent」
2つ目のボタン	「layout_width」属性:「wrap_content」
3つ目のボタン	「layout_width」属性:「200dp」
4つ目のボタン	「layout_height」属性:「200dp」

▼ 図4.30　ボタンのサイズ指定

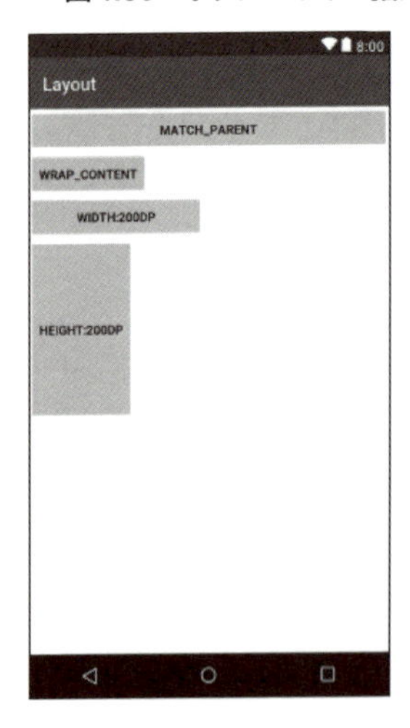

レイアウトをネスト構造にする

ネスト(nest)とは、入れ子の意味で、要素の中に要素を入れ込むことです。例えば、LinearLayoutの中にLinearLayoutやTableLayoutなどをネストすることで、多様な配置を作成することもできます。

図4.31はレイアウトの入れ子の例です。具体的には全体は、垂直方向のLinearLayoutに1行目には、水平方向のLinearLayoutを入れて、その中にEditTextを2つ配置し、2行目にはTextViewを3行目には、水平方向のLinearLayoutを入れて、その中にButtonを2つ配置した入れ子構造を表しています。

▼ 図4.31　LinearLayoutのネスト例

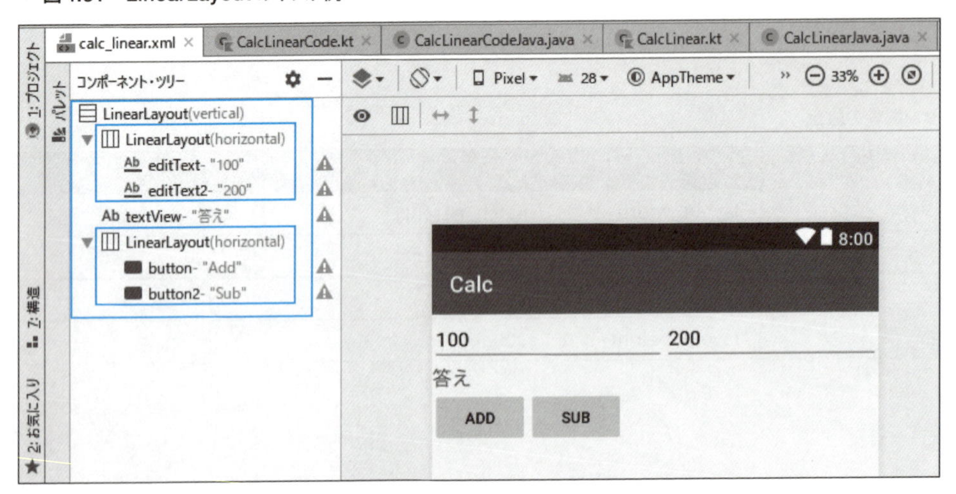

COLUMN 単位について

Android Studioでは、UI部品の位置やサイズの指定は、dp、spという単位がよく使われます。

dp（density-independent pixel）

密度非依存ピクセルと呼ばれるもので、解像度の異なるデバイスで、同じような比率で表示するために考案された、画面の物理的な密度に基づく抽象的な単位です。

160dpiの画面を基準とし、それより高密度な画面では1dpを描画するのに使用されるピクセル数を増やし、それより低密度な画面では1dpに使用されるピクセル数を減らします。

sp（scale-independent pixels）

スケール非依存ピクセルと呼ばれるもので、画面の物理的な密度とデバイスのフォントサイズ指定を考慮した単位。文字のサイズ指定に用いられます。

図4.Bは、横幅をそれぞれdpとpx（ピクセル）で指定したボタン、文字サイズをそれぞれspとpx（ピクセル）で指定したテキストを、異なる密度のデバイスで表示した例です。dp、spを使用した場合は、どのデバイスでも同じような比率で表示されます。

さらに、Android Studioでは、**表4.A**の単位を使用することもできます。

▼ **図4.B　密度の異なる3つの画面でボタンと文字の表示比較例**

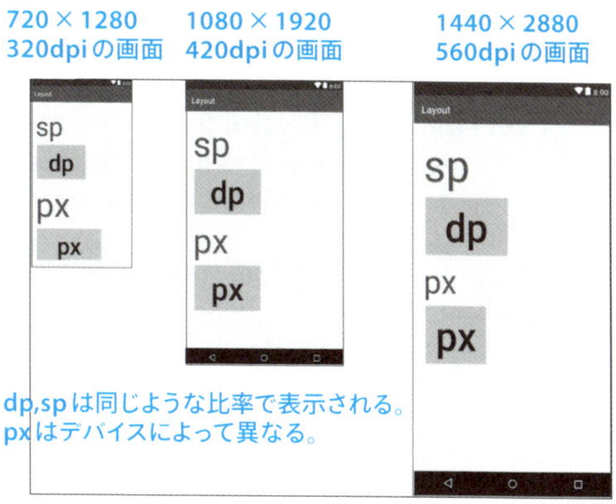

720×1280
320dpiの画面

1080×1920
420dpiの画面

1440×2880
560dpiの画面

sp
dp
px
px

dp,spは同じような比率で表示される。
pxはデバイスによって異なる。

▼ **表4.A　Android Studioで利用できる単位**

単位	内容
pt（ポイント）	72dpiの密度のスクリーンを仮定すると、画面の物理的サイズに基づく1/72インチ
px（ピクセル）	画面上のピクセルに対応。表示はデバイスによって異なる
mm（ミリメートル）	画面の物理サイズに基づく
in（インチ）	画面の物理的サイズに基づく

レイアウトをデバイスで検証する

これまで紹介してきたデザインエディター上で表示されるレイアウトは、あくまでもプレビューです。最終的には、エミュレータや実機で実際にアプリを動作させて検証する必要があります。

作成したレイアウトをデバイスで検証するには、起動するアクティビティのソース（ここではMainActivity.kt）で、**図4.32**のようにアクティビティにレイアウトを設定する部分を作成したレイアウト名に変更します。

▼ 図4.32　アクティビティにレイアウトを設定する

MainActivity.kt

```
1   package com.example.layout
2
3   import androidx.appcompat.app.AppCompatActivity
4   import android.os.Bundle
5
6   class MainActivity : AppCompatActivity() {
7
8       override fun onCreate(savedInstanceState: Bundle?) {
9           super.onCreate(savedInstanceState)
10          setContentView(R.layout.linear1)
11      }
12  }
13
```

作成したレイアウトファイル名に変更する。

アプリを実行する

それでは、作成されたプロジェクトをエミュレータで実行してみましょう。アプリを実行するには、Android Studioの「ツールバー」の▶をクリックするか、Android Studioのメニューから「実行（U）」→「実行（U）'app'」を選択します（**図4.33**）。

▼ 図4.33　アプリを実行した

TableLayoutを利用する

次は、TableLayoutを使ったレイアウト例を紹介します。TableLayoutを使うと、複数のビューを整然と配置することができます。

ここでは、ボタンを3行3列の表の形に配置したレイアウトを紹介します。先に「空のアクティビティ」のプロジェクトを作成しておいてください。

TableLaoutの作成

1 「Androidビュー」→「app」を右クリックし、「Androidリソース・ファイル」をクリックして、表示される「新しいリソースファイル」ダイアログボックスで、**表4.6**のように入力してください（**図4.34**）。

▼ **表4.6　設定する項目一覧**

項目	設定内容
「ファイル名：」	任意のレイアウト名を入力する（ここではtable1）
「リソース・タイプ：」	「Layout」を選択する
「ルート要素：」	「TableLayout」と入力する
「ソース・セット：」	「main」を選択されていることを確認する
「ディレクトリー名：」	「layout」になっていることを確認する

▼ **図4.34　「新しいリソースファイル」ダイアログボックス**

新しいリソースファイル
ファイル名: table1
リソース・タイプ: Layout
ルート要素: TableLayout
ソース・セット: main
ディレクトリー名: layout
利用可能な修飾子:
Country Code
Network Code
Locale
Layout Direction
Smallest Screen Width
Screen Width
Screen Height
Size
Ratio
Orientation
選択された修飾子:
表示するものがありません
>>
<<
OK
キャンセル
ヘルプ

これで、「app」→「res」→「layout」に「table1.xml」が作成されます。

レイアウトにUI部品を追加

次は、作成したレイアウトファイルのTableLayout内に、行を追加し、その中にビューを配置します。

1. 「Androidビュー」→「app」→「res」→「layout」→「table1.xml」をダブルクリックし、「table1.xml」をレイアウトエディターで開きます。
2. パレットの「Layouts」カテゴリから「TableRow」を選択し、コンポーネントツリーのTableLayoutの下にドラッグし、テーブルに行を追加します。
3. TableRow下に、「Button」を3回ドラッグし、1列に計3つのボタンを配置します（**図4.35**）。
4. 手順3と同様に3つのボタンを配置した行を2つ追加し、3行3列の表にします。**図4.36**では、各ボタンの「text」属性に「1」から「9」までを設定しています。

▼ **図4.35 行内にボタンを追加**

▼ **図4.36 3行3列のTableLayoutが完成した**

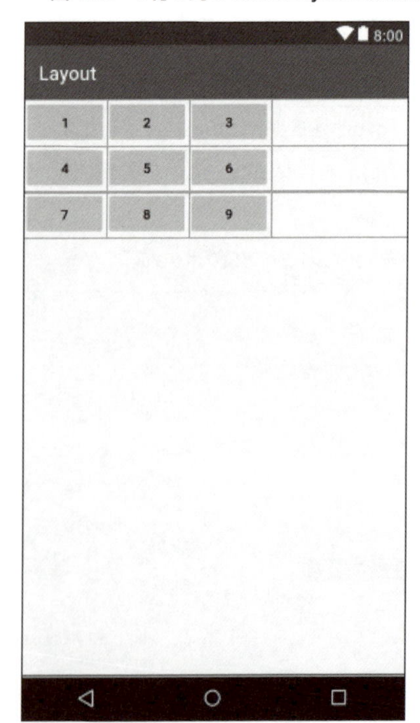

これでシンプルな3行3列の表が作成できました。

TableLayoutの属性を変更する（列指定と列結合）

先のTableLayoutをベースにして、列の指定や結合、文字位置の指定、テーブルの位置指定などの属性を紹介していきましょう。

「TableRow」内に配置したビューは、列を指定したり、列結合して表示することができます。「layout_column」や「layout_span」は、TableRow内で使用できる属性です（**表4.7**）。LinearLayoutやConstraintLayoutでは使用できません。

図4.37では、セル「6」を2行目3列目に、セル「8」を2列結合して表示しています。

▼ 表4.7　TableRowの属性

属性名	説明
layout_column	表示列の指定
layout_span	結合する列数

▼ 図4.37　列指定、列結合の完成図

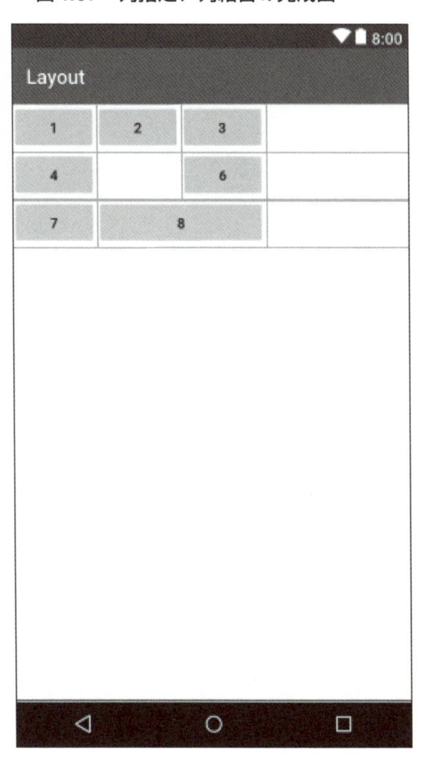

1　1行目にはボタンを3つ、2，3行目にはそれぞれボタンを2つ配置します（**図4.38**）。

▼ **図4.38　テーブルのビュー構造**

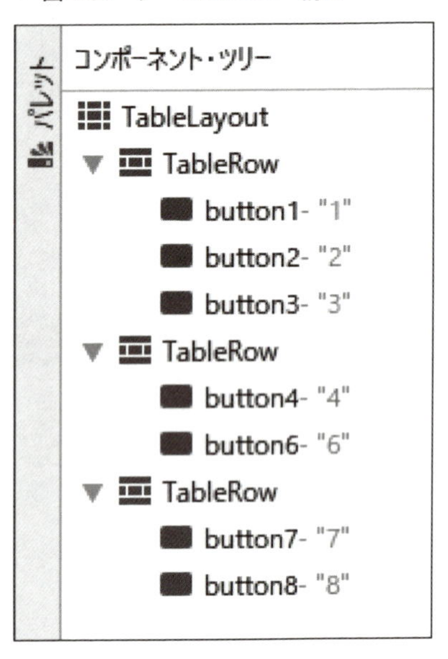

2　セル「6」（2行目2つ目の要素）の「layout_column」属性を「2」にします（**図4.39**）。

▼ **図4.39　セル「6」を3列目に指定**

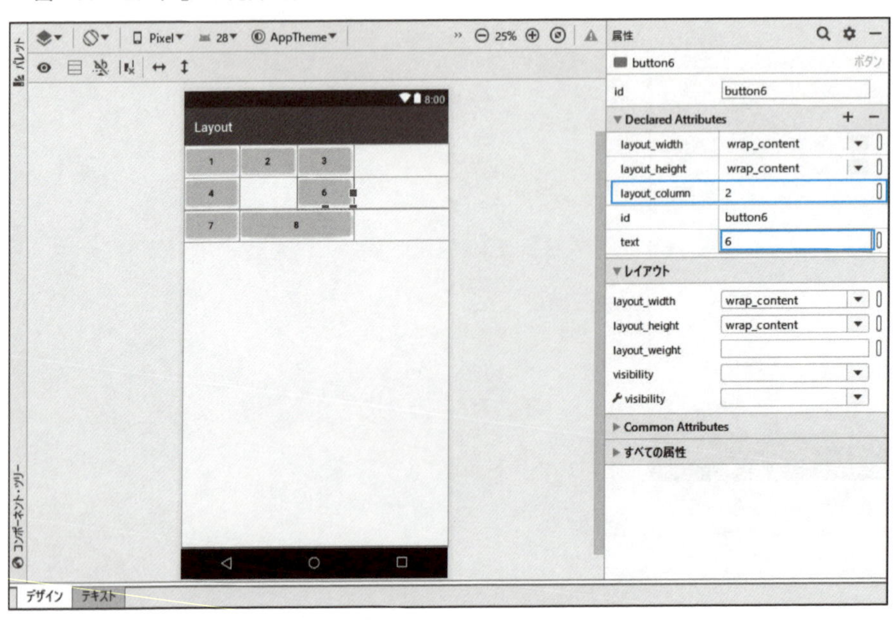

ONEPOINT

列の指定は0から始まるため、1列目は「0」、2列目は「1」、3列目は「2」…となります。

3　セル「8」(3行目2つ目の要素)の「layout_span」属性を「2」にします(**図4.40**)。

▼ **図4.40　セル「8」を2列分結合**

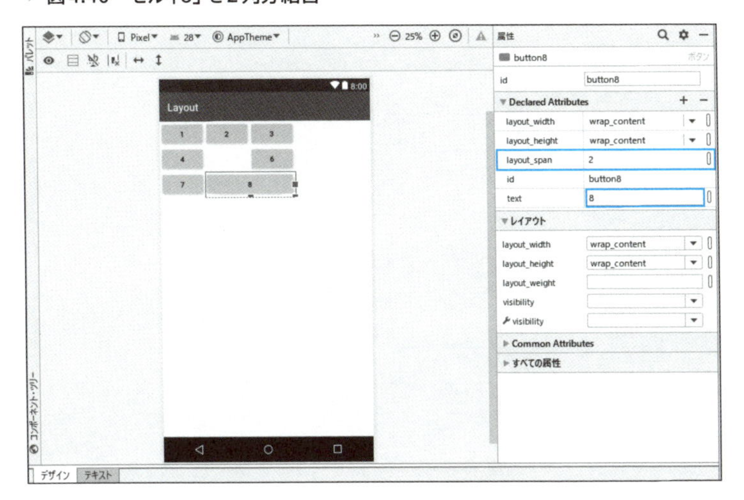

TableLayoutの属性を変更する(セル内の文字配置)

次は、ビュー内の文字の位置を指定する属性を紹介します。

図4.41では、各ボタン内にある数字の配置をそれぞれ変更して表示しています。

▼ **図4.41　セル内の文字配置の完成図**

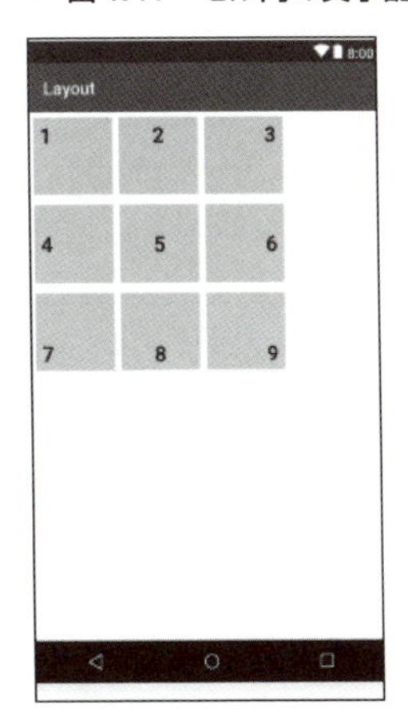

▼ **図4.42　テーブルのビュー構造**

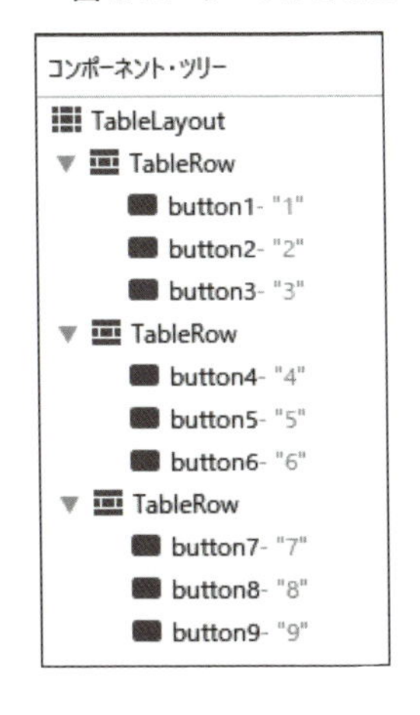

今回のセル配置は、すべてのセルの「layout_width」属性と「layout_height」属性を「100dp」にしています。また、セルの「gravity」属性を使って、セル内の文字の位置をそれぞれ指定しています。

図4.43は、セル「1」(1行目1列目の要素)の「layout_width」属性と「layout_height」属性を「100dp」に、「gravity」属性に「left」「top」を指定した例です。

▼ 図4.43　セル「1」内の文字を左上に配置(widthとheightは100)

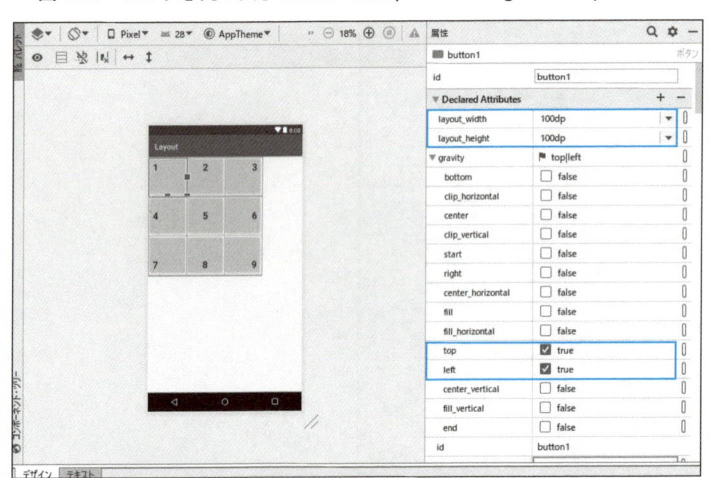

ここで「gravity」属性でできる文字の配置指定の一部をあげておきましょう(**表4.8**)。なお、今回の各セルの「gravity」属性値は**表4.9**の通りです。

▼ 表4.8　「gravity」属性でできる文字の配置指定の一部

属性値	説明
top	コンテナの一番上に配置される(サイズは変更されない)
bottom	コンテナの一番下に配置される(サイズは変更されない)
left	コンテナの一番左に配置される(サイズは変更されない)
right	コンテナの一番右に配置される(サイズは変更されない)
center_vertical	コンテナの縦方向の真ん中に配置される(サイズは変更されない)
fill_vertical	高さをコンテナの高さにする
center_horizontal	コンテナの横方向の真ん中に配置される(サイズは変更されない)
fill_horizontal	幅をコンテナの幅にする
center	コンテナの真ん中に配置される(サイズは変更されない)
fill	高さと幅を、コンテナの高さと幅にする

clip_vertical	top と bottom のオプションとして、上部もしくは下部をコンテナの境界にする
clip_horizontal	left と right のオプションとして、左もしくは右をコンテナの境界にする

▼ 表4.9 各セルの「gravity」属性値

セル	属性値
1	top, left
2	center, top
3	right, top
4	center, left
5	center
6	center, right
7	bottom, left
8	bottom, center
9	bottom, right

COLUMN

gravityとlayout_gravity

「gravity」と「layout_gravity」は、名称が似ているので混乱しやすい属性です。ここで2つの属性の違いを整理しておきましょう。

「gravity」

ボタンやテキストビューなどのターゲットとなる要素内にある、文字などのコンテンツの配置を指定する属性です。

「layout_gravity」

親要素（TableLayout）に対してターゲット要素の配置を指定する属性です。

以下に、「TableLayout」の「layout_gravity」属性を指定した例をあげておきましょう（**図4.C**、**図4.D**）。

▼ 図4.C　layout_gravityを指定してテーブルを画面中央に配置

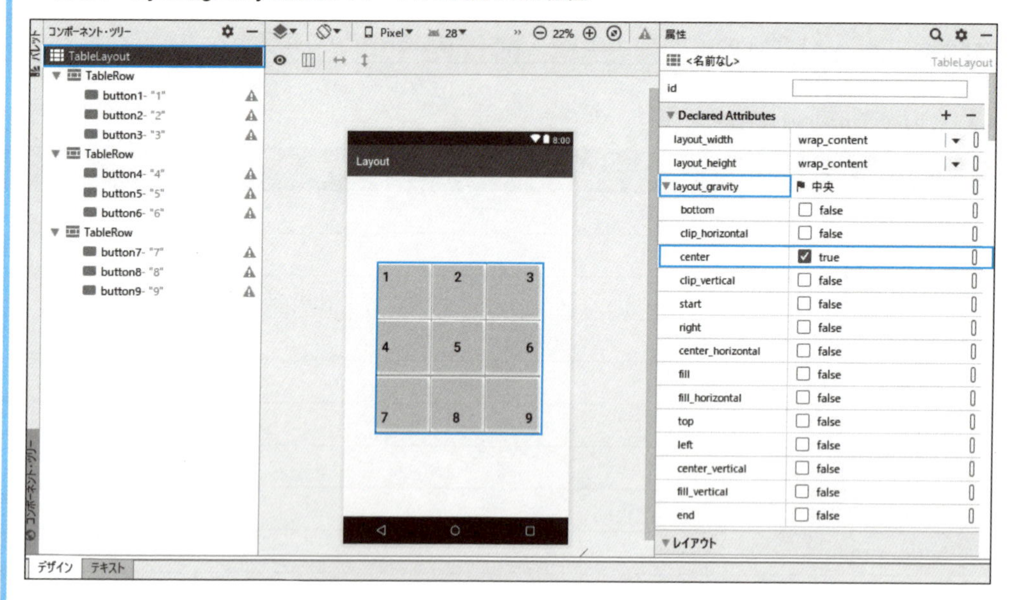

▼ 図4.D　layout_gravityを指定してテーブルを右下に配置

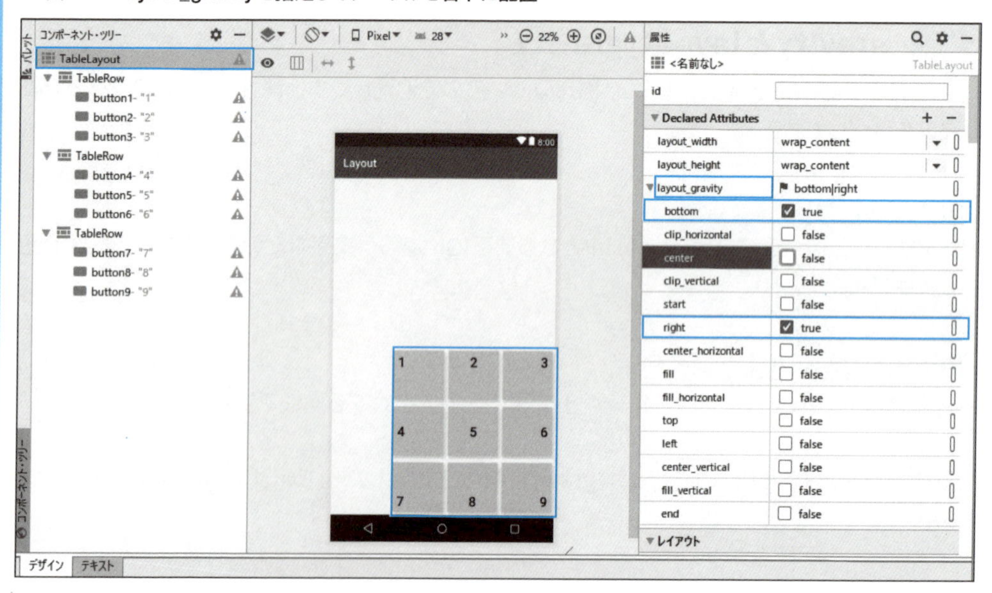

ビューの「layout_width」「layout_height」属性が「match_parent」の場合は、親要素のサイズいっぱいに配置されており、gravityで配置をする余裕がありません。「layout_gravity」を指定する場合は、ビューの「layout_width」と「layout_height」属性を「wrap_content」などにして、親要素に対して余裕をもたせておきましょう。

 ConstraintLayoutを利用する

Constraintとは、「制約」や「束縛」を意味する英単語です。ConstraintLayoutでは、各ビューの位置は、他の要素との関係を定義（制約）することによって決まります。

ConstraintLayoutは、パフォーマンスをアップするために考案されたレイアウトであり、従来のネスト構造で表現していた配置を、それぞれのビュー間の制約を定義することによって、ネストを使わないフラットな配置として表現しています。

それでは、ConstraintLayoutを使ったレイアウトを作成し、制約の意味や指定方法を具体的にマスターしていきましょう。

ConstraintLayoutのレイアウトファイルを作成する

1. 「Androidビュー」→「app」→「新規」を右クリックし、「Androidリソース・ファイル」をクリックします。
2. 「新しいリソースファイル」ダイアログボックスが表示されたら、**表4.10**に示す項目を設定して、「OK」ボタンをクリックします（**図4.44**）。

▼ **表4.10　設定する項目一覧**

項目	設定内容
「ファイル名：」	任意のファイル名（ここではconstraint1）を入力する
「リソース・タイプ：」	リストから「Layout」を選択する
「ルート要素：」	「androidx.constraintlayout.widget.ConstraintLayout」を入力する
「ソース・セット：」	リストから「main」が選択されていることを確認する
「ディレクトリー名：」	「layout」になっていることを確認する

▼ 図4.44　「新しいリソースファイル」ダイアログボックス

これで「app」→「res」→「layout」に「constraint1.xml」が作成されます。

レイアウトにボタンを追加し、制約を定義する

次は、ボタンを追加して、レイアウトについての制約を定義します。ここでは、ボタンを画面の中央（垂直方向中央、水平方向中央）に配置します。

1. 「Androidビュー」→「app」→「res」→「layout」→「constraint1.xml」をダブルクリックして、「constraint1.xml」をレイアウトエディターで開きます。
2. レイアウト内の任意の位置にボタンを追加します（**図4.45**）。

▼ 図4.45 任意の位置にボタンを配置

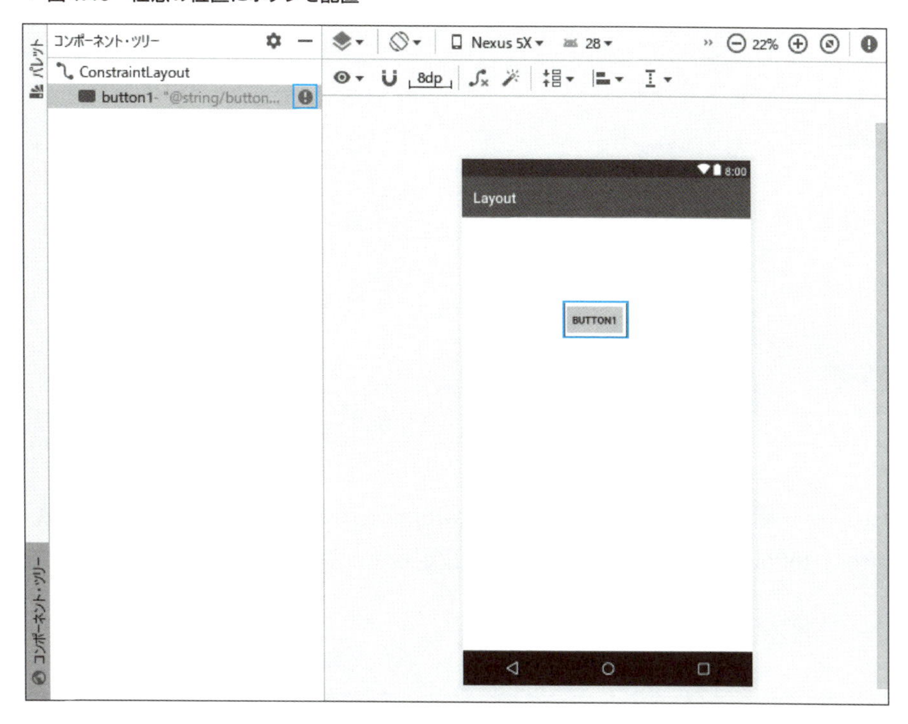

ONEPOINT

制約の定義をしていないと、コンポーネントツリーで追加したビューの右端に❶マークが表示され、未制約であることが指摘されます。未制約のエラーについては、P.151を参照してください。

3 デザインエディター上のボタンをクリック、もしくは、コンポーネントツリーの「button」を選択し、対象のボタンが選択されている状態にします。

4 選択されたボタンの属性パネルにある「layout_constraints」欄の「layout_constraintRight_toRightOf」属性を「parent」に、「layout_constraintLeft_toLeftOf」属性を「parent」に設定して、ボタンを水平方向の中央に配置させます（**図4.46**）。

ONEPOINT

「layout_constraintRight_toRightOf」属性:「parent」は、ボタンの右端を親要素(ConstraintLayout)の右に合わせる、「layout_constraintLeft_toLeftOf」属性:「parent」は、ボタンの左端を親要素(ConstraintLayout)の左に合わせるといった意味を持ちます。両方を設定すると、結果的にボタンは水平方向の中央に配置されます。

▼ 図4.46　ボタンを水平方向中央に表示

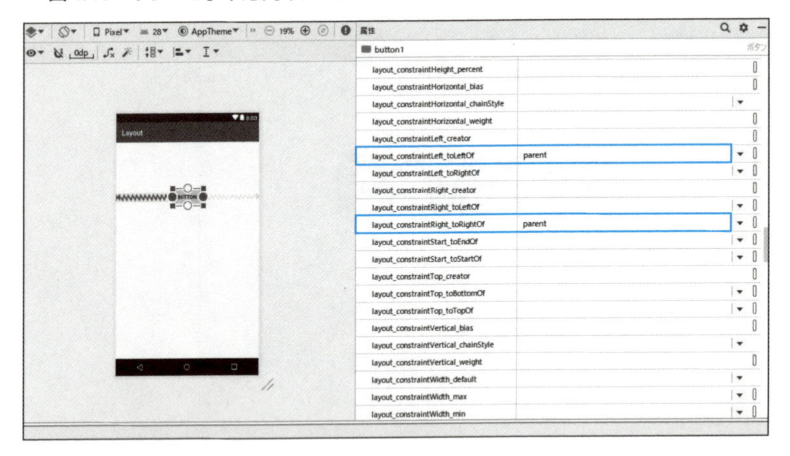

5 「layout_constraints」欄の「layout_constraintTop_toTopOf」属性を「parent」に、「layout_constraintBottom_toBottomOf」属性を「parent」に設定して、ボタンを垂直方向中央に配置します。

ONEPOINT

「layout_constraintTop_toTopOf」属性：「parent」は、ボタンの上端を親要素(ConstraintLayout)の上に合わせる、「layout_constraintBottom_toBottomOf」属性：「parent」は、ボタンの下端を親要素(ConstraintLayout)の下に合わせるといった意味を持つため、結果的にボタンは垂直方向の中央に配置されます。

これらlayout_constraints属性を設定することで、水平方向と垂直方向の中央、つまりボタンを画面の中央に配置させることができます（**図4.47**）。

▼ 図4.47　ボタンを垂直方向中央に、結果的に画面の中央に配置された

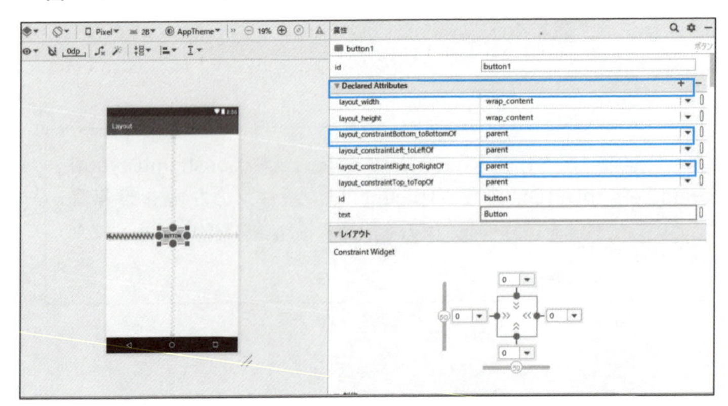

なお、ボタンと親要素(ConstraintLayout)の制約関係は、レイアウトエディターの「ツールバー」の「デザイン」を使うと、視覚的に確認できます(**図4.48**)。

▼ **図4.48 「ツールバー」の「デザイン+ブループリント」で表示させた例**

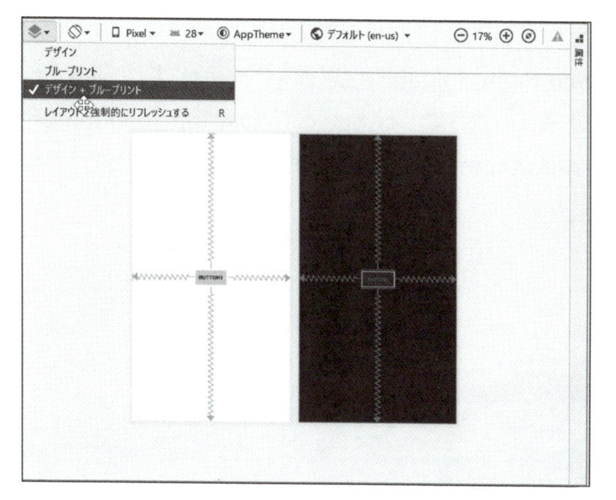

レイアウトにテキストビューを追加し、制約を定義する

次に、テキストビューをこのボタンの下に配置してみましょう。

1 ボタンのidを調べるため、ボタンを選択し「id」属性の値を確認します(ここでは、「button1」)。

▼ **図4.49 ボタンのidを調べる**

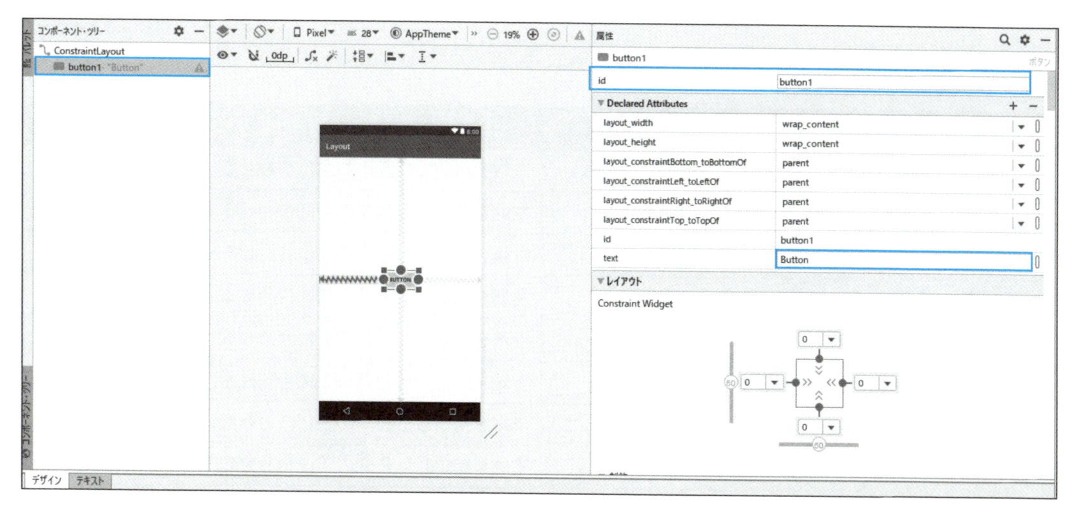

2 「パレット」→「Text」→「TextView」を画面上にドラッグし、レイアウト内の任意の位置にテキストビューを追加します。

3 テキストビューに制約を定義するため、デザインエディター上のテキストビューをクリックするか、コンポーネントツリーの「textView」をクリックして、対象のボタンが選択されている状態にします。

4 「layout_constraints」欄の「layout_constraintRight_toRightOf」属性を「parent」に、「layout_constraintLeft_toLeftOf」属性を「parent」にします。さらに、「layout_constraintTop_toBottomOf」属性を「@+id/ 1 で調べたid」(ここでは、「@+id/button1」)に設定します(**図4.50**)。なお、主なlayout_constraints属性を**表4.11**に示します。

▼ **図4.50 テキストビューをボタンの直下に表示**

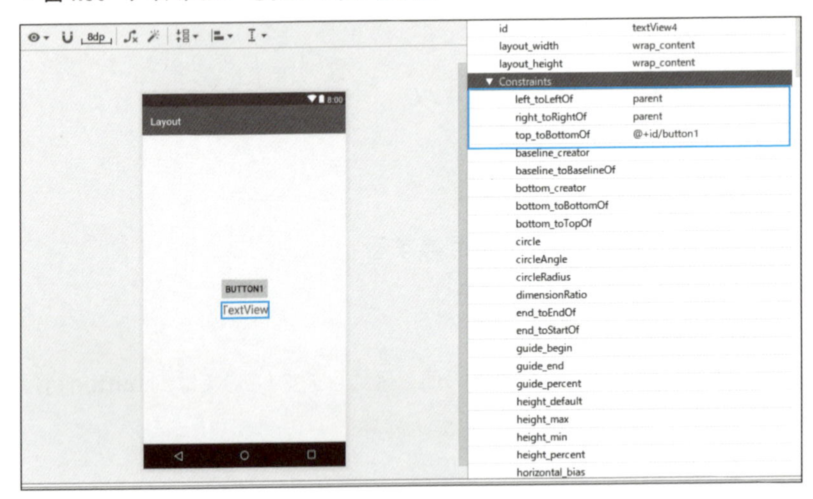

▼ **表4.11 主なlayout_constraints属性**

属性名	意味
layout_constraintLeft_toLeftOf	左端を指定した要素の左に合わせる
layout_constraintLeft_toRightOf	左端を指定した要素の右に合わせる
layout_constraintRight_toLeftOf	右端を指定した要素の左に合わせる
layout_constraintRight_toRightOf	右端を指定した要素の右に合わせる
layout_constraintTop_toTopOf	上端を指定した要素の上に合わせる
layout_constraintTop_toBottomOf	上端を指定した要素の下に合わせる
layout_constraintBottom_toTopOf	下端を指定した要素の上に合わせる
layout_constraintBottom_toBottomOf	下端を指定した要素の下に合わせる

未制約エラー

ConstraintLayoutでは、ビューに制約の定義をしていないと**図4.51**のようなエラーメッセージが表示されます。

このメッセージは、「制約の定義がないためシステムではどこにそのビューを置くべきか処理できず左上に配置してしまいますよ。」という意味です。

▼ 図4.51　未制約エラーの表示

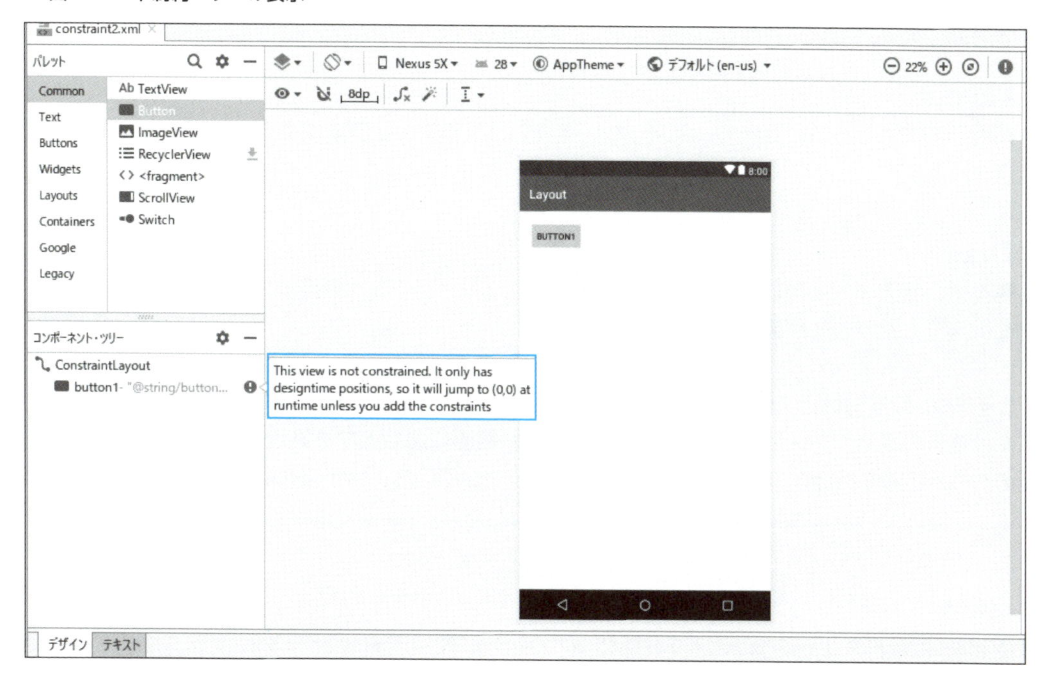

ビューに対して制約の定義がされると、エラーメッセージがなくなります。

COLUMN

レイアウト描画のプロセス

ConstraintLayoutはフラットな構造にすることで、パフォーマンスの向上を図ったレイアウトです。レイアウトの描画は、以下のMeasure･Layout･Drawの3つのプロセスから成り立っています。

Measure

コンポーネントツリーをもとに親要素から順に、各ビュー要素の大きさを決定する。ViewGroupの場合は、ネストされている子要素の大きさを計測し、自身の大きさを決定していく。

Layout

再度、親要素から順にコンポーネントツリーをたどり、測定の工程で求めたサイズから各要素の位置を決定する。

Draw

再々度、親要素から順にコンポーネントツリーをたどり、各ビューの描画オブジェクトを生成し、GPUに測定したサイズと描画位置を送る。

レイアウトの描画は、このように各工程の中で何度もレイアウトの構成要素の階層をたどっています。要素の構造がネストしていればしているほど、描画に必要となる処理と時間がかかります。そのため、階層を持たないようなフラットなレイアウトとしてCostraintLayoutが考案されました。

Hardcoded string警告の解決法

コンポーネントツリーのビューの右端に⚠マークが表示され、マークにマウスを重ねると、「Hardcoded string "*****", should use @string resource」と警告されることがあります（**図4.52**）。

▼ **図4.52　コンポーネントツリー　Hardcoded string警告**

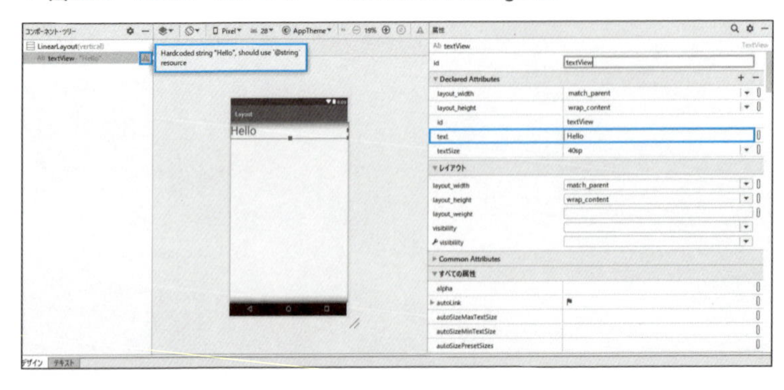

これは、「（ビューに設定した文字）*****はレイアウトファイルにHardcodedされています、文字列のリソースを使う方がいいですよ。」というアドバイスです。

Hardcodedとは、コードに埋め込まれて、ユーザーが直接変更できないものを指します。

Android Studioでは、使用する文字列は直接レイアウトファイルやコードに記述するのではなく、文字列としてXMLで定義することを推奨しています。

以下に、文字列リソースを定義して、レイアウトファイルで使用する例を紹介します。

1. 文字列リソースを開くため、「Androidビュー」→「app」→「res」→「values」→「string.xml」をダブルクリックします。
2. 文字列の定義を記述します（ここでは、文字列の「name」属性に「hello」と指定し、「こんにちは」という文字列を定義）。

▼ 図4.53　文字列定義を記述

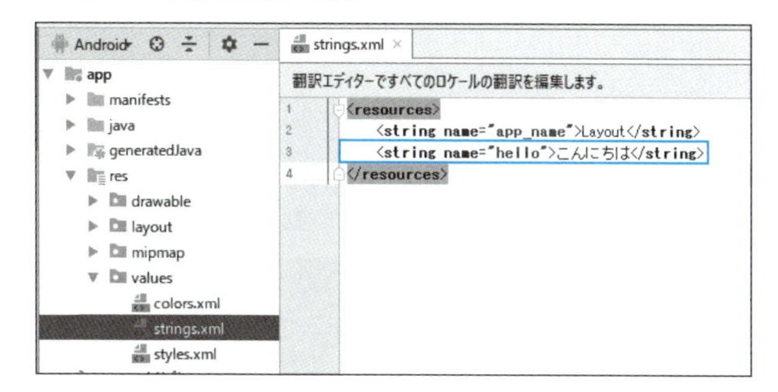

3. 文字列を使用するビューのtext属性に「@string/name属性」を指定します（ここでは「@string/hello」）。

▼ 図4.54　TextViewのtext属性に「@string/hello」を指定した結果

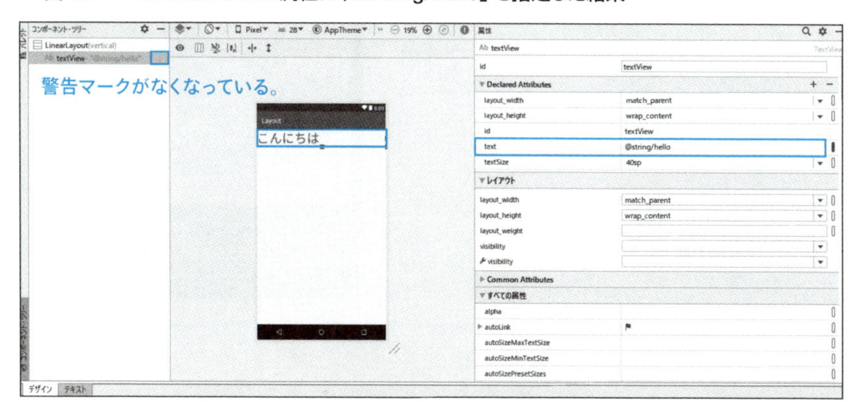

COLUMN 「@string/app_name」とは

「string.xml」は、プロジェクト作成時に自動で生成される文字列定義のファイルです。その中で「app_name」という値のアプリのタイトル（プロジェクト作成時に指定したプロジェクト名）が定義されています（図4.E）。さらに、マニフェストファイル（AndroidManifest.xml）でも、この「app_name」がアプリのラベルとして定義されており、アプリ実行時のタイトルとして採用されています（図4.F、図4.G）。

▼ 図4.E　string.xmlのapp_name定義部分

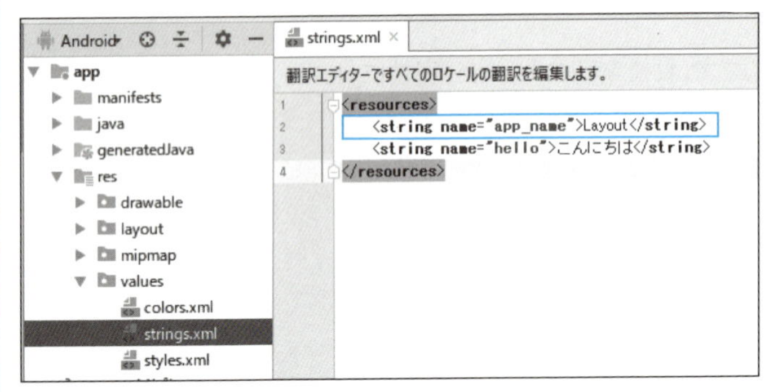

▼ 図4.F　AndroidManifest.xml

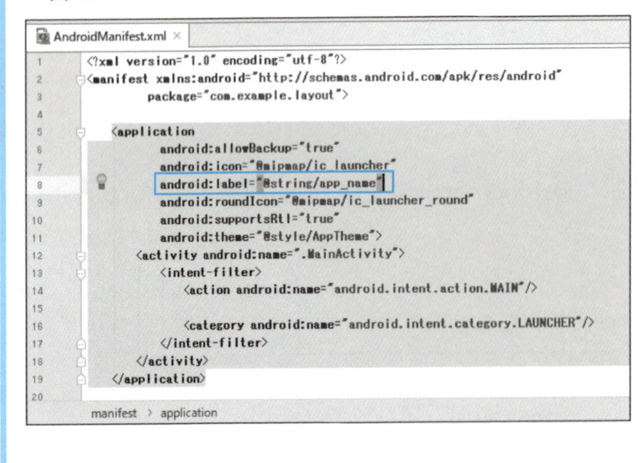

▼ 図4.G　実行した例（ラベルの表示）

4-3 XMLレイアウトファイルの編集

デザインエディターを使った視覚的な操作は、専門的な知識がなくても画面が作成できます。しかし、XMLのコードを直接編集する方が、作業効率が高まる場合もあります。

XMLコードを直接編集する方がよい場合

レイアウトエディターで作成したレイアウトは、すべてXMLファイルで保存されます。選択したレイアウト、追加したビュー、それぞれに設定した属性なども、すべてXMLのタグとして出力されています。

デザインエディターを使えば、専門的な知識がなくても直感的に画面が作成できるため便利に感じることも多いのですが、同じ設定が必要な場合は、必要な数だけ作業を繰り返す必要があるため、作業効率が低下することもあります。そのような場合にテキストエディターを使えば、似たような設定や繰り返し作業は、コピーして使いまわしすることができるため、作業効率が高まります。

ここでは、レイアウトファイルのXMLコードを解読し、編集していく方法を紹介していきましょう。

レイアウトファイルLinearLayoutを作成する

テキストエディターでレイアウトを編集する手順は以下のとおりです。

1. 「Androidビュー」→「app」→「新規」を右クリックし、「Androidリソース・ファイル」をクリックします。
2. 表示される「新しいリソースファイル」ダイアログボックスでは、**表4.12**の設定を行います。

▼ **表4.12　設定する項目一覧**

項目	設定内容
「ファイル名：」	任意のレイアウト名を入力する（ここではxml1）
「リソース・タイプ：」	「Layout」を選択する
「ルート要素：」	「LinearLayout」を入力する

「ソース・セット：」	リストから「main」が選択されていることを確認する
「ディレクトリー名：」	「layout」になっていることを確認する

これで「app」→「res」→「layout」に「xml1.xml」が作成されます。

ウィンドウ下部の「テキスト」をクリックし、テキストエディターに切り替えて、XMLコードを見てみましょう。

 テキストエディターでレイアウトファイルの構造を確認する

レイアウトファイルには、必ず1つのルート要素が含まれています。このファイルのルート要素は、「新しいリソースファイル」ダイアログボックスで指定した「LinearLayout」です。**図4.55**で示したように、レイアウトファイルは全体が「LinearLayout」を表す<LinearLayout>タグで囲まれており、この中に追加したい要素を定義していきます。

▼ **図4.55　レイアウトファイルの構造**

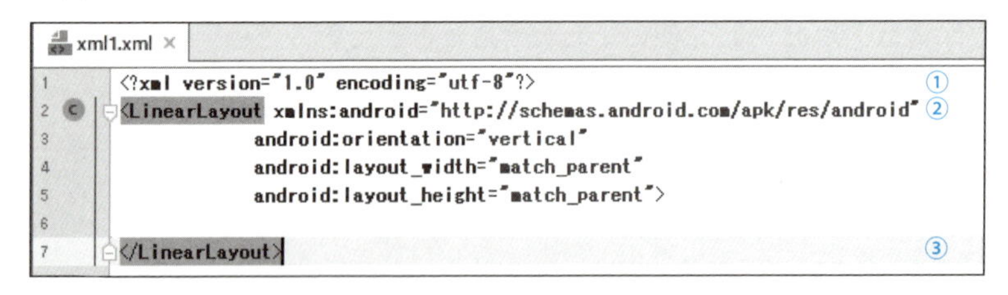

①XML宣言

このファイルがXML文書であることを表す宣言文。必ずファイルの1行目に書く必要があり、バージョンと文字コードの指定を記述します。

②ルート要素の開始タグ

ルート要素である「LinearLayout」の定義の始まり。このタグ内にLinearLayoutに対する属性の指定を記述します。

③ルート要素の終了タグ

「LinearLayout」の定義の終わり。終了タグは範囲の終わりを表すタグで</要素>と記述します。

なお、レイアウトに配置する要素の定義は、ルート要素内（②と③の間）に追加していきます。

COLUMN **xmlnsとは**

先のレイアウトファイルで②にあった「xmlns」というキーワードは、XML Name Space（XML名前空間）を表す属性で、URI（Uniform Resouce Identifier）を表しています。

XML（eXtensible Markup Language）は、タグを独自で定義し拡張することができるマークアップ言語です。独自に拡張できるということは、たまたま複数の開発者が異なる意味を持つ同じ名前のタグを定義し使用してしまう、つまりタグが衝突する可能性があります。しかしXMLでは、衝突を避け、お互いタグを識別するために、それぞれのタグセットに固有のURIを割り当て、このURIで修飾しています。

Androidの固有のURIが「"http://schemas.android.com/apk/res/android"」であり、「xmlns:android="http://schemas.android.com/apk/res/android"」は、固有のURIを「android」という接頭辞で使えるように定義づけしています。

なお、②の次の行にある「android:orientation」は、「"http://schemas.android.com/apk/res/android"というURIをもつタグセットで定義してある「orientation」という属性」という意味になります。

テキストエディターでボタンを配置する

それでは、XMLのテキストエディターを使って**図4.56**のようにボタンのタグを追加しましょう。

▼ **図4.56　テキストエディターでボタンを追加する記述部分**

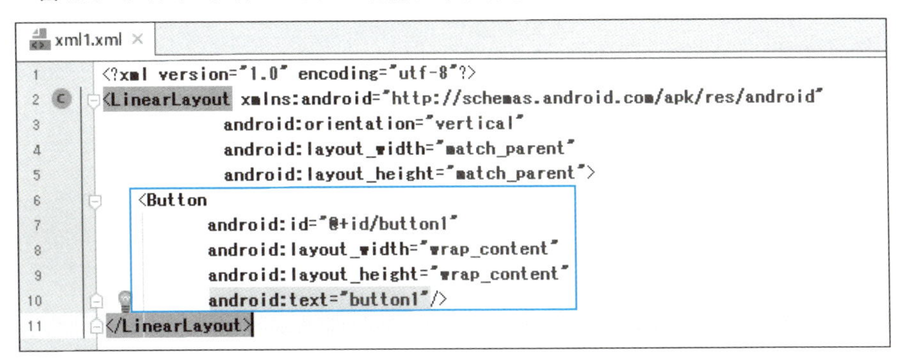

```
xml1.xml
1  <?xml version="1.0" encoding="utf-8"?>
2  <LinearLayout xmlns:android="http://schemas.android.com/apk/res/android"
3                android:orientation="vertical"
4                android:layout_width="match_parent"
5                android:layout_height="match_parent">
6      <Button
7              android:id="@+id/button1"
8              android:layout_width="wrap_content"
9              android:layout_height="wrap_content"
10             android:text="button1"/>
11 </LinearLayout>
```

編集結果をプレビューする

デザインエディターの場合は、レイアウトを視覚的に確認しながら作成することができましたが、XMLコードで作成するテキストエディターでも、デザインエディターと同様に視覚的に編集結果を確認することができます。

　編集結果を確認したい場合は、ウィンドウ右側の「プレビュー」をクリックしてください。すると、プレビュー画面が表示され、レイアウトの確認ができるようになります（**図4.57**）。

▼ **図4.57　プレビュー画面が表示された**

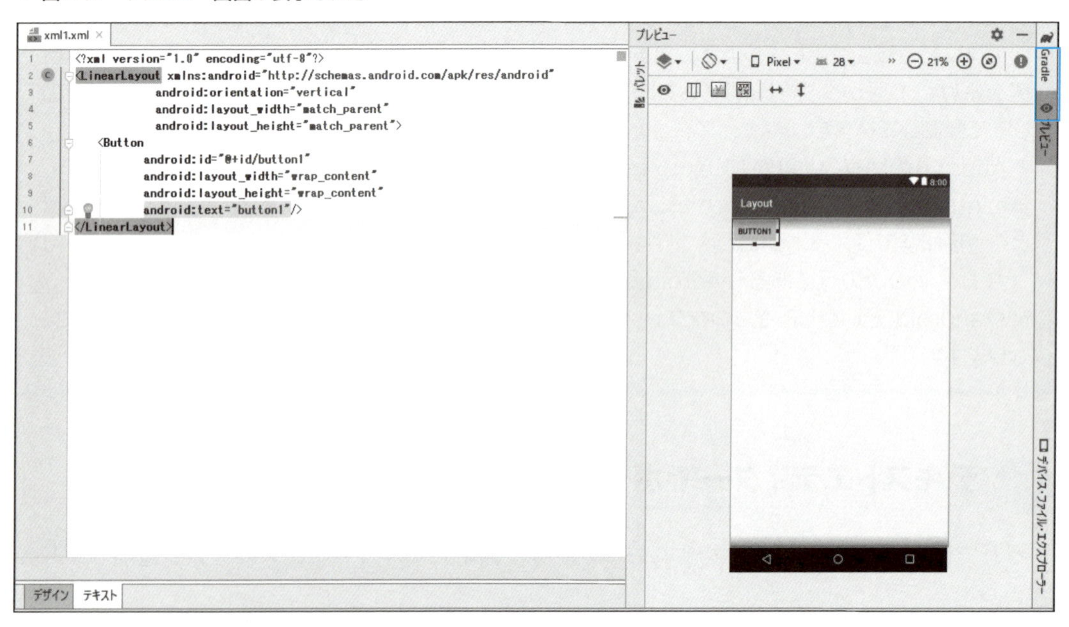

COLUMN

XMLコード補完

Android Studioでは、Kotlin、Java、XMLなどのコードの入力を自動で補完する機能があります。

XMLのテキストエディターでボタンを追加する場合は、「<B」と入力するだけで**図4.H**のように候補リストが表示されます。候補リストの中から「Button」を選択すると、**図4.I**のように、タグだけでなく主な属性が自動で記述され、値入力の候補リストが表示されます。

候補リストから選択すればスペルミスもなく、効率よくコーディングすることができます。

なお、自動的に候補リストが表示されない場合は、Ctrl+スペースを押すことで、手動のコード補完表示が可能です。

▼ 図4.H テキストエディターで「<B」と入力するとコード補完が表示された

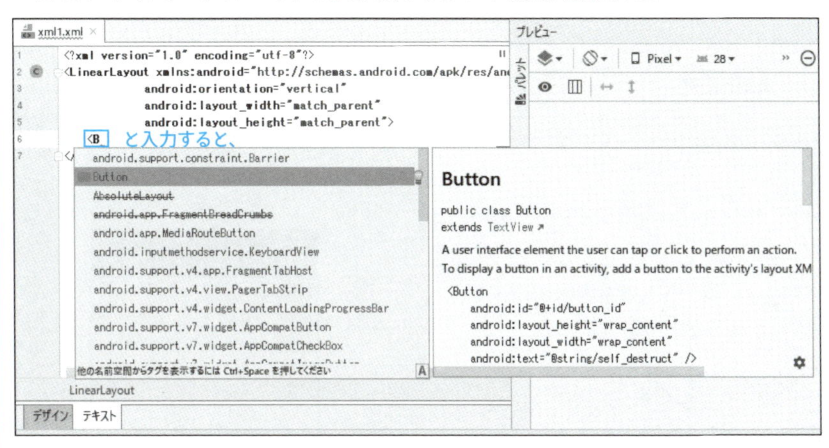

▼ 図4.I 「Button」を選択すると次に必要な属性値の候補リストが表示される

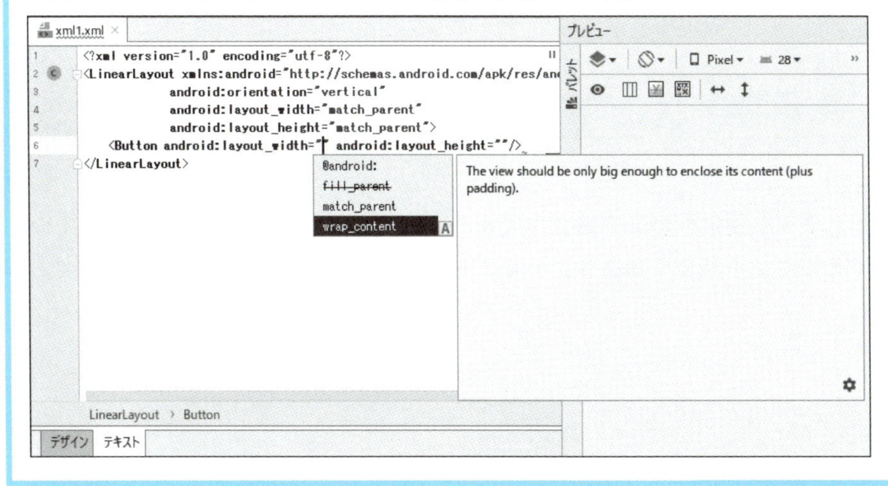

ボタンを複製して編集する

それでは、ボタンを複製して、**図4.58**のように全部で3つのボタンを配置させてみましょう。まずは、現在のボタンに関するコード部分をコピーして2つ複製します。その後、複製したコードの下記部分を編集してください。

2つ目のボタンの編集箇所
　「android:id」属性を「"@+id/button2"」に変更
　「android:text」属性を「"button2"」に変更

3つ目のボタンの編集箇所
　「android:id」属性を「"@+id/button3"」に変更
　「android:text」属性を「"button3"」に変更

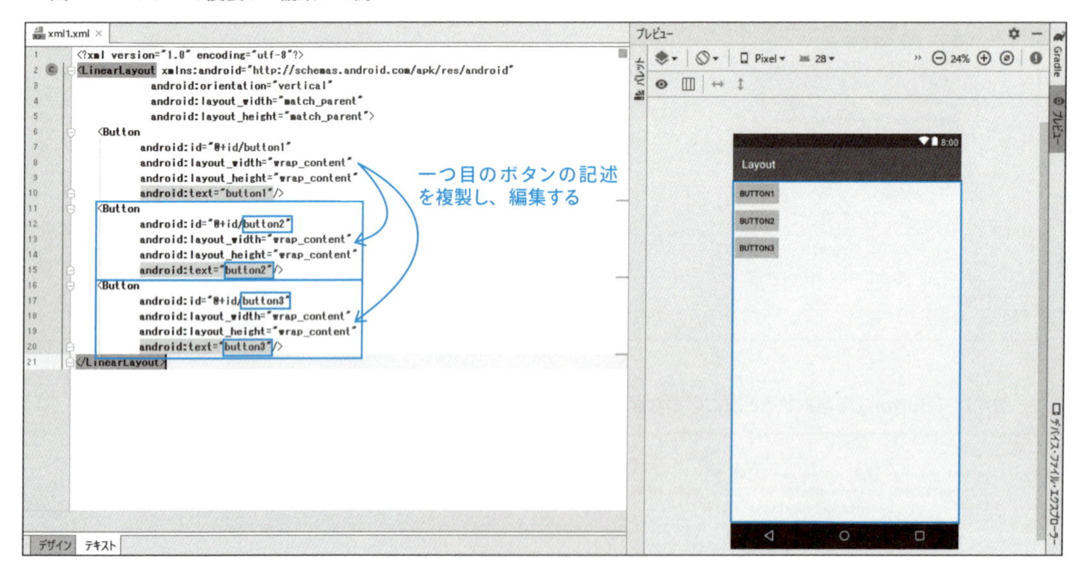

▼ 図4.58　ボタンを複製して編集した例

このように、同じような設定の要素を複数作成する場合は、デザインエディターで、1つ1つの要素に属性パネルで値を設定するより、テキストエディターで編集する方が効率的であることがわかります。

ConstraintLayoutへの変換

Android Studioでは、アプリのパフォーマンスをよくするために、ConstraintLayoutの使用を推奨しています。そしてAndroid Studioには、LinearLayoutやTableLayoutなどをConstraintLayoutに変換する機能があります。

ConstraintLayoutの制約の定義は、慣れるまで多少難しく感じることがあるかもしれません。しかしそのような場合は、使いやすいレイアウトを使ってUIを作り、作成後に変換機能を使って、ConstraintLayoutに変換するといった方法もあります。

ここでは、前節で作成したLinearLayoutのレイアウトを、ConstraintLayoutに変換する手順について紹介します。

ConstraintLayoutに変換する

1. テキストエディターのウィンドウ下部にある「デザイン」タブをクリックし、デザインエディターに切り替えます。
2. コンポーネントツリーで、変換したいレイアウトを右クリックして「LinearLayoutをConstraintLayoutに変換する」をクリックします（**図4.59**）。

▼ 図4.59 LinearLayoutをConstraintLayoutに変換する

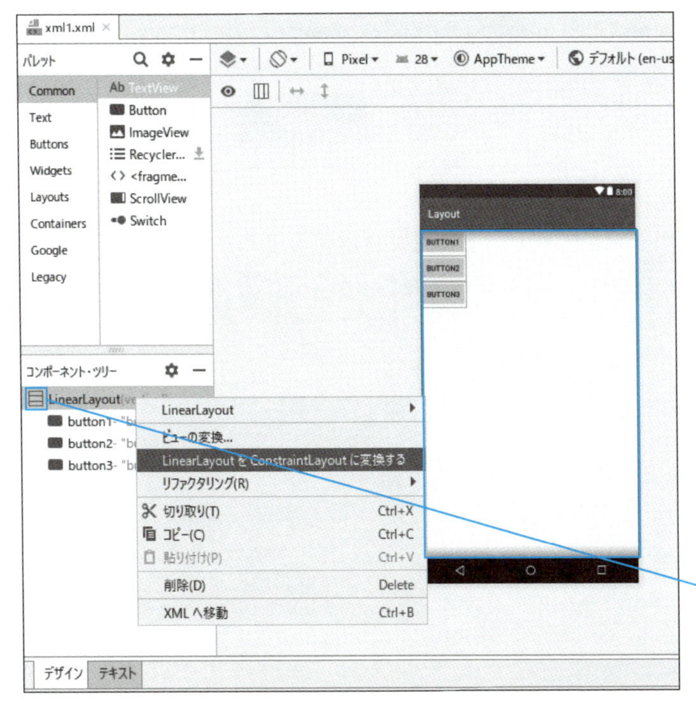

3 「ConstraintLayoutに変換」ダイアログボックスが表示されたら、規定値の「Flatten Layout Hierarchy（レイアウト階層をフラットにする）」と「Don't flatten layouts referenced by id from other files（他のファイルからidによって参照されるレイアウトをフラットにしない）」をチェックした状態のままで、「OK」ボタンをクリックします（**図4.60**）。

▼ 図4.60　LinearLayoutをContraintLayoutに変換する

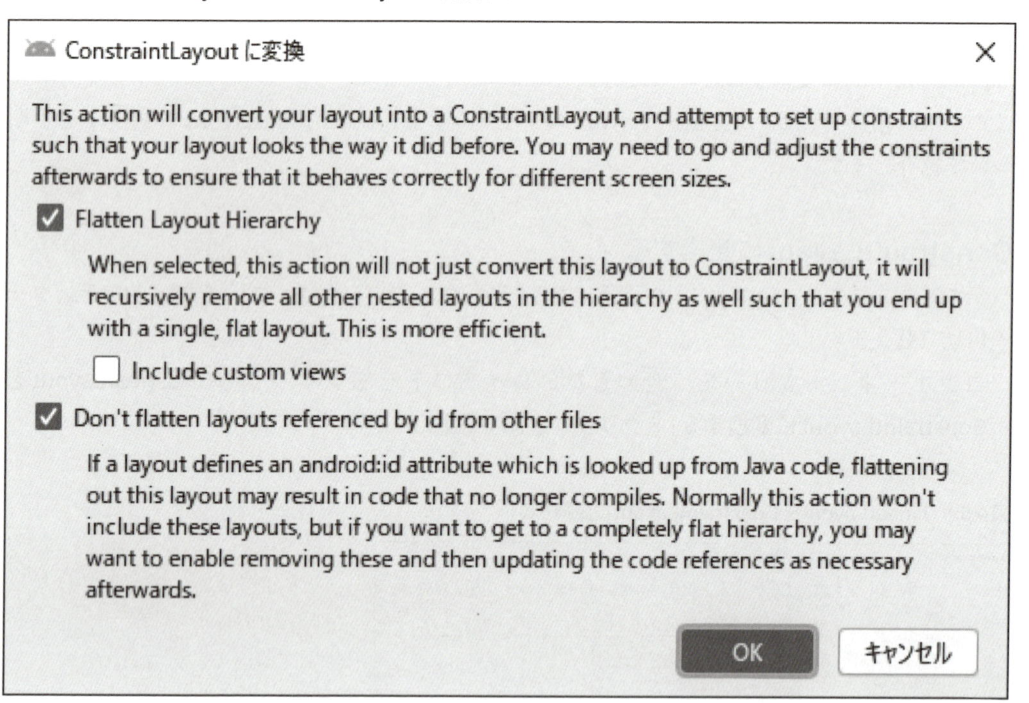

これで変換が完了しました。デザインエディター上の見た目は何も変わりませんが、**図4.61**で示したように、コンポーネントツリーのアイコン表示が変わっていることで、変換されたことが確認できます。

▼ 図4.61 変換後のコンポーネントツリーのアイコン表示

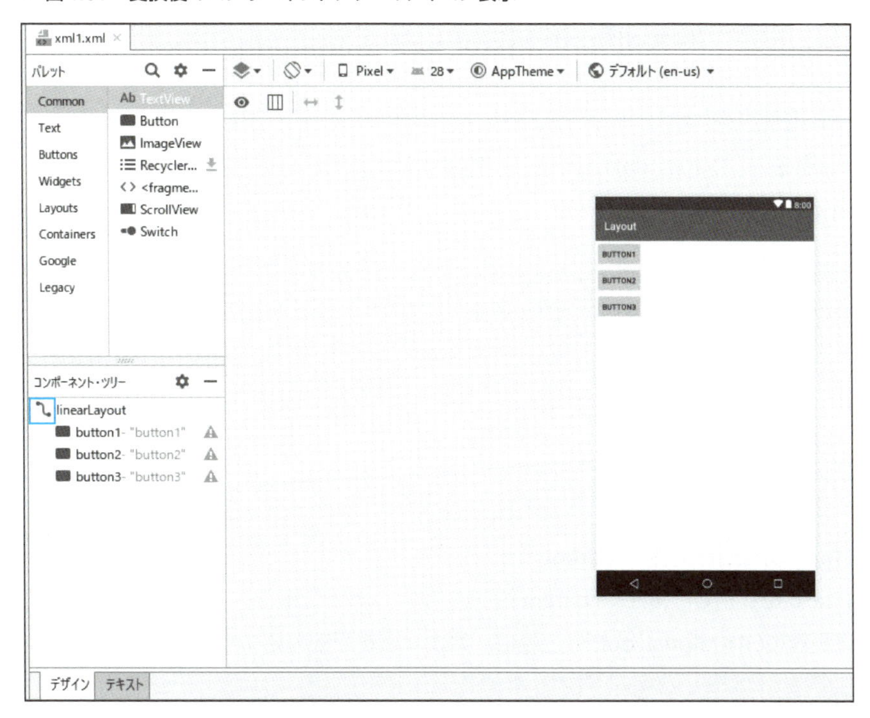

それでは、テキストエディターに切り替えてXMLの記述を確認してみましょう。ウィンドウ下部の「テキスト」タブをクリックして、テキストエディターに切り替えてください(**図4.62**)。

▼ 図4.62 ConstraintLayoutに変換後のXML記述

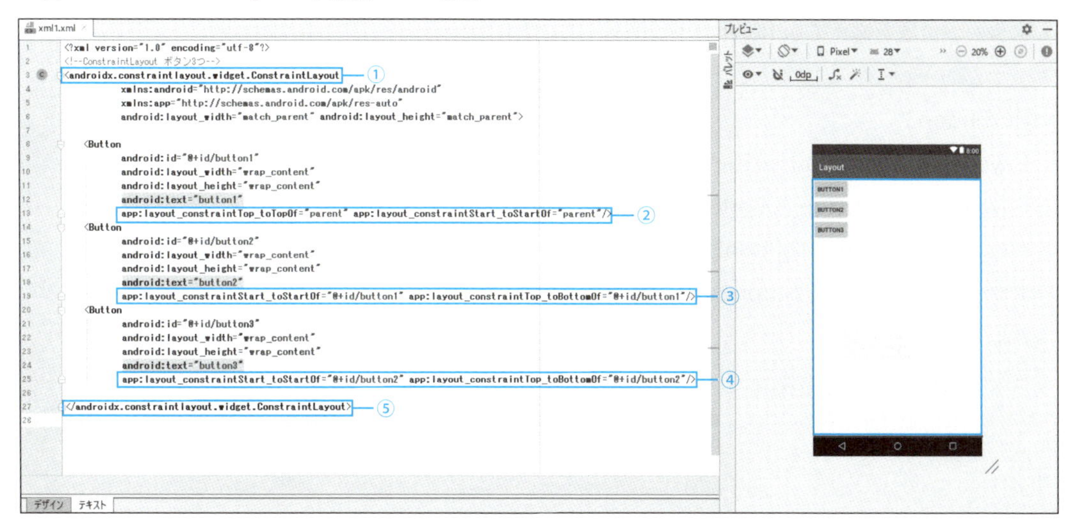

図4.62（①〜⑤）で示したように、XMLのコードが編集され、ConstraintLayoutの記述があることが確認できます。以下に、編集箇所の詳細をあげておきます。

レイアウトのルート要素（図4.62①、②）

レイアウトのルート要素が「ConstraintLayout」に変換されたため、①の開始タグ，②の終了タグがそれぞれConstraintLayoutを表すタグを

```
<androidx.constraintlayout.widget.ConstraintLayout>
</androidx.constraintlayout.widget.ConstraintLayout>
```

に変更している。

制約の指定（図4.62③〜⑤）

- ③のbutton1
  「layout_constraintTop_toTopOf」属性：「parent」
  「layout_constraintStart_toStartOf」属性：「parent」
  button1の上端を親要素（ConstraintLayout）の上端に、始まりを親要素の始まりに合わせることで、左上に配置している。

- ④のbutton2
  「layout_constraintStart_toStartOf」属性：「@+id/button1」
  「layout_constraintTop_toBottomOf」属性：「@+id/button1」
  button2の始まりをid「button1」要素の始まりに、上端をid「button1」要素の下端に合わせることで、スタート位置を揃えてbutton1の下に配置している。

- ⑤のbutton3
  「layout_constraintStart_toStartOf」属性：「@+id/button2」
  「layout_constraintTop_toBottomOf」属性：「@+id/button2」
  button3の始まりをid「button2」要素の始まりに、上端をid「button2」要素の下端に合わせることで、スタート位置を揃えてbutton2の下に配置している。

COLUMN レイアウトの変換について

レイアウトの変換を実行すると、元のレイアウトが書き換えられるため、元のレイアウトを残しておきたい場合は、以下の手順で複製しておきましょう。

1. 複製したいレイアウトファイルを右クリックし、ショートカットメニューから「コピー(C)」をクリックします。
2. 「Androidビュー」→「app」→「res」→「layout」を右クリックし、ショートカットメニューから「貼り付け(P)」をクリックします(図4.K)。

▼ 図4.K レイアウトファイルの貼り付け

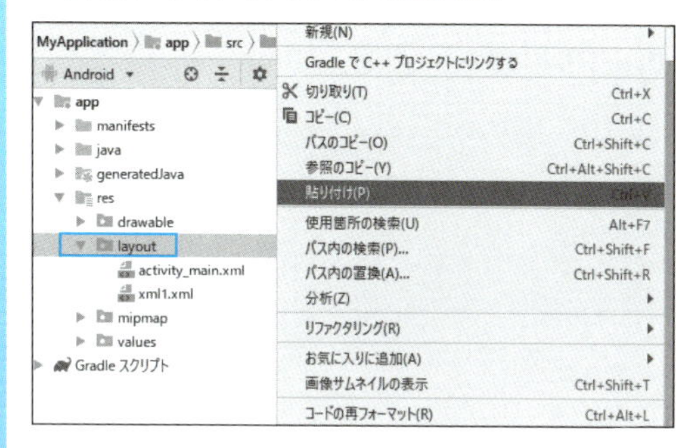

3. 「コピー」ダイアログボックスが表示されたら、「新しい名前：」欄に任意のファイル名を入力し(ここでは、「xml_linear.xml」)、「OK」ボタンをクリックします(図4.L)。

▼ 図4.L 「コピー」ダイアログボックス

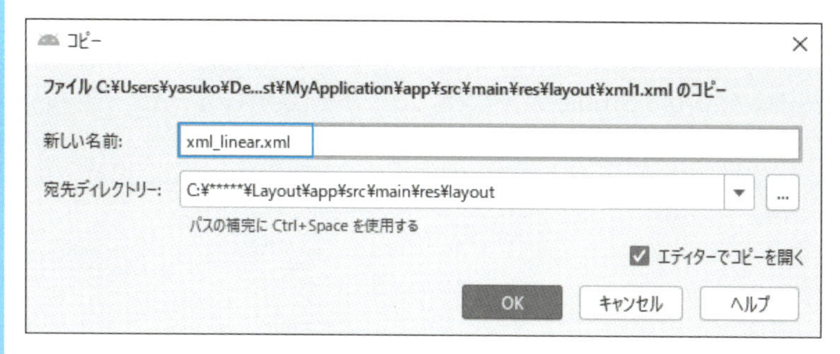

COLUMN　リソースマネージャーとレイアウトエディター

本書では、画像リソースを使用するアプリについてほとんど触れていないのですが、2019年6月末時点での最新バージョンとなる、Android Studio 3.4では、画像リソースを直感的に扱うことのできる「リソースマネージャー（Resource Manager）」という機能が追加されています。「リソースマネージャー」では、「Android」ビュー→「app」→「res」の「res」フォルダに格納されているアプリのリソースについて、描画、色、レイアウトなどの管理が視覚的かつ一元的に管理できるようになっています。

リソースマネージャーを使用すれば、**図4.X**で示したように、「res」フォルダ内にある画像リソースをドラッグ&ドロップでレイアウトエディターにレイアウトできます（ドラッグ&ドロップした画像リソースは、ImageViewとして配置されます）。

▼ **図4.X　リソースマネージャーから画像をドラッグ&ドロップでレイアウトできる**

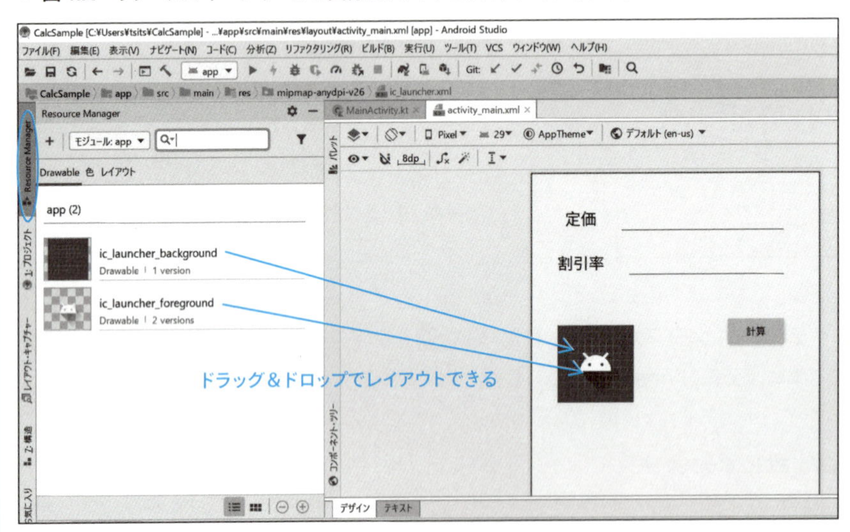

なお、リソースマネージャーは、Android Studioのメインメニューから「表示（V）」→「ツール・ウィンドウ（T）」→「リソース・マネージャー」をクリックすれば、表示されます。

第5章

エディターの機能と基本操作

第4章までは、プロジェクトの基本的な作成手順について取り上げました。Androidアプリ開発では、ソースコードを編集してプロジェクトを完成させていきますが、プログラミングの重要な作業の一つがコーディングです。そして、コーディング作業では、エディターが必要不可欠であり、エディターが備えている様々な機能を、コーディングに役立てることができます。

本章の内容

5-1 エディターの基本操作

効率の良いプログラミングを行うには、エディターに搭載された各種機能が欠かせません。ここでは、エディターの基本機能について紹介していきます。

エディターの構成

まずはエディターウィンドウの構成について見ていきましょう（図5.1、表5.1）。

▼ 図5.1 エディターウィンドウの構成

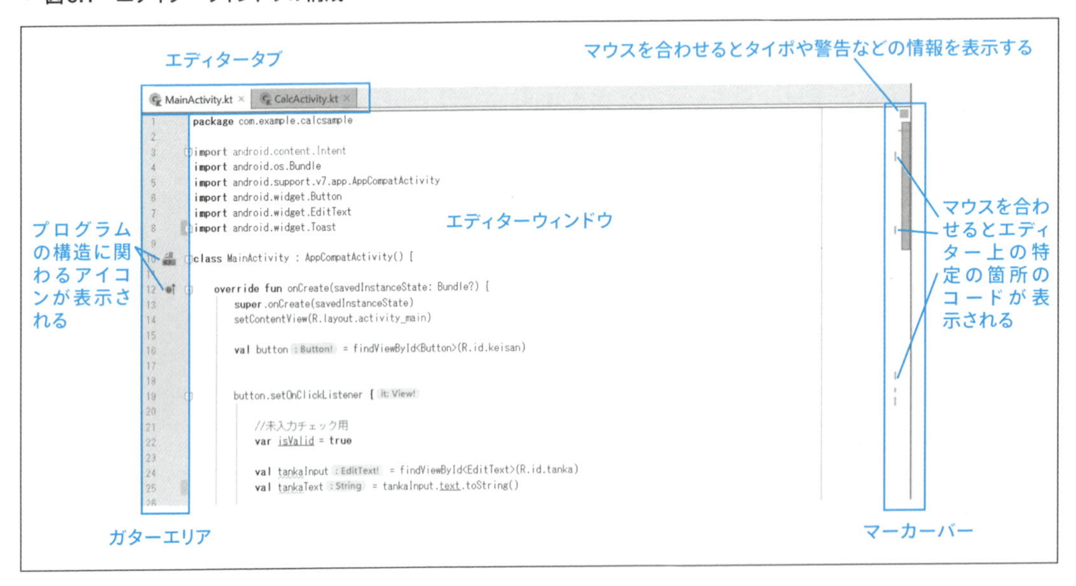

▼ 表5.1 エディターの構成要素

要素	内容
エディタータブ	エディターウィンドウに表示されているソースファイルのタブ
エディターウィンドウ	現在アクティブになっているソースファイルの内容が表示、編集できる
ガターエリア	行番号、ブレークポイント、クラスに関するマークやアイコンなどが表示される
マーカーバー	エディターウィンドウ上のコードに関する情報をマーク表示する

エディタータブの操作は、各タブを右クリックして表示されるショートカットメニューから

か、Android Studioのメインメニューにある「ウィンドウ(W)」→「エディター・タブ(T)」のメニューから行えます。

ガターエリアに表示されているアイコンにマウスを合わせると関連するファイルの情報が吹き出し表示されます(**図5.2**)。またアイコンをクリックすると、関連ファイルをエディターで開くことができます(**図5.3**)。

> **ONEPOINT**
> エディタータブ、ガターエリアに関する設定は、P.168を参照してください。

▼ **図5.2　ガターエリアのアイコンにマウスを合わせたり、クリックした様子**

▼ **図5.3　オーバーライドに関する情報も確認できる**

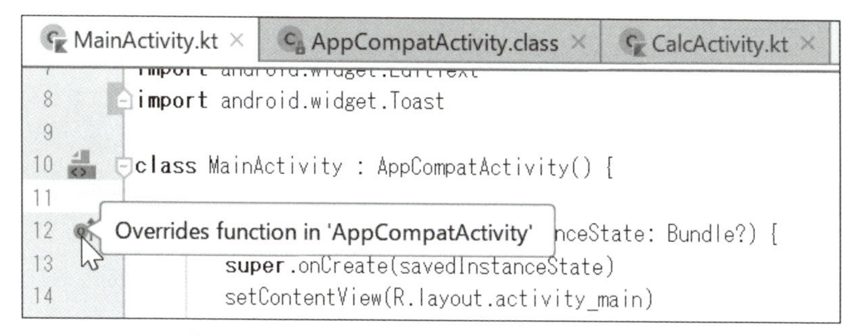

マーカーバーには、警告などの箇所や特定のコードの場所を確認するためのマークが表示されています(**図5.4**)。また、マークにマウスをあわせたり、クリックすることで、警告や特定の箇所を表示することができます(**図5.5**)。

▼ **図5.4　マーカーバーのマークにマウスを合わせた例**

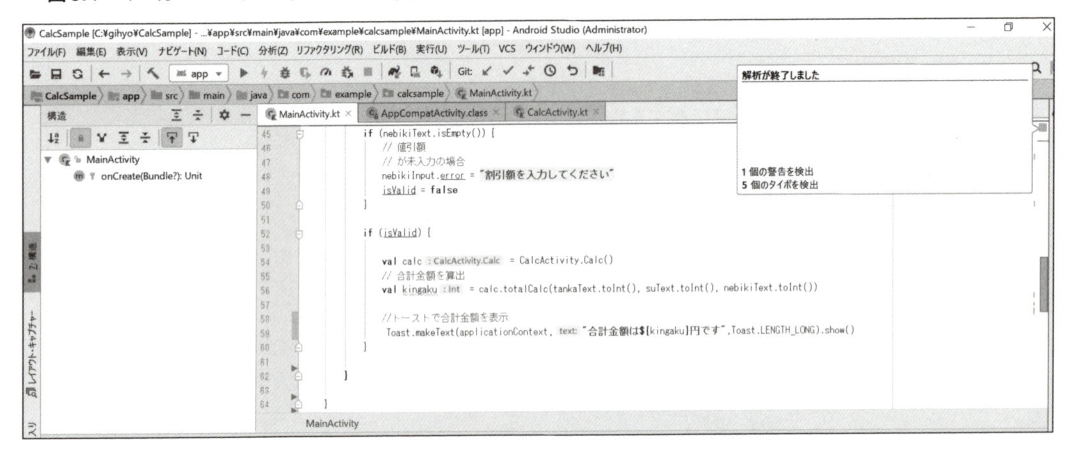

▼ **図5.5　特定の箇所を表示した例**

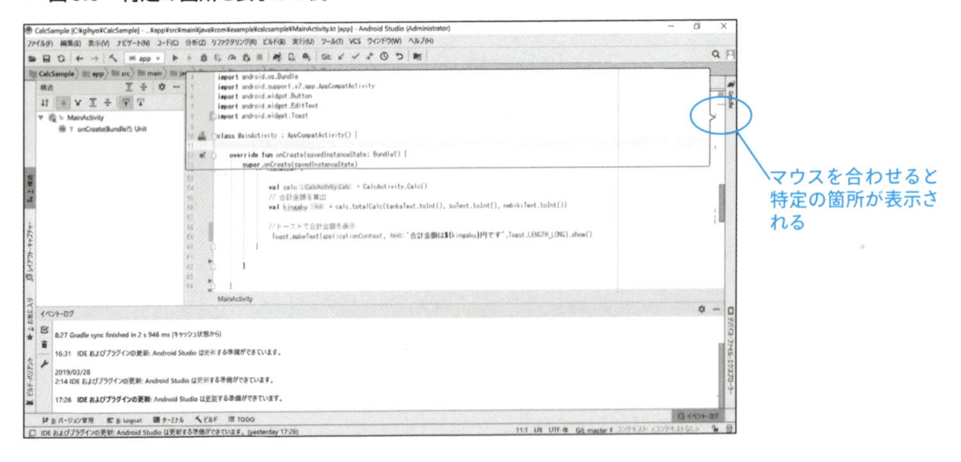

コード補完機能の使い方

エディターには、コードの入力途中で次の入力候補をリストから選択できる「コード補完」機能があります。例えば、エディター上に文字を入力するだけで、PCやスマートフォンなどの予測変換のように候補リストが表示される「自動補完」という機能がその一つです。

図5.6は、「v」の一文字だけ入力したときに候補リストが表示された例です。

▼図5.6　自動補完の例

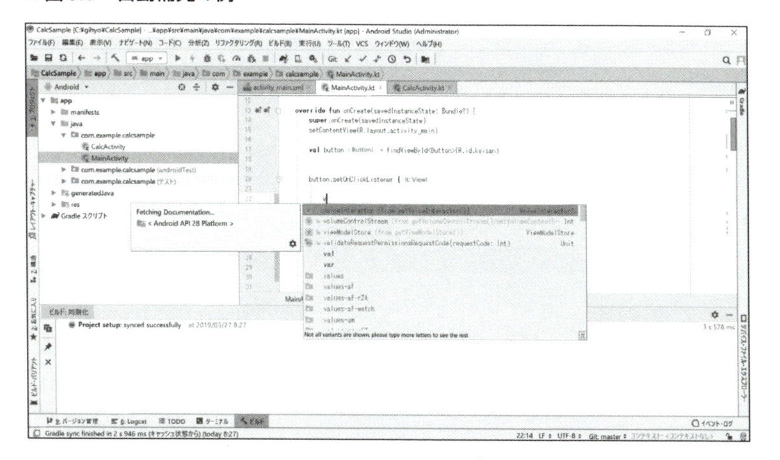

ONEPOINT

コードとは、プログラミング言語で記述された文字列のことを意味し、ソースプログラムと同義です。ソースプログラムは、コードの他に、「ソース」や「ソースコード」、「原始プログラム」などと表現されることもあります。

候補リストから該当する項目を選択して、Tabキーや Enterキーを押せば、入力が確定します。

また、コードの入力中に「.(ピリオド)」の区切りがある場合、「.」を入力すると、**図5.7**に示すような入力候補がリスト表示されます。候補リストには、KotlinやJavaのクラスライブラリにあるメソッドだけでなく、自分で作成した変数やメソッドなども表示されます。

▼図5.7　コード補完を使う

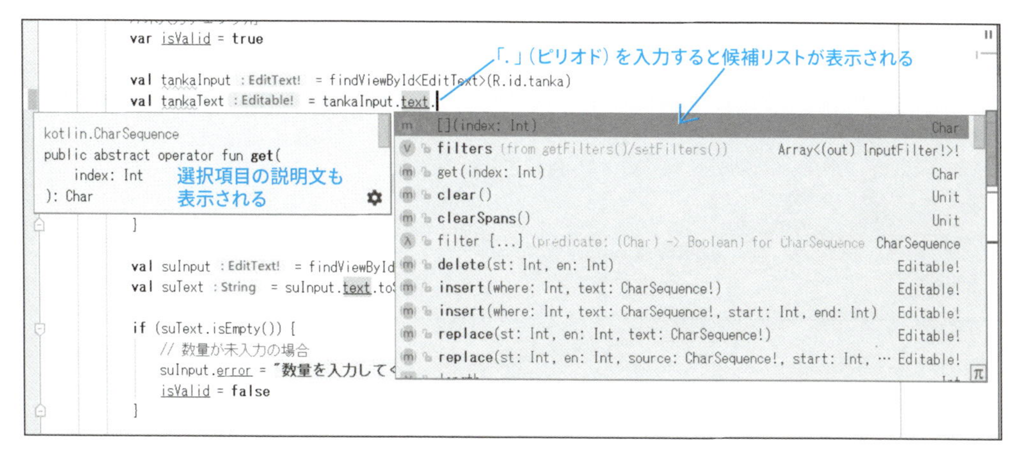

さらに先頭の1文字を入力すると、リスト内の候補を絞り込むことができます。**図5.8**は、「t」を入力したときの状態を示しています。

▼ **図5.8　先頭の1文字を入力するとリスト内の候補が絞り込める**

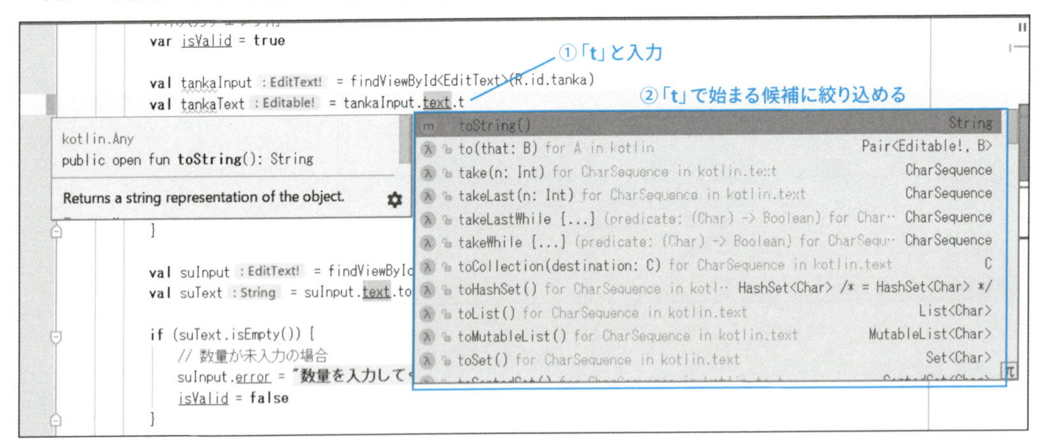

なお、文字列中に「.（ピリオド）」が必要ない場合でも、Ctrl＋Spaceで候補リストを表示させることができます。**図5.9**は、「=（イコール）」の後で、Ctrl＋Spaceを押して、候補リストを表示させた例です。

▼ **図5.9　Ctrl＋Spaceで候補リストを表示させた例**

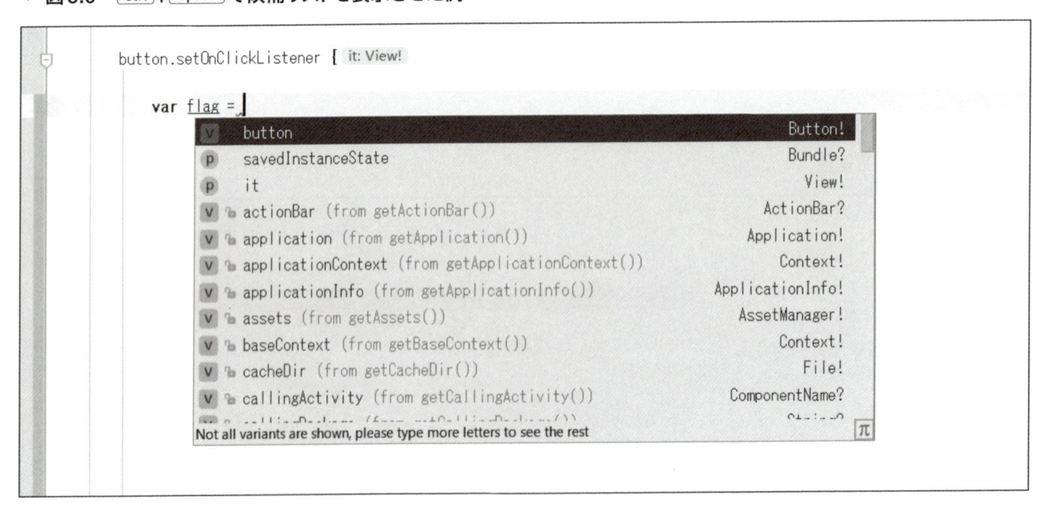

COLUMN
補完機能の項目

Android Studioのメインメニューにある「コード(C)」→「補完(C)」の先には、補完機能に関する4つのメニュー項目が存在します。ここでは、4つの項目について紹介しておきましょう。

「基本(Basic)」

「基本(Basic)補完」と呼ばれるもので、先の、Ctrl+Spaceによる候補リストがこの補完に相当します。基本補完は、変数名やメソッド、クラスなどを、文脈に応じて優先的に表示します。

「スマート(Smart)入力」

Ctrl+Shift+Spaceを押すと、「スマート(Smart)入力」補完が利用できます。この補完機能は、期待する型に該当するものだけを候補にあげることができるため、基本補完よりもさらに適切な候補を表示させることが可能です。

「循環的に単語を展開」

任意の文字を入力した後に、Alt+/を押すことで、リストではなく、入力した文字で始まる候補を直接切り替えて選択することができます。

「循環的に単語を展開(後方)」

Alt+Shift+/を押すことで、「循環的に単語を展開」とは逆方向に候補を切り替えることができます。

コード補完を設定する

コード補完は便利な反面、不要なタイミングで表示されたり、思った候補がすぐに表示されないといったような疎ましいケースに出くわすこともあります。そのような場合は、コード補完のデフォルト設定を以下のダイアログボックスで変更してみましょう。

まずは、以下の手順でコード補完の設定画面が表示させます。

1. Android Studioのメインメニューから「ファイル(F)」→「設定(T)」をクリックします。
2. 「設定」ダイアログボックスが表示されるので、左側にあるメニューから、「エディター」→「一般」→「コード補完」をクリックします(**図5.10**)。

▼ 図5.10 「設定」ダイアログボックスの「コード補完」メニュー

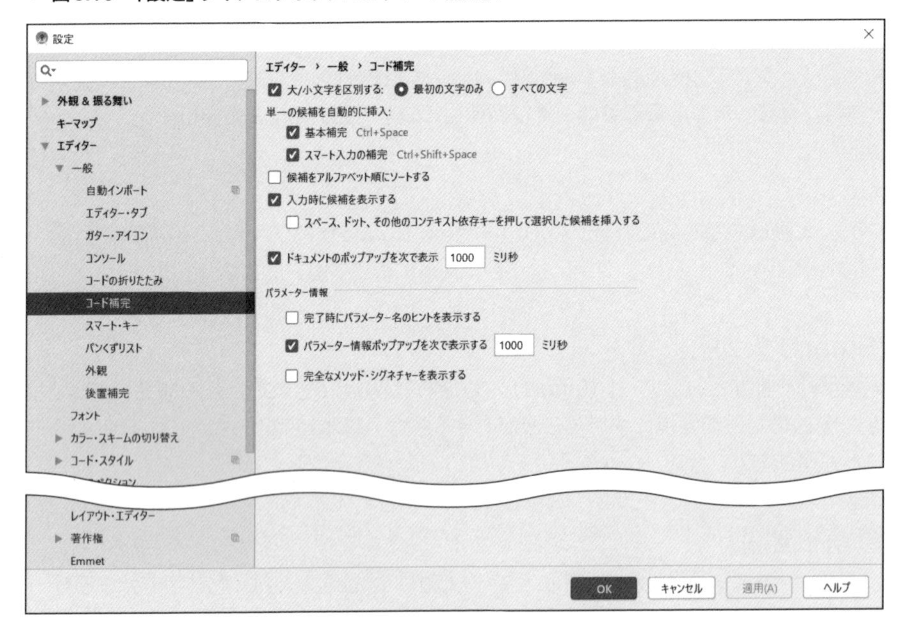

それでは、**図5.10**で示した項目について見ていきましょう（**表5.2**）。

▼ 表5.2 コード補完の項目

項目	内容
大/小文字を区別する	コード補完の候補について、大文字、小文字の区別をするか否かを選択する。区別する場合は、さらに「最初の文字のみ」か「すべての文字」を区別するのかが選択できる
基本補完	P.173で取り上げた「基本補完」での候補を表示させるか否かを選択する
スマート入力の補完	P.173で取り上げた「スマート入力の補完」での候補を表示させるか否かを選択する
候補をアルファベット順にソートする	候補リストをアルファベット順に表示させるか否かを選択する
入力時に候補を表示する	補完機能を有効にするか否かを選択する。候補リストにある項目を「スペース」「ドット」などのキーを押して確定させたい場合は、「スペース、ドット、その他の…」を選択する
ドキュメントのポップアップを次で表示	リスト項目の説明ポップアップの表示開始時間を設定する（デフォルトは1,000ミリ秒）
完了時にパラメーター名のヒントを表示する	補完候補を確定した直後、引数などのヒントを表示させたい場合に選択する
パラメーター情報ポップアップを次で表示する	⑦のヒント情報の表示開始時間を設定する（デフォルトは1,000ミリ秒）
完全なメソッド・シグネチャーを表示する	メソッド名や戻り値の型などを含む、完全な形式でのパラメーター情報を表示させたい場合に選択する

エディターの表示設定

前述のコード補完機能だけでなく、Android Studioでは、快適にプログラミングができるように様々なエディターの設定が用意されています。**図5.11**に、Android Studioのメインメニューの「ファイル(F)」→「設定(T)」から表示される「設定」ダイアログボックスにある「エディター」で設定できる項目をあげておきましょう。

▼ **図5.11　「設定」ダイアログボックスのエディターにある項目**

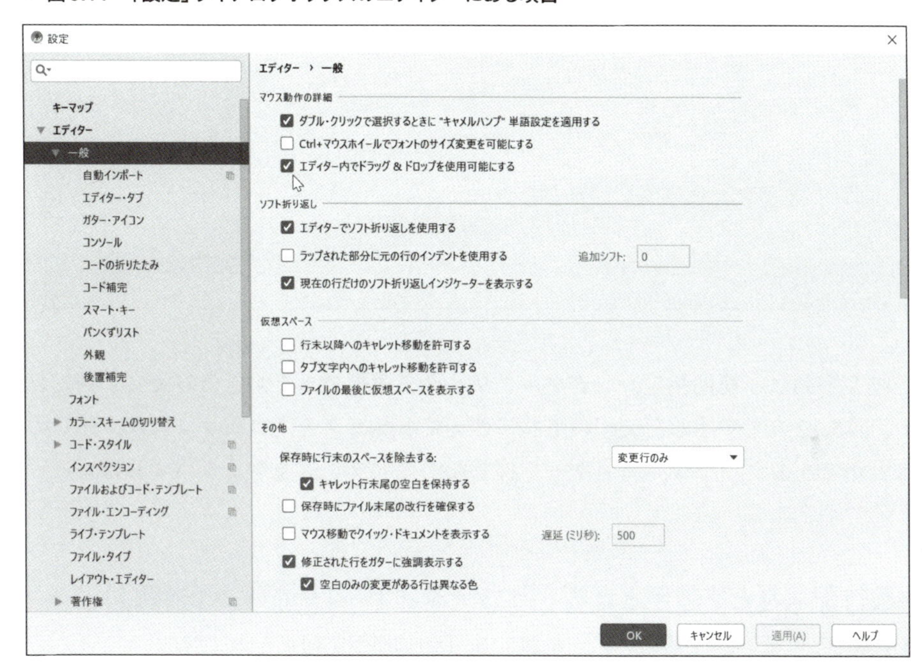

それでは、**図5.11**で示した項目の一部を、実際の使用例を基に紹介していきましょう。

エディター内でドラッグ&ドロップして文字列の移動やコピーを行う(「エディター」→「一般」)

「マウス動作の詳細」欄にある「エディター内でドラッグ&ドロップを使用可能にする」にチェックが付いていると、エディター内の文字列を範囲選択して、ドラッグ&ドロップで他の行へ移動させたり、コピーすることが可能になります(**図5.12**)。なお、この項目はデフォルトでチェックが付いています。

▼ 図5.12 「エディター内でドラッグ&ドロップを使用可能にする」にチェックが付いている場合

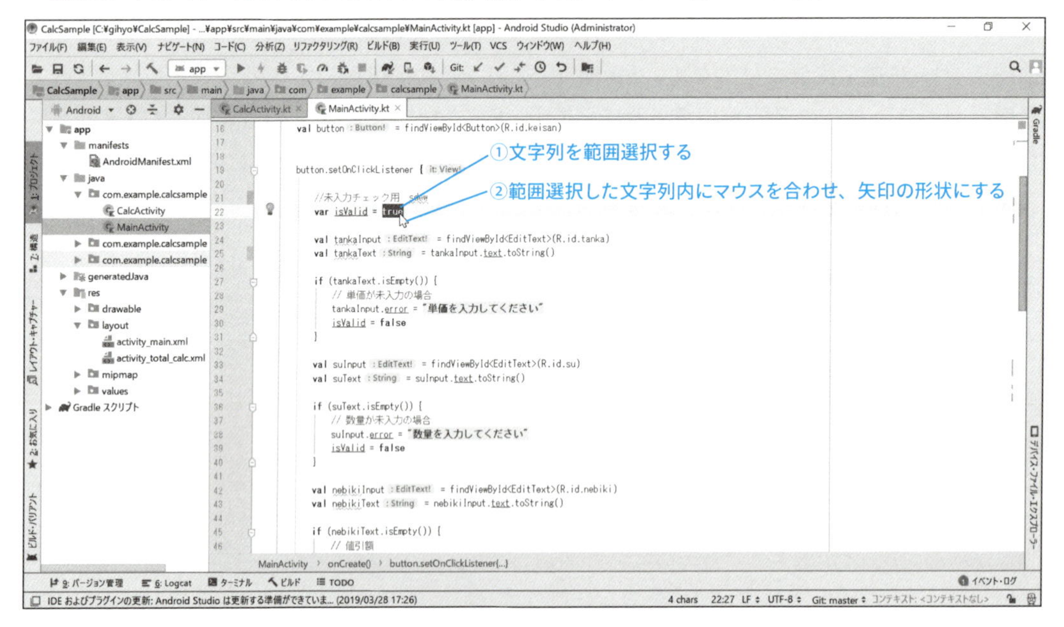

エディター上の文字列は、範囲指定か、ダブルクリックで選択できます。その後文字列内にマウスを合わせ、**図5.12**の②で示した矢印の形状に変えてドラッグ&ドロップすれば、任意の行へ移動することができます。なお、Ctrl キーを押しながらドラッグ&ドロップすればコピーになります。

空白文字や改行記号などを表示させる（「エディター」→「一般」→「外観」）

「空白を表示する」をチェックすると、エディター上の空白文字が表示されます。

なお、空白文字の表示は「先頭」「内部」「末尾」の3ヶ所に指定することができます（**図5.13**）。

▼ 図5.13 「空白を表示する」をチェックする

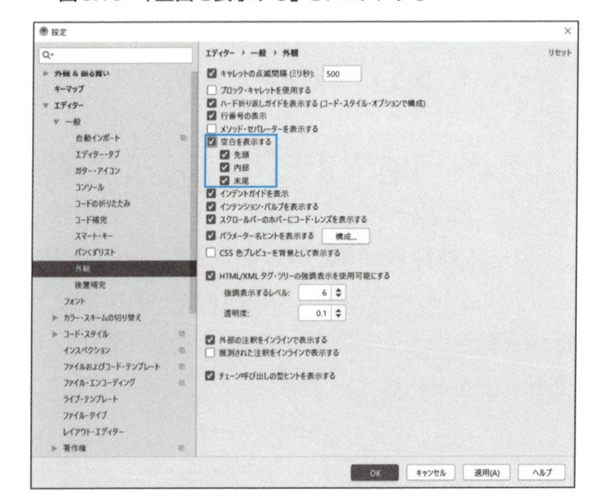

Android Studioの外観自体を変更する(「エディター」→「一般」→「カラー・スキームの切り替え」)

Android Studioの初期設定で選択した全体の配色テーマを変更したい場合は、この項目の「スキーム：」欄にある「Default」を「Darcura」に切り替えて、「OK」ボタンをクリックしましょう。デフォルトの配色だと、全体的に白が基調で明るすぎるという場合は、「Darcura」を選ぶとよいでしょう(**図5.14**)。

▼ 図5.14 「カラー・スキーム」を「Darcura」に変更した例

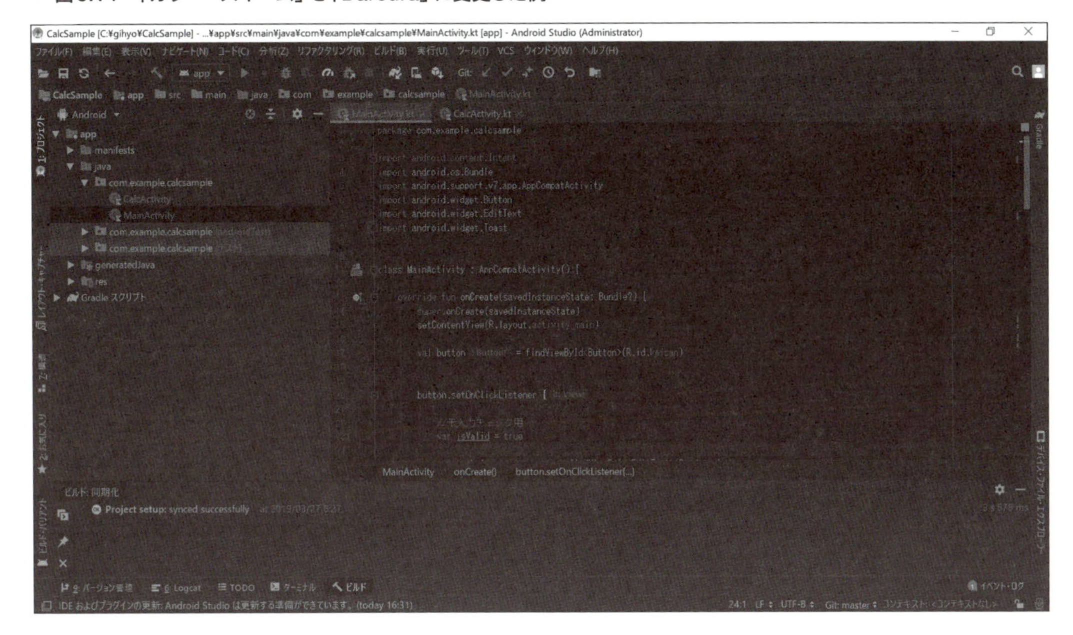

> **ONEPOINT**
>
> 「設定」ダイアログボックスで「カラー・スキーム」を切り替えて、「OK」ボタンをクリックした後に、確認メッセージの「Change Android Studio Theme」メッセージボックスが表示されたら、「はい(Y)」ボタンをクリックしてください。

コードを折りたたむ(「エディター」→「一般」→「コードの折りたたみ」)

エディター内のソースコードが長くなると、デバッグの際に何度もスクロールするなどと、確認箇所を行ったり来たりするのが面倒です。そのような際、現在不要なクラスやメソッドなどを折りたたんでおけば、ソースコードのボリュームを抑え、必要な行だけに注目することができます。

折りたたみは、この項目にある「コードの折りたたみアウトラインを表示する」にチェックを付けることで有効になります。なお、折りたたむ項目も指定することができます(**図5.15**)。

▼ **図5.15 「コードの折りたたみ」項目(デフォルト設定の例)**

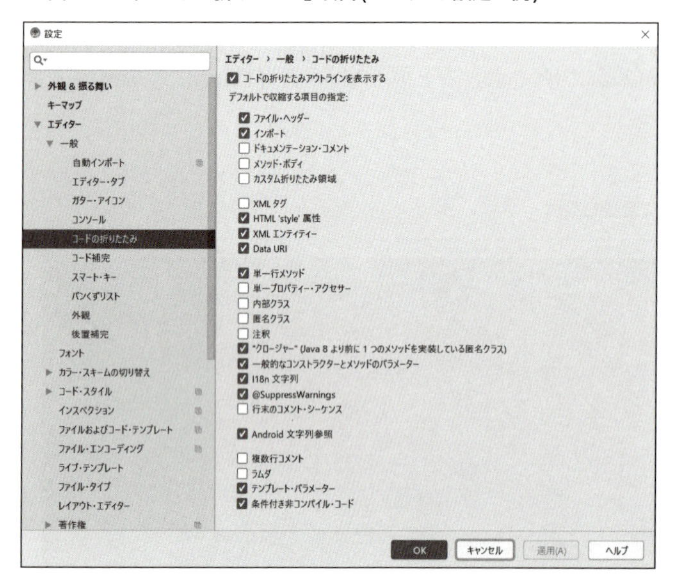

なお、エディター上で折りたたみたい行は、エディターの左端にある「-」マークをクリックします。折りたたまれた行には「+」マークが表示され、このマークをクリックすれば展開できます(**図5.16**)。

▼ **図5.16 コードを折りたたんだ例**

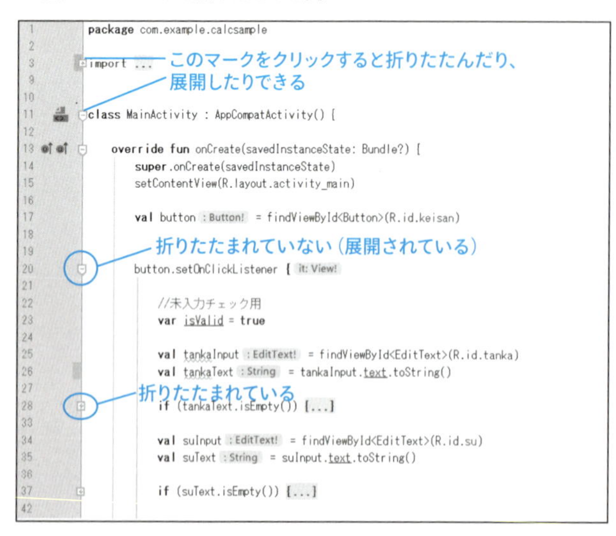

ちなみに、Android Studioのメインメニューから、「コード(C)」→「折りたたみ」を選択すると、すべての行を展開したり、折りたたむメニューを含む、様々なパターンの展開や折りたたみのメニューが表示されます(**図5.17**)。

▼ **図5.17 「折りたたみ」メニュー**

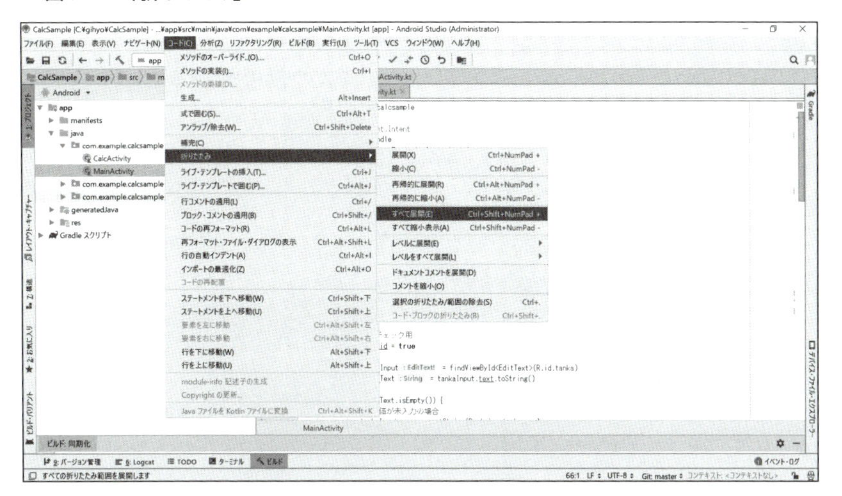

パンくずリストを表示する(「エディター」→「一般」→「パンくずリスト」)

「パンくずリスト」では、現在編集中の箇所が、どのソースプログラム内にあり、そしてそのソースプログラムがどのクラスの、どのパッケージに属しているのかなどを確認することができます(**図5.18**)。

▼ **図5.18 「パンくずリスト」の表示例**

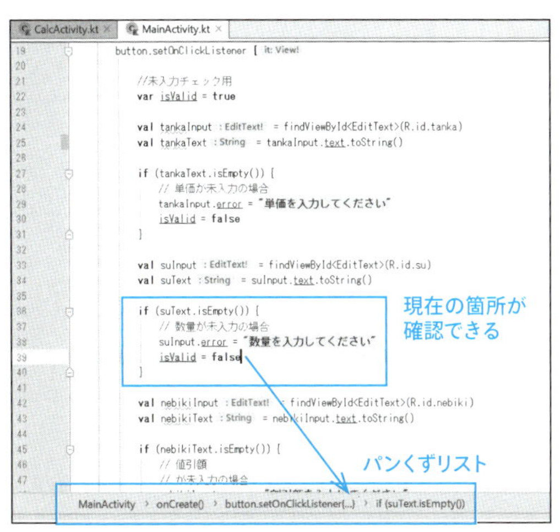

ONEPOINT

「パンくずリスト」はデフォルトで表示される設定になっています。また、パンくずリスト内のクラスやメソッドをクリックすると、ソースファイル内の該当箇所へジャンプできます。

コード・スタイルを設定する(「エディター」→「コード・スタイル」)

改行コードの指定や行の折り返し、タブ、インデント、スペースの位置や数などをプログラム言語各々で設定することができます(図5.19)。

▼ 図5.19　「コード・スタイル」(各言語共通部分)

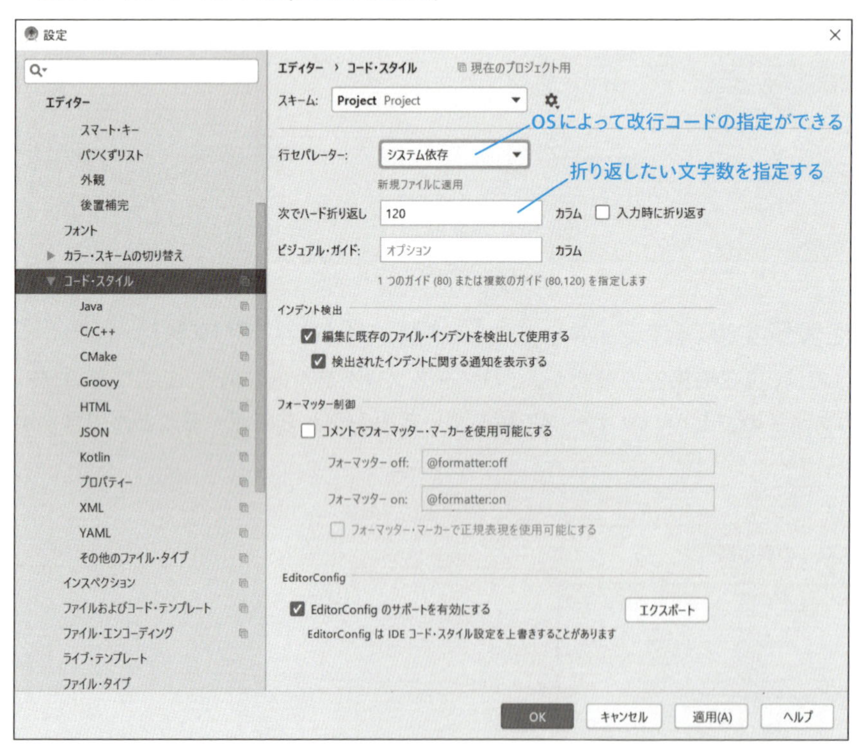

図5.19で図示した「次でハード折り返し」欄には、折り返したい文字数を入力します。なお、この設定は、エディターで編集したファイルを印刷するときなどに反映されます（**図5.20**、**図5.21**）。

▼ 図5.20　「コード・スタイル」(Kotlin)の「タブとインデント」タブ

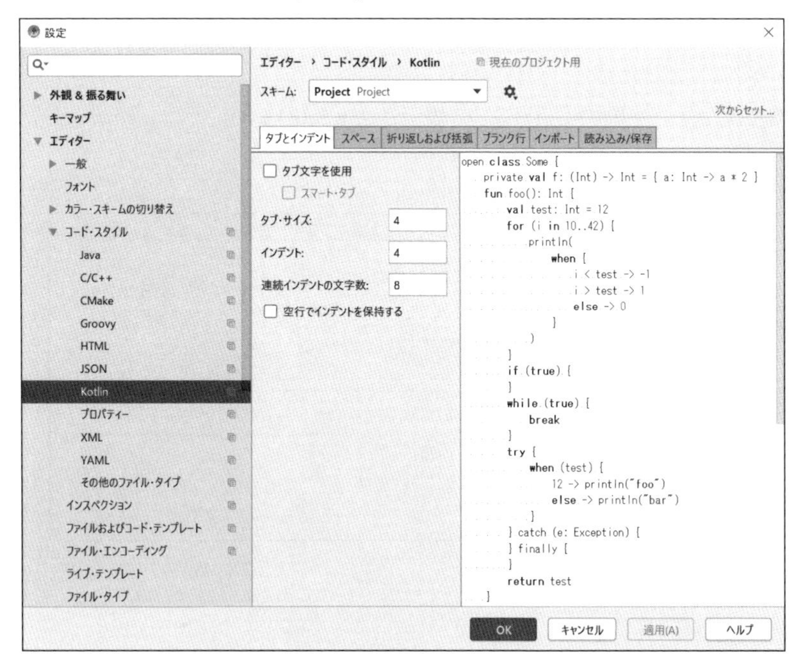

▼ 図5.21　「コード・スタイル」(Java)の「スペース」タブ

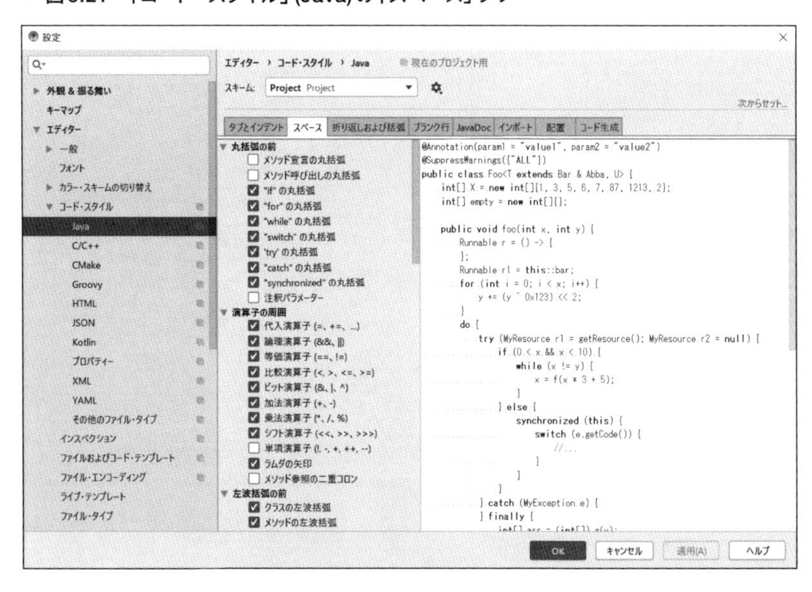

COLUMN　ソフト折り返しとハード折り返し

折り返しには、ソフト折り返しとハード折り返しがあります。以下に2つの違いをあげておきましょう。

ソフト折り返し

画面の幅に合わせて、幅を超える行を動的に折り返して表示させます（**図5.A**）。

▼ **図5.A　ソフト折り返しの例**

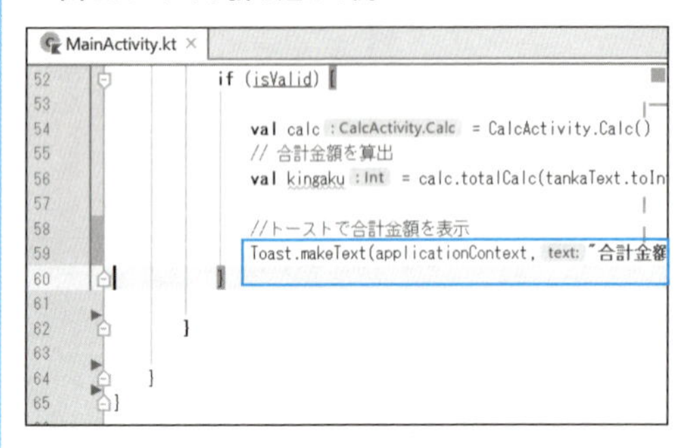

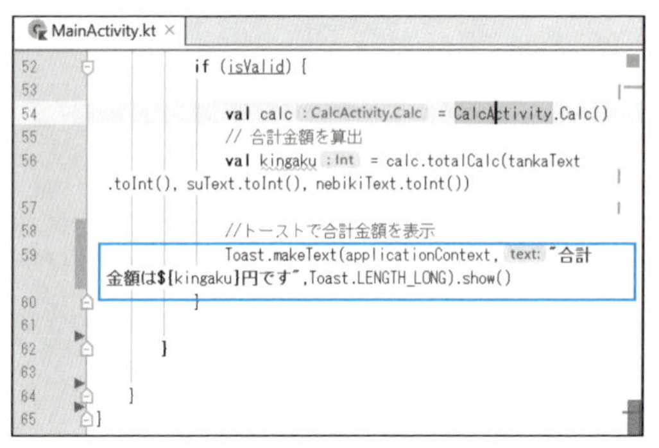

ハード折り返し

画面上では、折り返しが表示されませんが、印刷時に折り返されます（**図5.B**）。

▼ **図5.B　ハード折り返しの例**

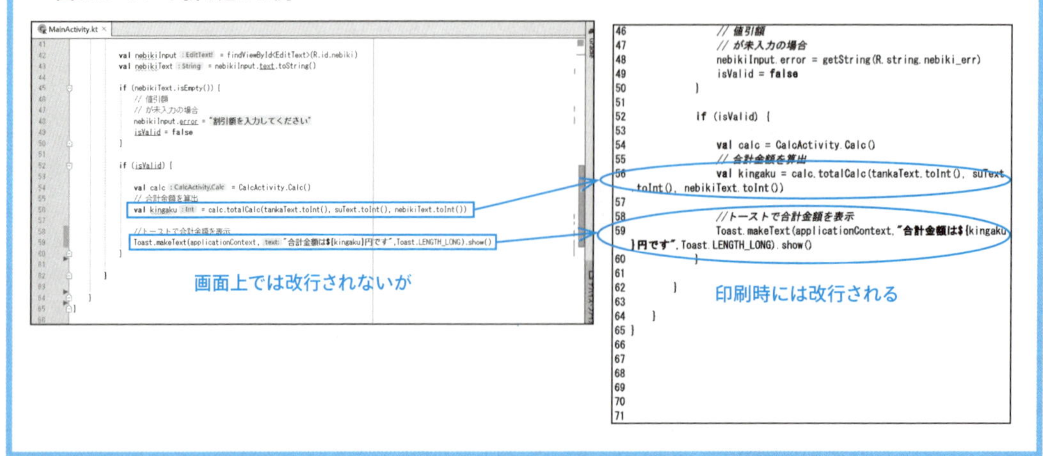

画面の分割表示

ソースコードの前半と後半の記述を見比べたいなどといったときには、エディターを分割表示させると便利です。

分割は、Android Studioのメインメニューから「ウィンドウ(W)」→「エディター・タブ(T)」を選択し、「横に分割(H)」か「縦に分割(V)」をクリックすることで行えます(**図5.22**)。

▼ **図5.22　エディターを横(水平方向)に分割した例**

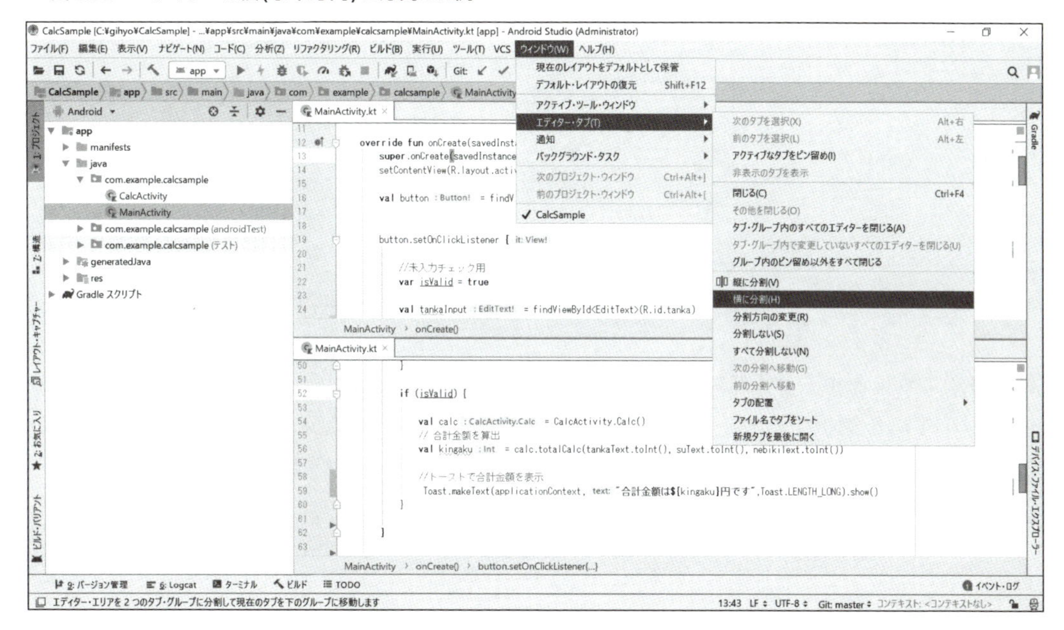

> **ONEPOINT**
>
> 分割は、エディタータブを右クリックしたときに表示されるショートカットメニューから行うこともできます。また、閉じたい方のタブにある「×」ボタンをクリックするか、「ウィンドウ(W)」→「エディター・タブ」から、「分割しない(S)」をクリックすれば、分割が解除されます。

複数のソースファイルを見比べたい場合、通常は「エディタータブ」で切り替える必要がありますが、先の画面分割を使うことで、異なるソースファイルを見比べることができます。

今度は、複数のソースファイルを縦に分割した例をあげておきましょう(**図5.23**)。

▼ 図5.23　複数のソースファイルを縦に（垂直方向）に表示させる

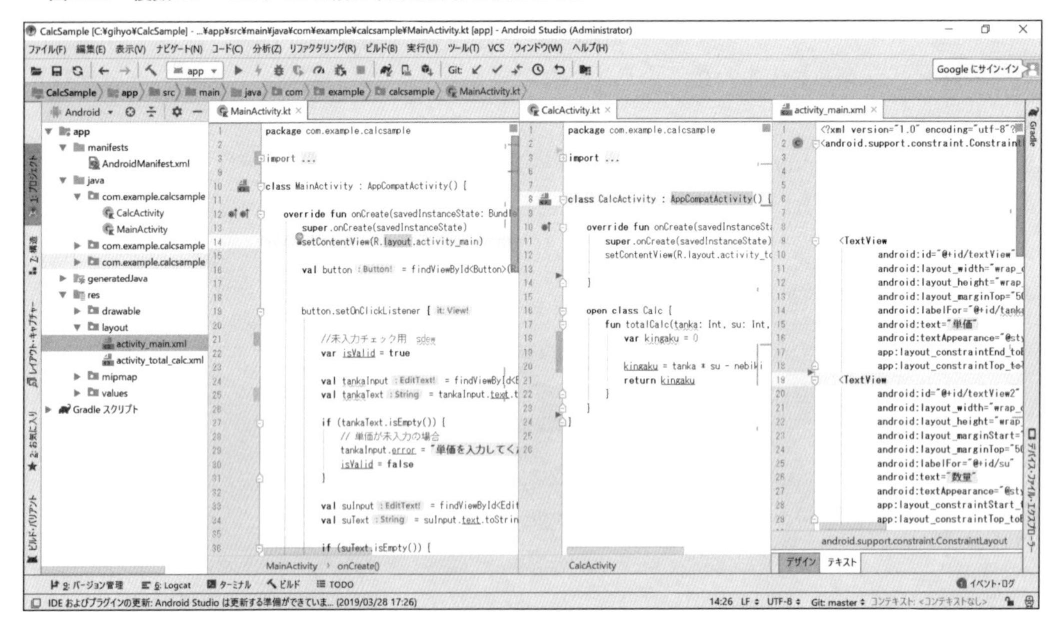

図5.23のように表示させるには、分割させたい「タブ」を選択して、「ウィンドウ(W)」→「エディター・タブ(T)」を選択するか、タブを右クリックすると表示されるショートカットメニューから「縦に分割(V)」をクリックしてください。ただし、選択した「タブ」が移動するわけではなく、別途表示されるため、元の「タブ」を閉じる必要があります。

 分割方向を変更する

Android Studioのメインメニューにある「ウィンドウ(W)」→「エディター・タブ(T)」か、タブを右クリックすると表示されるショートカットメニューから、「分割方向の変更(R)」をクリックすると、選択したエディタータブの分割方向を変更できます(**図5.24**、**図5.25**))。なお、「分割方向の変更」では、選択したエディタータブのみの方向が変更できます。

▼**図5.24　選択したタブの分割方向を変更する(縦から横へ)**

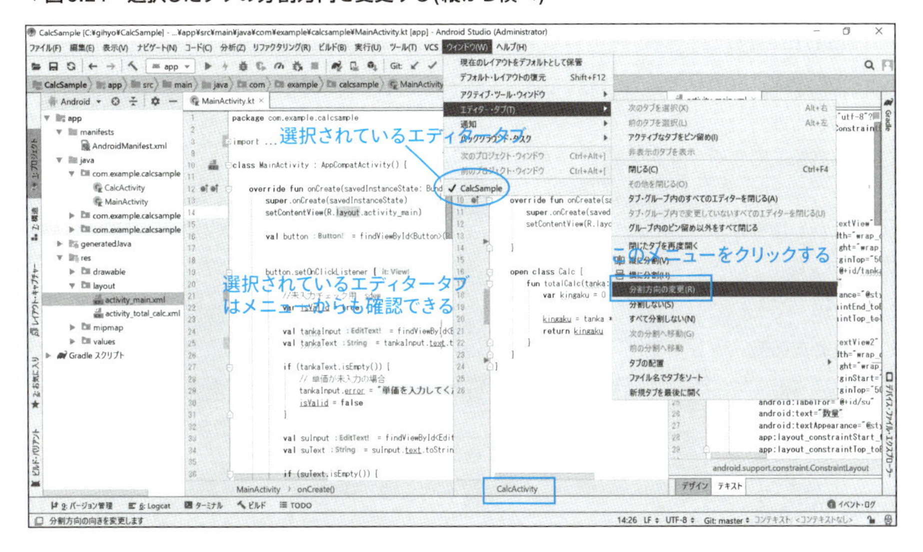

▼**図5.25　選択したタブの分割方向が変更された(縦から横へ)**

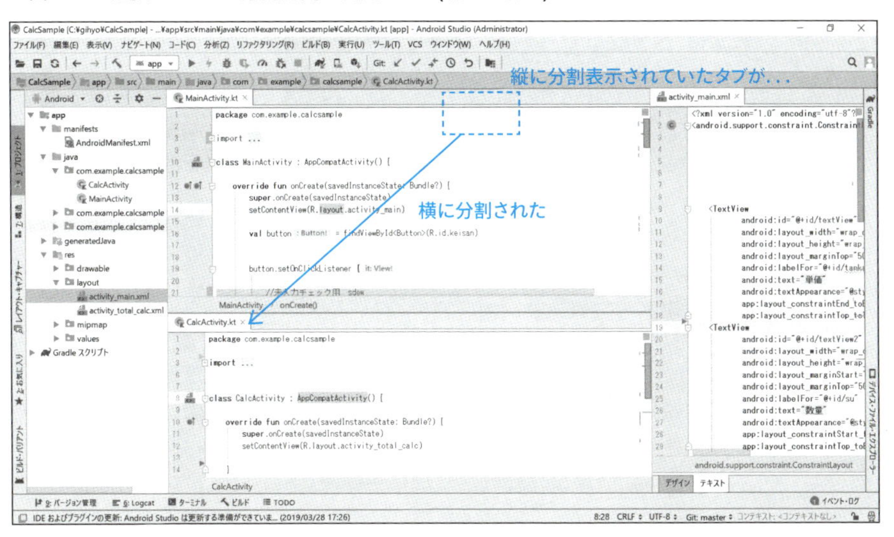

COLUMN　変数名やメソッド名の命名について

本書では、説明の都合上などで、変数名にtankaやnebikiなどといった日本語をローマ字にした名前を使っています。しかし、特に近年はオフショア開発などで、海外に開発を依頼することもあるため、国内で開発したソフトウェアの保守などが、将来も日本で行われるとは限りません。そのようなグローバル化の観点からも、IT企業の開発現場では、英単語を基本としたネーミングをおすすめします（**図5.C**）。

- 変数名の例

tanka → price, unit_price など
nebiki → discount, reduction など

以下にネーミングが生成できるサイトを紹介しておきましょう。

- ネーミングが生成できるサイト

https://codic.jp/

▼ **図5.C　ネーミングが生成できるサイト**

5-2 コーディングに役立つ機能

ここまでは、エディターの基本機能として、主にエディターの設定について紹介してきました。本節では、主にコーディングに役立つ機能について見ていきましょう。

 エディターウィンドウでのコピー&ペースト

まずは、「エディターウィンドウ」内で、ソースコードを直接編集する際に役立つ操作について紹介します。

ソースコードの編集中に役立つ代表的な操作としては、既存のコードを流用する際のコピー&ペーストがあげられます。Android Studioでは、「設定」ダイアログボックスの「エディター」→「一般」→「スマート・キー」にある「再フォーマット：」欄の設定によって、コピーしたコードの貼り付け形式が変わります（**図5.26**）。

▼ **図5.26　「設定」ダイアログボックスの「再フォーマット：」欄**

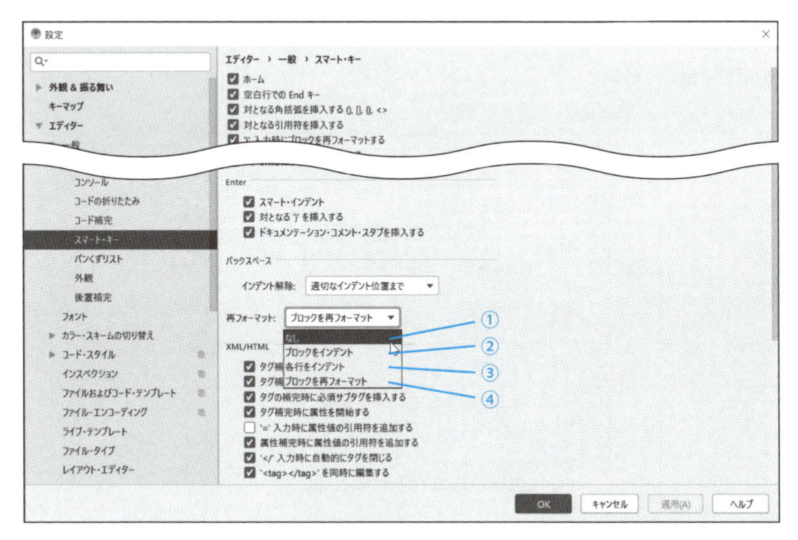

それでは、「再フォーマット：」欄にある項目ごとの貼り付け結果について、具体例を用いて確認していきましょう。

今回は、次のコードを「再フォーマット：」欄にある項目ごとで貼り付けた結果を紹介していきます（**図5.27**）。

```
if(su<10){
        kingaku=tanka*su
 }
 else{
        kingaku=tanka*su-nebiki
 }
```

①「なし」

書式などの特別なフォーマットを行うことなく、そのまま貼り付けます。

②「ブロックをインデント」

貼り付けるコードの先頭行のインデントを、貼り付け先に合わせます。それ以外の行は、貼り付け元のインデントのままです。

③「各行をインデント」

貼り付けるコードのすべてのインデントを、貼り付け先に合わせます。

④「ブロックを再フォーマット」

貼り付けるコードのすべてのフォーマットを貼り付け先に合わせます。

▼ 図5.27　「再フォーマット：」欄の項目を試した結果

元のコード

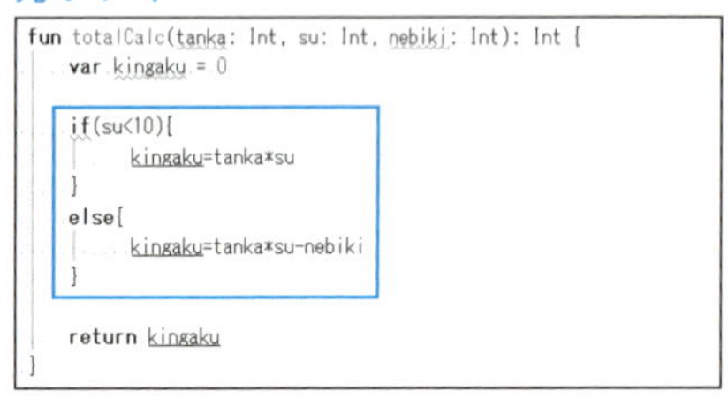

①なしの場合

```
fun totalCalc(tanka: Int, su: Int, nebiki: Int): Int {
    var kingaku = 0
            if(su<10){
            kingaku=tanka*su
    }
    else{
            kingaku=tanka*su-nebiki
    }
    return kingaku
}
```

コピーするときの選択範囲を含めてインデントさせる

②「ブロックをインデント」

```
fun totalCalc(tanka: Int, su: Int, nebiki: Int): Int {
    var kingaku = 0
    if(su<10){
            kingaku=tanka*su
    }
    else{
            kingaku=tanka*su-nebiki
    }
    return kingaku
}
```

元のインデントと異なる

元のインデントと同じ

③「各行をインデント」

```
fun totalCalc(tanka: Int, su: Int, nebiki: Int): Int {
    var kingaku = 0
    if(su<10){
        kingaku=tanka*su
    }
    else{
        kingaku=tanka*su-nebiki
    }
    return kingaku
}
```

全ての行が元のインデントと同じ

④「ブロックを再フォーマット」

```
fun totalCalc(tanka: Int, su: Int, nebiki: Int): Int {
    var kingaku = 0
    if (su < 10) {
        kingaku = tanka * su
    } else {
        kingaku = tanka * su - nebiki
    }
    return kingaku
}
```

再フォーマットされて貼り付け先と同じフォーフットになる

記号の前後にスペースが挿入されている

テキストの貼り付け形式について

Android Studioのデフォルト設定では、コピーしたデータは「リッチテキスト」形式になっています。リッチテキストとは、文字サイズや色、書式などが反映されるテキスト形式を意味するため、コピー元のエディター上のコードの色や太字、斜体といった書式の情報もコピーできるといった利点があります（**図5.28**）。

▼ 図5.28　エディター上のコードをワードに貼り付けた例

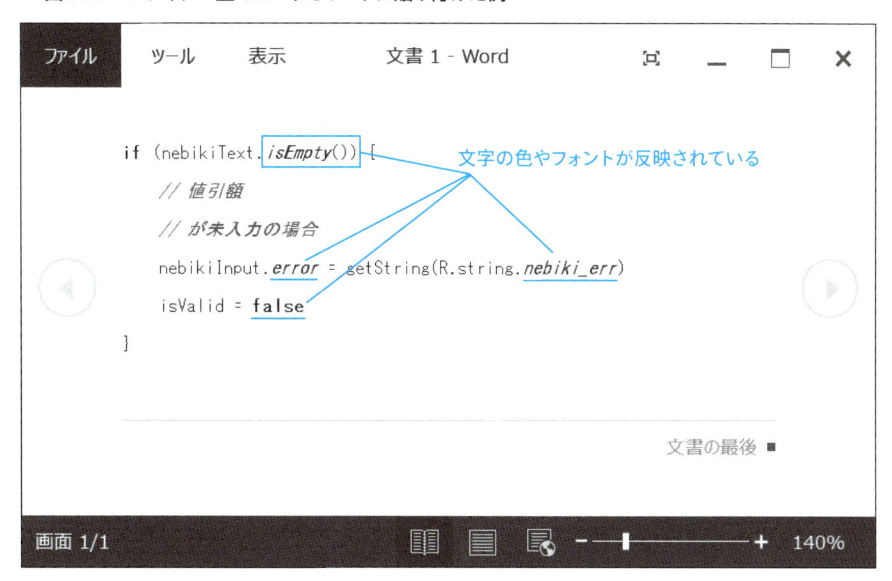

しかし、単にテキストとしてコピーしたい場合もあるため、以下の設定やメニューを利用して、ケースバイケースで使い分けましょう。

単なるテキストとしてコピーしたい場合

対象となる文字列や行を範囲選択し、Android Studioのメインメニューにある「編集(E)」か、エディターで右クリックして表示されるショートカットメニューから「プレーン・テキストとしてコピー」を選択します。

なお、単なるテキストとしてのコピーをデフォルトにしたいなら、Android Studioのメインメニューから、「ファイル(F)」→「設定(T)」をクリックして、「設定」ダイアログボックスの「エディター」→「一般」にある「リッチテキスト・コピー」欄の「デフォルトでリッチ・テキストとしてコピーする」のチェックを外してください（**図5.29**）。

▼ 図5.29　「デフォルトでリッチ・テキストとしてコピーする」のチェックを外す

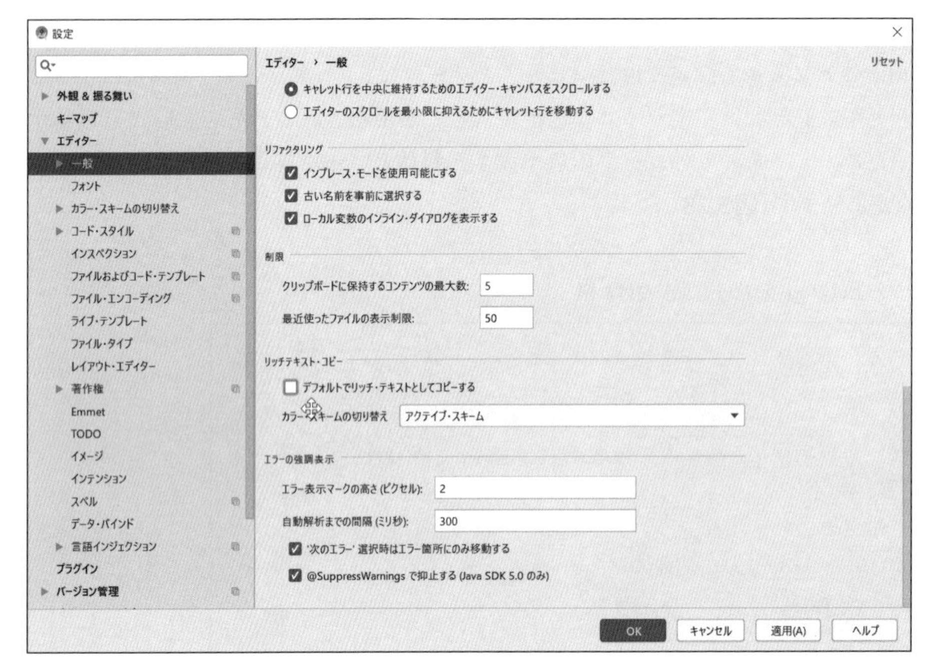

ちなみに、Android Studioのメインメニューにある「編集(E)」から、「パスのコピー(O)」を選択すると、現在エディターで開いているファイルの保存先情報をフルパスでコピーできます。

- 「パスのコピー(O)」を選択した例

```
C:\gihyo\CalcSample\app\src\main\java\com\example\calcsample\MainActivity.kt
```

また、エディターで右クリックして表示されるショートカットメニューにある「参照のコピー(Y)」を選択すると、プロジェクト内のどこにあるファイルの何行目を選択しているかといった情報もコピーされます。

- 「参照のコピー(Y)」を選択した例

```
com/example/calcsample/MainActivity.kt:29　・・・・29行目を示している
```

エディターウィンドウでの範囲選択

行ごとの選択ではなく、矩形で選択したい場合は、Android Studioのメインメニューにある「編集(E)」→「列選択モード(M)」をクリックしてチェックを付けます。「列選択モード(M)」がチェックされているときは、文字列を矩形で選択できるようになります(**図5.30**)。

▼ **図5.30 「編集(E)」→「列選択モード(M)」にチェックが付いている場合**

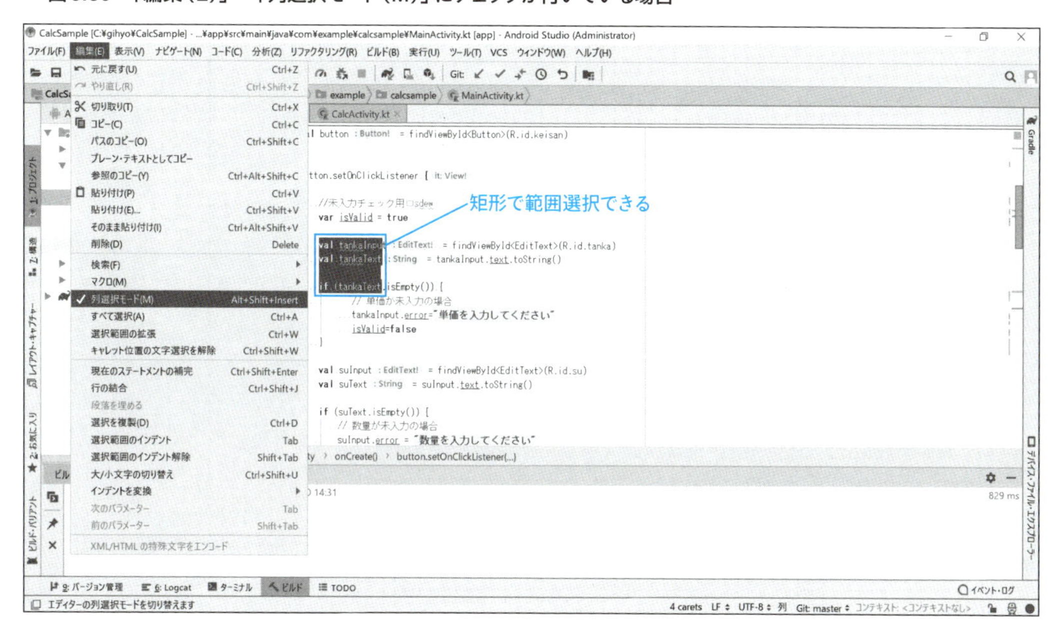

なお、一時的に矩形選択を行いたい場合は、Altキーを押しながら、選択範囲をマウスでドラッグしてください。なお、マウスにホイールボタンがある場合は、ホイールボタンを押しながらドラッグしても矩形選択が可能です。

マルチカーソル

文字列を編集する箇所には、まずカーソルを置かなければいけません。通常カーソルは一つしかないため、複数個所を一度に編集することはできませんが、マルチカーソル機能を使えば、複数のカーソルを用意して、複数の箇所を同時に編集することが可能です。

カーソルを表示させたい場所をShiftとAltキーを押しながらクリックしていくと、複数のカーソルが表示されます(**図5.31**)。**図5.32**は、5つの修正箇所を同時に編集している様子を示しています。

▼ 図5.31 複数のカーソルが表示された

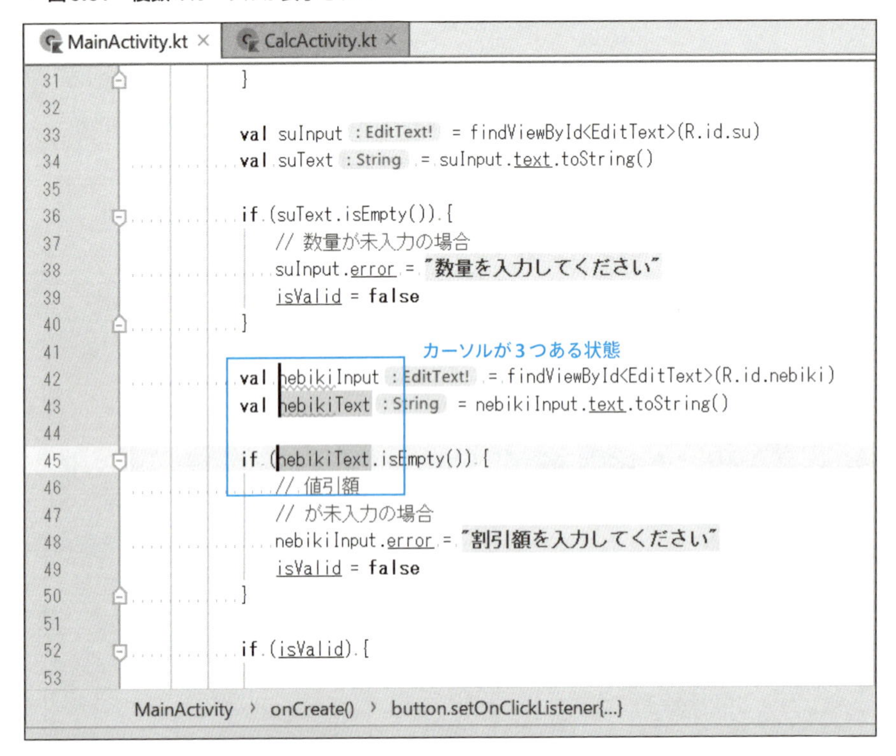

▼ 図5.32 5つの修正箇所を同時に編集している例

```
41
42    val discountInput : EditText! = findViewById<EditText>(R.id.nebiki)
43    val discountText : String = discountInput.text.toString()
44
45    if (discountText.isEmpty()) {
46        // 値引額
47        // が未入力の場合
48        discountInput.error = "割引額を入力してください"
49        isValid = false
50    }
```

ONEPOINT

Ctrl キーを2回押して（2回目は押したまま）、矢印キーを移動させても複数カーソルを表示させることができます。また、Shift と Alt キーを押しながらドラッグしていくと、離れている行の特定の範囲を飛び飛びに選択することができます。

ソースコード編集に便利なショートカットキー

P.170で紹介したコード補完機能と同様に、ショートカットキーの利用は、コーディング作業の効率を高めます。以下に、ソースコード編集中に役立つショートカットキーの一部を紹介します。

Alt + Enter

修正候補でimport宣言が必要な場合などに利用できます。例えば、Toastクラスを使いたい行で「Toast」を入力すると「Toast」は赤字になります。しかしその後、Alt + Enter を押すと、ソースコードの冒頭にToastクラスに必要なimport宣言が生成されます（**図5.33**）。

▼ 図5.33 クラスに必要なimport宣言についてのメッセージが表示される

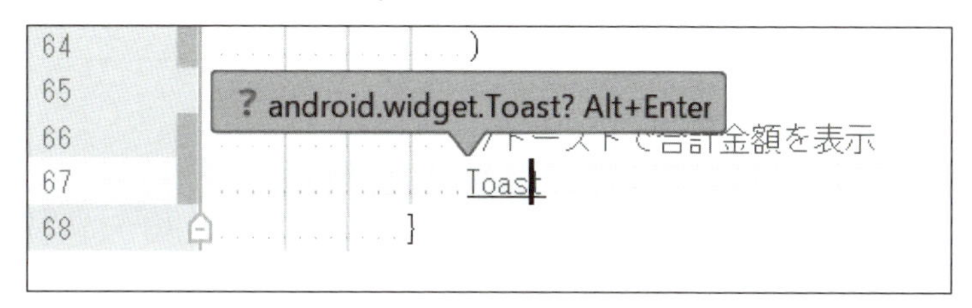

図5.33で示したように、入力したクラスに必要なimport宣言がポップアップ表示されます。**図5.34**は、import宣言を自動生成した後に、Toastクラスを完成させた例です。

▼ 図5.34 Toastクラスを完成させた例

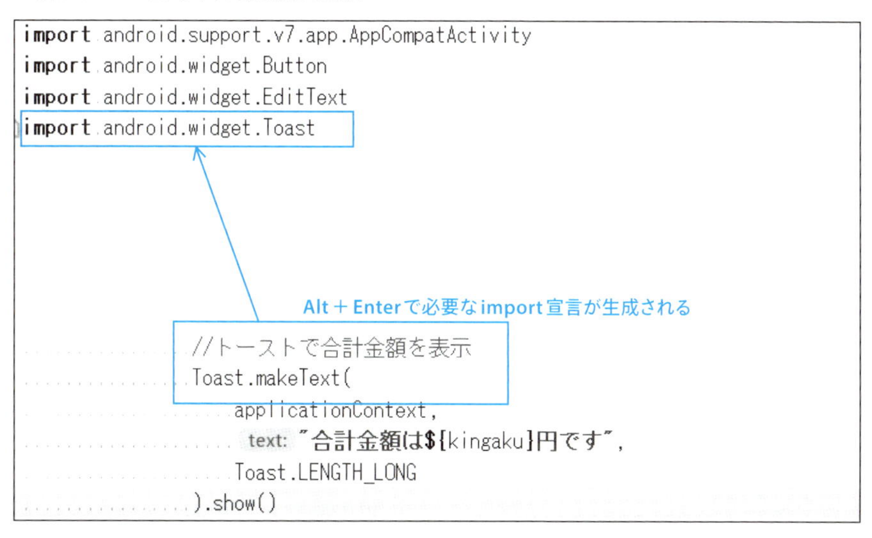

Ctrl + Alt + L

ブロックなどのインデントがずれている場合などに役立ちます（**図5.35**）。

▼ **図5.35　インデントを整えた例**

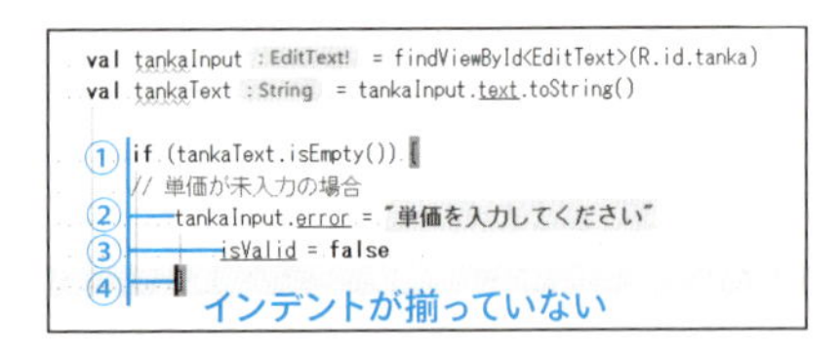

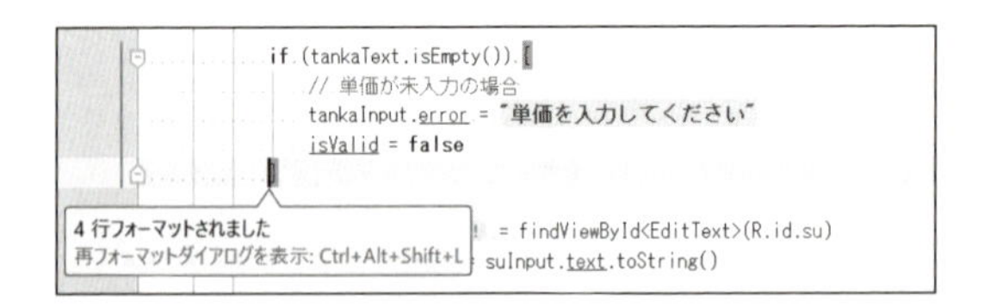

> **ONEPOINT**
>
> P.187で紹介した「設定」ダイアログボックスの「エディター」→「一般」→「スマート・キー」の「再フォーマット:」欄が「ブロックをインデント」になっている場合は、「{」や「}」のブロックを入力したタイミングでオートインデントが行われます。

Ctrl + /

コードの説明のためのコメントや、任意の行を無効にするための「コメントアウト」は、行の冒頭に「/（スラッシュ）」を2つ付ける必要があります。コメントは該当行でこのショートカットキーを使えば、簡単に付加できます（**図5.36**）

▼ **図5.36　複数行をCtrl＋/でコメントアウトした例**

```
            //トーストで合計金額を表示
//              Toast.makeText(
//                  applicationContext,
//                  "合計金額は$[kingaku]円です",
//                  Toast.LENGTH_LONG
//              ).show()
        }
```

先にこららの複数行を範囲選択してから
Ctrl ＋ / を押す

図5.36で示したように、複数行をコメントアウトするには、先に複数行を選択してから、Ctrl ＋ / を押下してください。コメントアウトされている行で、再度同じ操作をすれば解除できます。

なお、ショートカットキーではできませんが、キー入力によって、複数行を /* と */ で囲んでもコメントアウトができます。

Ctrl + Shift + V

P.198で紹介するメジャーなショートカットキーに Ctrl ＋ V の貼り付けがありますが、このショートカットキーは、過去にコピーした履歴から貼り付けたいものを選択することができます。Ctrl + Shift + V を押すと、「貼り付ける内容の選択」ダイアログボックスが表示されるので、履歴から貼り付けたいものを選択して、「貼り付け」ボタンをクリックしてください（**図5.37**）。

▼ **図5.37 「貼り付ける内容の選択」ダイアログボックス**

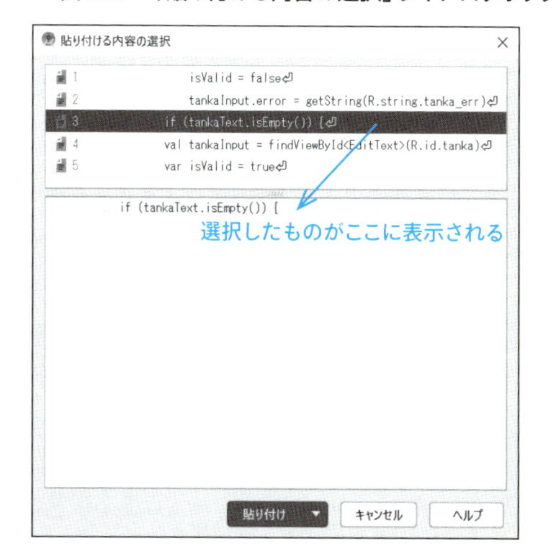

Alt + → または Alt + ←

エディター上に、複数のソースファイルが表示されている場合、このショートカットキーで、エディター上のタブを切り替えて、現在必要となるソースファイルをアクティブにすることが可能です。

ONEPOINT

ソースコード編集中は、キーボード入力がメインであるため、このようなショートカットキーを知っていると、マウスに持ち替える手間が省け便利です。

Ctrl + F4

現在アクティブになっているタブを閉じることができます。なお、すべてのタブを閉じる場合は、いずれかのタブを右クリックして表示されるショートカットメニューから「すべて閉じる(A)」をクリックしてください。

Ctrl + D

現在カーソルのある行で、このショートカットキーを使うと、現在行をすぐ下の行にコピーすることができます。複数行を範囲選択した後にこのショートカットキーを使えば、選択した複数行を貼り付けることができます。

Ctrl + Y

現在カーソルのある行で、このショートカットキーを使うと、現在行を削除できます。複数行を範囲選択した後にこのショートカットキーを使えば、選択した複数行をすべて削除することができます。

Ctrl + W

コード上のワードにカーソルがある状態で、このショートカットキーを使うと、文法上の構造を組みとってワード単位で範囲選択します（**図5.38**）。なお、このショートカットキーを使うたびに、ワードの周辺の選択範囲が拡大していきます。

▼ **図5.38　ワードを選択した**

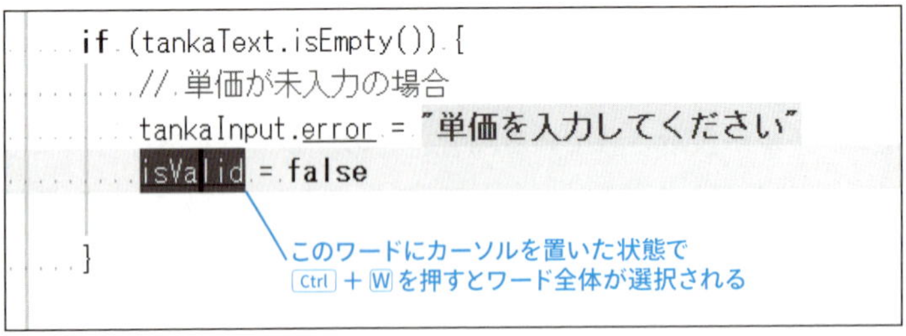

```
    if (tankaText.isEmpty()) {
        // 単価が未入力の場合
        tankaInput.error = "単価を入力してください"
        isValid = false

    }
```

このワードにカーソルを置いた状態で
Ctrl + W を押すとワード全体が選択される

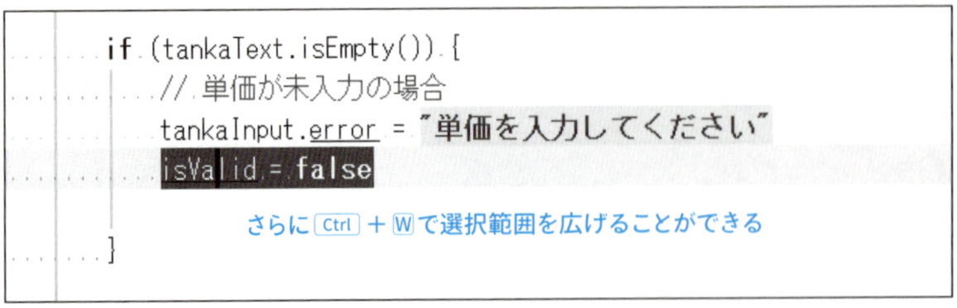

```
    if (tankaText.isEmpty()) {
        // 単価が未入力の場合
        tankaInput.error = "単価を入力してください"
        isValid = false

    }
```

さらに Ctrl + W で選択範囲を広げることができる

Ctrl + F

現在アクティブになっているファイル内の文字列を検索することができます。このショートカットキーを使うと、エディターウィンドウ上部に検索バーが表示されるため、検索したい任意の文字列を入力すると該当箇所が反転表示されます。なお、検索バーには、大文字小文字を区別したり、コメント部分を除くなどといった検索条件を絞るためのオプションがあります（**図5.39**）。

▼ 図5.39　検索バーと検索結果の例

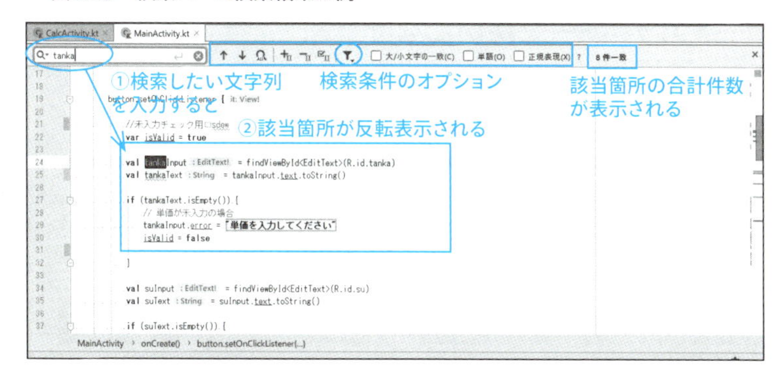

図5.39で示した部分は、検索文字列ではないものがヒットしているように見えます。しかし、この部分はアプリで使用する文字列を定義したxmlファイル（デフォルトは、res/values/strings.xml）の内容を参照表示しているだけです。マウスを合わせると本来のコードが表示され、検索文字列が含まれていることが確認できます（図5.40）。

▼ 図5.40　マウスを合わせると実際のコードが表示される

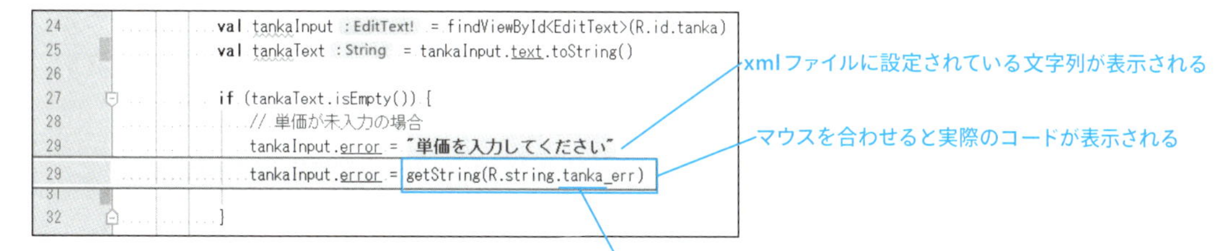

Ctrl + R

現在アクティブになっているファイル内の文字列を置換することができます。このショートカットキーを使うと、エディターウィンドウ上部に検索バーと置換用のバーが表示されるため、置換したい任意の文字列を検索バーに、置換後の文字列を置換用のバーに入力してください（図5.41）。

▼ 図5.41　置換の文字列を設定した例

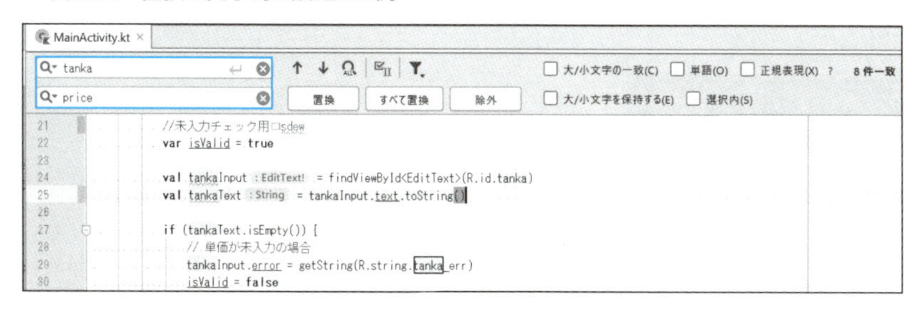

COLUMN　メジャーなショートカットキーを使いこなそう

コーディングなど文字を編集する際は、キーボード入力がメイン作業となり、メニュー操作等でいちいちマウスに持ち替えることは意外と面倒なものです。そのようなときは、是非ショートカットキーを使いましょう。

表5.Aに、Windows上で知っておくと便利なショートカットキーをあげておきます。

▼ **表5.A　Windows上での便利なショートカットキー**

ショートカットキー	説明
Ctrl + C	コピー
Ctrl + X	切り取り
Ctrl + V	貼り付け
Ctrl + S	すべて保存
Ctrl + Z	元に戻す
Ctrl + Shift + Z	やり直し
Ctrl + A	すべて選択

コピーや切り取り操作の直前には、対象となる文字列を選択しておく必要がありますが、マウスで文字列をドラッグする代わりに、Shiftキーと矢印キーを使えば、キーボードで文字列を選択することが可能です（**図5.D**）。

▼ **図5.D　Shiftキーと矢印キーで文字列を選択する**

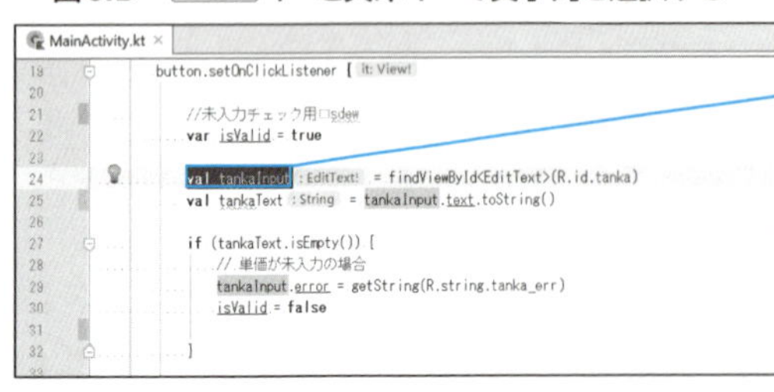

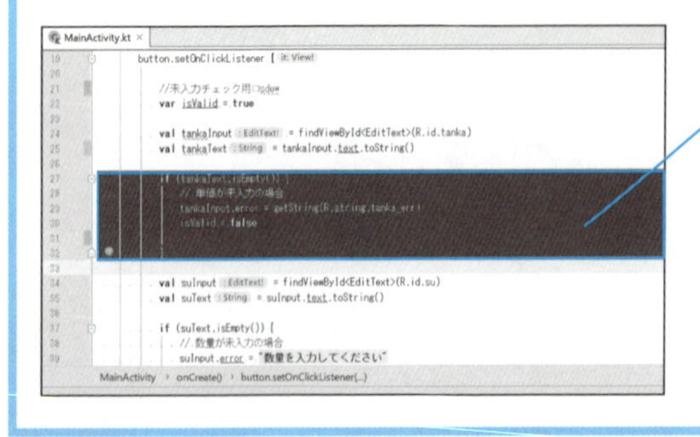

第6章

デバッグの機能と操作

プログラムの不具合を取り除く作業「デバッグ」は、システム開発において重要な工程です。経験豊富なプログラマーは、多くのデバッグを体験しており、コーディング能力と同じくらい、デバッグ能力は重要とされます。Android Studioにはデバッグをサポートする機能がたくさんあります。うまく活用して不具合のない信頼性の高いアプリを作成していきましょう。

本章の内容

6-1 エラーの種類とデバッグ

システム開発ではプログラムの不具合をバグ(bug)と呼び、この不具合を修正する作業をデバッグ(debug)と呼びます。では、プログラムにどのような不具合があるのかについて整理していきましょう。

プログラムのエラーとは

プログラムの不具合であるエラーは、次の3つに分類することができます。

- 構文エラー(syntax error)
- 実行時エラー(runtime error)
- 論理エラー(logic error)

それでは、各エラーについて詳しく見ていきましょう。

構文エラー(syntax error)

プログラムの構文誤りで、コンパイルエラー、文法エラーとも呼ばれます。スペルミス、変数名の間違い、型変換ミスなど、プログラムの構文や文法に問題があり、システムが実行できない場合の不具合です。

なお、構文エラーのチェックは、コーディング中やビルド工程のコンパイル時に実施されます。

コーディング中のエラー

構文エラーがあると、**図6.1**のようにエラー個所が赤字になり、後述する「ステータスインジケーター」の上部には、エラー検出を表す❗アイコンが表示されます。

▼ 図6.1　コーディング中の構文エラー

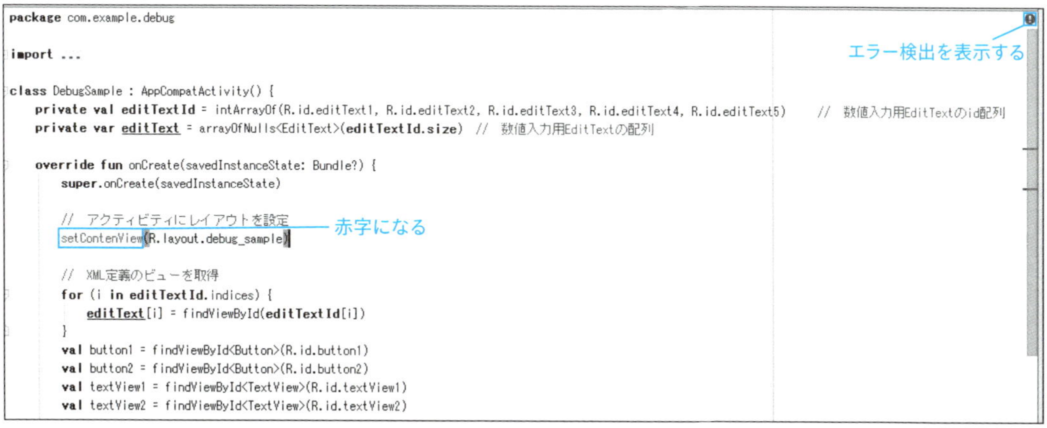

```
package com.example.debug

import ...

class DebugSample : AppCompatActivity() {
    private val editTextId = intArrayOf(R.id.editText1, R.id.editText2, R.id.editText3, R.id.editText4, R.id.editText5)    // 数値入力用EditTextのid配列
    private var editText = arrayOfNulls<EditText>(editTextId.size)  // 数値入力用EditTextの配列

    override fun onCreate(savedInstanceState: Bundle?) {
        super.onCreate(savedInstanceState)

        // アクティビティにレイアウトを設定
        setContenView(R.layout.debug_sample)

        // XML定義のビューを取得
        for (i in editTextId.indices) {
            editText[i] = findViewById(editTextId[i])
        }
        val button1 = findViewById<Button>(R.id.button1)
        val button2 = findViewById<Button>(R.id.button2)
        val textView1 = findViewById<TextView>(R.id.textView1)
        val textView2 = findViewById<TextView>(R.id.textView2)
```

エラー検出を表示する

赤字になる

赤字部分にマウスを合わせると**図6.2**のようにエラー内容が表示されます。

▼ 図6.2　コーディング中の構文エラー　エラー内容が表示される

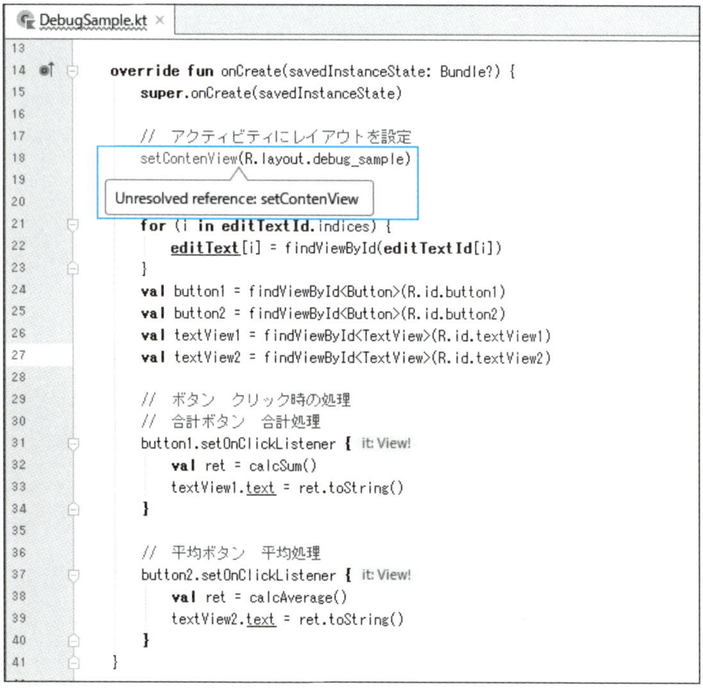

DebugSample.kt

```
13
14      override fun onCreate(savedInstanceState: Bundle?) {
15          super.onCreate(savedInstanceState)
16
17          // アクティビティにレイアウトを設定
18          setContenView(R.layout.debug_sample)
19
20       Unresolved reference: setContenView
21          for (i in editTextId.indices) {
22              editText[i] = findViewById(editTextId[i])
23          }
24          val button1 = findViewById<Button>(R.id.button1)
25          val button2 = findViewById<Button>(R.id.button2)
26          val textView1 = findViewById<TextView>(R.id.textView1)
27          val textView2 = findViewById<TextView>(R.id.textView2)
28
29          // ボタン　クリック時の処理
30          // 合計ボタン　合計処理
31          button1.setOnClickListener { it: View!
32              val ret = calcSum()
33              textView1.text = ret.toString()
34          }
35
36          // 平均ボタン　平均処理
37          button2.setOnClickListener { it: View!
38              val ret = calcAverage()
39              textView2.text = ret.toString()
40          }
41      }
```

ステータスインジケーターとは

「ステータスインジケーター」とは、「エディターウィンドウ」右端のマーカーバー（スクロールバー）上部に表示される小さなアイコンのことで、コードのエラー状況を表します。

▼ 表6.1　ステータスインジケーター（アイコンの種類）

アイコン	意味	説明
	エラー検出	プロジェクトにコンパイルできない、または実行時に例外が発生する可能性のあるエラーが含まれていることを表します
	警告検出	警告がいくつかあることを表します。プロジェクトのコンパイルを妨げるようなエラーはありません
	エラー、警告なし	プロジェクトにエラーや警告が含まれていないことを表します
OFF	表示なし	エラーや警告があっても何も表示しない状態です。強調表示レベルをなしにした状態です

マウスをアイコンに合わせると、**図6.3**のようにより詳しい情報が表示されます。

▼ 図6.3　詳細情報の表示

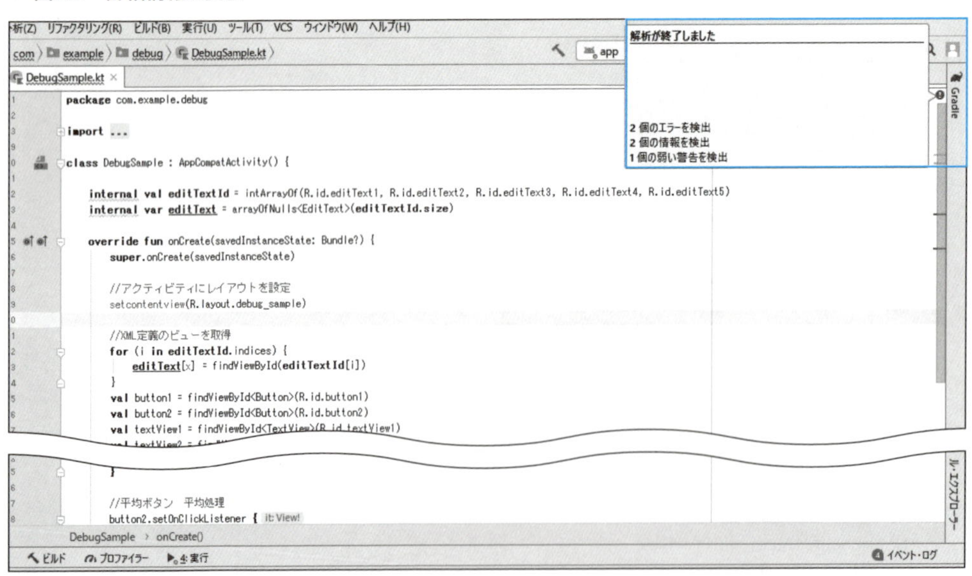

ウィンドウ下部の「ステータスバー」右端のをクリックすると、「強調表示レベル」ダイアログボックスが表示され、自動エラーチェックレベルを調整することができます。

自動エラーチェックは、コーディング中に随時実行されるとても便利な機能です。しかし、プログラムの入力途中に、後で定義するつもりのメソッドや変数がエラーを示す赤字表示となるため、煩わしいことがあります。そのような場合は、コードウィンドウ右下の をクリックし、「強調表示レベル」ダイアログボックスで、自動エラーチェックレベルを「なし」に設定すると、エラー表示を無効にすることができます（**図6.4**）。

▼ **図6.4　強調表示レベル**

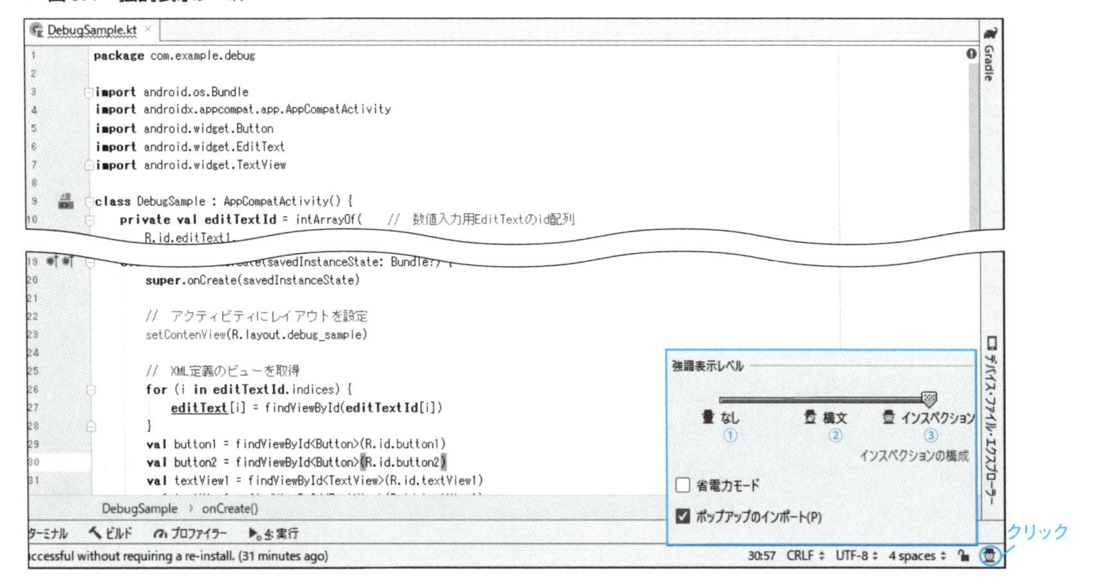

①なし・・・エラーや警告を表示しない
②構文・・・エラー表示
③インスペクション・・・規定値。エラーと警告を表示する

なお、「ステータスインジケーター」にエラーを表すアイコンが表示されていても、コードのどこにエラーがあるのわからないことがあります。そのような場合は、F2 キーを押してください。F2 キーを押すと、エラー箇所にジャンプしてくれます。

> **ONEPOINT**
> 前のエラーに移動する場合は Shift + F2

コンパイルエラー

構文エラーがある状態で、Android Studioの「ツールバー」の▶をクリックして実行すると、ビルドが失敗し、「ビルドウィンドウ」にエラー内容が表示されます（**図6.5**）。

▼ 図6.5　ビルド失敗時のコンパイルエラーメッセージ

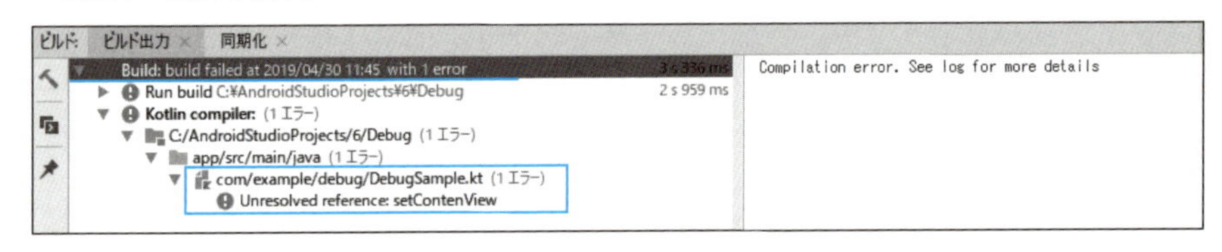

コンパイルエラーが表示された場合は、**図6.5**で示した「Unresolved...」行部分をダブルクリックすると、エディター上のエラー箇所にジャンプすることができます。

実行時エラー（runtime error）

実行時エラーとは、実行中に継続不可能な事態が発生してシステムが異常終了してしまう不具合です。配列の範囲外指定、0除算などの例外発生時をはじめ、アクティビティやパーミッションの宣言忘れなどの場合に発生します。

実行したのにアプリが起動しない、もしくは起動途中に突然終了してしまった場合は、ウィンドウ下部の「ツールボタン」から▶ **4: 実行** をクリックし、「実行ウィンドウ」に表示されるメッセージ（=スタックトレース）を確認しましょう。

スタックトレース

スタックトレースとは、実行時エラーが発生した時に表示されるメッセージで、エラーが発生した原因とその発生過程を記録したものです（**図6.6**）。

スタックトレースの先頭には、例外クラス名とその詳細メッセージが表示されています。

その下の行にある「at...」は、該当するエラーがどのファイルのどのメソッドで発生したのかを表します。APIで提供されているメソッドにバグがある可能性は低いため、自分の作成したファイルやメソッドが出現する行まで読み進めていきましょう。

多くの場合、開発者が作成したファイルの中に原因があります。なお、プログラムのエラー起因となった行を見てもよくわからない場合は、次項のデバッガー機能を利用しましょう。

▼ 図6.6　スタックトレース　配列範囲外指定エラーの場合

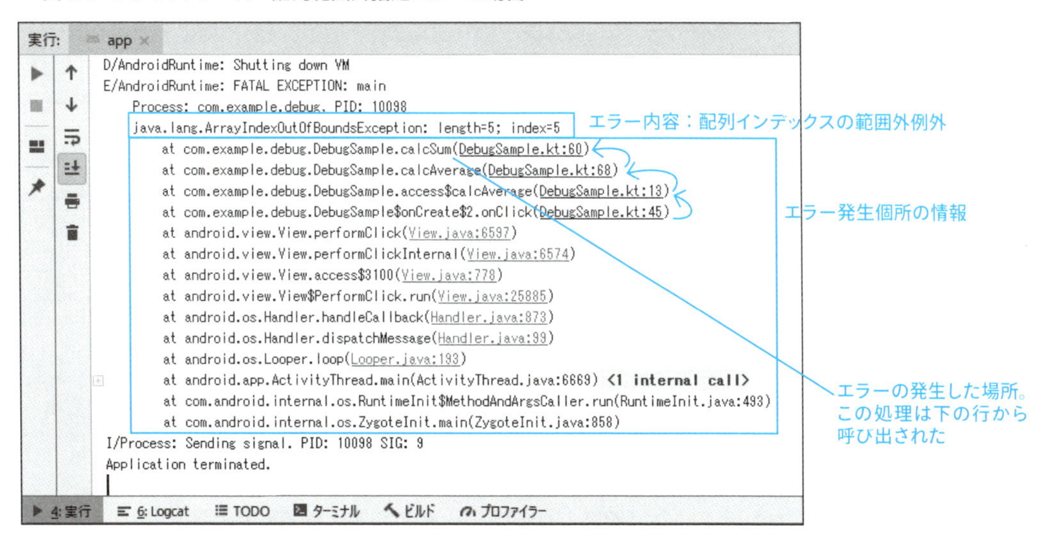

以下に、配列範囲外指定エラー以外の実行時エラーの例を2つあげておきます。

- 0除算の場合の例外クラス名とその詳細メッセージ
  java.lang.ArithmeticException: divide by zero
  　at com.example.debug.DebugSample2.calcAverage(DebugSample2.kt:69)

- Activity宣言なしの場合の例外クラス名とその詳細メッセージ
  android.content.ActivityNotFoundException: Unable to find explicit activity class {com.example.debug/com.example.debug.SubActivity}; have you declared this activity in your AndroidManifest.xml?

論理エラー（logic error）

仕様通りに動作しない不具合です。構文エラーもなく、システムが途中で異常終了することもありません。例えば、算術加算のつもりで「1+2」を実行したのに、文字列連結されて「12」と表示されてしまうような場合の不具合などを論理エラーと呼びます。

論理エラーの修正が最も大変になることが予想されます。なぜなら、エラーメッセージが出ることも、エラー箇所の行番号が示されることもないからです。現象からプログラムを解析して、原因を追究していかなければなりません。

ONEPOINT

Android Studioのデバッグ機能は、「実行時エラー」と「論理エラー」の不具合の検出・修正を支援する機能です。

COLUMN **クイック修正の修正候補について**

クイック修正とは、エラー個所で「Alt+Enter」を押すと表示されるエラーの修正候補リストのことです。

どのようにすればエラーが除去できるかを表示してくれるので、デバッグ作業に役立ちます。しかし、この修正候補は万能ではありません。安易に選択しても、その行の構文エラーが消えるかもしれませんが、その行に関連する別の行でエラーを引き起こすことがあります。また、構文エラーがすべて消えても、論理エラーが発生することがあります。

単にエラー表示がなくなればよいわけではありません。構文や処理内容に応じて辻褄の合うように修正するよう心がけましょう。

6-2 デバッガーの基本操作

それでは、不具合（エラー）の個所や原因を解明するためのデバッガーの基本操作を紹介しましょう。

デバッグ対象となるアプリ

ここでは、**図6.7**のような5つの要素の合計と平均を計算するアプリを使って、デバッグの基本操作を行っていきます。

▼ 図6.7 合計と平均を計算するアプリ

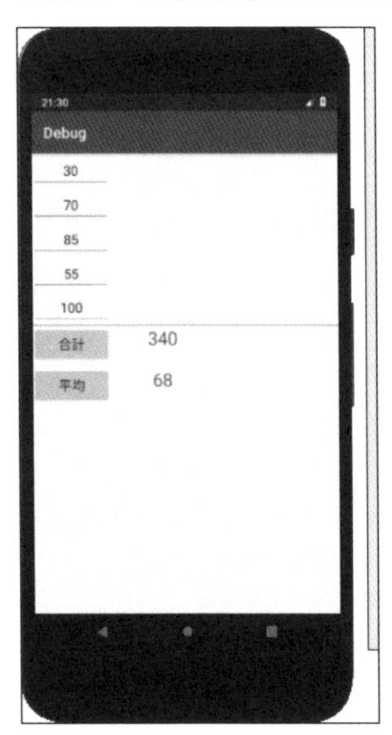

この節で使用するプロジェクトのレイアウトファイルとプログラムは**リスト6.1**、**リスト6.2**の通りです。

▼ リスト6.1 レイアウトファイル（debug_sample.xml）

```
<?xml version="1.0" encoding="utf-8"?>
<androidx.constraintlayout.widget.ConstraintLayout
      xmlns:android="http://schemas.android.com/apk/res/android"
      xmlns:app="http://schemas.android.com/apk/res-auto"
      android:orientation="vertical"
      android:layout_width="match_parent" android:layout_height="match_parent">

    <EditText
            android:text="30"
            android:layout_width="wrap_content" android:layout_height="wrap_content"
            android:inputType="numberDecimal" android:ems="5"
            android:id="@+id/editText1" android:gravity="center"
            app:layout_constraintTop_toTopOf="parent"
            app:layout_constraintLeft_toLeftOf="parent"/>
    <EditText
            android:text="70"
            android:layout_width="wrap_content" android:layout_height="wrap_content"
            android:inputType="numberDecimal" android:ems="5"
            android:id="@+id/editText2" android:gravity="center"
```

```
            app:layout_constraintTop_toBottomOf="@+id/editText1"
            app:layout_constraintLeft_toLeftOf="parent"/>
    <EditText
            android:text="85"
            android:layout_width="wrap_content" android:layout_height="wrap_content"
            android:inputType="numberDecimal" android:ems="5"
            android:id="@+id/editText3" android:gravity="center"
            app:layout_constraintTop_toBottomOf="@+id/editText2"
            app:layout_constraintLeft_toLeftOf="parent"/>
    <EditText
            android:text="55"
            android:layout_width="wrap_content" android:layout_height="wrap_content"
            android:inputType="numberDecimal" android:ems="5"
            android:id="@+id/editText4" android:gravity="center"
            app:layout_constraintTop_toBottomOf="@+id/editText3"
            app:layout_constraintLeft_toLeftOf="parent"/>
    <EditText
            android:text="100"
            android:layout_width="wrap_content" android:layout_height="wrap_content"
            android:inputType="numberDecimal" android:ems="5"
            android:id="@+id/editText5" android:gravity="center"
            app:layout_constraintTop_toBottomOf="@+id/editText4"
            app:layout_constraintLeft_toLeftOf="parent"/>
    <View
            android:layout_width="wrap_content" android:layout_height="1dp"
            android:background="#ff808080" android:id="@+id/view"
            app:layout_constraintTop_toBottomOf="@+id/editText5"
            app:layout_constraintLeft_toLeftOf="parent"/>
    <Button
            android:text="合計"
            android:layout_width="wrap_content"
            android:layout_height="wrap_content" android:id="@+id/button1"
            android:ems="5" android:textSize="18sp"
            app:layout_constraintTop_toBottomOf="@+id/view"
            app:layout_constraintLeft_toLeftOf="parent"/>
    <TextView
            android:layout_width="wrap_content" android:layout_height="wrap_content"
            android:id="@+id/textView1"
            android:ems="5" android:textSize="24sp" android:gravity="center"
            app:layout_constraintTop_toBottomOf="@+id/view"
            app:layout_constraintLeft_toRightOf="@+id/button1"/>
    <Button
            android:text="平均"
            android:layout_width="wrap_content" android:layout_height="wrap_content"
            android:id="@+id/button2"
```

```
            android:ems="5" android:layout_marginTop="6dp" android:textSize="18sp"
            app:layout_constraintTop_toBottomOf="@+id/button1"
            app:layout_constraintLeft_toLeftOf="parent"/>
    <TextView
            android:layout_width="wrap_content" android:layout_height="wrap_content"
            android:id="@+id/textView2"
            android:ems="5" android:layout_marginTop="6dp" android:textSize="24sp"
            android:gravity="center"
            app:layout_constraintTop_toBottomOf="@+id/button1"
            app:layout_constraintLeft_toRightOf="@+id/button2"/>
</androidx.constraintlayout.widget.ConstraintLayout>
```

▼ リスト6.2 ソースプログラム(DebugSample.kt)

```
package com.example.debug

import android.os.Bundle

import android.widget.Button
import android.widget.EditText
import android.widget.TextView
import androidx.appcompat.app.AppCompatActivity

class DebugSample : AppCompatActivity() {
    private val editTextId = intArrayOf(    // 数値入力用EditTextのid配列
        R.id.editText1,
        R.id.editText2,
        R.id.editText3,
        R.id.editText4,
        R.id.editText5
    )
    private var editText = arrayOfNulls<EditText>(editTextId.size)  // EditTextの配列

    override fun onCreate(savedInstanceState: Bundle?) {
        super.onCreate(savedInstanceState)

        // アクティビティにレイアウトを設定
        setContentView(R.layout.debug_sample)

        // XML定義のビューを取得
        for (i in editTextId.indices) {
            editText[i] = findViewById(editTextId[i])
        }
        val button1 = findViewById<Button>(R.id.button1)
```

```
        val button2 = findViewById<Button>(R.id.button2)
        val textView1 = findViewById<TextView>(R.id.textView1)
        val textView2 = findViewById<TextView>(R.id.textView2)

        // ボタン　クリック時の処理
        // 合計ボタン　合計処理
        button1.setOnClickListener {
            val ret = calcSum()
            textView1.text = ret.toString()
        }

        // 平均ボタン　平均処理
        button2.setOnClickListener {
            val ret = calcAverage()
            textView2.text = ret.toString()
        }
    }

    // 合計計算
    private fun calcSum(): Int {
        var total = 0   //合計格納変数

        // 累計処理
        for (i in editTextId.indices) {
            total += Integer.parseInt(editText[i]?.text.toString())
        }
        return total
    }

    // 平均計算
    private fun calcAverage(): Int {
        return calcSum() / editTextId.size
    }
}
```

ブレークポイントを設定する

ソースプログラム内のブレーク（中断）させたい場所にブレークポイントを設定すれば、プログラムの実行をその箇所でブレークさせることが可能です。ブレークポイントは、不具合が発生する行や、確認したい処理の手前に設定しておきます。

ブレークさせたい行番号の右側のグレー部分をクリックすると、●マークが付きますが、これがブレークポイントです。

今回は「合計」ボタンをクリックしたときにブレークするように、**図6.8**に示す位置にブレークポイントを設定しています。

▼ **図6.8 ブレークポイントの設定**

```
DebugSample.kt
34
35         // ボタン クリック時の処理
36         // 合計ボタン 合計処理
37         button1.setOnClickListener { it: View!
38 ●           val ret = calcSum()
39             textView1.text = ret.toString()
40         }
41
42         // 平均ボタン 平均処理
43         button2.setOnClickListener { it: View!
44             val ret = calcAverage()
45             textView2.text = ret.toString()
46         }
47     }
48
49     // 合計計算
50     private fun calcSum(): Int {
51         var total = 0   //合計格納変数
52
53         // 累計処理
54         for (i in editTextId.indices) {
55             total += Integer.parseInt(editText[i]?.text.toString())
56         }
57         return total
58     }
59
60     // 平均計算
61     private fun calcAverage(): Int {
62         return calcSum() / editTextId.size
63     }
64 }
```

ONEPOINT

ブレークポイントのマーク●を再度クリックすれば、ブレークポイントを解除することができます。

デバッガーを起動する

ブレークポイントの設定ができたところで、プロジェクトをデバッグモードで起動してみましょう。

通常の実行時と同様に、Android Studioの「ツールバー」にある「デプロイ対象の選択」ボックスで実行するデバイスを選択します。

続いて、「ツールバー」の🐞をクリックするか、Android Studioのメインメニューから「実行(U)」→「デバッグ(D) 'app'」を選択すると、デバッグモードでアプリの実行が開始され、デバイスに接続します(**図6.9**)。

▼ 図6.9　デバッガーを起動する

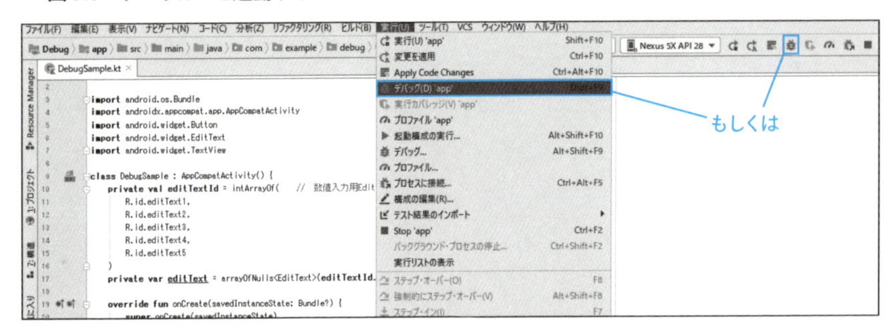

デバッガーがデバイスに接続されます。**図6.10**の画面が切り替わるまで、しばらく待ちましょう。

▼ 図6.10　アプリ起動中　デバッガーの接続を待っている状態

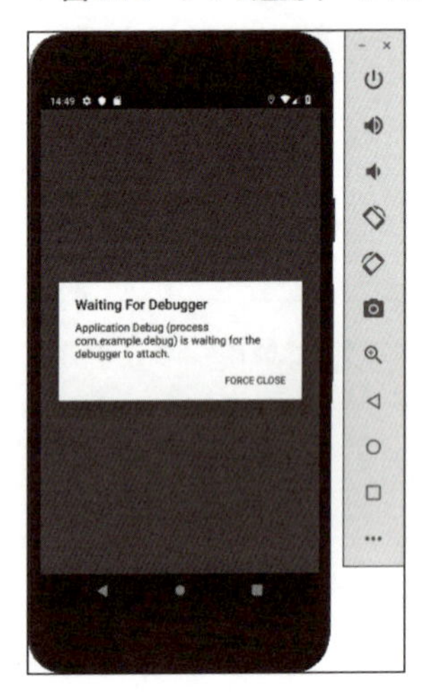

デバイス接続後は、ブレークポイントに到達するまで、通常と同じように動作します。

ONEPOINT

実行中のアプリでも、Android Studioの「ツールバー」のをクリックすると、デバッグモードに切り替わり、デバッグできるようになります。

デバッグツールウィンドウを使う

デバッグが開始されたアプリは、ブレークポイントでブレークします。次はブレークしたプログラムをステップ実行して、処理の流れを追跡してみましょう。

デバッグ中のアプリの「合計」ボタンをクリックします(**図6.11**)。

図6.11　「合計」ボタンをクリックする

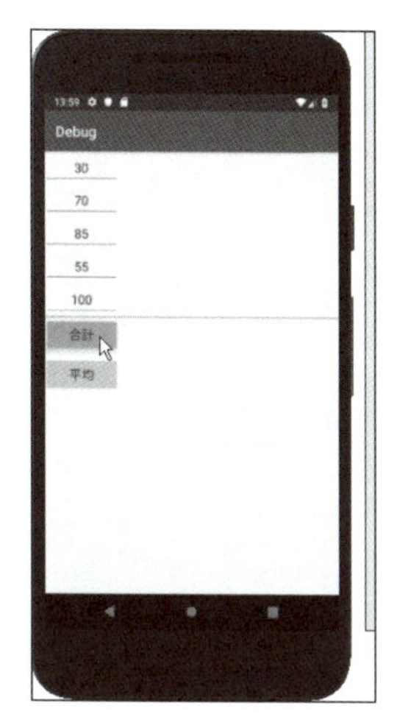

「合計」をクリックすると、**図6.12**のようにブレークポイントでアプリの処理がブレークして、「デバッグツールウィンドウ」が開きます。

図6.12　処理がブレーク(中断)され「デバッグツールウィンドウ」が開く

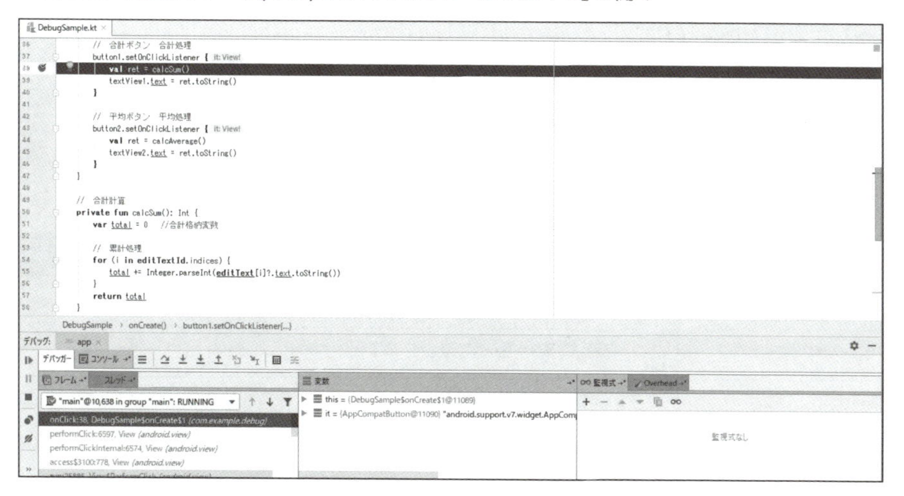

それでは、「デバッグツールウィンドウ」の画面構成を見ていきましょう（**図6.13**、**表6.2**）。

▼ **図6.13　「デバッグツールウィンドウ」**

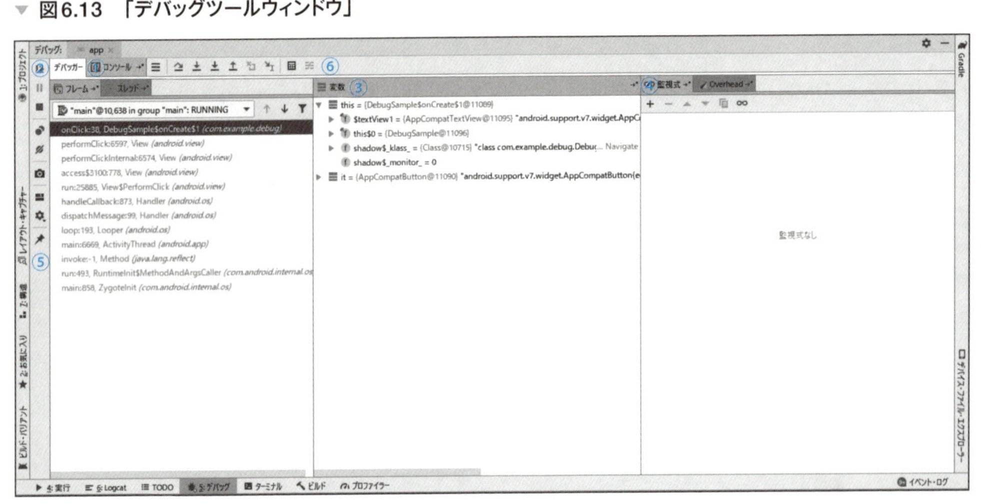

▼ **表6.2　「デバッグツールウィンドウ」の構成要素**

要素	説明
①コンソール	システム情報、エラーメッセージ、アプリケーションのコンソール入出力を表示します
②デバッガー	「フレーム」、「スレッド」の2つタブがあります。「フレーム」タブはアプリケーションのスレッドリストにアクセスできます。「スレッド」タブはプロセスのすべてのスレッドがツリービューとして表示されます
③変数ペイン	アプリケーションのオブジェクトに格納されている値を調べることができます。オブジェクトのラベルを設定したり、オブジェクトを検査したり、式を評価したり、変数を監視に追加したりすることができます
④監視式ペイン	現在のスタックフレームのコンテキスト内の任意の数の変数または式を評価できます。値は、アプリケーションの各ステップで更新され、アプリケーションが中断されるたびに表示されます
⑤デバッグツールバー	デバッグ用のツールバーです（それぞれのアイコンの意味は**表6.3**を参照してください）
⑥ステップツールバー	ステップ用のツールバーです（それぞれのアイコンの意味は**表6.4**を参照してください）

▼ **表6.3　デバッグツールバーアイコン一覧**

アイコン	意味	説明	ショートカットキー
	プログラムの再開	プログラムの実行を再開します	F9
	プログラムの中断	プログラムの実行を一時停止します	Ctrl + Pause
	停止	現在のプロセスを終了します	Ctrl + F2
	ブレークポイントの表示	ブレークポイントダイアログが開き、ブレークポイントの編集ができます	Ctrl + Shift + F8

	ブレークポイントをミュート	プロジェクト内のすべてのブレークポイントを一時的にミュートし、ブレークポイントで停止せずにプログラムを実行することができます	
	スレッド・ダンプの取得	ダンプタブが開きます	
	レイアウトの復元	レイアウトの変更を破棄し、デフォルトのレイアウトに戻ります	
	オプション・メニューの表示	オプション・メニューが開きます ・値をインラインで表示する：インラインデバッグ機能が有効になり、エディターでの使用の直後に変数の値を表示できます ・メソッド戻り値の表示：最後に実行されたメソッドの戻り値が表示されます ・自動変数モード：ブレークポイントの変数とブレークポイントの前後の数行を自動的に評価するようにします ・アルファベット順に値をソートする：アルファベット順に変数ペインの値をソートします ・セッション完了時にブレークポイントのミュートを解除：デバッグセッションが終了した後、すべての無効なブレークポイントを再度有効にします	
	タブをピン留め	現在のタブを固定または固定解除します	

▼ **表6.4　ステップツールバーアイコン一覧**

アイコン	意味	説明	ショートカットキー
	実行ポイントの表示	エディターで現在の実行ポイントが強調表示され、対応するスタックフレームがフレームペインに表示されます	Alt+F10
	ステップ・オーバー	現在の実行ポイントで参照されているメソッドにはステップインせず、現在のメソッドまたはファイルの次の行までプログラムを実行します	F8
	ステップ・イン	現在の実行ポイントで呼び出されたメソッドにステップインします。標準Java SDKクラスなどステップインが抑制されているメソッドはスキップします	F7
	強制的にステップ・イン	ステップインが抑制されているメソッドにもステップインするようにします	Shift+Alt+F7
	ステップ・アウト	デバッガーが現在のメソッドから抜け出し、直後に実行される行に移動します	Shift+F8
	フレームにドロップ	実行を中断し、メソッド実行の初期点に戻ります。現在のメソッドフレームをスタックから削除します	
	カーソル位置まで実行	現在のカーソル位置の行に達するまでプログラム実行を再開します	Alt+F9
	式の評価	式の評価ダイアログを開きます	Alt+F8
	現在のストリーム・チェーンをトレース	各変換の各要素がどのようになるかを視覚化します	

ONEPOINT

「デバックツールウィンドウ」はデバッガーを起動すると使用可能になります。

COLUMN

ステップインが抑制されているメソッドとは

「ステップインが抑制されているメソッド」とは、デバッグのステップ効率を向上させるために、スキップされるように設定されたメソッドのことです。**表6.4**にあるアイコンのうち、を選択するとスキップされますが、を選択すると強制的にステップインすることができます。

ステップインが抑制されているメソッドは、Android Studioのメニューから「ファイル(F)」→「設定(T)」をクリックし、「設定」ダイアログボックスを開き、「ビルド、実行、デプロイ」→「デバッガー」→「ステップ」で確認・編集することができます(**図6.A**)。

▼ **図6.A 「ステップインが抑制されているメソッド」の設定**

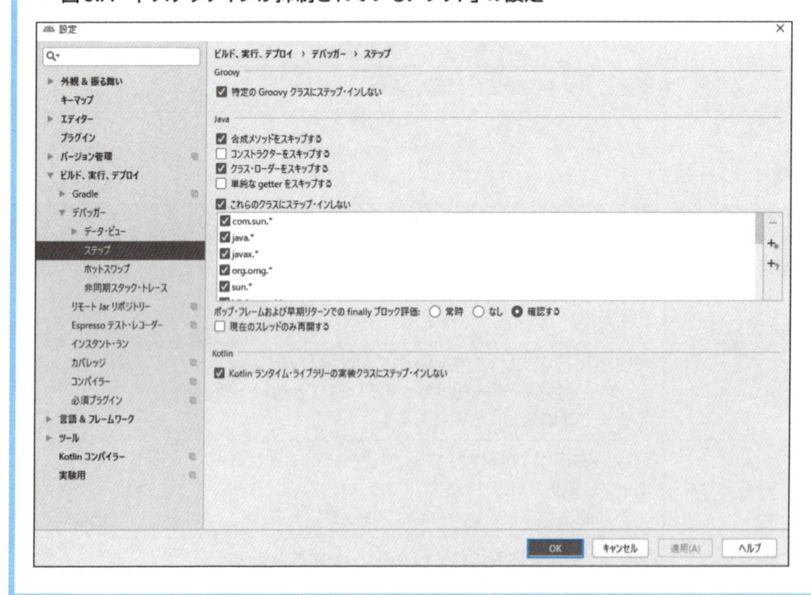

ステップ機能(ステップオーバー)

ステップ機能を使ってプログラムの処理をトレースしてみましょう。

図6.14は、プログラムにブレークポイントを設定し、デバッグモードで起動してブレークさせた状態です。ブレーク行が青く反転し、この時点で関連のあるオブジェクトや変数が、変数ペインに表示されています。

それでは、ステップオーバーを使ってプログラムの処理をトレースしましょう。

1　**図6.14**の38行目「val ret = calcSum()」に設定したブレークポイントでブレークします。

▼ **図6.14　ブレークポイントで停止中**

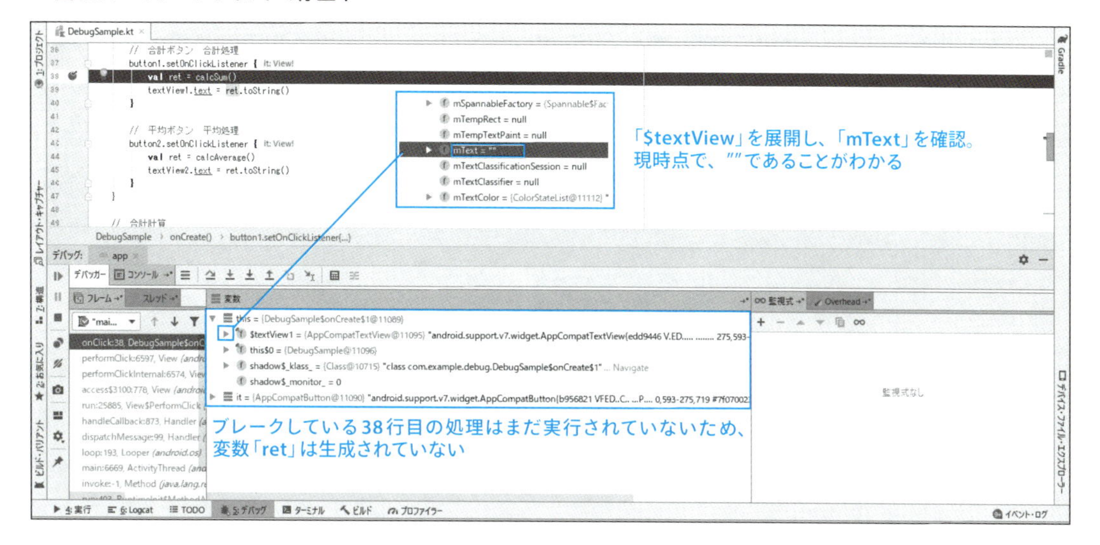

2　ステップオーバー（もしくは F8 ）すると、38行目の「val ret = calcSum()」を実行し、次の行（ここでは39行目）に進みます（**図6.15**）。

▼ **図6.15　ステップオーバーを開始した**

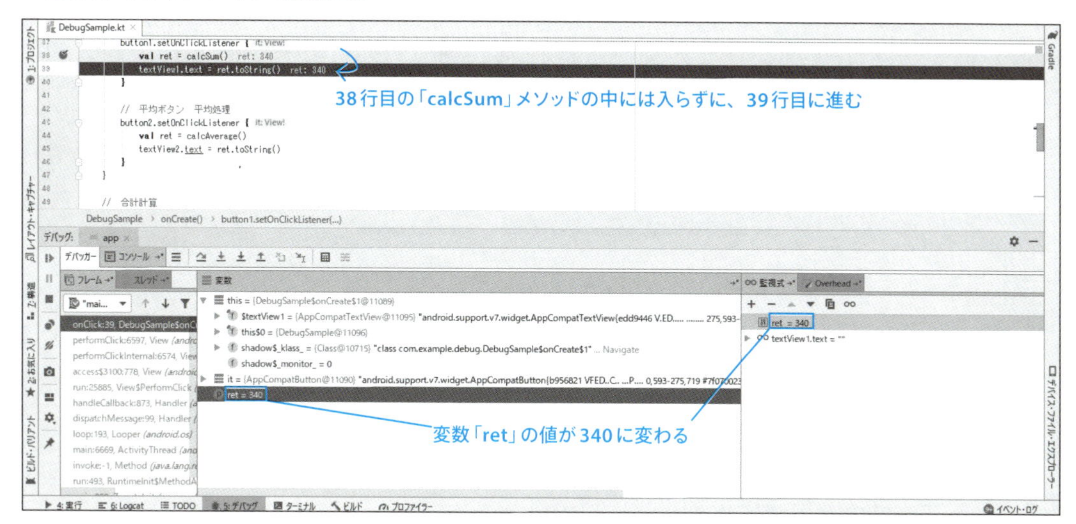

3 さらに、ステップオーバー（もしくはF8）すると、39行目の「textView1.text = ret.toString()」を実行し、次の行（ここでは40行目）に進みます（**図6.16**）。

▼ **図6.16 さらにステップオーバーを行う**

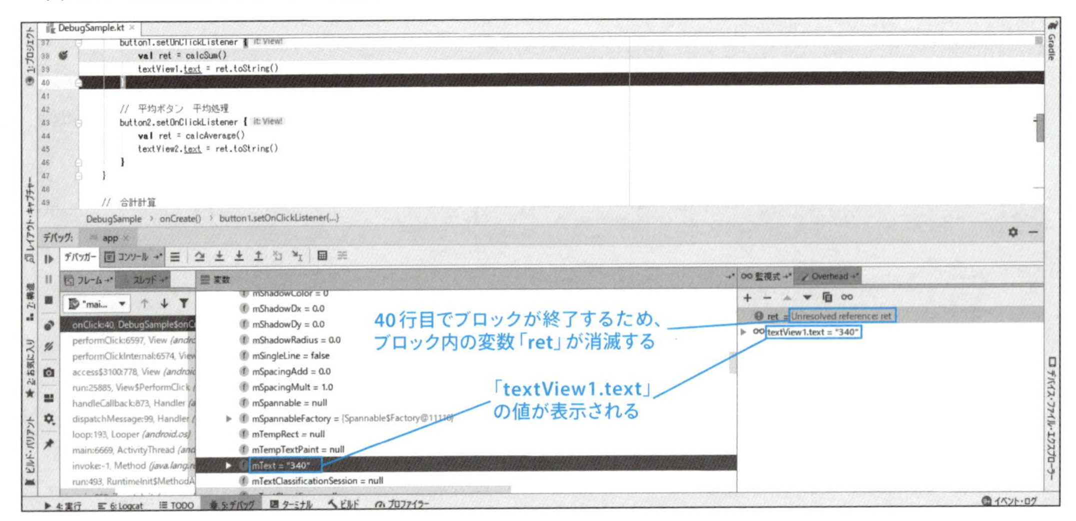

COLUMN 監視式の追加

処理中の変数やオブジェクトは「変数ペイン」で表示されます。しかし、「変数ペイン」には多くの情報が表示されており、値の変化などが見にくいこともあります。そのような場合は、変数やオブジェクトを監視式に追加すると便利です。

監視式を追加するには、監視したい変数名やオブジェクトを右クリックして「監視式の追加」を選択するか、ソースコード内にある変数名を範囲指定して「監視式ペイン」までドラッグしてください（**図6.B**、**図6.C**）。

▼ **図6.B ショートカットメニューから「監視式の追加」を選択する**

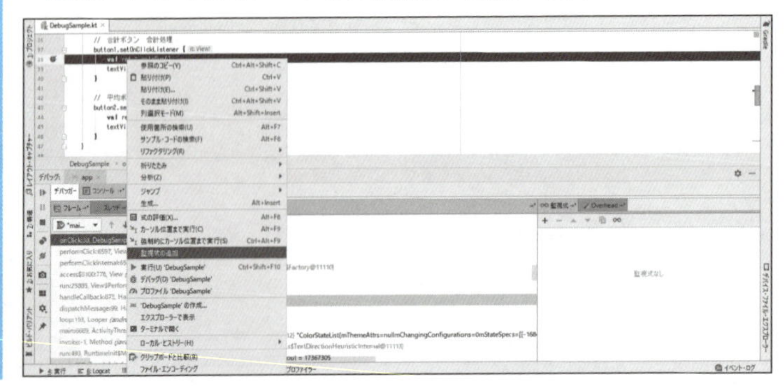

▼ 図6.C 監視式に「ret」、「textView1.text」を追加

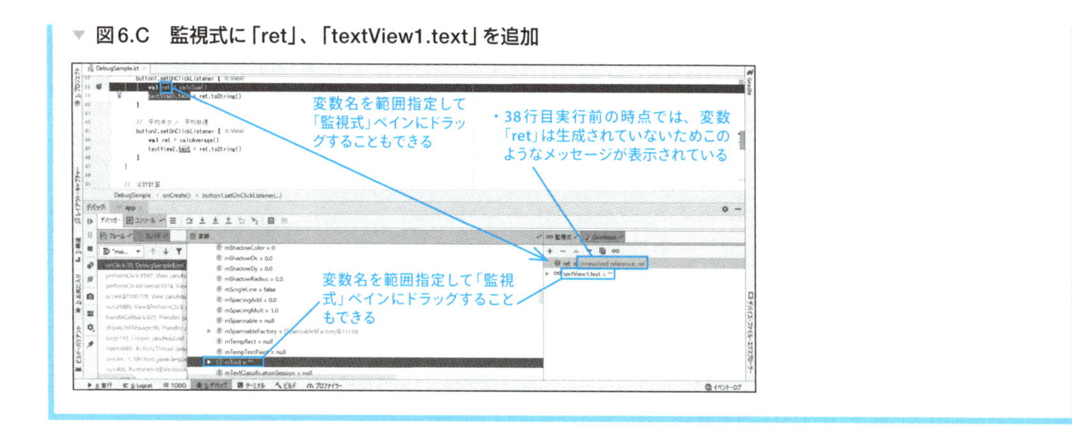

ステップ機能（ステップイン）

先ほどと同じブレークポイントから、次はステップインを使ってトレースしていきます。

1 ステップオーバーと同じ38行目「val ret = calcSum()」に設定したブレークポイントでブレークします。

2 ステップイン（⬇もしくは F7 ）すると、38行目の「val ret = calcSum()」が実行され、「calcSum」メソッドの中（51行目）の処理に移動します（**図6.17**）。

▼ 図6.17 「calcSum」メソッドに移動した

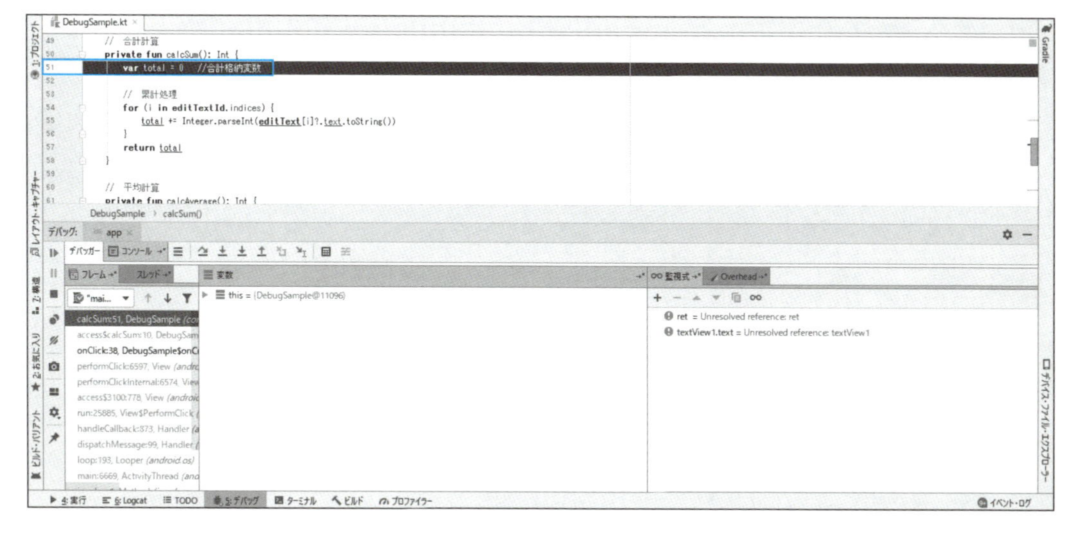

3 ステップイン（もしくはF7）で「total += Integer.parseInt(editText[i]?.text.toString())」（55行目）まで進み、さらにステップイン（もしくはF7）すると、「AppCompatEditText.class」の「getText」メソッドへ移動します（**図6.18**）。

▼ 図6.18 「AppCompatEditText.class」の「getText」メソッドへ移動する

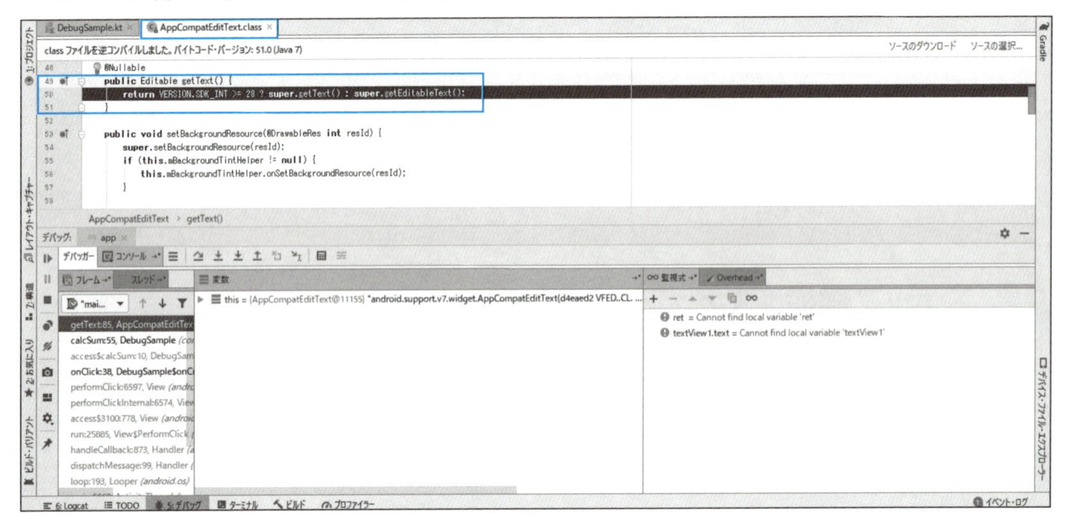

4 さらにステップイン（もしくはF7）すると、「EditText.java」の「getText」メソッドへ移動します（**図6.19**）。

▼ 図6.19 「AppCompatEditText.class」の「getText」メソッドへ移動する

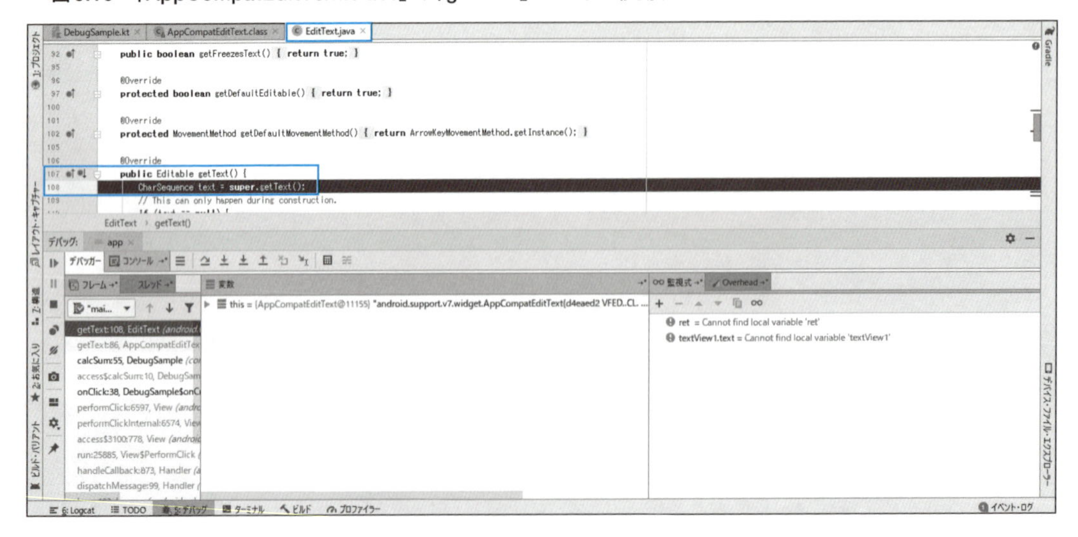

5 さらにステップイン(もしくは F7)すると、「TextView.java」の「getText」メソッドへ移動します(図6.20)。

▼ 図6.20 「TextView.java」の「getText」メソッドへ移動する

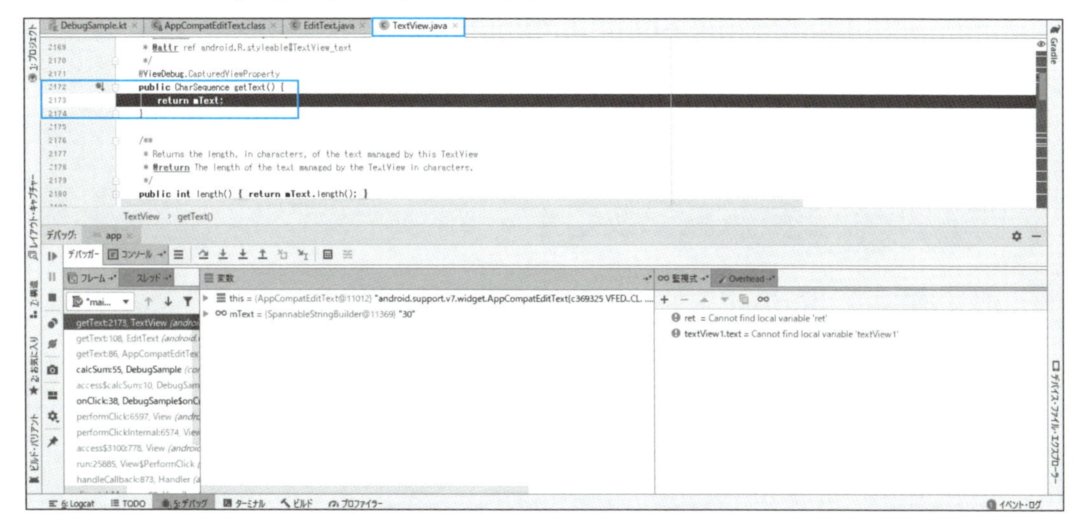

このように、ステップインするとコールされたメソッドへどんどんと移動していきます。また移動したメソッドから抜けて、コールした直後の行に戻るには、ステップアウト(もしくは Shift + F8)を、ステップ実行をやめて処理を再開するにはプログラムの再開(もしくは F9)を選択してください。なお、メソッドを呼び出さない命令文の場合は、ステップイン、ステップオーバーのどちらを使っても同じように次の命令文に進んでいきます。

COLUMN

「JetBrainsデコンパイラー」ダイアログボックス

手順3のステップイン途中に**図6.D**のような「JetBrainsデコンパイラー」ダイアログボックスが表示されたら、「受諾」をクリックしておきましょう。

このダイアログボックスは、Classファイルを逆コンパイルしてソースコードを作成することの許諾を確認するためのものです。

▼ 図6.D　「JetBrainsデコンパイラー」ダイアログボックス

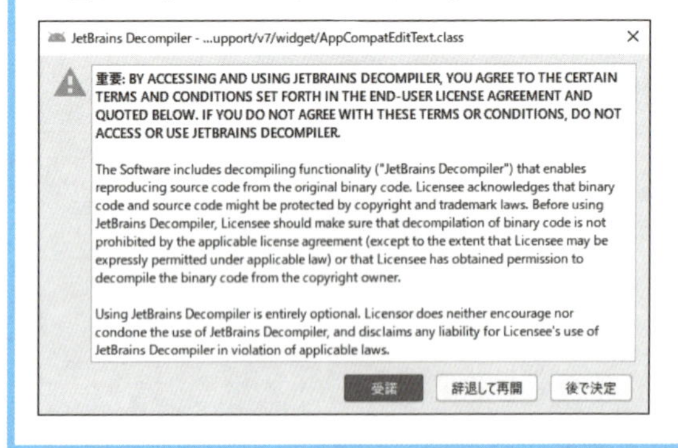

6-3 高度なデバッグ操作

基本的なデバッガーの操作ができるようになったところで、次は実行中の変数やオブジェクトの値を変更したり、条件付きのブレークポイントや式の評価といった少し高度な機能についてみていきましょう。

今回のデバッグ対象となるアプリ

今回は、**図6.21**のような、身長と体重から標準体重やBMIを算出するアプリを使って高度な機能を紹介していきます。

▼ 図6.21　標準体重やBMIを算出するアプリ

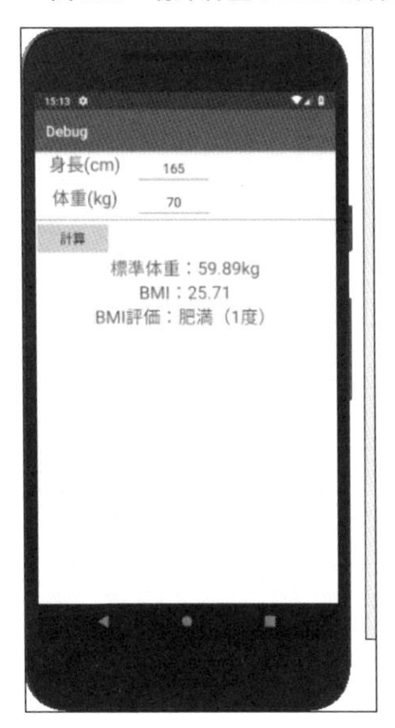

この節で使用するプロジェクトのレイアウトファイルとプログラムは**リスト6.3**、**リスト6.4**の通りです。

▼ リスト6.3　レイアウトファイル（debug_sample2.xml）

```
<?xml version="1.0" encoding="utf-8"?>
<androidx.constraintlayout.widget.ConstraintLayout
    xmlns:android="http://schemas.android.com/apk/res/android"
    xmlns:app="http://schemas.android.com/apk/res-auto"
    android:orientation="vertical"
    android:layout_width="match_parent" android:layout_height="match_parent">

    <TextView
            android:layout_width="wrap_content" android:layout_height="wrap_content"
            android:id="@+id/heightLabel"
            android:text="身長(cm)"
            android:ems="5" android:textSize="24sp" android:gravity="center"
            app:layout_constraintTop_toTopOf="parent"
            app:layout_constraintLeft_toLeftOf="parent"/>
    <TextView
            android:layout_width="wrap_content" android:layout_height="wrap_content"
            android:id="@+id/weightLabel"
            android:text="体重(kg)"
            android:ems="5" android:textSize="24sp" android:gravity="center"
```

```
        app:layout_constraintTop_toBottomOf="@+id/height"
        app:layout_constraintLeft_toLeftOf="parent"/>
<EditText
        android:text="165"
        android:layout_width="wrap_content" android:layout_height="wrap_content"
        android:inputType="numberDecimal" android:ems="5"
        android:id="@+id/height" android:gravity="center"
        app:layout_constraintTop_toTopOf="parent"
        app:layout_constraintLeft_toRightOf="@+id/heightLabel"/>
<EditText
        android:text="70"
        android:layout_width="wrap_content" android:layout_height="0dp"
        android:inputType="numberDecimal" android:ems="5"
        android:id="@+id/weight" android:gravity="center"
        app:layout_constraintTop_toBottomOf="@+id/height"
        app:layout_constraintLeft_toRightOf="@+id/weightLabel"/>
<View
        android:layout_width="wrap_content" android:layout_height="1dp"
        android:background="#ff808080" android:id="@+id/view"
        app:layout_constraintTop_toBottomOf="@+id/weight"
        app:layout_constraintLeft_toLeftOf="parent"/>
<Button
        android:text="計算"
        android:layout_width="wrap_content" android:layout_height="wrap_content"
        android:id="@+id/bmiButton"
        android:ems="5" android:textSize="18sp"
        app:layout_constraintTop_toBottomOf="@+id/view"
        app:layout_constraintLeft_toLeftOf="parent"/>
<TextView
        android:layout_width="wrap_content" android:layout_height="wrap_content"
        android:id="@+id/std"
        android:ems="20" android:textSize="24sp" android:gravity="center"
        app:layout_constraintTop_toBottomOf="@+id/bmiButton"
        app:layout_constraintLeft_toLeftOf="parent"/>
<TextView
        android:layout_width="wrap_content" android:layout_height="wrap_content"
        android:id="@+id/bmi"
        android:ems="20" android:textSize="24sp" android:gravity="center"
        app:layout_constraintTop_toBottomOf="@+id/std"
        app:layout_constraintLeft_toLeftOf="parent"/>
<TextView
        android:layout_width="wrap_content" android:layout_height="wrap_content"
        android:id="@+id/bmiString"
        android:ems="20" android:textSize="24sp" android:gravity="center"
        app:layout_constraintTop_toBottomOf="@+id/bmi"
```

```
        app:layout_constraintLeft_toLeftOf="parent"/>
</androidx.constraintlayout.widget.ConstraintLayout>
```

▼ リスト6.4 ソースプログラム(DebugSample2.kt)

```
package com.example.debug

import android.os.Bundle
import android.widget.Button
import android.widget.EditText
import android.widget.TextView
import androidx.appcompat.app.AppCompatActivity

// 高度なデバッグ    BMI計算
class DebugSample2 : AppCompatActivity() {
    override fun onCreate(savedInstanceState: Bundle?) {
        super.onCreate(savedInstanceState)

        // アクティビティにレイアウトを設定
        setContentView(R.layout.debug_sample2)

        // XML定義のビューを取得
        val editText1 = findViewById<EditText>(R.id.height)
        val editText2 = findViewById<EditText>(R.id.weight)
        val button1 = findViewById<Button>(R.id.bmiButton)
        val textView1 = findViewById<TextView>(R.id.std)
        val textView2 = findViewById<TextView>(R.id.bmi)
        val textView3 = findViewById<TextView>(R.id.bmiString)

        // 計算ボタン BMI算出
        button1.setOnClickListener {
            // 変数の宣言 及び 計算処理
            var height = editText1.text.toString().toDouble() / 100.0; // 身長(m)
            val weight = editText2.text.toString().toDouble()
            val std = height * height * 22.0 // 標準体重 = 身長(m)×身長(m)×22
            val bmi = weight / (height * height) // BMI = 体重÷(身長(m)×身長(m))
            val bmiString = if (bmi < 18.5) "低体重" // BMI判定
                        else if (bmi < 25) "普通体重"
                        else if (bmi < 30) "肥満(1度)"
                        else if (bmi < 35) "肥満(2度)"
                        else if (bmi < 40) "肥満(3度)"
                        else "肥満(4度)"

            // テキストビュー表示
            textView1.text = "標準体重:" + String.format("%.2f", std) + "kg"
```

```
            textView2.text = "BMI：" + String.format("%.2f", bmi)
            textView3.text = "BMI評価：" + bmiString

            // テキストビュー表示
            textView1.text = "標準体重：" + String.format("%.2f", std) + "kg"
            textView2.text = "BMI：" + String.format("%.2f", bmi)
            textView3.text = "BMI評価：" + bmiString
        }

        debugFunc1()        // ブレークポイント　説明用処理　1から1000までの累計
    }

    // ブレークポイント　説明用処理　1から1000までの累計
    private fun debugFunc1() {
        var total = 0

        for (i in 1..1000) { // 1000回のループ
            total += i
        }
    }
}
```

 実行中の変数やオブジェクトの値を変更する

分岐命令の処理を確認したい場合など、その都度分岐先を変えるために、値を変更して起動し直すのは手間がかかります。しかし、デバッガーにはデバッグ途中に動的に変数やオブジェクトの値を変更できる機能があります。

図6.22の例では、BMI計算処理後のBMI判定処理前（32行目の「`val bmiString = if (bmi < 18.5) "低体重"`」でブレークポイントを設けています。

▼ 図6.22 ブレークポイントを設定した

```
DebugSample2.kt
24
25        // 計算ボタン BMI算出
26        button1.setOnClickListener { it: View!
27            // 変数の宣言 及び 計算処理
28            var height = editText1.text.toString().toDouble() / 100.0;  // 身長(m)
29            val weight = editText2.text.toString().toDouble()
30            val std = height * height * 22.0 // 標準体重 = 身長(m)×身長(m)×22
31            val bmi = weight / (height * height) // BMI = 体重÷(身長(m)×身長(m))
32            val bmiString = if (bmi < 18.5) "低体重"  // BMI判定
33                            else if (bmi < 25) "普通体重"
34                            else if (bmi < 30) "肥満 (1度) "
35                            else if (bmi < 35) "肥満 (2度) "
36                            else if (bmi < 40) "肥満 (3度) "
37                            else "肥満 (4度) "
38
39
40            // テキストビュー表示
41            textView1.text = "標準体重：" + String.format("%.2f", std) + "kg"
42            textView2.text = "BMI：" + String.format("%.2f", bmi)
43            textView3.text = "BMI評価：" + bmiString
44
45            // テキストビュー表示
46            textView1.text = "標準体重：" + String.format("%.2f", std) + "kg"
47            textView2.text = "BMI：" + String.format("%.2f", bmi)
48            textView3.text = "BMI評価：" + bmiString
49        }
50
51        debugFunc1()        // ブレークポイント 説明用処理 1から1000までの累計
52    }
```

デバッグすると、32行目の時点で変数「bmi」には身長と体重から算出したBMI値「25.71166207529844」が格納されています。そのため、このままだとBMI評価は「肥満(1度)」になります。

しかし、デバッグ中に値を設定する機能を使うと、変数の値を動的に変更して条件判断文の判定を検査することができます。ここでは、変数「bmi」に「41」を設定し、BMI評価が「肥満(4度)」になるか試してみましょう。

1 「変数ペイン」で変更したい変数を右クリックし、「値の設定」を選択します(**図6.23**)。

▼ 図6.23 変数「bmi」の「値の設定」を選択する

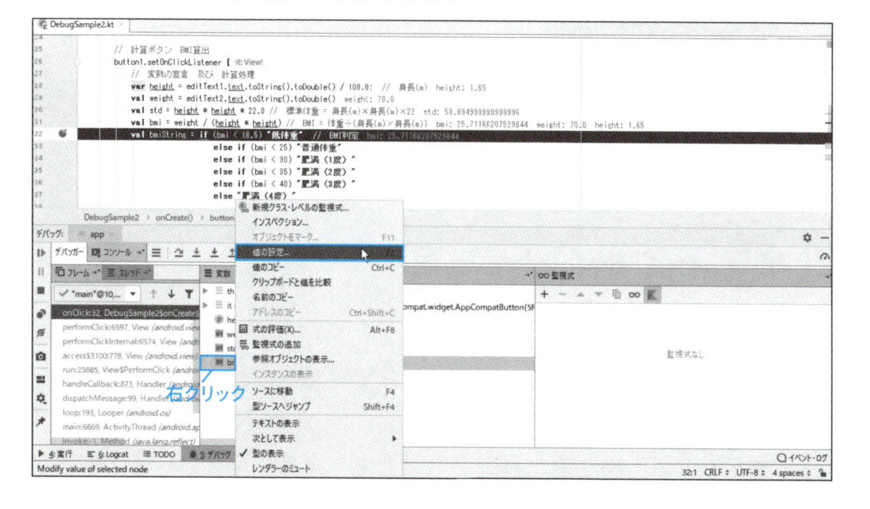

2　変数「bmi」の値を変更します（今回は「41」）。

▼ 図6.24　変数「bmi」の値を変更する

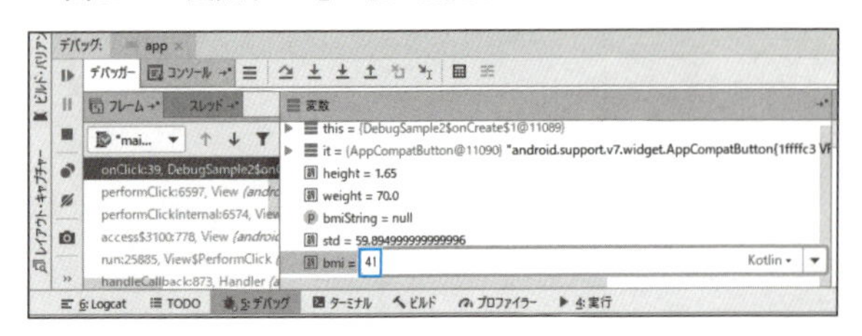

BMの値を41に変更すると、BMI評価が「肥満（4度）」になることが確認できました（図6.25）。

▼ 図6.25　エミュレータでの実行結果

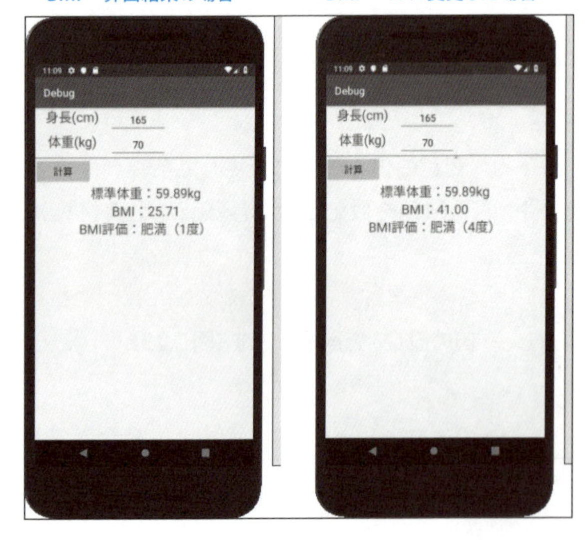

高度なブレークポイントの設定（条件を指定してブレークポイントを設定）

数回程度の繰り返し処理なら、ステップ実行でトレースすることもできますが、何十回何百回もの繰り返しをステップ実行していてはデバッグ作業が進みません。ここでは、条件を指定したブレークポイントの設定方法を紹介します。

以下に、1から1000までを足していく繰り返し処理を基にして、条件指定のブレークポイントを設定する手順をあげておきましょう。

1 1から1000まで繰り返す処理中にある計算部分(ここでは68行目の「total += i」)にブレークポイントを設定します(**図6.26**)。

▼ **図6.26 ブレークポイントを設定する**

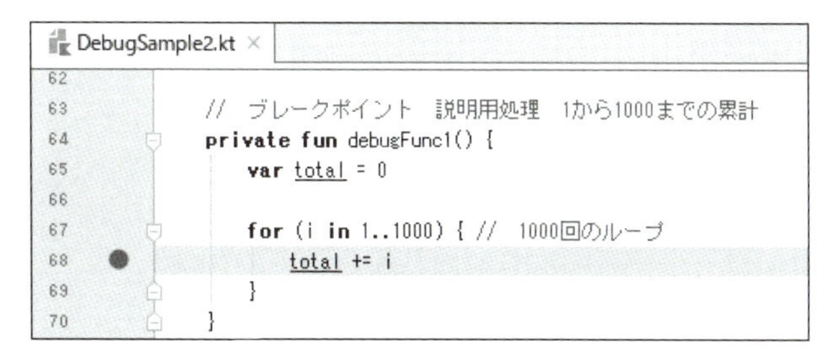

2 手順1で設定したブレークポイントを右クリックすると、**図6.27**で示したウィンドウが表示されるので、「条件(C):」欄に条件(ここでは「i==900」)を入力して、<終了>ボタンをクリックします。

▼ **図6.27 ブレークポイント 条件設定**

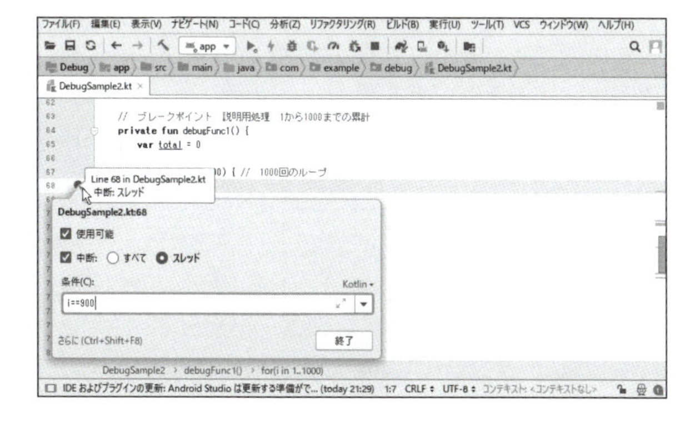

デバッグを開始すると、**図6.28**のように、先の手順2で設定した指定条件(iが900)の時にブレークします。

▼ 図6.28　指定した条件でブレークした例

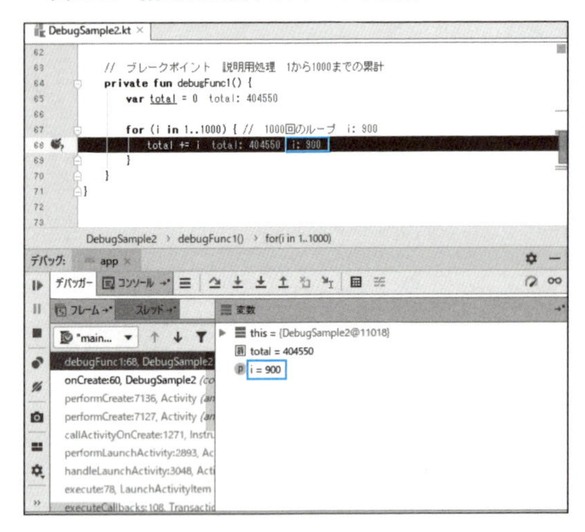

COLUMN 「ブレークポイント」ダイアログボックス

デバッグツールバーのアイコンをクリック、もしくは Ctrl + Shift + F8 を押すと、「ブレークポイント」ダイアログボックスが表示されます。「ブレークポイント」ダイアログボックスでは、詳細なブレーク条件の設定や各ブレークポイントの編集などが可能です。

例えば、前述の「i==900」のような条件式だけでなく、**図6.E**のように「通過数:」欄で10回ループした時にブレークさせることなどといったことも可能です。また、左側のリストから各ブレークポイントを有効または無効にするなど状況に応じて調節することができます。

▼ 図6.E　「ブレークポイント」ダイアログ

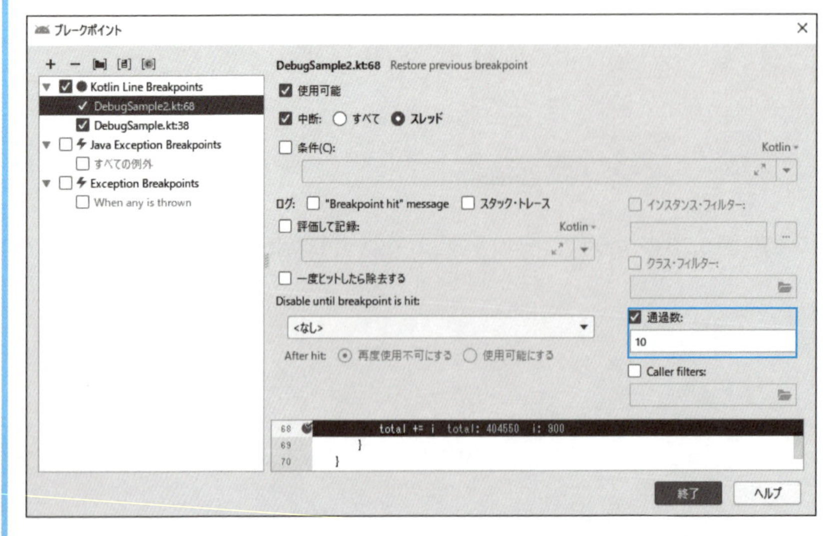

式を評価する

「式の評価」を使うと、実行時点でのオブジェクトの状態を調べることができます。これまで取り上げたBMIアプリを基にして、式の評価を行ってみましょう。

1 ブレーク中に、「ステップツールバー」の▦アイコンをクリックするか、もしくはAlt+F8を押して、「評価」ダイアログボックスを開きます。ここでは、BMI計算処理開始点（ソースプログラム35行目の「height /= 100.0」）でブレークさせています。

2 「評価」ダイアログボックスの「式:」欄に、実行したい式を入力して「評価(V)」ボタンをクリックしてください。なお、今回は、「式:」欄に「editText1.text」と入力して「評価(V)」ボタンをクリックすると、**図6.29**のように「editText1」のtext情報が確認できます。

▼ **図6.29　式が評価された例「editText1.text」**

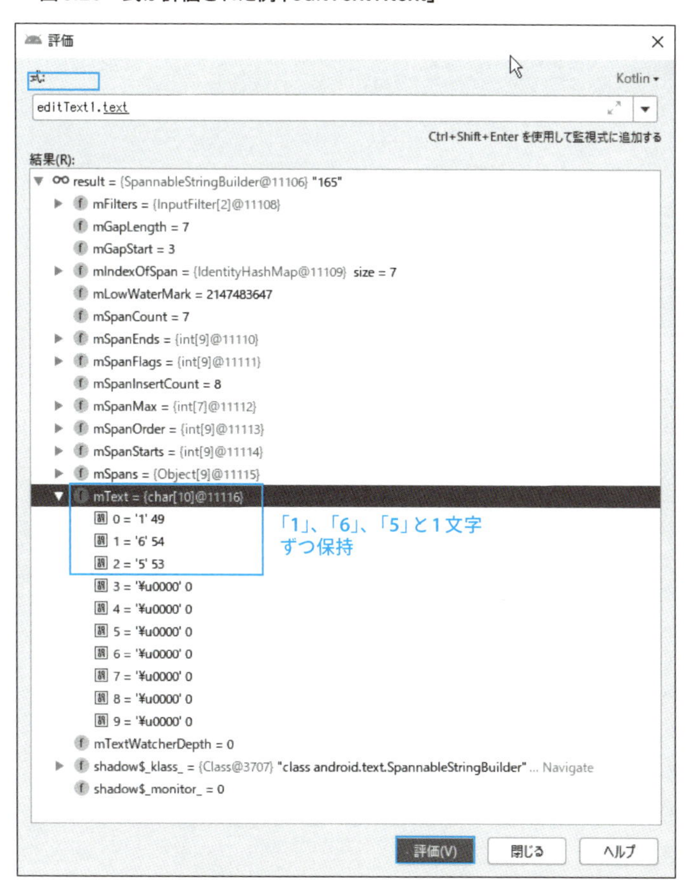

「式:」欄に「editText1.text.toString()」と入力して、「評価(V)」ボタンをクリックすると、**図6.30**のように「editText1」のtext情報が文字列化されて表示されます。

▼ **図6.30 式の評価 「editText1.text.toString()」**

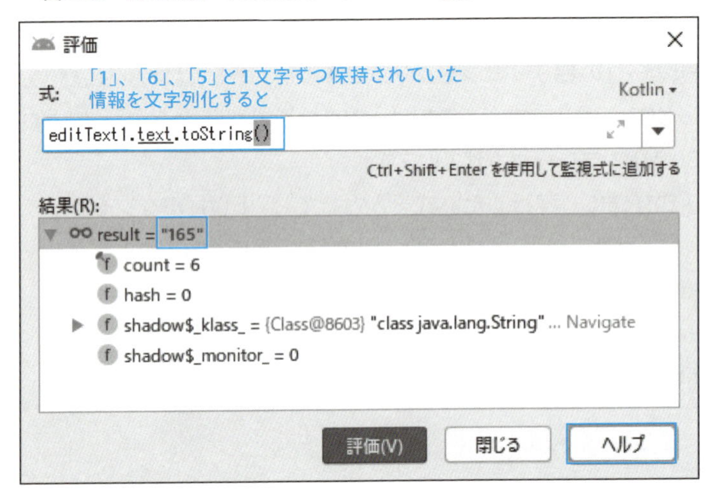

ONEPOINT

toString()は文字列に変換するメソッドです。toString()で、editTextオブジェクトのtext情報が文字列に変換されます。

 「式の評価」で命令を実行する

「式の評価」では、値を調べるだけでなく命令を実行することもできます。例えば、「評価」「式:」欄に、

```
editText1.setBackgroundColor(Color.RED)
```

と入力して、「評価(V)」ボタンをクリックします。

その後、F9キーでプログラムを再開させると、エミュレータなどの実行画面では、「editText1」の背景色が赤く変わっています(**図6.31**)。「setBackgroundColor()」は戻り値のないvoid型のメソッドであるため、ダイアログボックス内の結果欄には結果が表示されませんが、実行画面では、実行結果である背景色の変化を確認することができます(**図6.32**)。

▼ 図6.31 式の評価 「editText1.setBackgroundColor(Color.RED)」

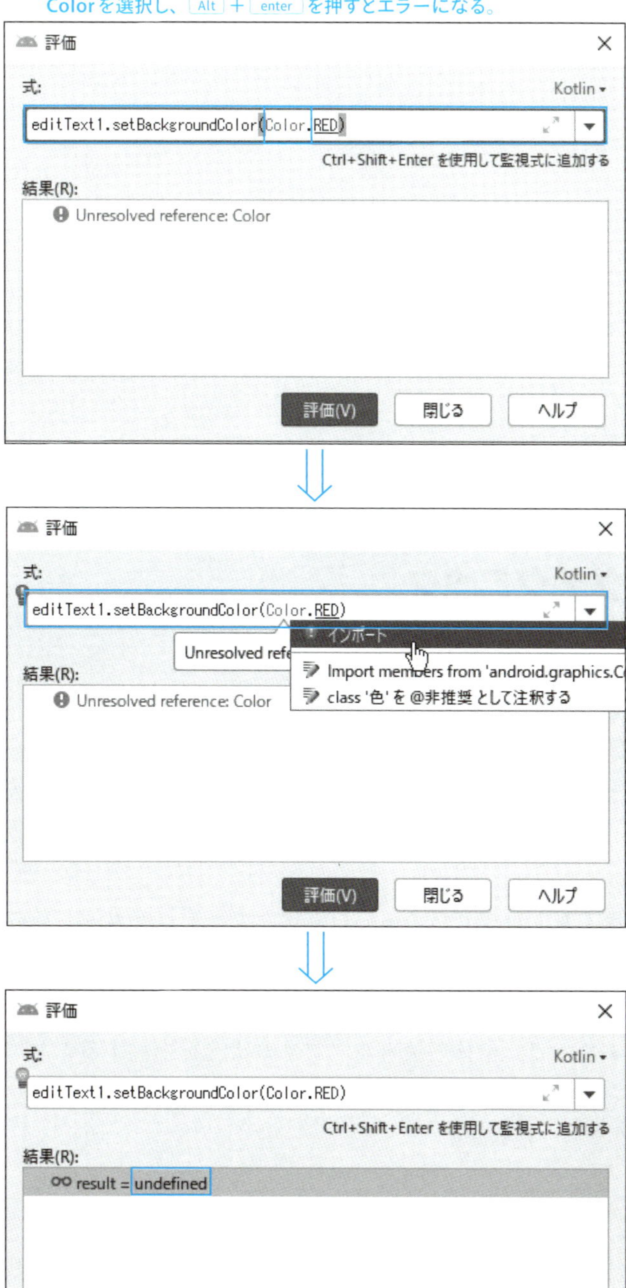

▼ 図6.32　プログラム再開後の画面で実行結果が確認できる

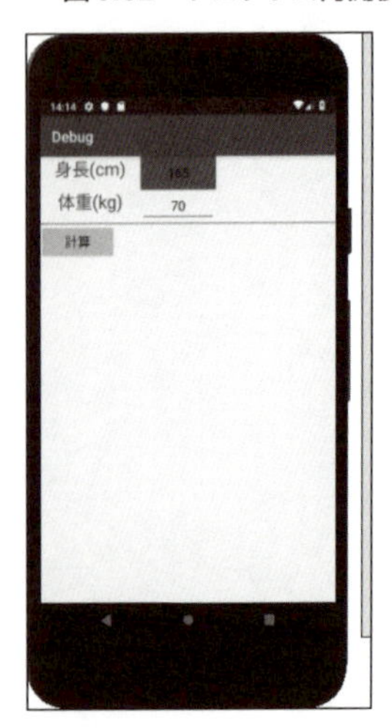

6-4 その他のデバッグテクニック

本章の最後に、「Logcat」を使用したデバッグテクニックについて紹介します。Logcatは、不具合に関するポイントが絞り込めていない場合などに有効です。

Logcatの利用

ソースプログラムの不具合に関するポイントが絞り込めていない状態で、デバッガーでむやみにステップ実行することは効率がよいとは言えません。

そのような場合は、Logcatを使ってプログラムの要所要所に設定したログメッセージを表示させてみましょう。Logcatをモニタすることで、全体の流れやアプリの状況を把握することができます。

ログメッセージを出力するにはLogクラスを使います。

```
Log.d(tag, message)
```

図6.33は、P.229の「条件を指定したブレークポイントを設定する」で取り上げた繰り返し処理に、Logcatを追加した例です。

▼ 図6.33 Log.dメソッド使用例

```
private val TAG = "MyApp"   // Log出力のタグ

// デバッグ用処理
private fun debugFunc1() {
    var total = 0

    for (i in 1..1000) { // 1000回のループ
        total += i
        Log.d(TAG, msg: "i:" + i + " total:" + total)
    }
}
```

Logcatの1番目の引数「tag」では、実行するアプリやアクティビティを識別する情報(ここでは、TAG：「MyApp」という文字列)を指定します。2番目の引数「message」にはログとして表示したい情報(ここでは、ループインデックスの「i」と、累計値「total」の値)を設定しています。

アプリ実行後は、画面下部にある「Logcat」をクリックして、「Logcat」ウィンドウを開きます(**図6.34**)。

▼ 図6.34 「Logcat」ウィンドウ

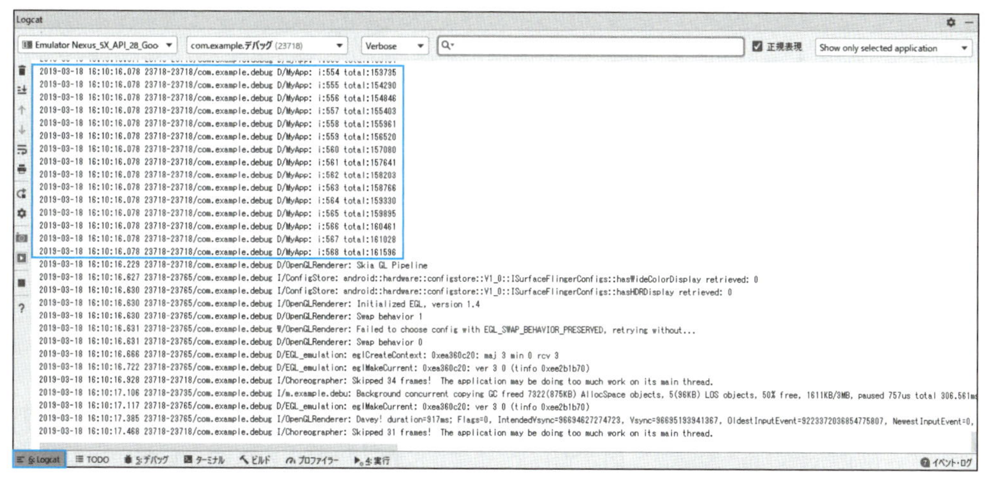

このように「Logcat」ウィンドウには、Log.dメソッドの実行結果が表示されます。

Logcatウィンドウの結果を絞り込む

前述の「Logcat」ウィンドウにはたくさんの記録が表示されており、出力したログメッセージがわかりにくいこともあります。そこで、次は、検索機能を使ってメッセージを絞り込んでみましょう。

図6.35は、「Logcat」ウィンドウ上部の検索ボックスに、Log.dメソッドで設定したtag:「MyApp」を入力した例です。

▼ **図6.35　「MyApp」で検索結果を絞り込んだ例**

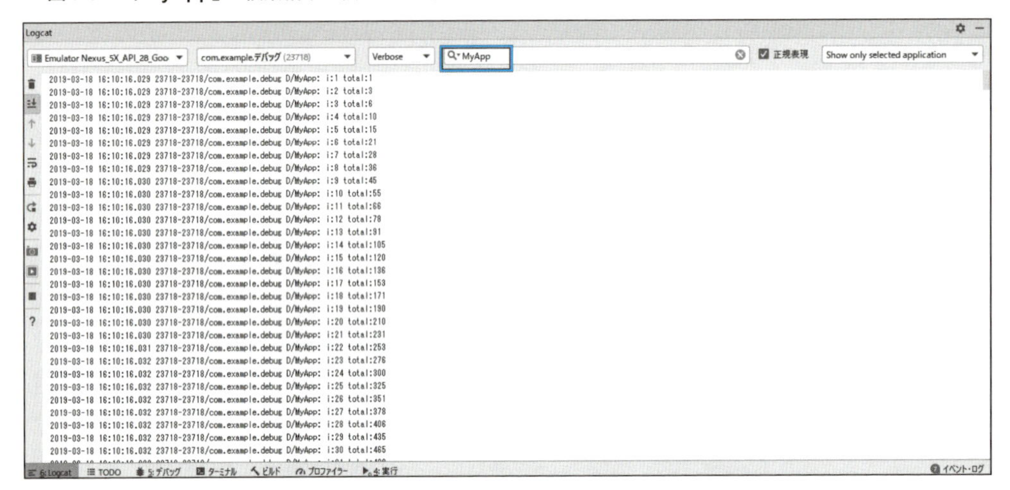

このように、Log.dメソッドのtagに設定したキーワードで、「Logcat」ウィンドウの出力結果を絞り込むことができます。

> **ONEPOINT**
> 現在実行中のアプリのログメッセージは「実行」ウィンドウにも表示されます。

 Logクラスのメソッド

Logクラスには、Log.d以外にもログメッセージを出力するメソッドがあります。**表6.5**に示すメソッドは、Log.d(tag, message)と同じ使い方で、下に行くほど重要度が高い設定となります。

▼ 表6.5 Logクラスのメッセージ出力メソッドの種類

メソッド	種類	意味
Log.v	Verbose	詳細
Log.d	Debug	デバッグ
Log.i	Info	情報
Log.w	Warn	警告
Log.e	Error	エラー
Log.wtf	Assert What a Terrible Failure.	起こってはいけないエラー

「Logcat」ウィンドウに表示されるログメッセージの形式は以下の通りです。

```
date time PID-TID/package priority/tag: message
```

PIDはプロセスID、TIDはスレッドIDの略です。例えば、「2019-01-01 13:14:15.016 23966-23966/com.example.debug I/MyApp: i:995 total:495510」は、2019年1月1日13時14分15.016秒にプロセスID:23966、スレッドID:23966、パッケージ：com.example.debugから出力された「情報」レベル（種類：Info 意味：情報）のメッセージという意味になります。

COLUMN

Logcatにログメッセージが表示されない場合

Logcatにログメッセージが表示されない場合は、以下の確認を行ってみてください。

●「Logcat」ウィンドウの左上のデバイス選択ボックスを確認する

「デバイス選択」ボックスが、現在アプリを実行しているデバイスになっているか確認しましょう。違うデバイスが選択されているとログメッセージは表示されません（**図6.E**）。

▼ 図6.E　「Logcat」ウィンドウ　「デバイス選択」ボックス

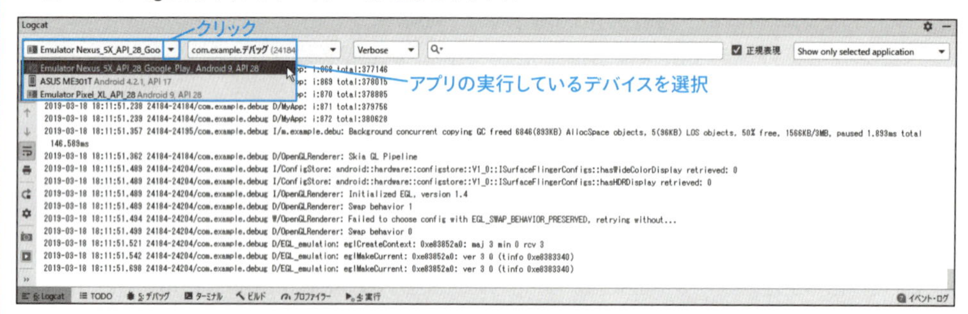

●「ログレベル」が表示したレベル以下の設定になっているかを確認する

Log.dメソッドで出力したメッセージは、「ログレベル」が「Verbose」か「Debug」でないと表示されません。例えば、「Info」に設定すると、「Debug」は「Info」よりレベルが低いため、Log.dメソッドのメッセージは非表示になってしまいます。

Logcatでこのフィルターをうまく使ってメッセージを切り替えられるように、Logメソッドを使い分けるといいでしょう（**図6.F**）。

▼ 図6.F　「Logcat」ウィンドウ　「ログレベル」ボックス

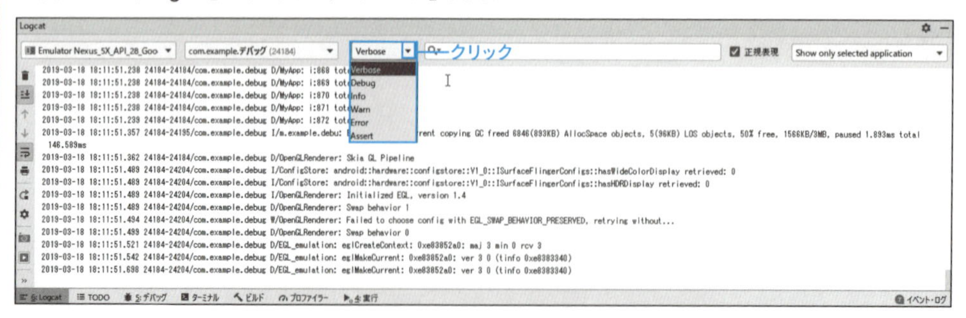

●検索ボックスに意図しないキーワードが入っていないかを確認する

検索ボックスに以前に設定したキーワードが残っていると、そのキーワードで検索が実行されるため、目的のメッセージが表示されないことがあります。

第7章

Android Studioのリファクタリング手法

リファクタリングは、開発者にとってとても重要な作業です。ここではAndroid Studio上の実際のリファクタリングについて具体例を基にして見ていくことにしましょう。

本章の内容

7-1 リファクタリングの目的

まずは、リファクタリングの必要性について考えながら、リファクタリングが誰にどのようなメリットを及ぼすのかについて明確にしていきましょう。

なぜリファクタリングが必要なのか

リファクタリング(refactoring)とは、現在動作しているプログラムの機能、仕様を保ちつつ、内部構造を見直すことです。しかし、リファクタリングは、新たな機能や操作を追加することではないため、システムの利用者(ユーザー)にとって表面的にわかるものではありません(**図7.1**)。

▼ **図7.1　リファクタリングはユーザーの目に見えない作業**

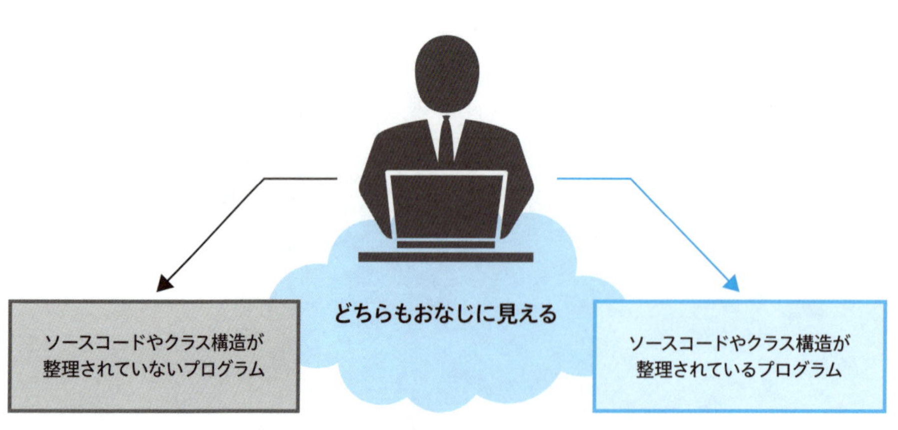

開発者から見て、明らかにリファクタリングが必要なプログラムで作られたシステムをユーザーが利用していたとしても、プログラムの構造やソースプログラムは、ユーザーから見えないし、見えなくても業務に支障はないため、直接的な影響はありません。しかし、ユーザーの要望に伴う仕様変更によって、プログラムの改編が必要となった場合、内部構造に問題のあるプログラムは、下手に手を加えるとバグが発生する可能性もあり、拡張そのものが不可能となることもあり得るのです(**図7.2**)。

▼ 図7.2 リファクタリングはユーザーの目に見えない作業

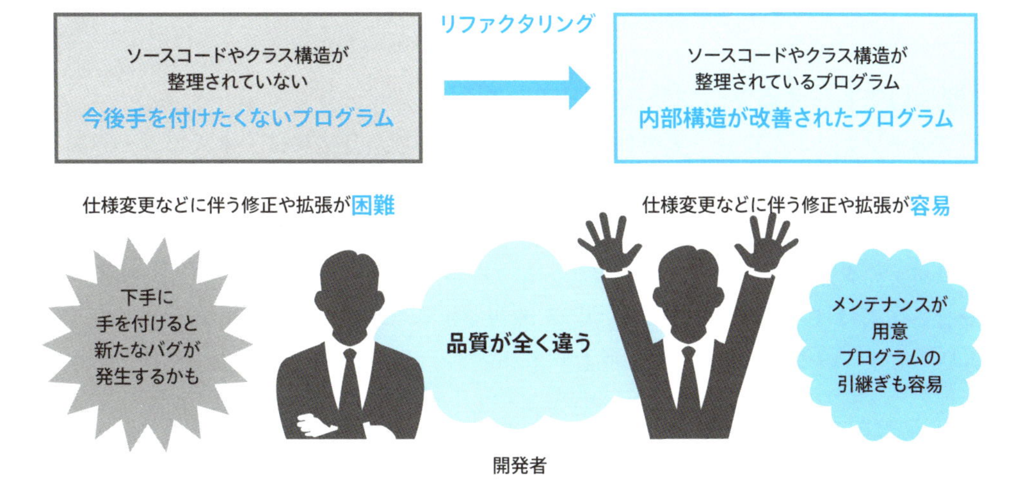

家を建てる場合、老後の生活を考えて、足腰の負担を軽減するための間取りなどを設計することがあるようです。システムでも同様に、将来の拡張に備えた内部構造を保っておくことは重要です。特に企業向けのシステムでは、システムを利用する企業（ユーザー）をとりまく環境の変化に伴い、仕様変更や機能拡張が起こる可能性が高いため、ユーザーからの仕様変更等の依頼に即座に対応するためにも、リファクタリングが必要となるのです。

 リファクタリングの目的

リファクタリングは、ユーザーの要望に迅速に対応するためだけでなく、プログラムの品質を保つために重要な作業です。以下に、開発者にとってのリファクタリングの目的についてあげてみましょう。

プログラムの品質を向上させる

メンテナンスが困難なプログラムに共通する点は、一般的に重複部分が多く、また、重複部分の記述が点在して、プログラムの構造が複雑になっていることが多いと言われています。さらに、重複部分が多ければ、ソースコードのボリュームも増えるため、読み解くには時間がかかり、生産性は著しく低下します。仮に現状のままのソースコードを読み解いて、修正や拡張が行えたとしても、ほとんどの場合、さらにメンテナンスが困難なプログラムと化してしまい、いずれは手を付けられないプログラムになってしまう可能性が高くなります。

もしリファクタリングを行って、プログラム制作の早期から、ソースコードの構造を改善し

ていけば、プログラムの品質を高く保持することができるため、後の仕様変更に伴う修正や拡張も容易に行うことができます。

他者に理解してもらえるプログラムを作成する

例えすべてのプログラムを自分一人で作成したとしても、数か月後には、本人でさえ詳細を覚えていない処理が多々出現します。メンテナンスが困難なプログラムであれば、他者はもちろんのこと、作った本人さえ理解に苦しむソースコードになっていることが考えられます。

そこで、リファクタリングを行い、誰もがソースコードを容易に理解して、修正や拡張が可能な状態を保っておけば、作成者自身がいつでも理解できるだけでなく、担当を他者へ引き継ぐことも容易になり、いつまでも自分で作成したプログラムを抱えこむ必要はなくなります。

プログラム制作の生産性を向上させる

ソースコードの構造が改善され、誰が見てもわかりやすい内容になれば、結果的にデバッグにかける時間も軽減され、プログラムの制作時間を短縮させることが可能になります（**図7.3**）。

▼ **図7.3 リファクタリングによってプログラミング制作の生産性は向上する**

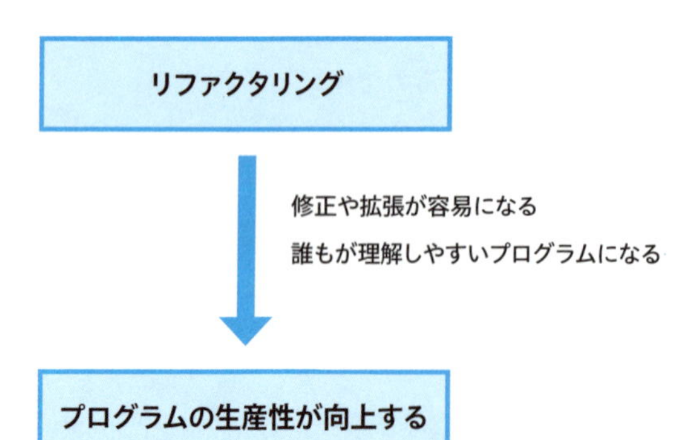

このようにリファクタリングの目的は、開発者にとってメリットとなる事柄ばかりであり、Android Studioに搭載されているリファクタリング機能を使いこなすことで、高い品質のプログラムを制作することが可能になります。

リファクタリングを実施すべきタイミング

それでは、どのようなタイミングでリファクタリングを実施すべきなのでしょうか？
以下に、リファクタリングを実施すべきタイミングについて、いくつかあげておきましょう。

同じ処理が3回出現したとき

米国のソフトウェア技術者で、リファクタリングに関する書籍でも有名なマーティン・ファウラー（Martin Fowler）氏は、リファクタリングを実施すべきタイミングの一つを、

「Rule of three（3度目の法則）」

という言葉で表現しています。つまり、同じ処理が3回出現したら、リファクタリングをすべきだということです。
前述したように、メンテナンスが困難なプログラムは、「重複部分が多い」わけですから、そのようなソースコードにならないよう、「Rule of three（3度目の法則）」を心がけましょう。

既存のプログラムに手を加えるとき

仕様変更などに伴い、既存のプログラムに手を加える機会がある場合、機能追加によって処理が冗長になったり、複雑にならないように、リファクタリングを試みましょう。もし、既存のプログラムがリファクタリングされていなければ、なおさら絶好のタイミングと言えるかもしれません。
ただし、ここで重要な注意点があります。先のマーティン・ファウラー（Martin Fowler）氏によれば、機能追加のタイミングでリファクタリングを行う際には、

「2つの帽子をかぶり直して作業を行う」

という注意です。つまり、

- 機能追加の作業時は、既存のコードを変更するなどといったリファクタリングを行わない
- リファクタリング作業の際は、機能追加を行わない

というように、「機能追加の帽子」と「リファクタリングの帽子」を使い分けて、機能追加とリファクタリングを同時に行わないように注意する必要があります。

プログラムと向き合うとき

バグ修正をするときや、他人にプログラムをレビューするときなどは、プログラムと向き合い、プログラムの内容を理解する必要があります。そのようなタイミングで、例えば、バグ修正をす

1 2 3 4 5 6 7 8 9 10

る前にあるいはプログラムをレビューする前に、リファクタリングを行うことをおすすめします。

バグ修正時は、先にリファクタリングすることによって、バグが鮮明になり、修正がしやすくなります。また、リファクタリングによって洗練されたプログラムであれば、レビューもしやすくなります。

COLUMN

リファクタリング作業の注意点

機能追加におけるリファクタリングでは、2つの帽子をかぶるなどといった注意事項がありましたが、他にもリファクタリング作業における注意点があります。

- **リファクタリング前後の挙動に違いがないか確認する**

リファクタリング作業によって、プログラムの実行結果が変わることはありません。リファクタリング作業では、多かれ少なかれプログラムに変更を加えるため、リファクタリング作業によってバグが発生する可能性が皆無ではありません。したがって、リファクタリングの前の実行状態と、リファクタリング後の挙動に問題がないか、きちんと確認しておきましょう。

- **リファクタリング作業を小分けする**

リファクタリング作業の対象は多岐にわたります。例えば、変数名やメソッド名を変更するといったリファクタリング作業を行った後は、必ずプログラムの動作確認を行い、問題がなければ、次のリファクタリング作業へ進むといった具合に、どこまでのリファクタリング作業が完了し、次はどのリファクタリング作業を行うのかをきちんと理解して進めるようにしましょう。

- **バックアップを取っておく**

基本的なことですが、リファクタリング作業は万能ではないため、必ずバックアップを取ってから作業を進めてください。

7-2 サポートしているリファクタリング機能

第1章でも紹介したように、Android Studioにはリファクタリングに必要な機能が多く搭載されています。しかし、まずはそれら機能がない場合について考えてみましょう。そして、その後に主なリファクタリング機能について見ていきましょう。

リファクタリング機能の利点

後から変数名やメソッド名を変更する必要があった場合など、リファクタリング機能がなければ、該当箇所を手動で確認するか、エディターの「置換」機能で、名前を変更する作業が必要となります。Android Studioでは、メインメニューの「編集(E)」→「検索(F)」→「置換(R)」では、現在エディター上に表示されているソースコードのみが対象となるため、他のファイルにあるクラスの該当箇所を置換することができず、エラーになってしまいます(**図7.4**)。

▼ **図7.4　通常の置換では、他のファイルまで置換できない**

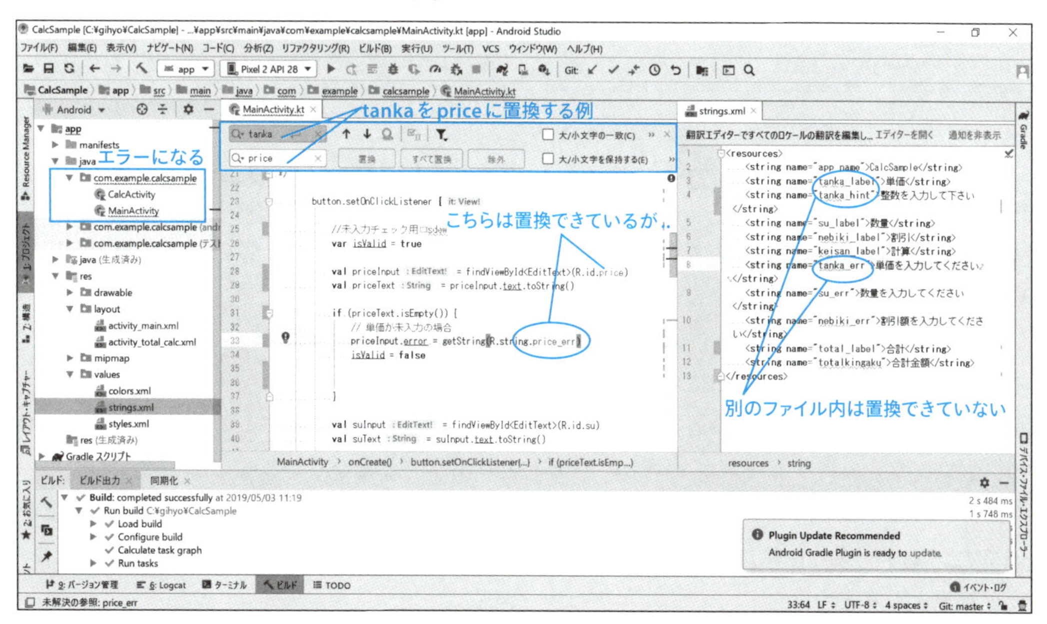

メインメニューの「編集(E)」→「検索(F)」→「パス内の置換(A)」を使えば、複数のソースコードをまたいで置換することが可能ですが、置換機能は、プログラムの構造などを認識しないため、

変更したくない箇所も一律で置換してしまう可能性があります。「すべて置換（A）」ボタンを使わずに、1箇所ずつ置換していく方法もありますが、該当箇所がたくさんある場合は、目視が必要となるため、とても手間がかかります（**図7.5**）。

▼ **図7.5　「プロジェクト内の置換」ダイアログボックス**

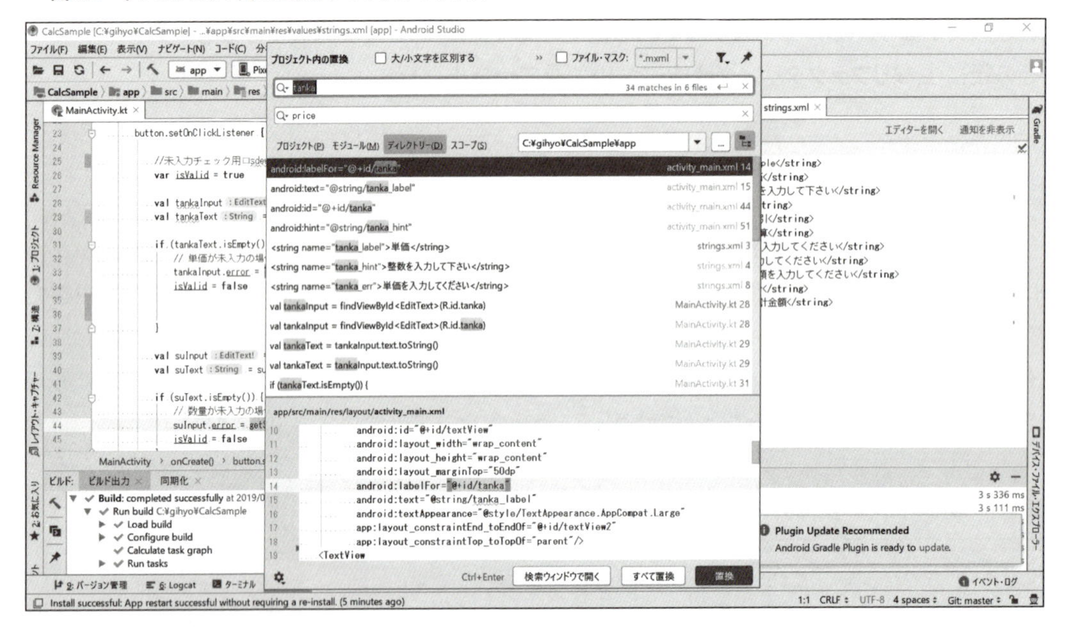

Android Studioがサポートしているリファクタリング機能

まずは、Android Studioのメニューにあるリファクタリング機能の一部を具体例とともに見ていくことにしましょう。

名前変更（Rename：Shift＋F6）

前述のように、エディターの置換機能で変数名やメソッド名を変更することは可能であるものの、プログラムのボリュームが多いと、バグを生み出すもととなりかねません。

そこで、リファクタリング機能にある名前変更を利用すれば、変数名や関数名などの変更が可能です。なお、KotlinやJavaのソースコードだけでなく、リソースファイル（XMLファイル）も変更対象となります。

ここでは、「tankaInput」という名の変数名を「priceInput」へリファクタリングする手順をあげておきます。

1 変更したい変数名を範囲選択して、Android Studioのメインメニューから「リファクタリング(R)」→「名前変更(R)」を選択します(**図7.6**)。

▼ **図7.6 名前変更を行う**

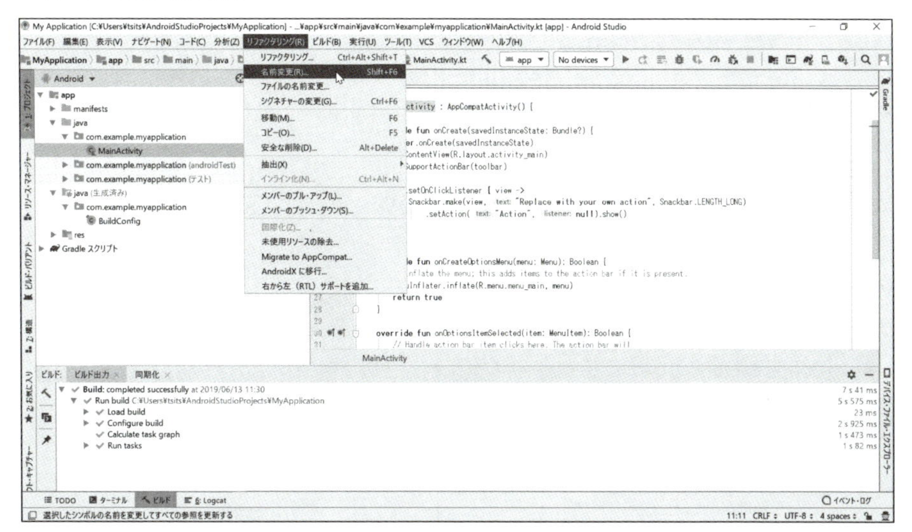

2 変更する変数名の候補が表示されるので、候補の中から選択するか(**図7.7**)、該当するものがなければ、直接任意の変数名を入力してください。Shift + F6 キーを押して、「名前変更」ダイアログボックスから変更することも可能です。(**図7.8**)。

▼ **図7.7 変更する変数名の候補が表示される**

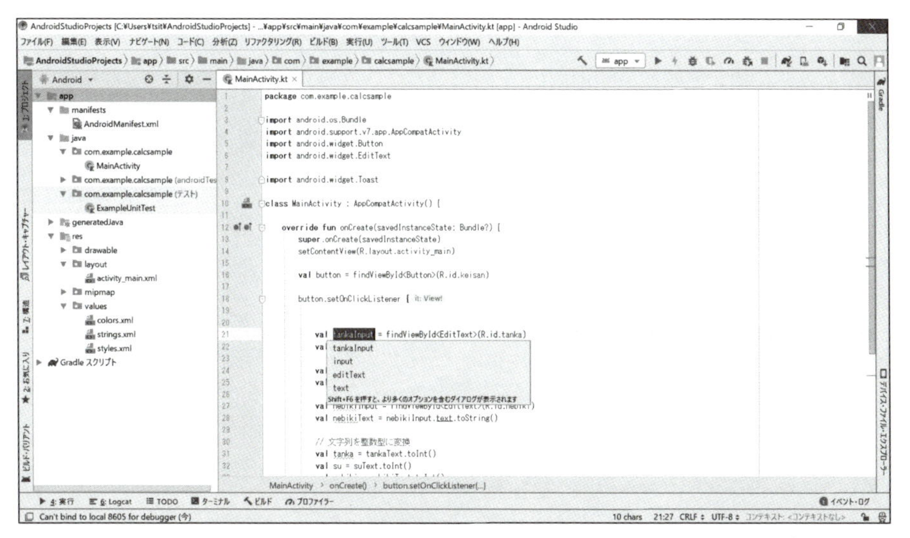

▼ 図7.8 直接入力やダイアログボックスからの変更も可能

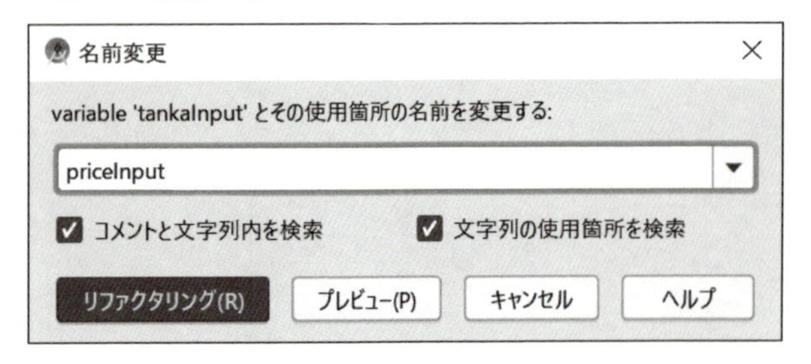

リファクタリングを実行すると、変数名がpriceInputに変更されます(**図7.9**)。

▼ 図7.9 変数名が変更される

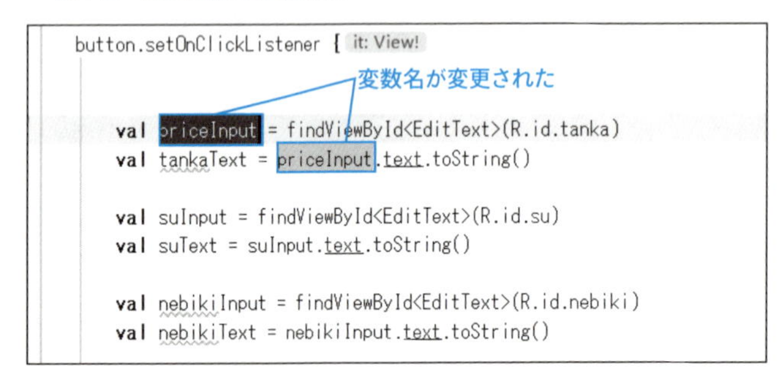

ONEPOINT

リファクタリングメニューにある「ファイルの名前変更」では、ファイル名のみが変更できます。ファイル名に関連するクラス名は変更されません。

COLUMN　文字列の下に青い波線

Android Studioでは、変数が英単語でない場合などに、該当する文字列の下に青い波線が付きます（**図7.A**）。また、その文字列にマウスを合わせると、**図7.B**のような「タイポ」から始まるメッセージが表示されます。なお、「タイポ（typo）とは「typographical error」のことで、タイプミスや誤変換を意味します。

▼ **図7.A　青い波線が表示される**

```
button.setOnClickListener { it: View!


    val tankaInput = findViewById<EditText>(R.id.tanka)
    val tankaText = tankaInput.text.toString()

    val suInput = findViewById<EditText>(R.id.su)
    val suText = suInput.text.toString()

    val nebikiInput = findViewById<EditText>(R.id.nebiki)
    val nebikiText = nebikiInput.text.toString()


    val tanka = tankaText.toInt()
    val su = suText.toInt()
    val nebiki = nebikiText.toInt()
    val kingaku = tanka * su - nebiki

    Toast.makeText(applicationContext, text: "合計金額は${kingaku.toString()}円です", Toast.LENGTH_LONG).show()

    }
}
```

▼ **図7.B　マウスを合わせると「タイポ」ではじまるメッセージが表示される**

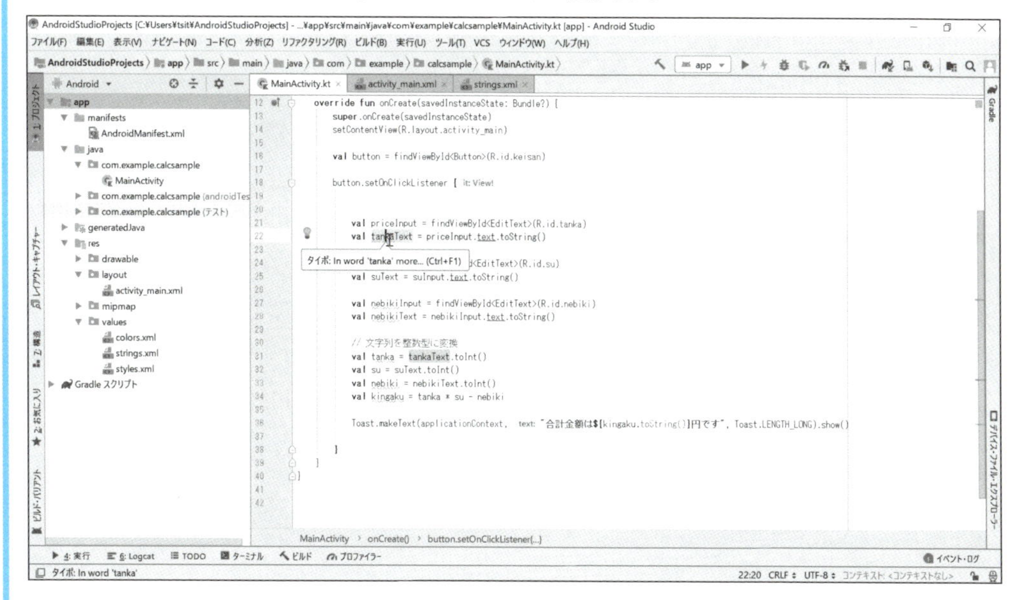

シグネチャーの変更（Change Signature：Ctrl＋F6）

シグネチャー（Signature）とは、クラスの宣言部にあるパラメータや、関数の名前、関数の引数の数や型の構成を意味します。

以下に、関数のシグネチャーを変更する手順をあげておきましょう。

1 関数の呼び出し部分か宣言部分のいずれかにカーソルを置きます（**図7.10**）。

▼ **図7.10　関数にカーソルを置く**

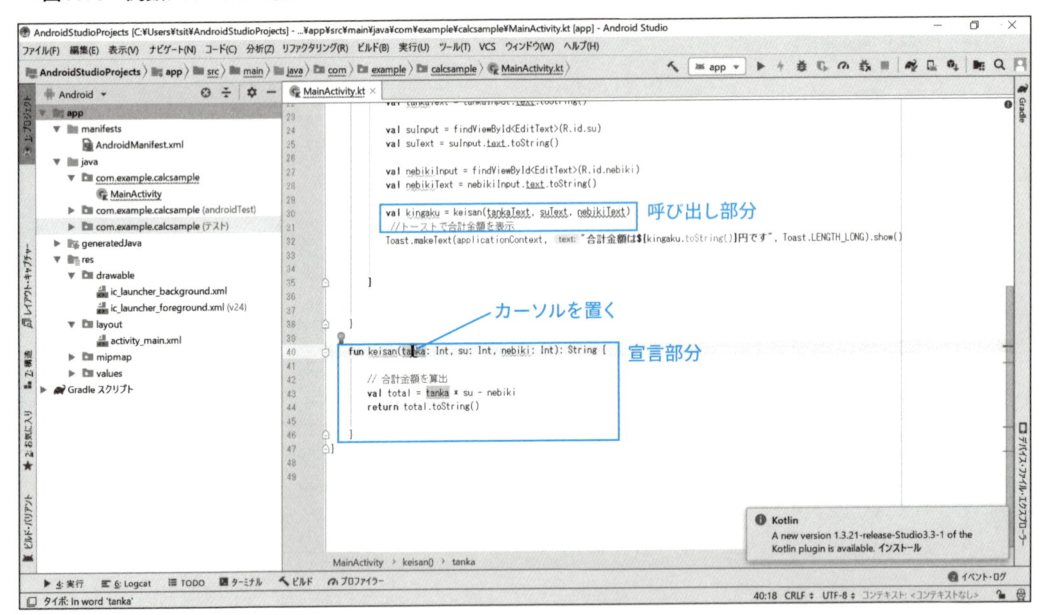

2 Android Studioのメインメニューから「リファクタリング（R）」→「シグネチャーの変更（G）」を選択します。

3 「シグネチャーの変更」ダイアログボックスが表示されたら、変更したい部分を直接編集し、「リファクタリング（R）」ボタンでリファクタリングを実行します（**図7.11**）。

▼ 図7.11　「シグネチャーの変更」ダイアログボックス

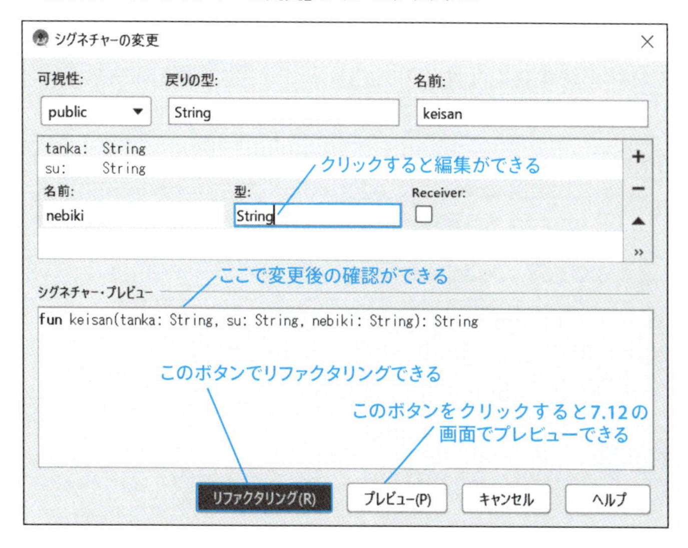

手順3の「プレビュー(P)」ボタンをクリックすれば、メイン画面の下欄でプレビューができます（**図7.12**）。

▼ 図7.12　メイン画面でプレビューできる

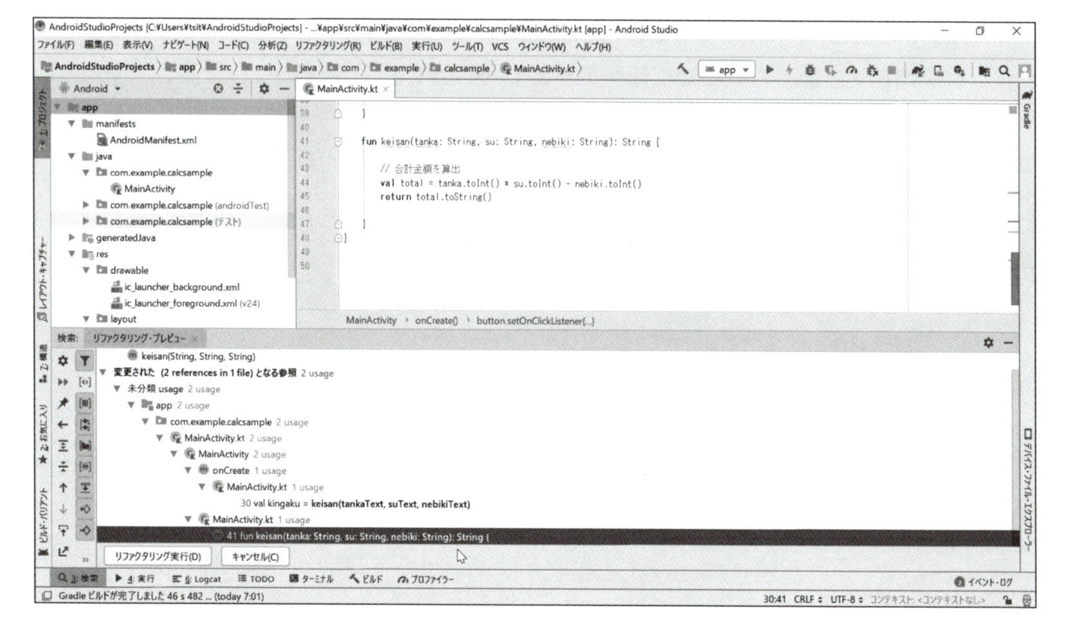

移動（Move：F6）とコピー（Copy：F5）

「移動」は、ファイル、クラス、メソッドやメンバなど、対象となるものが多いのですが、「コピー」は、クラスやインターフェイスのみを対象とします（**図7.13**）。

▼ **図7.13　クラスをコピーする例でのダイアログボックス**

Copy Declarations
class MainActivity のコピー
新しい名前: MainActivity
パッケージ作成先: com.example.calcsample
対象の宛先ディレクトリー: [app] ...¥app¥src¥main¥java¥com¥example¥calcsample
エディターでコピーを開く
OK　キャンセル　ヘルプ

> **ONEPOINT**
> 移動の具体例は、P.270で取り上げています。

安全な削除（Alt ＋ Delete）

クラスやメソッドなどを削除した際に、参照していた他の部分が影響してエラーとならないように、参照関係を考慮した安全な削除ができます（**図7.14**）。

▼ **図7.14　安全な削除ダイアログボックス**

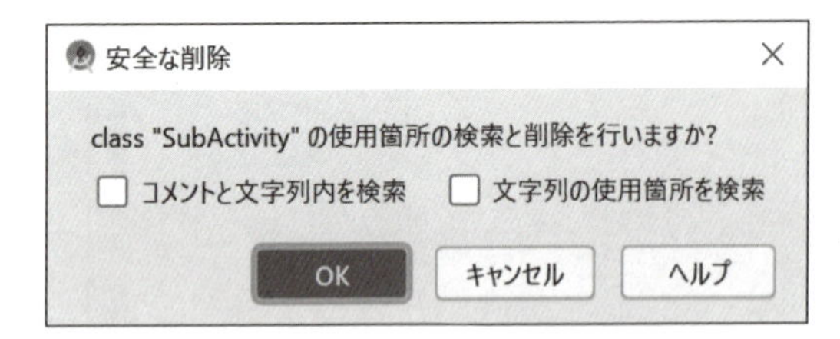

なお、クラスやファイルをDeleteキーで削除しようとした際にも、**図7.15**のようなメッセージが表示され、「安全な削除」の操作を促すようになっています。

▼ 図7.15　通常の削除を行った際でも次のダイアログボックスが表示される

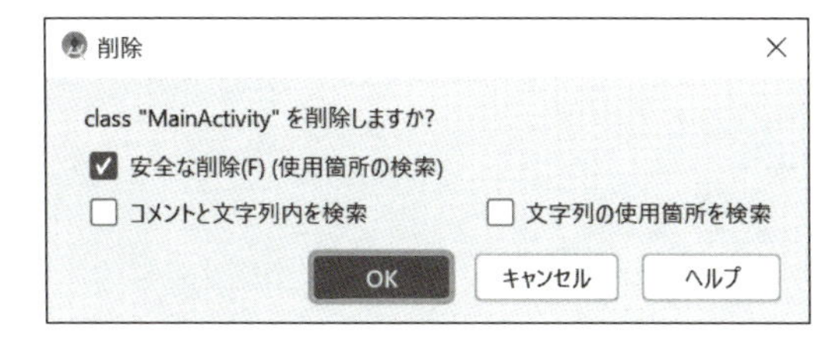

変数の抽出（Ctrl ＋ Alt ＋ V）

リファクタリングを使えば、複雑な式や冗長的な式を抽出して変数として定義し、ソースコードを整理することも可能です。以下のコードを元にローカル変数を抽出する手順をあげておきましょう。

```
val total = tanka.toInt() * su.toInt() - nebiki.toInt()
```

1. **図7.16**で示した部分を範囲指定して、「リファクタリング（R）」→「抽出（X）」→「変数（V）」を選択します。

▼ 図7.16　変数を抽出する元になるコード

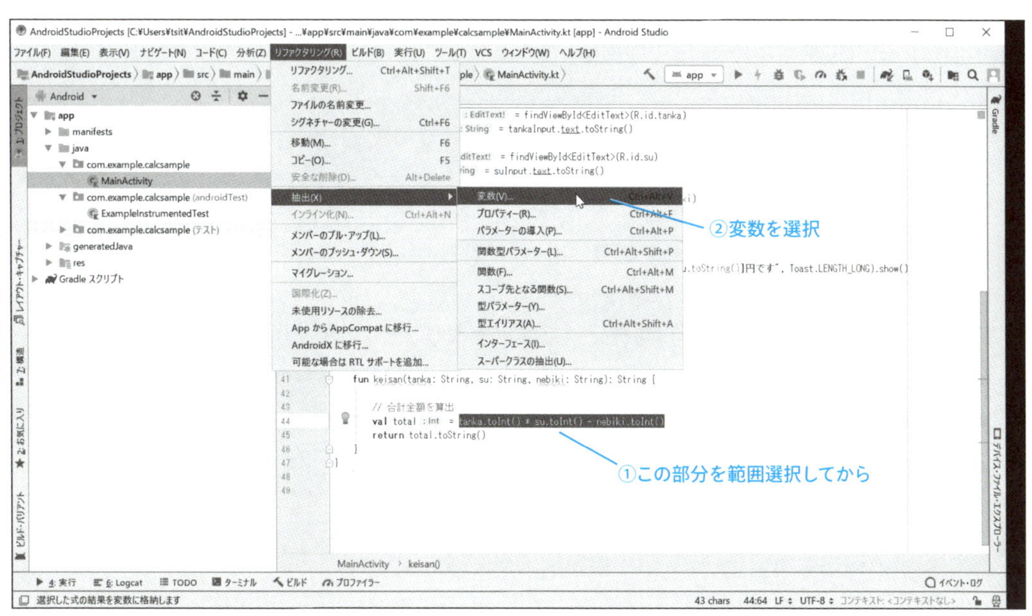

2. ソースコード上で変数の候補が表示されるので、必要に応じて、「Declare with var（変数をvar宣言する）」や、「明示的に型を指定する（データ型の宣言）」にチェックを付けます（**図7.17**）。

▼ 図7.17　ソースコード上に変数の候補が表示される

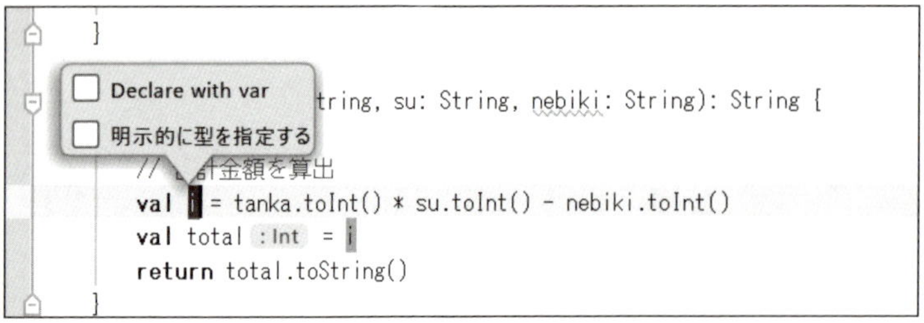

```
    }
  Declare with var        tring, su: String, nebiki: String): String {
  明示的に型を指定する
        // 計金額を算出
        val i = tanka.toInt() * su.toInt() - nebiki.toInt()
        val total :Int = i
        return total.toString()
    }
```

> **ONEPOINT**
>
> 変数名は自動生成されますが、直接編集することで、任意の名前に変更できます。もし、元の状態に戻したい場合は、「Ctrl + Z」を何度か押してください。

関数の抽出（Ctrl ＋ Alt ＋ M）

冗長する処理などは関数にしておくとソースコードがすっきりするだけでなく、処理の変更時でも効率よく作業できることはよく知られています。リファクタリングの抽出メニューでは、処理を関数として抽出することが可能です。

以下の処理を関数として抽出する例をあげておきましょう。

```
if (tankaText.isEmpty()) {
    // 単価が未入力の場合
    tankaInput.error = getString(R.string.tanka_err)
    isValid = false
}
```

1. 関数にしたい元のコードを範囲選択し、「リファクタリング（R）」→「抽出（X）」→「関数（F）」を選択します。
2. 「関数の抽出」ダイアログボックスが表示されたら、「名前：」欄に関数名を入力して、「OK」ボタンをクリックします（**図7.18**）。

▼ 図7.18　「関数の抽出」ダイアログボックス

これで関数が完成します（**図7.19**）。なお、「関数の抽出」ダイアログボックス内のパラメータ編集等の具体例については、P.266で取り上げています。

▼ 図7.19　関数を抽出した例

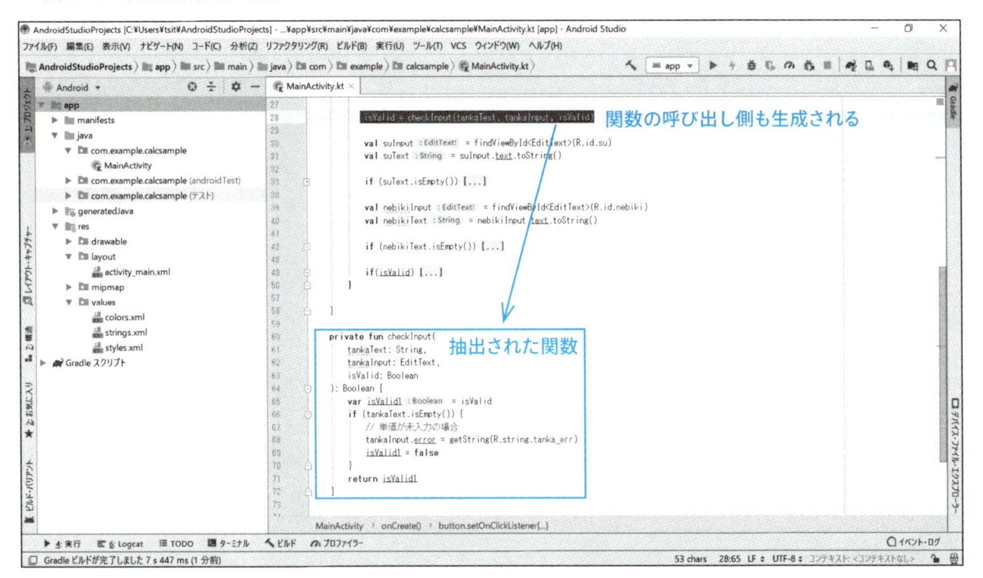

スーパークラスの抽出

ソースコード内のクラスを選択して、スーパークラスとして抽出することも可能です。以下に「Calc」クラスをスーパークラス「SuperCalc」として抽出する手順をあげておきましょう。

1. 対象となるクラス（ここではCalcクラス）のクラス名部分にカーソルを置いて、Android Studioのメインメニューから、「リファクタリング（R）」→「抽出（X）」→「スーパークラスの抽出（U）」を選択します。
2. ソースコード上に**図7.20**のように「Select target code block/file」メニューが表示されるので、スーパークラスを以下の3つのどの場所に置くかを選択します（ここでは、①を選択）。

①現在のクラスの上位クラス内
②上位クラスの外（現在のプログラムファイル直下）
③別のプログラムファイルの配下

▼ **図7.20 「Select target code block/file」メニュー**

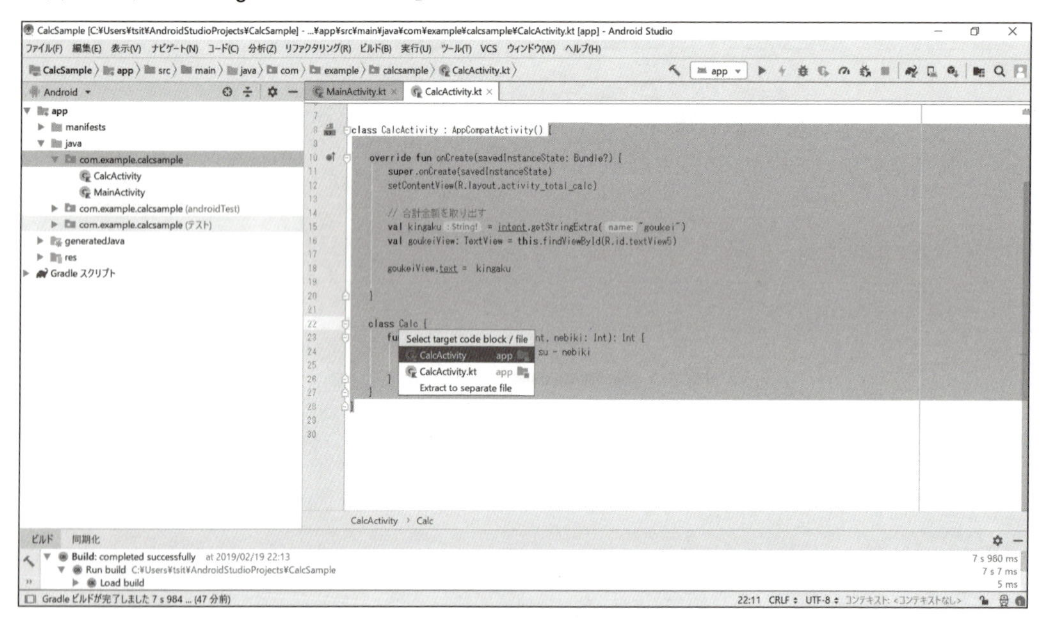

3. 「スーパークラスの抽出」ダイアログボックスが表示されるので、「スーパークラス名：」欄にスーパークラスの名前を入力し、「スーパークラスを形成するメンバー」欄の、スーパークラスに移行したい関数などのメンバーにチェックを付けて、「リファクタリング（R）」ボタンをクリックします（**図7.21**）。

▼ 図7.21　「スーパークラスの抽出」ダイアログボックス

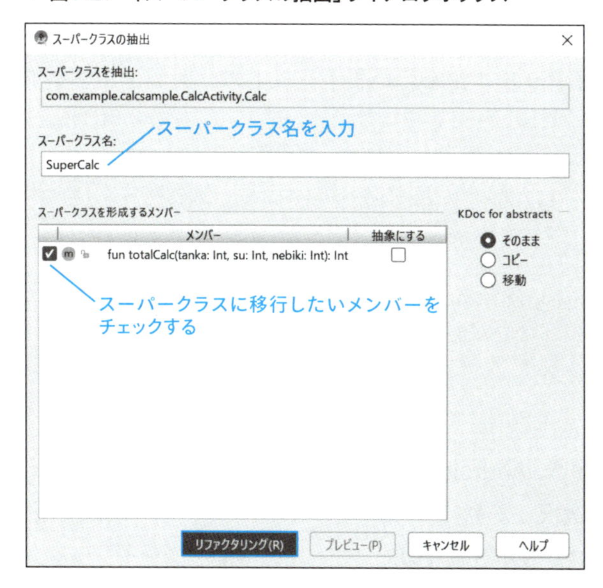

これで、スーパークラスの抽出が完了です（**図7.22**）。

▼ 図7.22　スーパークラスが抽出された

```
package com.example.calcsample

import ...


class CalcActivity : AppCompatActivity() {

    override fun onCreate(savedInstanceState: Bundle?) {
        super.onCreate(savedInstanceState)
        setContentView(R.layout.activity_total_calc)

        // 合計金額を取り出す
        val kingaku : String! = intent.getStringExtra( name: "goukei")
        val goukeiView: TextView = this.findViewById(R.id.textView5)

        goukeiView.text =  kingaku

    }

    open class SuperCalc {
        fun totalCalc(tanka: Int, su: Int, nebiki: Int): Int {
            val kingaku : Int  = tanka * su - nebiki
            return kingaku
        }
    }

    class Calc : SuperCalc() {
    }
}
```

抽出されたスーパークラス

元のクラスはスーパークラスを継承する形に変更されている

インライン化（Inline：Ctrl + Alt + N）

インライン化は、前述の関数の抽出とは対照的なリファクタリングです。あえて関数のコードを内部に展開すると効果的な場合には、インライン化を行います。以下に、関数をインライン化する手順について紹介しましょう。

```
fun keisan(tanka: String, su: String, nebiki: String): String {

    // 合計金額を算出
    val total = tanka.toInt() * su.toInt() - nebiki.toInt()
    return total.toString()
}
```

1. 対象となる関数の宣言部分にカーソルを置き、Android Studioのメインメニューから、「リファクタリング(R)」→「インライン化(N)」を選択します。
2. 「関数のインライン化」メッセージボックスが表示されるので、すべての参照個所をインライン化して関数を削除するか、保持するかなどを選択して、「リファクタリング(R)」ボタンをクリックします（**図7.23**）。

▼ 図7.23　「関数のインライン化」ダイアログボックス

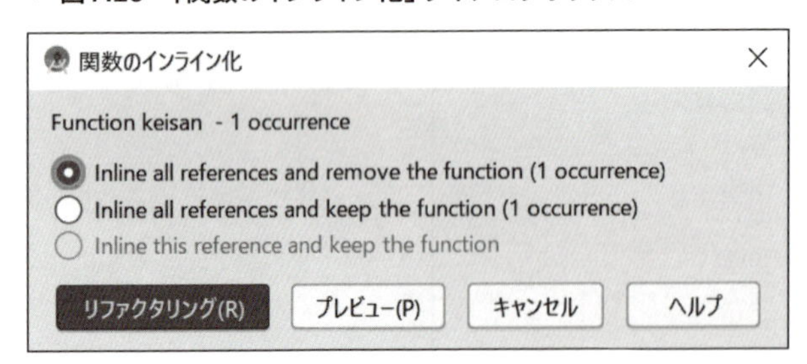

インライン化を実行すると、**図7.24**のように関数のコードを内部に展開することができます。

▼ 図7.24 「関数のインライン化」ダイアログボックス

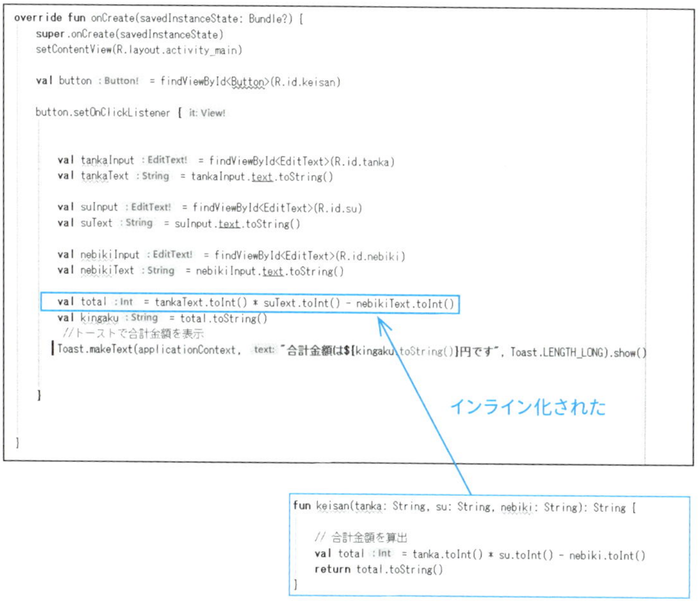

```
override fun onCreate(savedInstanceState: Bundle?) {
    super.onCreate(savedInstanceState)
    setContentView(R.layout.activity_main)

    val button :Button! = findViewById<Button>(R.id.keisan)

    button.setOnClickListener { it: View!


        val tankaInput :EditText! = findViewById<EditText>(R.id.tanka)
        val tankaText :String = tankaInput.text.toString()

        val suInput :EditText! = findViewById<EditText>(R.id.su)
        val suText :String = suInput.text.toString()

        val nebikiInput :EditText! = findViewById<EditText>(R.id.nebiki)
        val nebikiText :String = nebikiInput.text.toString()

        val total :Int = tankaText.toInt() * suText.toInt() - nebikiText.toInt()
        val kingaku :String = total.toString()
         //トーストで合計金額を表示
        Toast.makeText(applicationContext, text: "合計金額は${kingaku.toString()}円です", Toast.LENGTH_LONG).show()


    }


}
```

インライン化された

```
fun keisan(tanka: String, su: String, nebiki: String): String {

    // 合計金額を算出
    val total :Int = tanka.toInt() * su.toInt() - nebiki.toInt()
    return total.toString()
}
```

1 2 3 4 5 6 7 8 9 10

未使用リソースの除去(Remove Unused Resources)

レイアウトをデザインするxmlファイルなどをリソースと呼びますが、使っていないリソースがあると、プロジェクトのサイズが大きくなってしまいます。とはいっても、未使用のリソースを見つけるのには大変ですし、やみくもに削除すると、関連するファイルに影響を及ぼすこともあります。このような場合には、リファクタリングのメニューにある「未使用リソースの除去」を使用してください。

1. Android Studioのメインメニューから、「リファクタリング(R)」→「未使用リソースの除去」を選択します。
2. 「未使用リソースの除去」ダイアログボックスが表示されるので、「リファクタリング(R)」ボタンで未使用リソースの除去が、「プレビュー(P)」ボタンで除去対象となるリソースが確認できます(**図7.25**)。

▼ 図7.25　「未使用リソースの除去」ダイアログボックス

3　手順2でプレビューを選んだ場合は、次の「リファクタリング・プレビュー」が表示され、確認したい行をダブルクリックすると、対象となるファイルが開き、該当行が選択されます（**図7.26**）。

▼ 図7.26　プレビューで除去対象となるリソースの確認ができる

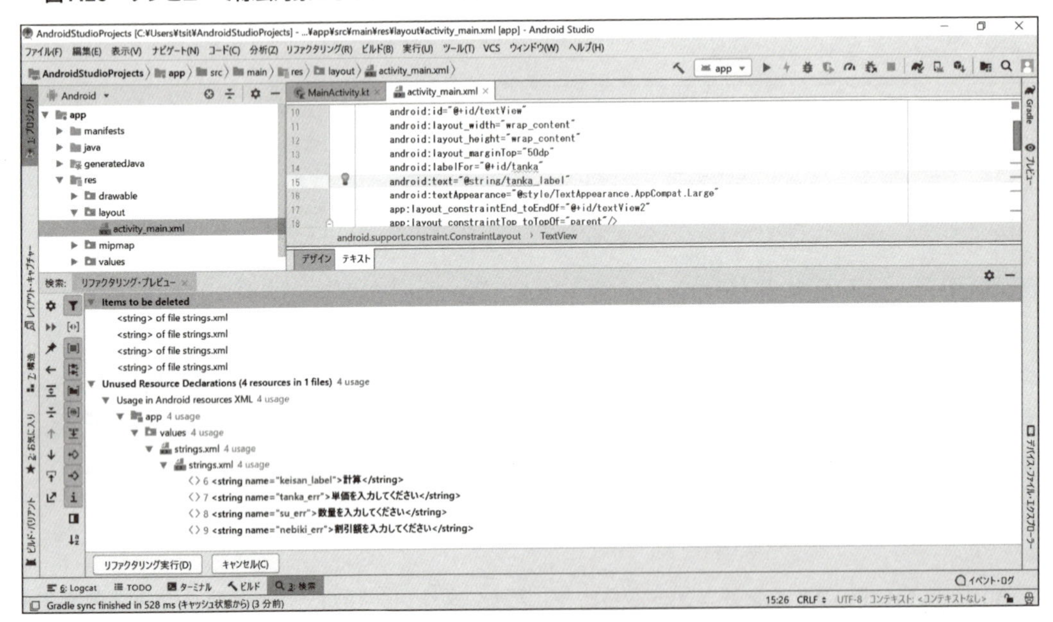

4　「リファクタリング・プレビュー」の左下にある「リファクタリング実行(D)」をクリックするとリソースの除去が開始されます（**図7.27**）。

▼ 図7.27 未使用のリソースが除去された

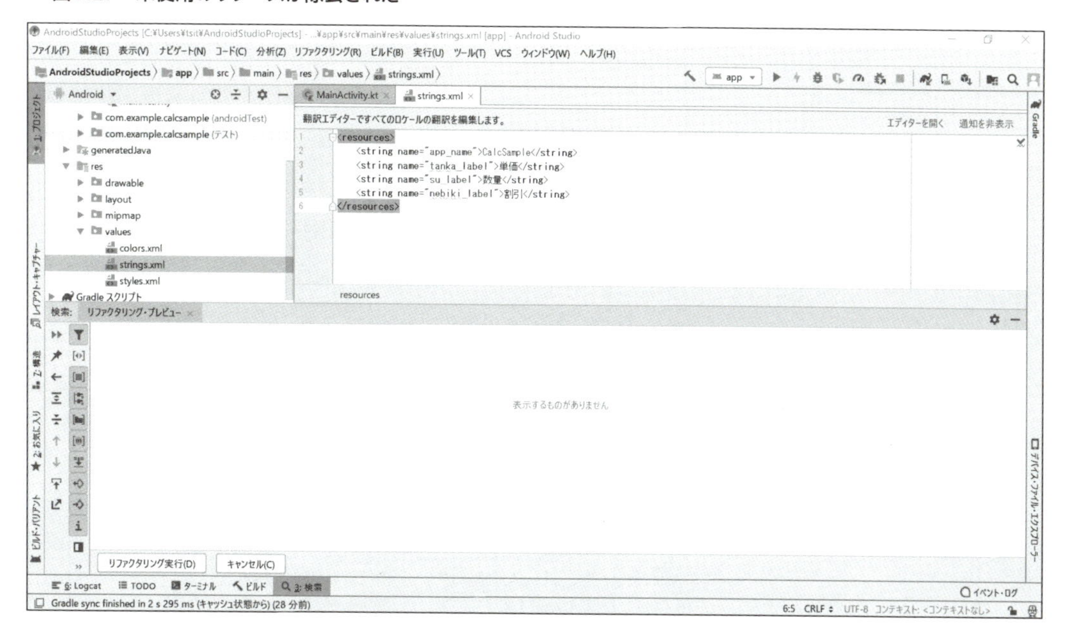

ONEPOINT

メインメニューの「編集(E)」→「Undo(U)」で除去前の状態に戻すことができます。

7-3 リファクタリングを体験する

ここでは、前述で紹介したリファクタリング機能を異なるクラスを対象としたり、連続的に使用したりするなどといったような、具体的な作業を通じて紹介していきます。

 異なるクラスにあるクラス名を変更する

リファクタリングによる「名前変更」の基本的な手順については、P.246で取り上げました。そこで、ここでは「名前変更」が単なる文字列の置換ではないことを再確認できる事例として、クラスファイルの名前を変更する手順について紹介します。

以下はリファクタリングでクラスファイルの名前「TotalCalc」を「CalcActivity」に変更する手順です。

1. プロジェクト内のjavaフォルダにある「TotalCalc」をクリックして選択します。
2. Android Studioのメインメニューから、「リファクタリング(R)」→「名前変更(R)」をクリックします(**図7.28**)。

▼ **図7.28　対象となるクラスファイルを選択して、「名前変更」を行う**

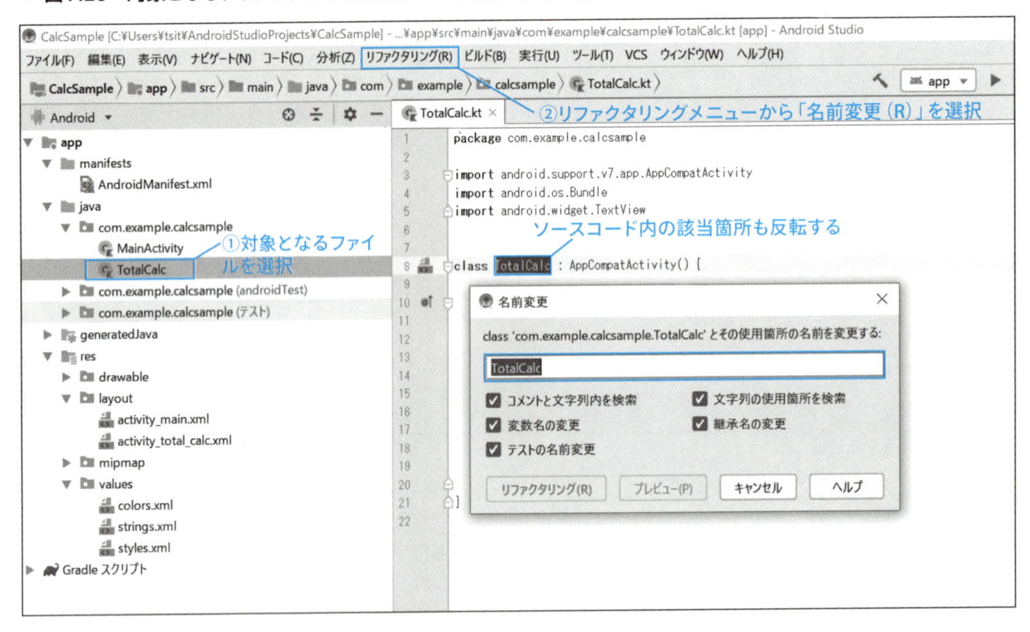

ONEPOINT

手順2では、ショートカットキーの Shift ＋ F6 も利用できます。

3. 「名前変更」ダイアログボックスが表示されたら、クラスファイル名を「CalcActivity」に変更して、「リファクタリング(R)」ボタンをクリックします。

これでクラスファイルの名前を変更することができました。「CalcActivity」に名前を変更したクラスは、異なるクラスファイル「MainActivity」から参照されているのですが、「MainActivity」の該当箇所も変更されていることがわかります(**図7.29**)。なお、これらのクラスファイルの全容については、次項以降で取り上げていきます。

▼ 図7.29 異なるクラスの該当箇所も変更されている

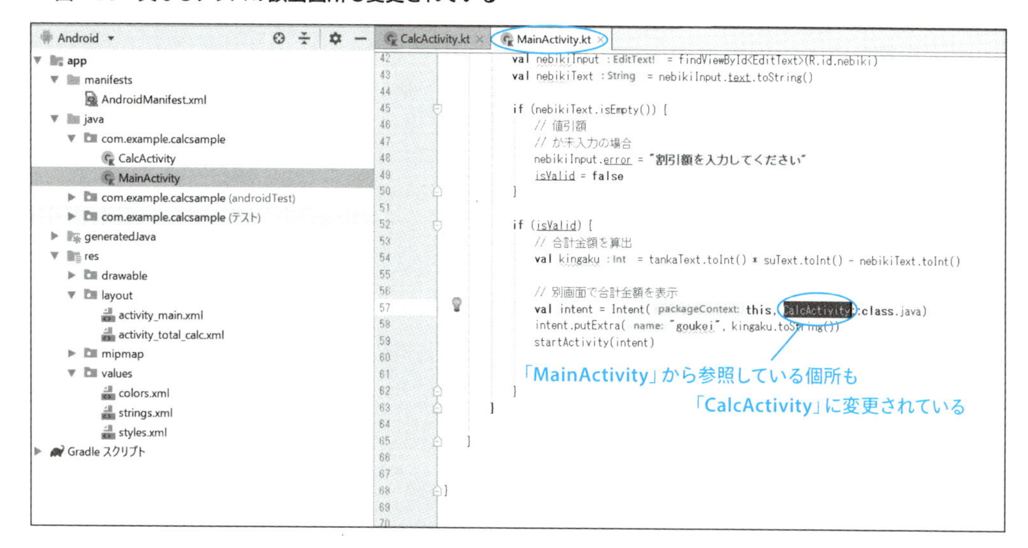

連続的にリファクタリングを行う

今回のリファクタリング対象となるソースプログラムと、作業の簡単な流れをあげておきます（リスト7.1、リスト7.2、図7.30）。

▼ リスト7.1 対象となるソースプログラム（MainActivity.kt）

```
package com.example.calcsample

import android.content.Intent
import android.os.Bundle
import android.support.v7.app.AppCompatActivity
import android.widget.Button
import android.widget.EditText

class MainActivity : AppCompatActivity() {

    override fun onCreate(savedInstanceState: Bundle?) {
        super.onCreate(savedInstanceState)
        setContentView(R.layout.activity_main)

        val button = findViewById<Button>(R.id.keisan)

        button.setOnClickListener {
```

```
            //未入力チェック用
            var isValid = true

            val tankaInput = findViewById<EditText>(R.id.tanka)
            val tankaText  = tankaInput.text.toString()

            if (tankaText.isEmpty()) {
                // 単価が未入力の場合
                tankaInput.error = getString(R.string.tanka_err)
                isValid = false
            }

            val suInput = findViewById<EditText>(R.id.su)
            val suText = suInput.text.toString()

            if (suText.isEmpty()) {
                // 数量が未入力の場合
                suInput.error = getString(R.string.su_err)
                isValid = false
            }

            val nebikiInput = findViewById<EditText>(R.id.nebiki)
            val nebikiText = nebikiInput.text.toString()

            if (nebikiText.isEmpty()) {
                // 値引額
                // が未入力の場合
                nebikiInput.error = getString(R.string.nebiki_err)
                isValid = false
            }

            if (isValid) {
                // 合計金額を算出
                val kingaku = tankaText.toInt() * suText.toInt() - nebikiText.toInt()

                // 別画面で合計金額を表示
                val intent = Intent(this, CalcActivity::class.java)
                intent.putExtra("goukei", kingaku.toString())
                startActivity(intent)



            }
        }
    }
}
```

▼ リスト7.2 MainActivity.ktから呼ばれるプログラム（CalcActivity.kt）

```
package com.example.calcsample

import android.support.v7.app.AppCompatActivity
import android.os.Bundle
import android.widget.TextView


class  CalcActivity : AppCompatActivity() {

    override fun onCreate(savedInstanceState: Bundle?) {
        super.onCreate(savedInstanceState)
        setContentView(R.layout.activity_total_calc)

        // 合計金額を取り出す
        val kingaku = intent.getStringExtra("goukei")
        val goukeiView: TextView = this.findViewById(R.id.textView5)

        goukeiView.text =  kingaku

    }
}
```

▼ 図7.30 リファクタリング作業の流れ

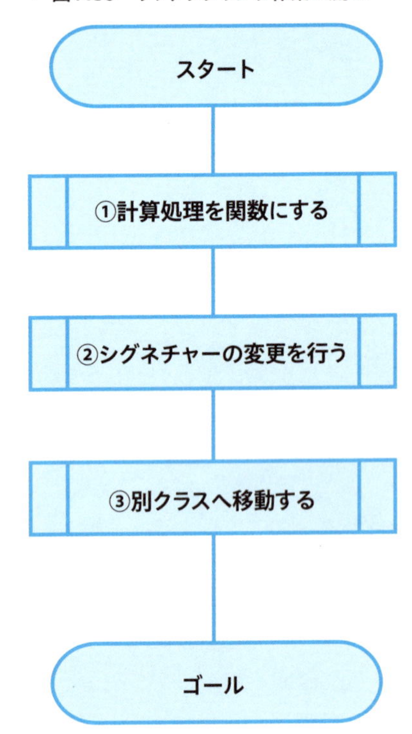

合計金額の計算処理を関数にする

それでは、**図7.30**①にある「計算処理を関数にする」手順について見ていきましょう。

計算処理を関数にする

1 関数にしたい計算処理を範囲選択します。なお、範囲選択せずに、対象となる行の先頭などにカーソルを置くだけでも構いません。
2 「リファクタリング(R)」→「抽出(X)」→「関数(F)」を選択し、「関数の抽出」ダイアログボックスが表示されたら、「名前:」欄に関数名(ここではtotalCalc)を入力して、「OK」ボタンをクリックします(**図7.31**)。

▼ 図7.31　合計金額の計算処理を関数にした

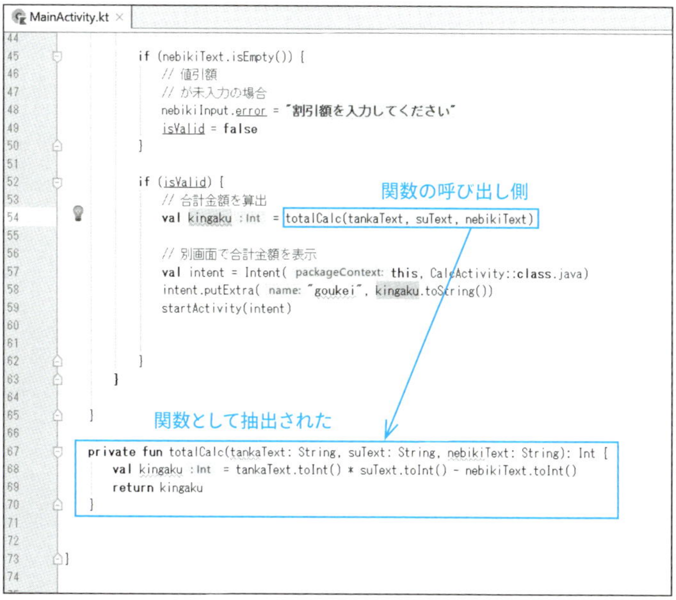

MainActivity.kt

```
44
45            if (nebikiText.isEmpty()) {
46                // 値引額
47                // が未入力の場合
48                nebikiInput.error = "割引額を入力してください"
49                isValid = false
50            }
51
52            if (isValid) {
53                // 合計金額を算出
54                val kingaku :Int  = totalCalc(tankaText, suText, nebikiText)
55
56                // 別画面で合計金額を表示
57                val intent = Intent( packageContext: this, CalcActivity::class.java)
58                intent.putExtra( name: "goukei", kingaku.toString())
59                startActivity(intent)
60
61
62            }
63        }
64
65    }
66
67    private fun totalCalc(tankaText: String, suText: String, nebikiText: String): Int {
68        val kingaku :Int  = tankaText.toInt() * suText.toInt() - nebikiText.toInt()
69        return kingaku
70    }
71
72
73 }
74
```

関数の呼び出し側

関数として抽出された

ここまでは、P.254の手順と同じです。しかし、単に関数化するだけではなく、処理の見直しが必要なケースもあります。今回は、関数の引数を見直す例として、**図7.30**②の手順「シグネチャーの変更」作業について取り上げていきましょう。変更内容を**表7.1**にまとめます。

▼ 表7.1　処理の見直しによる変更内容

変更欄	変更前	変更後
「名前：」	tankaText suText nebikiText	tanka su nebiki
「型：」	String	Int（3つの引数すべて）

引数を見直す（シグネチャーの変更）

1. 関数の宣言部分にカーソルを置き、「リファクタリング（R）」→「シグネチャーの変更（G）」を選択します。なお、右クリックでショートカットメニューからリファクタリングメニューを選択することもできます。
2. 「シグネチャーの変更」ダイアログボックスが表示されたら、**表3.1**に示したように引数の名前とデータ型を変更します。引数の「名前」や「型」部分をクリックすると、変更できるようになります（図7.32、図7.33）。

▼ 図7.32 「シグネチャーの変更」ダイアログボックスで引数を編集する

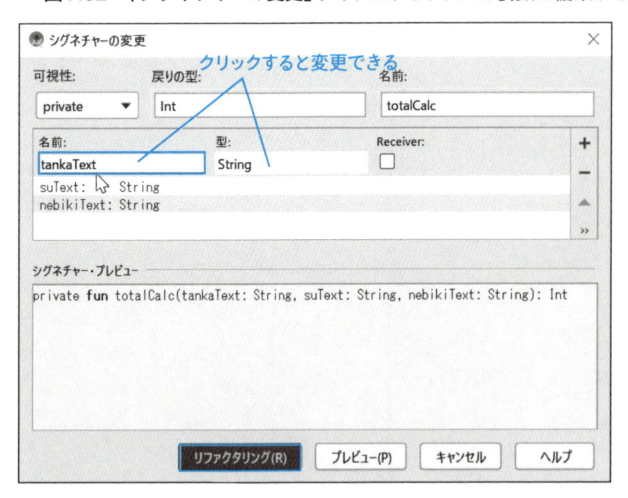

▼ 図7.33 編集後のダイアログボックス

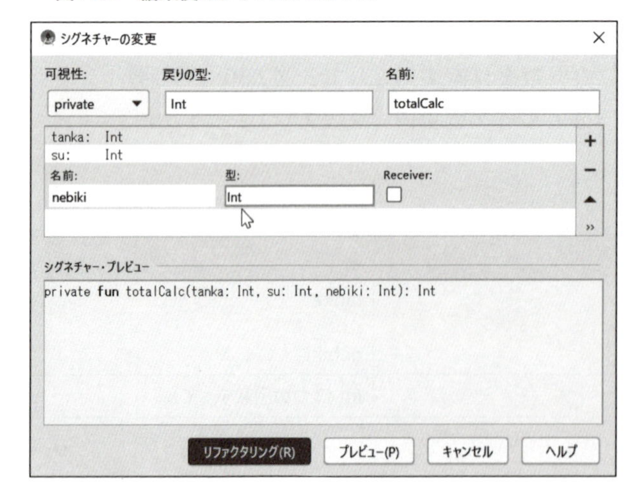

3 編集が済んだら「リファクタリング（R）」ボタンをクリックします。

ONEPOINT

Kotlinの整数型は「Int」です。「I」が大文字なので間違えないようにしましょう。

リファクタリング作業によるエラーの修正

まだリファクタリング作業は完成していません。**図7.34**に示すように、関数の呼び出し元がString型のままなので、.toInt()を付加して、Int型に変換する必要があります。

▼ **図7.34 関数の引数名とデータ型を変更した**

それぞれに.toInt()を追加する

```
CalcSample [C:¥Users¥tsit¥AndroidStudioProjects¥CalcSample] - ...¥app¥src¥main¥java¥com¥example¥calcsample¥MainActivity.kt [app] - Android Studio
ファイル(F) 編集(E) 表示(V) ナビゲート(N) コード(C) 分析(Z) リファクタリング(R) ビルド(B) 実行(U) ツール(T) VCS ウィンドウ(W) ヘルプ(H)
CalcSample > app > src > main > java > com > example > calcsample > MainActivity.kt

        if (nebikiText.isEmpty()) {
            // 値引額
            // が未入力の場合
            nebikiInput.error = "割引額を入力してください"
            isValid = false
        }

        if (isValid) {
            // 合計金額を算出
            val kingaku :Int = totalCalc(tankaText, suText, nebikiText)

            // 別画面で合計金額を表示
            val intent = Intent( package...ctivity::class.java)
            intent.putExtra( name: "gou...ng())
            startActivity(intent)

        }
    }

}

private fun totalCalc(tanka: Int, su: Int, nebiki: Int): Int {
    val kingaku :Int = tanka.toInt() * su.toInt() - nebiki.toInt()
    return kingaku
}

}

Type mismatch.
Required: Int
Found: String

MainActivity > totalCalc()
Gradle ビルドが完了しました 31 s 345 ... (20 分前)    67:18 LF UTF-8 コンテキスト: <コンテキストなし>
```

さらに、関数内の処理には、不要な.toInt()が付加されたままなので、除去してください(**図7.35**)。

▼ **図7.35 関数内の不要な記述を除去する**

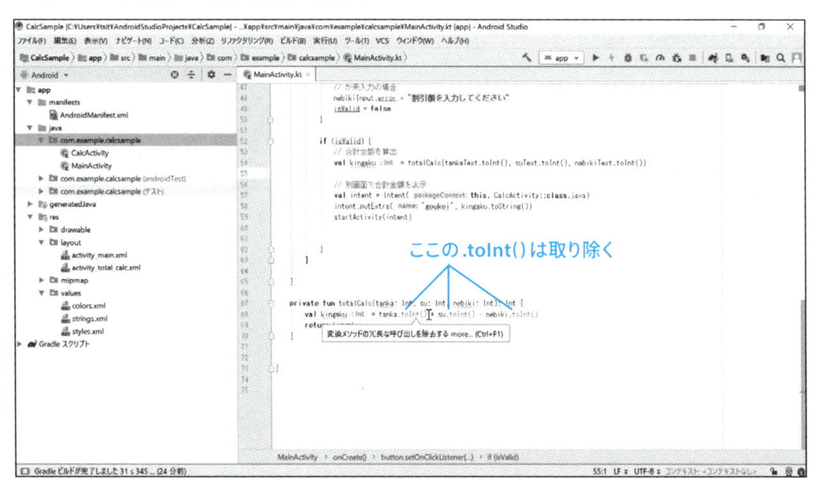

これで、抽出した関数の引数が編集できました。リファクタリング作業では、エラー表示の赤い波線や、ガイドメッセージを見逃さないようにしましょう(**図7.36**)。

▼ **図7.36 関数の編集が完成した例**

```
        if (isValid) {
            // 合計金額を算出
            val kingaku :Int = totalCalc(tankaText.toInt(), suText.toInt(), nebikiText.toInt())

            // 別画面で合計金額を表示
            val intent = Intent( packageContext: this, CalcActivity::class.java)
            intent.putExtra( name: "goukei", kingaku.toString())
            startActivity(intent)


        }
    }

}

private fun totalCalc(tanka: Int, su: Int, nebiki: Int): Int {
    val kingaku :Int = tanka * su - nebiki
    return kingaku
}
```

関数を別のファイルに移動させる

それでは、先の関数を別のファイルへ移動させる手順をあげておきましょう。関数の移動では、対象となる関数を範囲選択するか、関数名部分をクリックして、Android Studioのメインメニューから、「リファクタリング(R)」→「移動(M)」を選択するのですが、先の構成のままでは、「リファクタリングを実行できません」というエラーメッセージが表示されます(**図7.37**)。

▼ **図7.37 表示されるエラーメッセージ**

このメッセージは、以下のような意味を示しています。

移動は「トップレベル宣言」か「入れ子（ネスト）になったクラス」のみサポートしている

先の構成では、抽出された関数が、「MainActivity」クラスの直下にあるため、リファクタリングを行うには、英語のメッセージにあるように、

- 関数をトップレベル宣言する
- 関数を「MainActivity」クラスの入れ子（ネスト）クラスで宣言する

のいずれかの事前準備が必要となります。それでは、順に取り上げていきましょう。

関数をトップレベル宣言する

Kotlinでは、クラスの外に関数を宣言することができ、これをトップレベル宣言と呼びます。なお、トップレベル宣言された関数は、どのクラスにも属さない、独立した関数として利用できるようになります。

「totalCalc」関数をトップレベル宣言するには、関数を範囲選択して、「MainActivity」クラスの外に出すだけです（**図7.38**）。

▼ **図7.38　関数をトップレベル宣言にする**

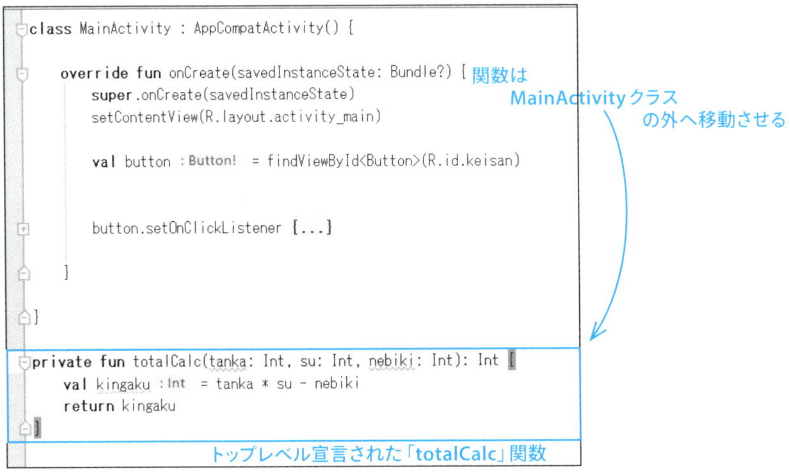
class MainActivity : AppCompatActivity() {
override fun onCreate(savedInstanceState: Bundle?) {
super.onCreate(savedInstanceState)
setContentView(R.layout.activity_main)
val button : Button! = findViewById<Button>(R.id.keisan)
button.setOnClickListener {...}
}
}
private fun totalCalc(tanka: Int, su: Int, nebiki: Int): Int {
val kingaku : Int = tanka * su - nebiki
return kingaku
}
関数はMainActivityクラスの外へ移動させる
トップレベル宣言された「totalCalc」関数

トップレベル宣言した関数は、他のファイルへ移動させることができます。以下に、トップレベル宣言をした関数を他のファイル「CalcActivity.kt」へ移動させる手順をあげておきます。

1 トップレベル宣言した関数の関数名部分にカーソルを置くか、関数全体を範囲選択して、Android Studioのメインメニューから、「リファクタリング(R)」→「移動(M)」を選択します。

2 「移動」ダイアログボックスが表示されるので、「移動」欄で「totalCalc」関数にチェックが付いていることを確認し、「宛先ファイル」の右側にあるフォルダアイコンをクリックするか、Shift + Enter キーを押します(**図7.39**)。

図7.39 「移動」ダイアログボックス

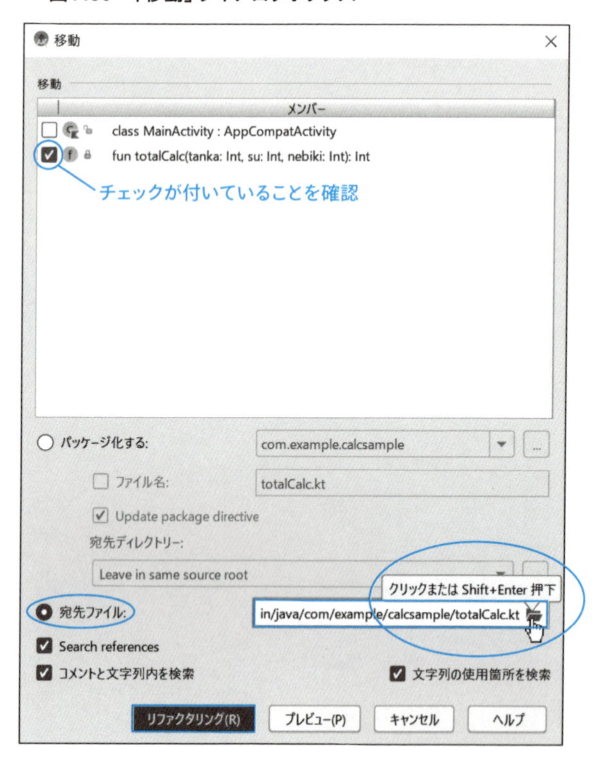

3 「Choose Containing File」ダイアログボックスが表示されたら、「ファイル名を入力してください」欄に、移動先のファイル名を入力します(**図7.40**)。

▼ 図7.40 「Choose Containing File」ダイアログボックス

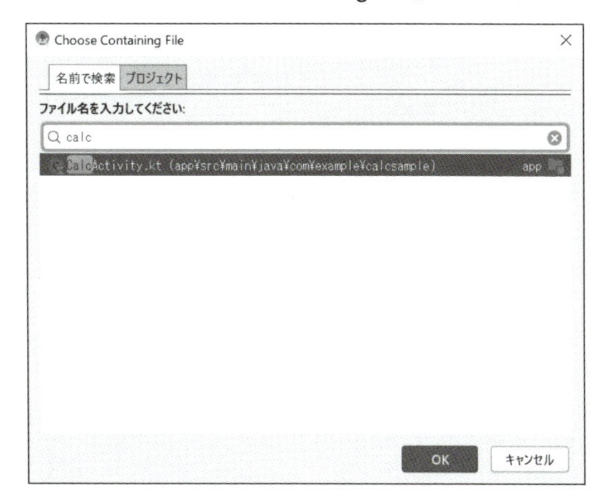

ONEPOINT

図7.40で示したように、ファイル名の先頭の文字をいくつか入力すれば、(ここではcalcと入力)候補となるファイルが一覧表示されます。なお、入力時の大文字小文字は区別されないため、全て小文字で入力しても構いません。

4 手順3の入力で、一覧に移動先のファイル(ここでは、CalcActivity.kt)が表示されたら、そのファイルを選択して、「OK」ボタンをクリックします。

5 「移動」ダイアログボックスに戻るので、「リファクタリング(R)」ボタンをクリックします。

6 「検出された問題」というメッセージが表示されますが、後で修正するため、「継続(C)」ボタンをクリックします(**図7.41**)。

▼ 図7.41 「検出された問題」というメッセージが表示される

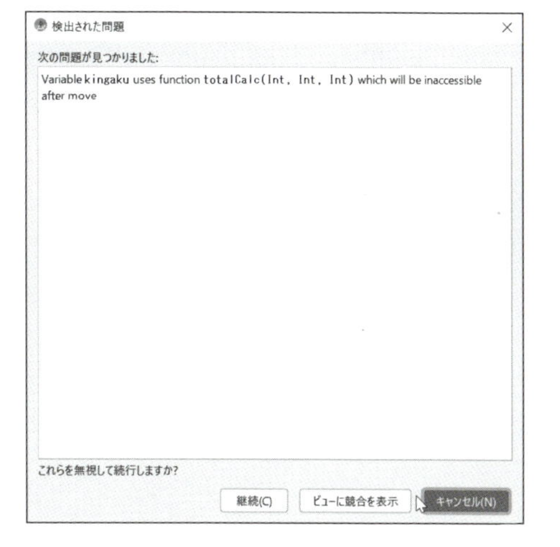

これで移動先ファイルである「CalcActivity.kt」のクラスの外へ「totalCalc」関数が移動しましたが、**図7.42**のように移動元の「MainActivity.kt」でエラーが発生します。

▼ 図7.42　移動元の「MainActivity.kt」でエラーが発生

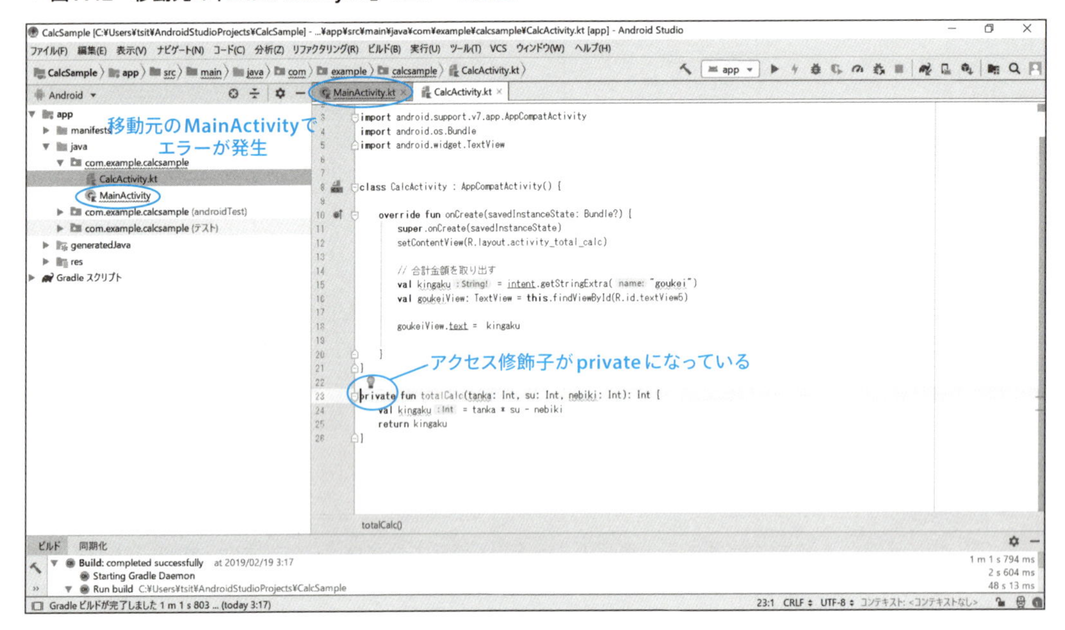

このエラーは、移動した「totalCalc」関数のアクセス修飾子が「private」となっており、外部から「totalCalc」関数へアクセスできないことが原因です。「totalCalc」関数のアクセス修飾子を以下の手順でリファクタリングしてエラーをなくしましょう。

1. 「totalCalc」関数の関数名部分にカーソルを置き、Android Studioのメインメニューから、「リファクタリング（R）」→「シグネチャーの変更（G）」を選択します（ショートカットキーは Ctrl ＋ F6 ）。
2. 「シグネチャーの変更」ダイアログボックスが表示されるので、「可視性：」欄の「private」を「public」に変更して、「リファクタリング（R）」ボタンをクリックします（**図7.43**）。

▼ 図7.43 「シグネチャーの変更」ダイアログボックス

これで、「MainActivity.kt」から「CalcActivity.kt」へ移動した「totalCalc」関数を利用することができるようになります(**図7.44**)。

▼ 図7.44 エミュレータでの実行結果

関数をクラスに入れる

次は、「totalCalc」関数をクラスの構成要素にして、他のファイルへ移動させる手順です。

1. 「totalCalc」関数の外側をクラスで囲み（ここではCalcクラス）、クラスの構成要素とします（**図7.45**）。

▼ **図7.45　「totalCalc」関数の外側にクラスを生成する**

```
import android.widget.EditText

class MainActivity : AppCompatActivity() {

    override fun onCreate(savedInstanceState: Bundle?) {
        super.onCreate(savedInstanceState)
        setContentView(R.layout.activity_main)

        val button :Button! = findViewById<Button>(R.id.keisan)


        button.setOnClickListener {...}

    }

    class Calc {
        private fun totalCalc(tanka: Int, su: Int, nebiki: Int): Int {
            val kingaku :Int = tanka * su - nebiki
            return kingaku
        }
    }
}
```

関数「totalCalc」をクラス「Calc」で囲む
class Calc { と入力
} を入力

2. 生成したクラス（ここではCalcクラス）のクラス名部分にカーソルを置くか、クラス全体を範囲選択して、Android Studioのメインメニューから、「リファクタリング（R）」→「移動（M）」を選択します。
3. 「リファクタリングの選択」メッセージが表示されるので、「Move nested class Calc to another class」を選択して、「OK」ボタンをクリックします（**図7.46**）。

▼ **図7.46　「リファクタリングの選択」メッセージ**

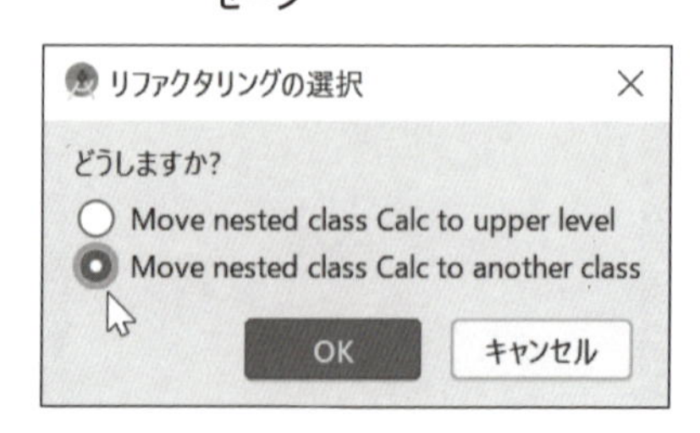

4. 「移動」ダイアログボックスが表示されたら、「To(完全修飾名)：」の右側にあるボタンをクリックして、「デスティネーション・クラスの選択」ダイアログボックスを表示します。
5. 「デスティネーション・クラスの選択」ダイアログボックスでは、移動先となるファイル（ここではCalcActivity）を選択して、「OK」ボタンをクリックします（**図7.47**）。

▼ 図7.47 「移動」と「デスティネーション・クラスの選択」ダイアログボックス

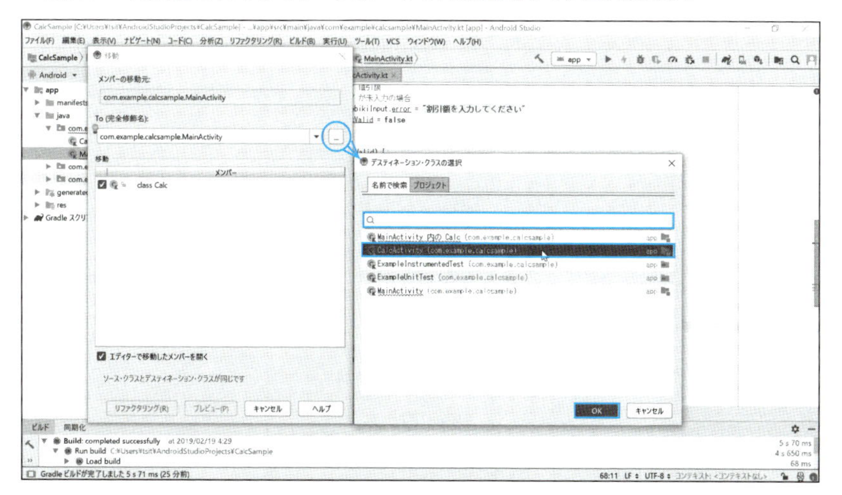

6 「移動」ダイアログボックスに戻るので、「リファクタリング(R)」ボタンをクリックします。

これで「totalCalc」関数を含む「Calc」クラスが、「CalcActivity」へ移動しましたが、移動元の「MainActivity」ではエラーが発生しています(**図7.48**)。

▼ 図7.48 移動元の「MainActivity」ではエラーが発生

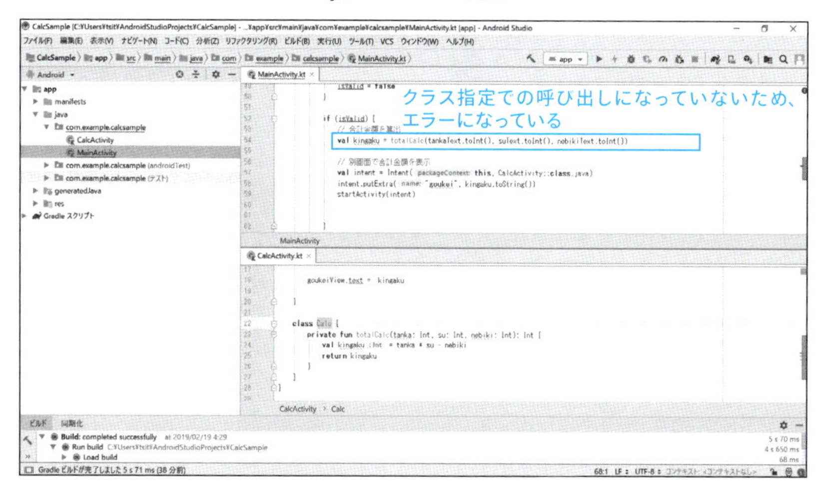

これは、「MainActivity」から「totalCalc」関数を呼び出す記述が変更されておらず、クラスの指定がないことが原因です。

それでは、エラー箇所に次の記述を追加して、エラーを修正しましょう(**図7.49**)。なお、

「CalcActivity」へ移動した「totalCalc」のアクセス修飾子が「private」の場合は、P.275の手順で示したように「public」に変更しておく必要があります。

▼ 図7.49　エラーの原因となる箇所を修正する

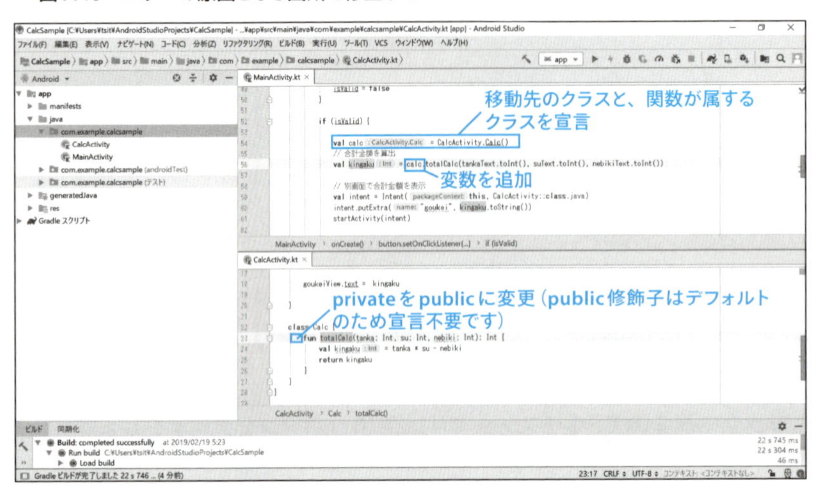

COLUMN　Javaの場合のメソッドの移動

ソースコードがJavaの場合は、Kotlinの関数に相当するメソッドのトップレベル宣言はできません。なお、Javaのメソッドをクラスのメンバーにすることはできるため、P.276と同様の「移動」は可能です（**図7.C**）。

▼ 図7.C　Javaの場合のメソッドの移動

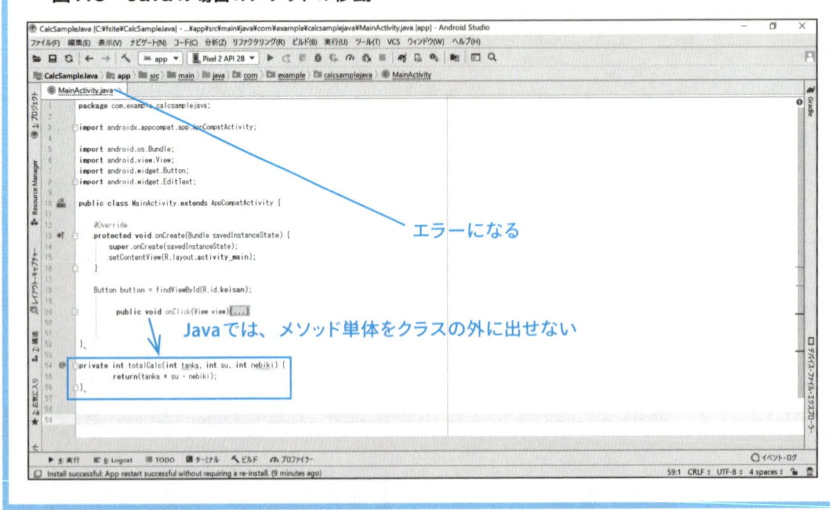

第8章

Android Studioでのテスト手法と分析機能

ソフトウェアは、テスト工程で決められた一定の基準を満たす必要があります。また、品質の高いソフトウェアは、パフォーマンスやユーザビリティなどに関する問題も分析しておく必要があります。本章では、Android Studioに搭載されているテストや分析機能の紹介と具体的な利用例についてとりあげています。

本章の内容

8-1 テスティングの目的

まずは、ソフトウェア開発におけるテストの役割と、その重要性について紹介していきましょう。

ソフトウェア開発におけるテスト

ソフトウェア開発におけるテストは、1回限りではなく、開発の局面において、異なる種類のテストが存在します。また、ソフトウェア開発の工程では、「プログラミング（コーディング）」工程を折り返しとして、左側に設計工程、右側にテスト工程をV字に配置するV字モデルが知られています（**図8.1**）。

▼ **図8.1 V字モデル**

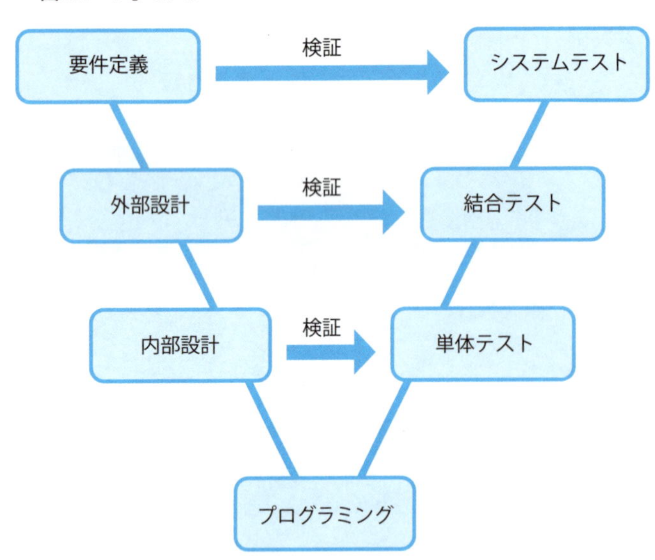

V字モデルにあげられている3つのテストの概要は以下の通りです。

- 単体テスト
  ソースプログラムのメソッドに代表される、個々の機能が正常に動作しているかどうかをテストする

- 結合テスト
単体テストを経たモジュールやプログラムを、結合した際に正常に動作するかどうかをテストする

- システムテスト
構築したシステムが、仕様通りの機能を満たし、正常に動作するかどうかをテストする

Android Studioでできるテスト

Android Studioでは、以下のテストを行うことが可能です。

- ①Local Unit Test（ローカル ユニット テスト）
Local Unit Testは、エミュレータやAndroidデバイスを必要としないテストで、文字通りローカルで実行可能なテストです。Local Unit Testでは、ソースコードのロジック（論理）についてJVM上でテストを行います。

- ②Instrumented Unit Test（インストルメント化されたテスト）
Instrumented Unit Testは、エミュレータやandroid端末を使用するテストです。カメラを使う、電話をかける、メールを送信するなどといったアクティビティ（Activity）や、データベースを利用するようなテストを実行します。

- ③UI Test（ユーザーインターフェースのテスト）
UIテストは、エミュレータやandroid端末上でのアプリの操作について自動的に検証してくれるテストです。

> **ONEPOINT**
> ①②のテストでは、JUnitが利用できます。また、③のUIテストでは、Espressoテストレコーダーによるテストを取り上げていきます。

Android Studioでは、プロジェクトを作成した際に、**図8.2**に示すようなテスト用の2つのディレクトリが生成されています。

▼ 図8.2 Android Studioではテスト用のディレクトリが生成されている

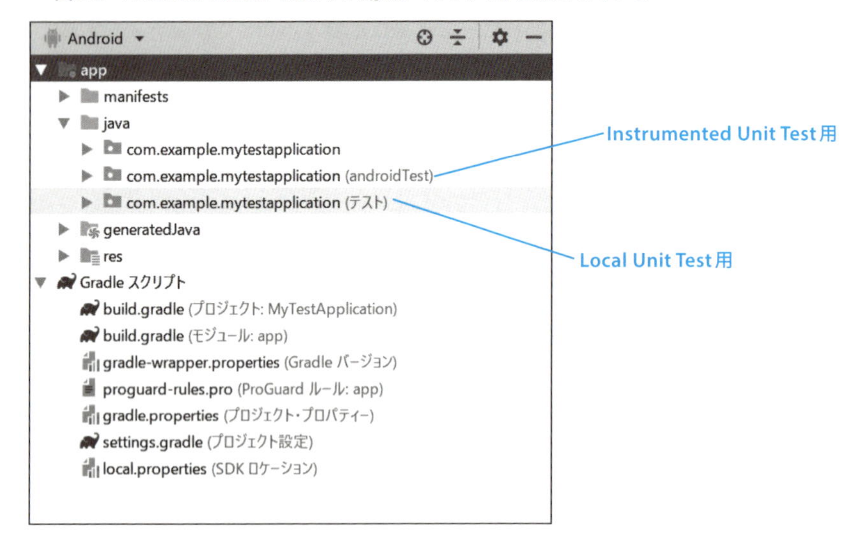

この2つのディレクトリで、JUnitによるテストが行えます。P.286やP.292では、これら2つのディレクトリを使ったJUnitによる基本的なテストについて取り上げています。ちなみに本書で、紹介しているJUnitはJUnit4であり、JUnitの最新バージョンはJUnit5です。Android Studio3.xでは、JUnit4がデフォルトで利用できるため、JUnit4を取り上げています。

 JUnitによるテストのメリット

先のテストの種類のうち、Android Studioで利用できるJUnitテストは、単体テストに相当します。単体テストは、コーディング終了後、文法エラーなどの物理エラーを解決させた後に、メソッドなどが仕様通りに機能するかどうかを確認するためなどに行います。

Android Studioには、JUnitと呼ばれるJavaアプリケーション用の単体テストツールが標準で搭載されており、JUnitによるテストには以下のメリットがあります。

テストに要する工数が削減できる

後述するテストケースは体系化されており、一度作成したテストケースは何度も利用可能であるため、テストにかける工数を削減することができます。

仕様やソースプログラムの機能が明確になる

前任者などから十分な引継ぎを受けられなかったなどの理由で、仕様やソースプログラムが不明確でも、テストケースを作り、実行していくことで、仕様やプログラムの機能が明確にな

ります。

コード変更による退行を防ぎ、リファクタリングを促進させる

開発者の間には、「動いているプログラムは触るな」という標語のようなものがあります。しかし、JUnitによるテストでは、もしソースコードを変更した結果、退行があったとしても、すぐに発見して修正することができます。また、退行のリスクが軽減できることがわかれば、**7章**で紹介したリファクタリングも臆することなく実施することができます。

> ONEPOINT
>
> 退行とは、デグレード（degrade）とも呼ばれ、修正した後の品質が、修正前より悪くなることを指します。

JUnitの観点はホワイトボックステスト

単体テストは、一般的に以下のホワイトボックステストとブラックボックステストに大別できます。

- ブラックボックステスト
  テスト対象となるソースコードの処理を意識せずに、メソッドの仕様などからテストケースを作成してテストする

- ホワイトボックステスト
  テスト対象となるソースコードの処理を意識し、テストケースを作成してテストする

JUnitによるテストは、テスト対象となるソースコード内部の分岐や繰り返しなどの処理を考慮して、テストケースを作成するため、どちらかといえばホワイトボックステストに分類されます（**図8.3**）。

1 2 3 4 5 6 7 8 9 10

▼ 図8.3 ホワイトボックステストとブラックボックステスト

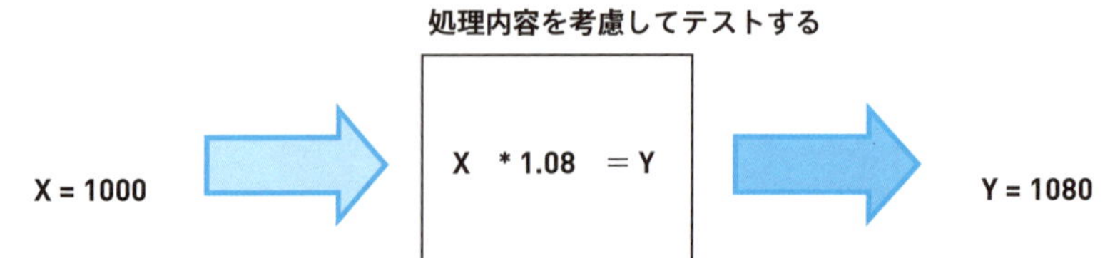

ホワイトボックステストと網羅条件

ホワイトボックステストの対象となるソースプログラムには、命令や分岐などがあり、これらの処理に対するテストの代表例には、以下の3種類があります。

- 命令網羅 (statement coverage) (C0)
  すべての実行可能な命令をテストする

- 分岐網羅 (branch coverage) (C1)
  すべての分岐を1回以上テストする

- 条件網羅 (condition coverage) (C2)
  すべての条件を1回以上テストする

なお、上記3つの網羅に記載したC0、C1、C2は、検査網羅率 (テストカバレッジ) と呼ばれ、どれだけテストしたかという指標を表します。**リスト8.1**の処理をテスト対象とした場合で、C0、C1、C2を判定結果をあげておきましょう。

▼ リスト8.1 テスト対象とする処理

```
void function() {
    if ( 条件A ) {
      処理1
    } else {
      処理2
    }

    if ( 条件B ) {
      処理3
    } else {
      処理4
    }
}
```

C0: 命令網羅

処理1〜4の命令を1度は通ればC0は100%となるため、

- 処理1, 処理3を通るケース
- 処理2, 処理4を通るケース

の2通りとなります。

C1: 分岐網羅

分岐のすべての組み合わせをテストすればC1は100%となるため、

- 処理1, 処理3を通るケース
- 処理1, 処理4を通るケース
- 処理2, 処理3を通るケース
- 処理2, 処理4を通るケース

の4通りとなります。

C2: 条件網羅

条件式のすべての組み合わせをテストすればC2は100%となるため、

- 条件A = true, 条件B= true となるケース
- 条件A = true, 条件B= false となるケース
- 条件A = false, 条件B= true となるケース

- 条件A = false, 条件B= false となるケース

の4通りとなります。

8-2 JUnitによる基本テスト

テストの概要を理解したところで、次は、JUnitの基本的な使い方やテストケースの基本的な作成手順について紹介していきましょう。

Local Unit Test（ローカル ユニット テスト）の基本

P.281で取り上げたように、Android Studio上で実行可能なテストには、

- エミュレータやAndroid実機を使わない「Local Unit Test（ローカル ユニット テスト）」
- エミュレータやAndroid実機を使う「Instrumented Unit Test（インストルメント化されたテスト）」

があり、どちらもJUnitによるテストが行えます。

まずは、Javaプログラムを使って「Local Unit Test（ローカル ユニット テスト）」の基本的な手順について紹介していきましょう。

Javaプログラムのプロジェクト内に自動生成されている「Local Unit Test」用のディレクトリ内をのぞいてみるとわかるのですが、Android Studioでは、JUnitによるテストがデフォルトで実施できるようになっています（**図8.4**）。

▼ 図8.4 「Local Unit Test」用のディレクトリ

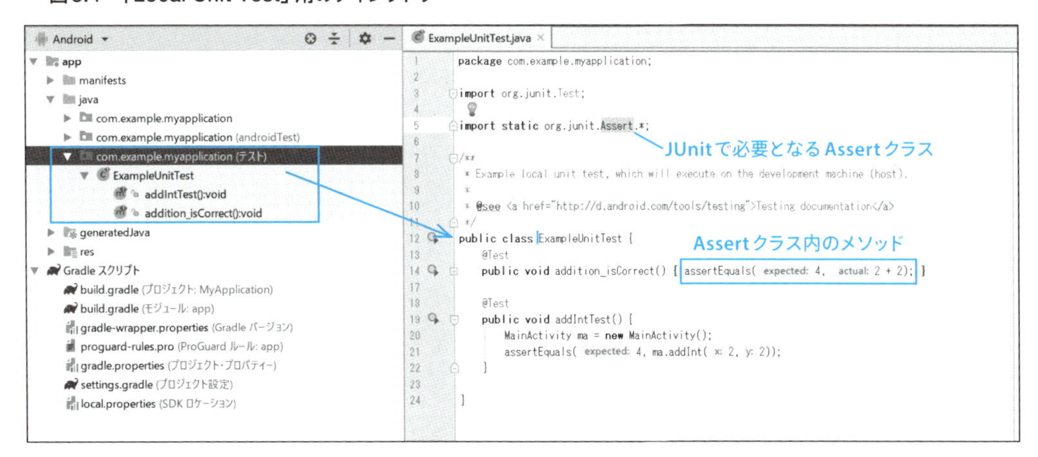

図8.4で示したように、プロジェクト内で最後に（テスト）と表記されているディレクトリーが、「Local Unit Test」用です。このディレクトリーにあるJavaのクラス「ExampleUnitTest」には、JUnitで必要な「Assert」クラスがデフォルトでインポートされており、Assertクラスのメソッド「assertEquals」も記述されています。

「assertEquals」メソッド以外のメソッドについては後述するとして、以下に今回のテスト対象となるコードの場所などを図示しておきます（**図8.5**）。

▼ 図8.5 今回のテスト対象

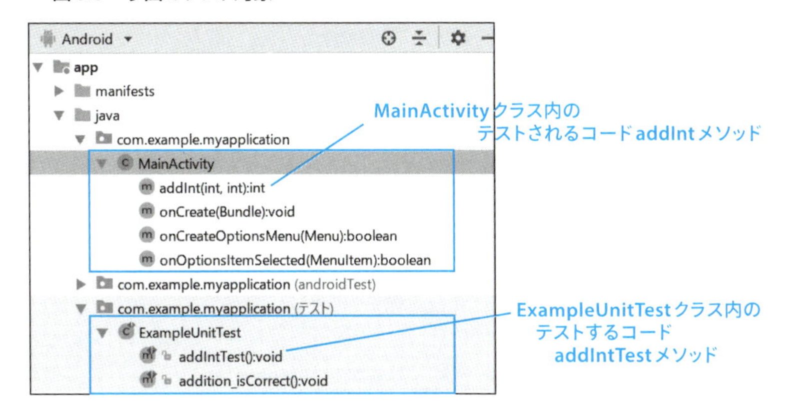

テストされるコードとテストするコード

図8.5で紹介した、「テストされるコード」となるメソッドをあげておきましょう。今回は、MainActivityクラスに「addInt」という整数の足し算を行うメソッドを作成し、「テストされる

コード」とします（**リスト8.2**）。

▼ **リスト8.2　今回のテスト対象となる「addInt」メソッド（テストされるコード）**

```
public int addInt(int x,int y) {
    return (x + y);
}
```

次に、P.287で示した「Local Unit Test」用のディレクトリーにある「ExampleUnitTest」クラスに「テストするコード」「addIntTest」メソッドを記述します（**リスト8.3**）。

▼ **リスト8.3　テストするコード「addIntTest」メソッド**

```
@Test
public void addIntTest() {
    MainActivity ma = new MainActivity();
    assertEquals(4, ma.addInt(2,2));
}
```

テストするコード「addIntTest」メソッドは、デフォルトで生成されている「addition_isCorrect」メソッドの下に記述してください（**図8.6**）。なお、先頭に記述する「@Test」はアノテーションと呼ばれ、今回のアノテーションは、以降のコードがテストメソッドであることを意味します。

▼ **図8.6　テスト用のコードを記述した例**

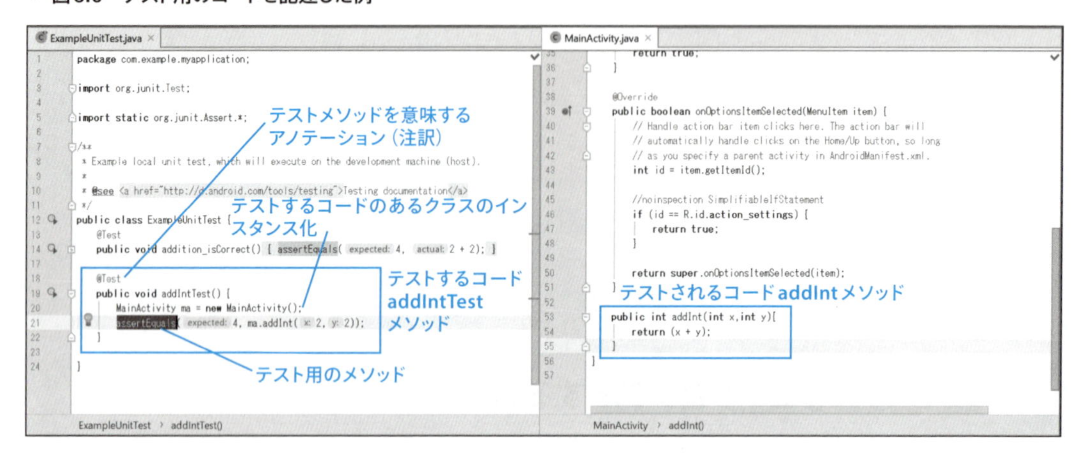

ONEPOINT

テストされるコードを記述する前にテストを行うケースもありますが、今回は先に対象となるコードを用意しています。

assertEqualメソッドを使う

テストを行う前に、「addIntTest」メソッド」内に記述した「assertEqual」メソッドの構成を知っておきましょう（**図8.7**）。

▼ **図8.7　assertEqualメソッドの構成**

```
assertEquals(4, ma.addInt(2,2));
```

第1引数：期待値　　第2引数：実際の値（addIntメソッドの戻り値）

図8.7で示したように、assertEqualsメソッドでは、第2引数で指定したaddIntメソッドの戻り値が、第1引数で指定した期待値と同じであれば、テスト成功となります。

それでは、テストを実行してみましょう。「addIntTest」メソッドの行を右クリックして、ショートカットメニューから「実行（U）'addIntTest()'」をクリックすれば、テストが開始されます（**図8.8**）。

▼ **図8.8　ショートカットメニューからユニットテストを実行する**

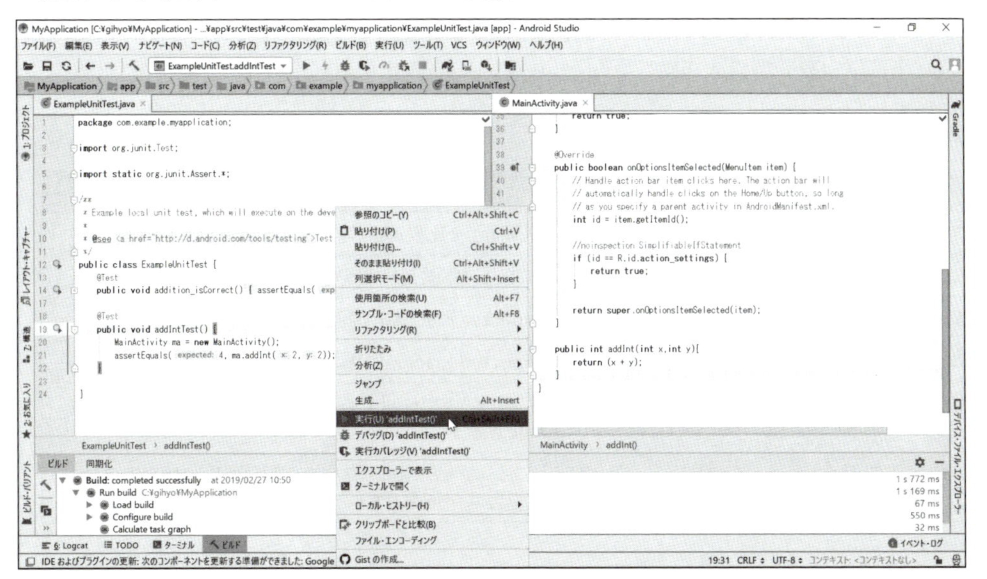

テスト結果は、画面下の「実行」ウィンドウで確認できます。テストが成功した場合は、**図8.9**①のようになります。**図8.9**②は、テストされるコードで「+」と「*」を打ち間違えていた場合のテストが失敗したケースです。このようなエラーは「論理エラー」とよばれ、文法ミスではないため、コンパイルエラーにはなりません。

▼ **図8.9　テストの実行結果**

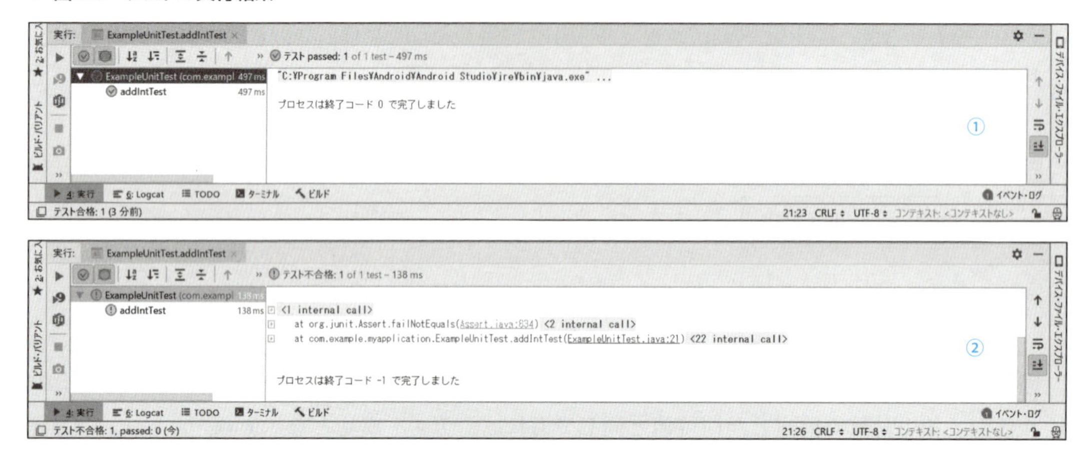

ユニットテストでは、このような論理的な問題をテストすることが可能です。

COLUMN　Assertクラスの主なメソッド

JUnitで使用するAssertクラスの主なメソッドをいくつかあげておきましょう。なお、以下に紹介するメソッドには引数の型や数が異なるものも存在します（**表8.A**）。

▼ **表8.A　Assertクラスの主なメソッド**

メソッド	内容
assertArrayEquals (arrays expected, arrays actual)	配列同士を比較する（等しければtrueを返す）
assertEquals (Object expected, Object actual)	オブジェクト同士を比較する（等しければtrueを返す）
assertSame (Object expected, Object actual)	expectedとactualが同じ場合はtrueを返す
assertNotSame (Object expected, Object actual)	expectedとactualが異なる場合はtrueを返す
assertNull (Object obj)	オブジェクトがNullであることを確認する（Nullの場合はtrueを返す）
assertNotNull (Object obj)	オブジェクトがNullでないことを確認する（Nullでなかった場合はtrueを返す）

assertTrue (boolean condition)	条件がtrueであることを確認する（trueの場合はtrueを返す）
assertFalse (boolean condition)	条件がfalseであることを確認する（falseの場合はtrueを返す）

※expected：期待値　actual：実際の値

1 2 3 4 5 6 7 8 9 10

Kotlinでのローカル ユニットテスト

次にKotlinでもユニットテストを実施してみましょう。テストされるコードは、P.265で取り上げた「CalcActivity」クラスのサブクラス「Calc」クラスにある「totalCalc」メソッドとします（**リスト8.4**）。

▼ **リスト8.4　テストされるコード「Calc」クラスの「totalCalc」メソッド**

```
open class Calc {
        fun totalCalc(tanka: Int, su: Int, nebiki: Int): Int {
            val kingaku = tanka * su - nebiki
            return kingaku
        }
}
```

totalCalcメソッドをテストするメソッドは、前述のJavaのときと同じように「ExampleUnitTest」クラスに記述します。メソッド名は「calcTest」としました（**リスト8.5**）。

▼ **リスト8.5　テストするコード「calcTest」メソッド**

```
@Test
    fun calcTest() {
        val ca = CalcActivity.Calc()
        assertEquals(900, ca.totalCalc(100,10,100));
    }
```

ユニットテストの実行手順は、P.289と同じです。テストするコード「calcTest」メソッドを右クリックして、ショートカットメニューの「実行(U) 'calcTest()'」をクリックすれば、テストが開始されます（**図8.10**）。

▼ 図8.10 Kotlinでユニットテストを実施した例

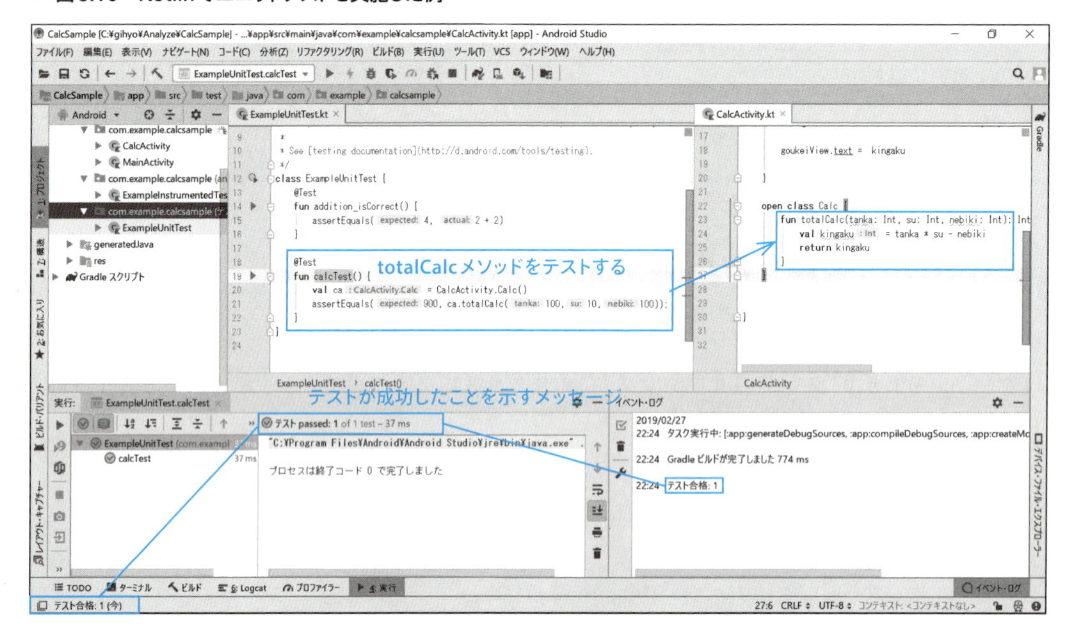

このように、KotlinとJavaでの違いはプログラムの文法や書式だけで、ユニットテストの手順は同じです。

Kotlinで「Instrumented Unit Test」テストを行う

次は、「Instrumented Unit Test（インストルメント化されたテスト）」を見てみましょう。プロジェクト内で最後に（androidTest）と表記されているディレクトリーが、「Instrumented Unit Test」用です。

このディレクトリーにあるKotlinのクラス「ExampleUnitTest」には、先のローカルテストユニットと同様に、JUnitで必要な「Assert」クラスがデフォルトでインポートされています（**図8.11**）。

同様にデフォルトで生成されている「useAppContext」メソッド内にあるassertEqualsメソッドでは、アプリのパッケージ名をテストすることができるようになっています。

▼ **図8.11　デフォルトでアプリのパッケージ名がテストできる**

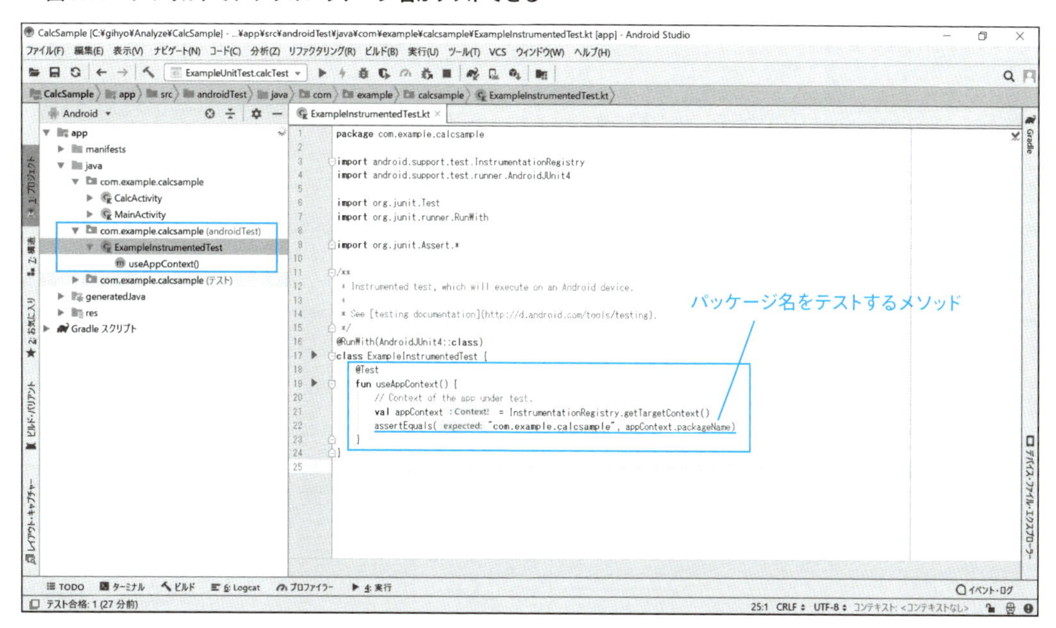

「useAppContext」メソッドを右クリックして、ショートカットメニューの「実行(U)'useAppContext()'」をクリックすると、テストが実行されますが、「Instrumented Unit Test」はエミュレータやAndroid実機を使うテストであるため、ローカルユニットテストのときと違って、デバイスを選択するための「デプロイ対象の選択」ダイアログボックスが表示されます（**図8.12**）。

▼ **図8.12　「デプロイ対象の選択」ダイアログボックスが表示される**

このダイアログボックスにある「OK」ボタンをクリックすると、エミュレータや実機で実行されるアプリのAPKが作成され、テスト結果が表示されます（**図8.13**）。

▼ **図8.13 「Instrumented Unit Test」のテスト結果**

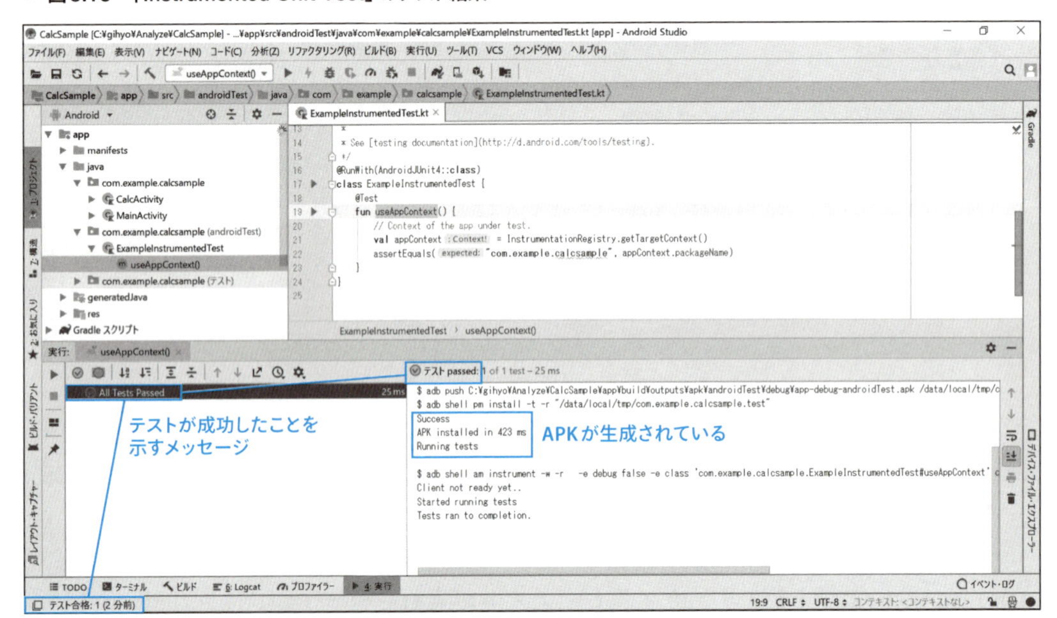

 UI（ユーザーインターフェース）のテスト

最後に「Espresso Test Recorder」をUI（ユーザーインターフェース）のテストを紹介します。

「Espresso」は、UI（ユーザーインターフェース）をテストするためのツールで、これまで紹介してきたテストと同様に、テストコードを記述することによって、UI（ユーザーインターフェース）をテストします。しかし、「Espresso Test Recorder」を使えば、エミュレータや実機を操作する様子を記録するだけで、自動的にテストコード生成し、検証してくれます。

それではさっそく「Espresso Test Recorder」を使ってみましょう。対象とするプロジェクトは、これまでと同じ「CalcSample」プロジェクトです。なお、Android Studioが日本語化されていると、「Espresso Test Recorder」が表示されないケースもあるため、P.49の手順に従って、一旦英語表記に切り替えてください。

「Espresso Test Recorder」は、Android Studioのメインメニューの「実行（R）」（Run）内にあります。以下は、CalcSampleプロジェクトをエミュレータ上で操作したケースでのテスト手順です。

ONEPOINT

「Espresso」は、Google社が開発したAndroidのUIテストフレームワークです。

1 Android Studioのメインメニューから、「Record Espresso Test」をクリックします（**図8.14**）。

▼ 図8.14　「Record Espresso Test」メニュー

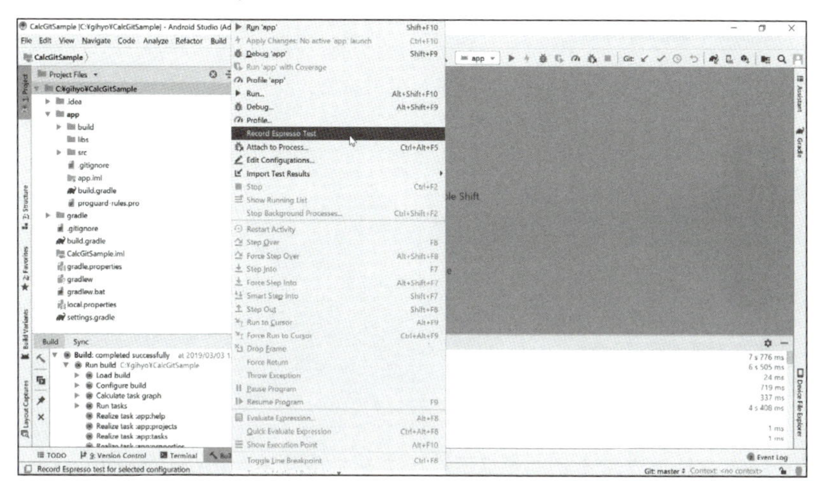

2 仮想デバイスを選択して、「OK」ボタンをクリックすると、「Record Your Test」ウィンドウが表示されるので、**図8.15**のように、エミュレータのウィンドウと並べて、エミュレータで操作を行うと、「Record Your Test」ウィンドウに入力した数値などが反映します。

▼ 図8.15　エミュレータと「Record Your Test」ウィンドウ

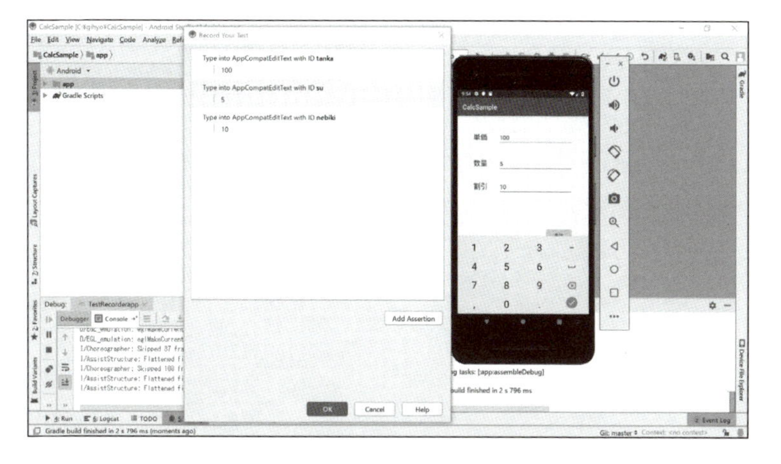

3 「Record Your Test」ウィンドウの右下にある「Add Assertion」ボタンをクリックすると、「Record Your Test」ウィンドウ内に仮想デバイスがレイアウトされます。

4 手順3の例では、仮想デバイス上で入力場所などを選択して、画面左下の「Edit assertion」欄で入力を行い、「Save and Add Another」ボタンをクリックします（図8.16）。

▼ 図8.16 「Record Your Test」ウィンドウ内に仮想デバイスがレイアウトされる

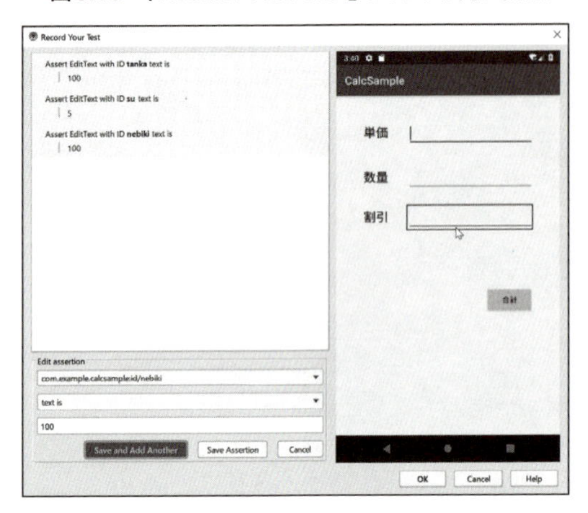

5 「Save Assertion」ボタンをクリックすると、テストクラスを生成するための「Specify a test class for your test」ウィンドウが表示されるので、「OK」ボタンをクリックします（図8.17）。

▼ 図8.17 「Specify a test class for your test」ウィンドウ

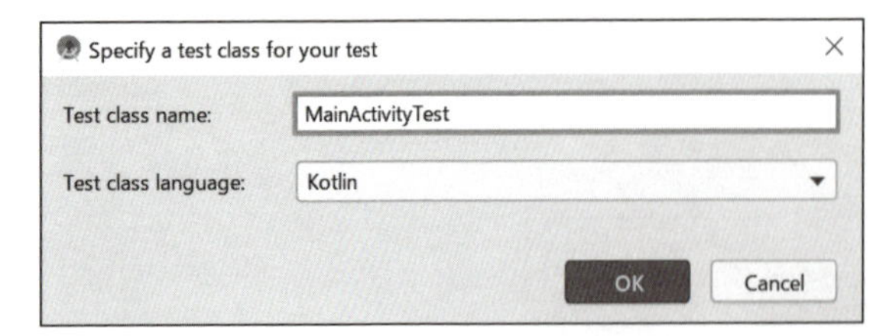

6 プロジェクト内の最後に（androidTest）と表記されているディレクトリーに、テスト元となるクラス名＋Testの名前のクラスが生成されます（今回はMainActivityTest）。

▼ 図8.18　自動的にテストクラスが生成された

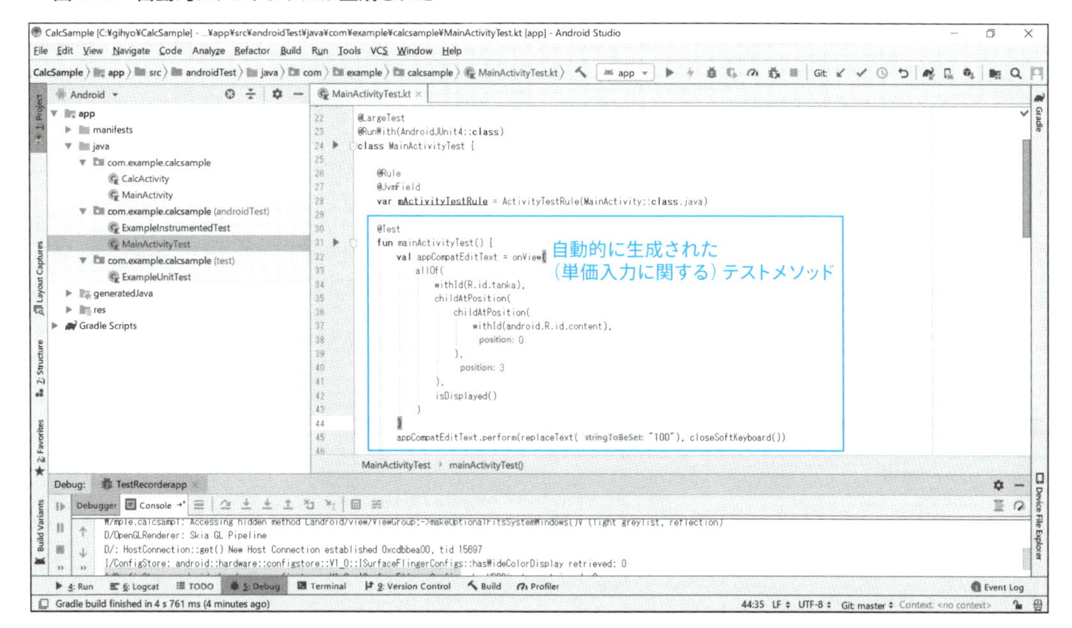

このように、エミュレータや実機を実際に操作することで、UIテストを自動生成させることができます。

8-3 Android Studioの分析機能

Android Studioのメインメニューには、「分析（Analyze）」といったメニューがあります。このメニューでは、「インスペクション（検査）」と「分析（Analyze）」といった、主にソースコードに関する検査と分析に役立つ機能が用意されています。

 インスペクション機能を使う

分析機能には、インスペクション（検査）があります。インスペクションという言葉には、検査の他に、調査、視察、査察などの意味がありますが、IT業界では、ソフトウェア開発において不具合を調べたり、ネットワーク機器などが外部から侵入されていないかを調べたり、データを監視したりすることを意味します。

Android Studioでのインスペクションは、単なる検査に留まらず、インスペクション結果に

対する解決策を提案してくれます。

それでは、プロジェクト内のコードをインペクションする基本的な手順についてあげておきましょう。

1. Android Studioのメインメニューから、「分析（Z）」→「コードのインスペクション（I）」を選択します。
2. 「インスペクションスコープの指定」ダイアログボックスでは、検査のスコープ（範囲）を選択します（**図8.19**）。「インスペクション スコープ」欄で、「プロジェクト全体」を選択すれば、プロジェクト全体のコードを対象とすることができます。

▼ **図8.19　「インスペクションスコープの指定」ダイアログボックス**

手順2のダイアログボックスで「OK」ボタンをクリックすると、画面下に「インスペクション結果」を表示するツールウィンドウが表示されます。**図8.20**は、スコープを「プロジェクト全体」にした場合の例です。

▼ **図8.20　「インスペクション結果」を表示するツールウィンドウ**

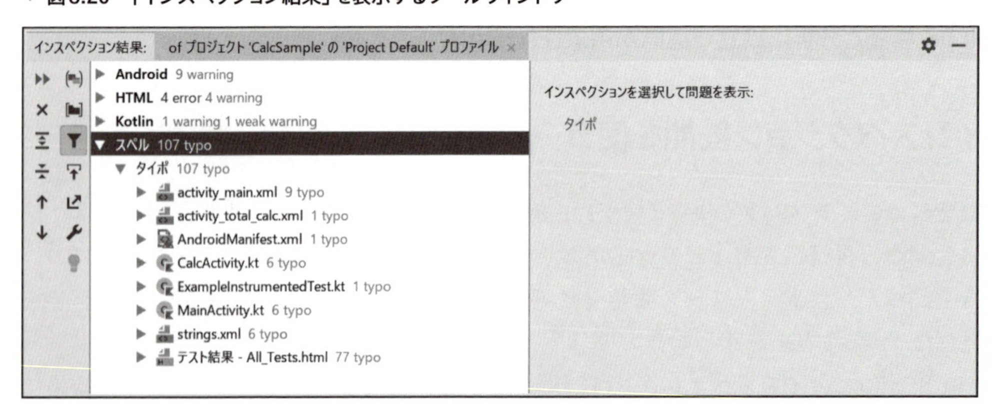

「インスペクション結果」にある「スペル」の「タイポ」の数が表示されています。それでは、「タイポ」の詳細を見てみましょう。例えば、「タイポ」の階層にあるソースファイル「MainActivity.kt」を選択すると、同ソースファイル内の具体的な「タイポ」が確認できます(**図8.21**)。

▼ **図8.21 「タイポ」の詳細を確認する**

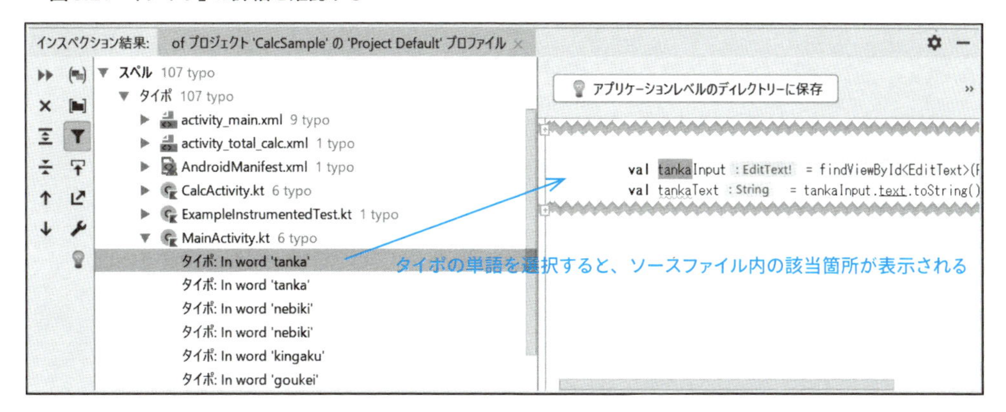

さらにツールウィンドウの左側にある電球マーク「クイックフィックスの適用(Apply quickfix)」のボタンをクリックすれば、修正候補が表示されます(**図8.22**)。

▼ **図8.22 電球マーク「クイックフィックスの適用(Apply quickfix)」と修正候補**

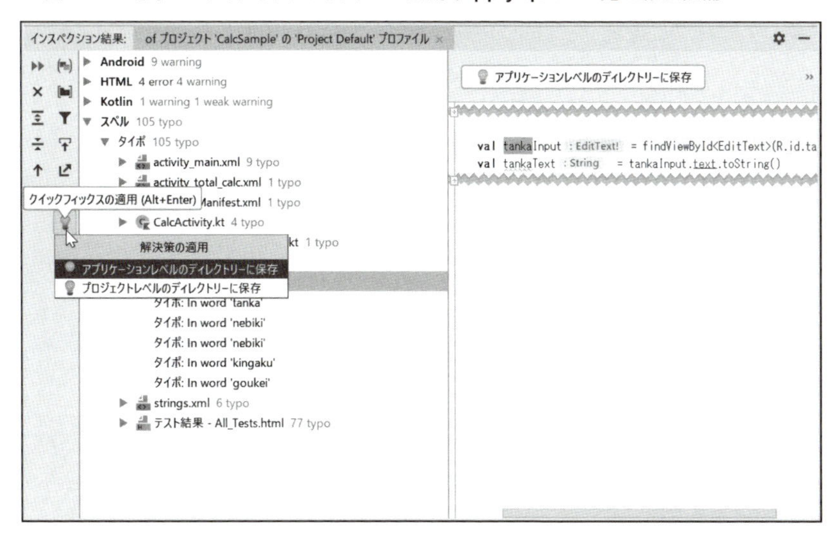

修正候補のいずれかを選択すると、対象となるワードの情報が、「アプリケーション」または「プロジェクト」内のディレクトリ(フォルダ)に保存され、タイポの対象外となります。再度「コー

ドのインスペクション」を行った結果が**図8.23**です。修正前の**図8.22**と比べると、修正したワードがタイポの対象外となった分、タイポの数が減っていることが確認できます。

▼ **図8.23 修正候補を適用した結果タイポの数が減った**

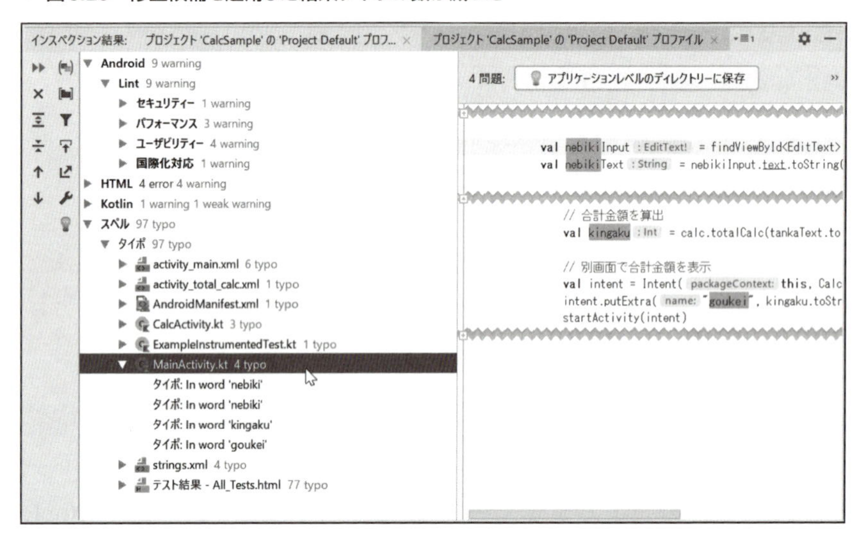

COLUMN 「インスペクション結果」ウィンドウにあるアイコンについて

「インスペクション結果」ウィンドウにあるアイコンの一部について紹介しておきましょう(**図8.A**、**表8.B**)。

▼ **図8.A インスペクション結果ウィンドウのツールバー**

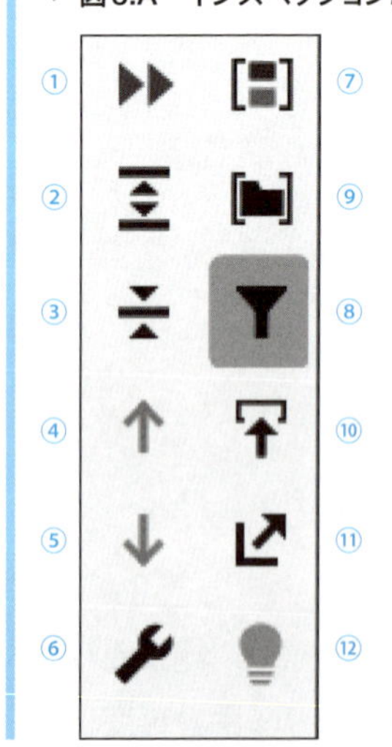

▼ 表8.B インスペクション結果ウィンドウのツールバー

アイコン	意味
①インスペクションの再実行	インスペクションを再度実行する
②すべて展開	インスペクション結果の分類項目を展開して表示する
③すべて縮小表示	インスペクション結果の分類項目を折りたたんで表示する
④前の問題へ	一つ前のインスペクション結果へ移動する
⑤次の問題へ	次のインスペクション結果へ移動する
⑥設定の編集	インペクションの設定を編集するダイアログボックスを表示する
⑦重要度別にグループ化	インスペクション結果を重要度別に分類する
⑧ディレクトリーでグループ化	インスペクション結果をディレクトリー別に分類する
⑨解決済みの項目をフィルターする	解決済みの対象をフィルタリング（除外）する
⑩ソースに自動スクロール	インスペクション結果の選択項目に該当するソースコード内の箇所へ自動的にスクロールできる
⑪エクスポート	インスペクション結果をHTMLかXMLファイルで出力する
⑫クイックフィックスの適用	インスペクション結果の修正候補を適用します

なお、P.298では、「インスペクション結果」ウィンドウの右上にある歯車のアイコンから、「ビューモード」→「Float」を選択した際の図を利用しています（**図8.B**）。

▼ 図8.B 歯車のアイコンから、「float」を選択する

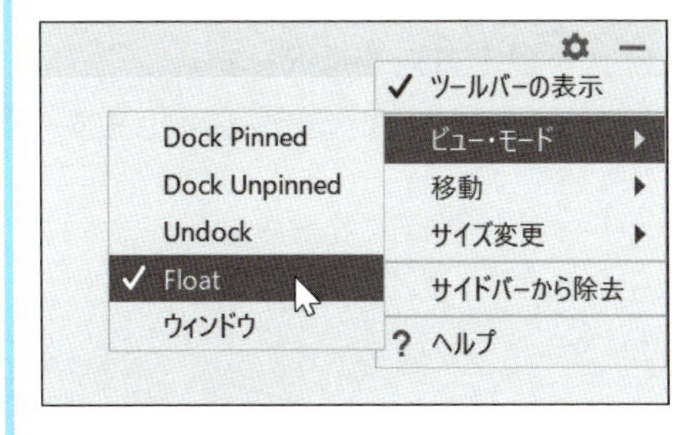

「タイポ」の対象にならないようにする

デフォルトでは、ソースコード上の多くのスペルが「タイポ」の対象となります。

スペルをタイポの対象外とするには、コラムで紹介した「インスペクション結果のツールバー」にある「設定の編集」アイコンをクリックして、「インスペクション結果」ダイアログボックスで、「スペル」欄の「タイポ」のチェックを外してください（**図8.24**）。

▼ 図8.24 「インスペクション」ダイアログボックス

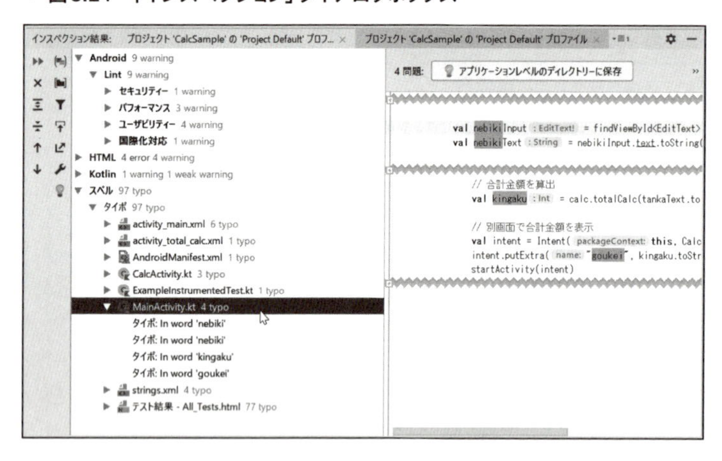

「タイポ」のチェックを外しておけば、「インスペクション結果」に「タイポ」の対象項目は表示されなくなります。しかし、これでは、全ての「タイポ」が対象外となってしまうため、根本的な解決には至りません。

Android Studioのメインメニューにある「設定」ダイアログボックスの「エディター」→「スペル」欄を編集すれば、任意の単語だけを「タイポ」の対象外にすることができます。

以下に、その手順をあげておきましょう。

1. Android Studioのメインメニューから、「ファイル(F)」→「設定(T)」を選択します。
2. 「設定」ダイアログボックスでは、左側の一覧から「エディター」→「スペル」を選択します（図8.25）。

▼ 図8.25 「設定」ダイアログボックス

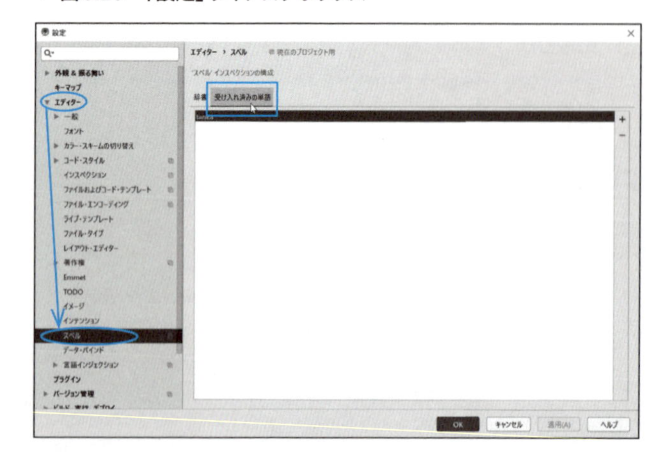

3 「受け入れ済みの単語」欄の右側にある「＋」をクリックして「新規単語の追加」ウインドウを表示させます。

4 「新規単語の追加」ウインドウに、インスペクションの対象外にしたい単語を入力して、「OK」ボタンをクリックします（**図8.26**）。

▼ **図8.26 「新規単語の追加」ウインドウに単語を入力する**

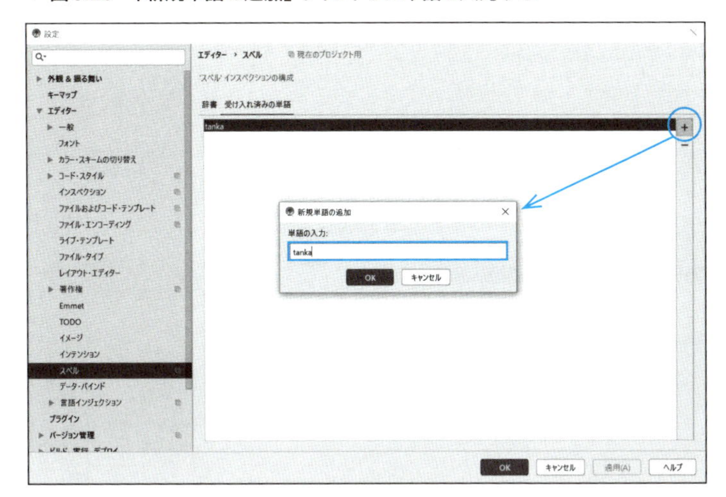

5 手順3の「受け入れ済みの単語」欄に入力した単語が表示されるので、「OK」ボタンをクリックします。

以降手順3、4を繰り返すことで、任意の単語を追加していくことが可能です（**図8.27**）。

▼ **図8.27 「受け入れ済みの単語」欄に対象外にしたい単語が登録された例**

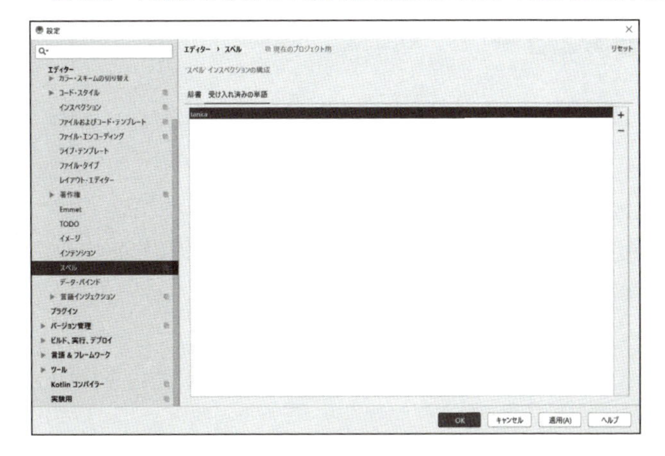

COLUMN Lint

すでに本節の図のいろいろなところに「Lint」という用語が登場していますが、Lintとは、コード構造の品質に関する問題を特定して修正するための「コード検査ツール」です。Lintを利用すれば、アプリを実行したりテストケースを作成することなく、コード上の問題点を検出し、それぞれの問題についての説明も表示されます。

Lintツールはコマンドラインからの実行がベースですが、P.298で紹介した「コードのインスペクション」を選択した場合は、Lintによる検査が実行されています。

▼ 図8.C 「コードのインスペクション」による結果

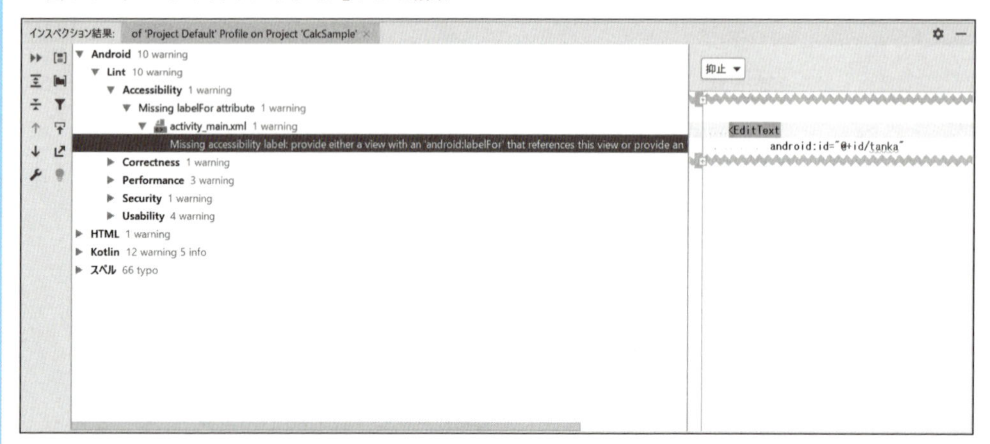

先の「インスペクションの結果」ウィンドウでは、Lintによって問題のあるコードが黄色で強調表示されています。この例は、「編集可能なテキストフィールドには、ユーザー補助のヒントを指定する必要がある」旨の警告ですが、より深刻な問題の場合は、コードに赤い下線が引かれます。

インスペクションに関するメニュー

ここでは、分析メニューのうち、インスペクションに関連するものの一部をあげていきます。

コードのクリーンアップ

コードのクリーンアップでは、潜在的に問題のあるコード片を見つけ、自動的に修正することができます。以下にその手順をあげておきましょう。

1. Android Studioのメインメニューから、「分析(Z)」→「コードのクリーンアップ(C)」をクリックします。

2 「コードのクリーンアップ スコープの指定」ダイアログボックスが表示されるので、クリーンアップしたいスコープ（範囲）を選択し、「テスト・ソース」も対象とする場合は、「テスト・ソースを含める」にチェックを付けて、「OK」ボタンをクリックします（**図8.28**）。

▼ **図8.28　「コードのクリーンアップ スコープの指定」ダイアログボックス**

図8.29では、プロジェクト内で潜在的に問題のあるコード片をチェックし、該当するものがなかった場合の例です。

▼ **図8.29　「コードのクリーンアップ」の実行結果の一例**

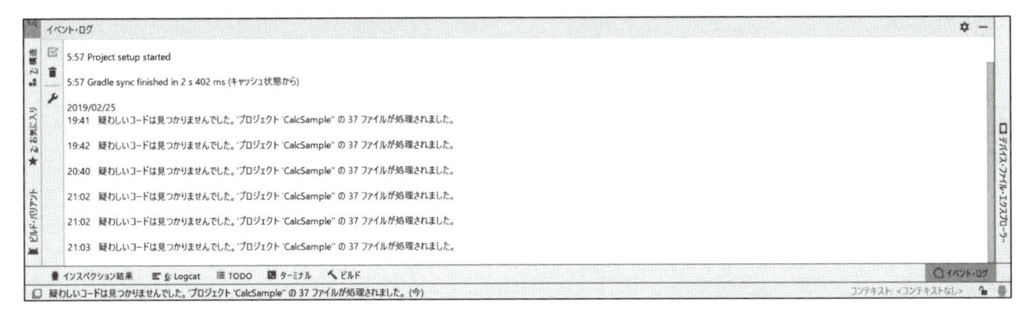

サイレントコードクリーンアップ

「サイレントコードクリーンアップ」メニューでは、「コードのクリーンアップ」を選択した場合に表示される「コードのクリーンアップ スコープの指定」ダイアログボックスを表示せずに、クリーンアップを行います。

名前でインスペクションを実行（Run Inspection by Name）

「名前でインスペクションを実行」メニューでは、特定のインスペクション項目を名前を指定して実行することが可能です。以下に利用可能な新しいバージョンのライブラリがあるかどうかをインスペクションする手順をあげておきましょう。

1. Android Studioのメインメニューから、「分析(Z)」→「名前でインスペクションを実行(R)」を選択します。
2. 「インスペクション名の入力」ウィンドウが表示されるので、入力欄に「利用可能な新しいバージョンのライブラリ」のインスペクション名「Newer Library Versions Available」を入力します(**図8.30**)。なお、補完機能があるため、「new」と入力するだけで、候補からインスペクション名を選択します。

▼ 図8.30 「インスペクション名の入力」ウィンドウ

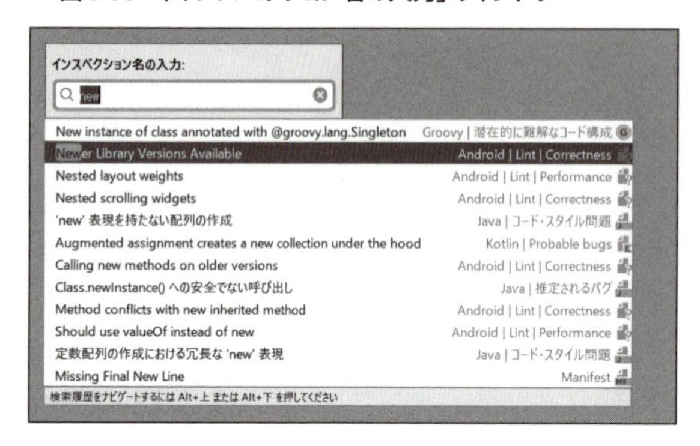

3. 「実行」ダイアログボックスが表示されるので、「Inspectionスコープ」欄で、インスペクションの対象となるスコープ(範囲:ここでは「プロジェクト全体」)を選択し、「OK」ボタンをクリックします(**図8.31**)。

▼ 図8.31 「名前でインスペクション」を実行した結果

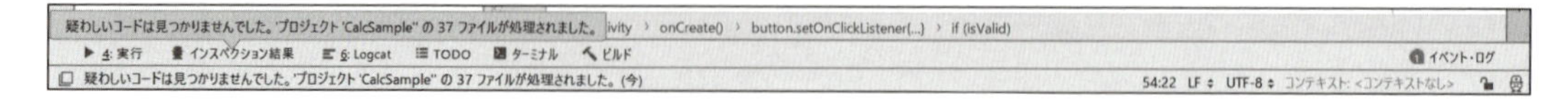

COLUMN インスペクション結果を元に戻す場合

インスペクション結果によっては、ソースコードやプロジェクト内のファイルが編集されることがあり、インスペクション前とはプロジェクトの状態が変わる可能性があります。インスペクション結果を元に戻したい場合は、Android Studioのメインメニューから、「ファイル(F)」→「キャッシュの破棄/再起動」をクリックしてください(**図8.D**)。

▼ 図8.D 「キャッシュの破棄/再起動」メニュー

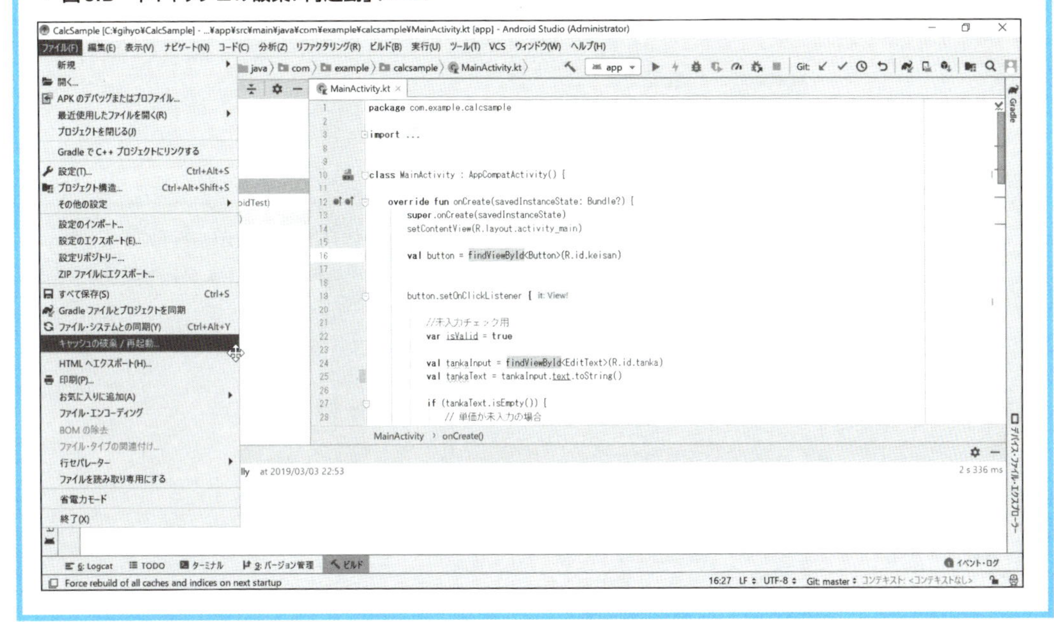

分析に関するメニュー

次に、分析に関するメニューにある、「依存関係の分析」と「逆方向の依存関係の分析」について紹介します。

依存関係の分析

「依存関係の分析」では、クラスやライブラリ、モジュールの依存関係を「親」から「子」の順方向で分析します。

1. Android Studioのメインメニューから、「分析(Z)」→「依存関係の分析(D)」を選択します。
2. 「依存関係分析 スコープの指定」ダイアログボックスでは、「分析スコープ」欄で、分析対象となるスコープ（範囲）を選択して、「OK」ボタンをクリックします（**図8.32**）。

▼ 図8.32 「依存関係分析 スコープの指定」ダイアログボックス

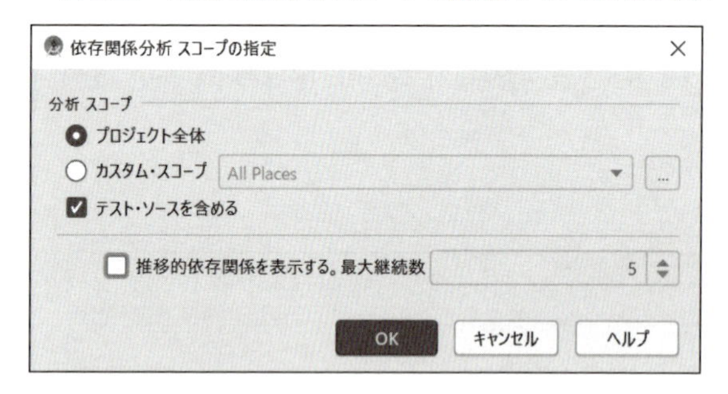

ONEPOINT

「依存関係分析 スコープの指定」ダイアログボックスでは、「推移的依存関係を表示する」にチェックを付けて、「最大継続数」を設定することができます。推移的依存関係とは、プロジェクト内のライブラリなどが別のライブラリに依存していることを意味します。

図8.33で示すように、親と子クラスの依存関係が表示されます。

▼ 図8.33 「依存関係の分析」結果の一例

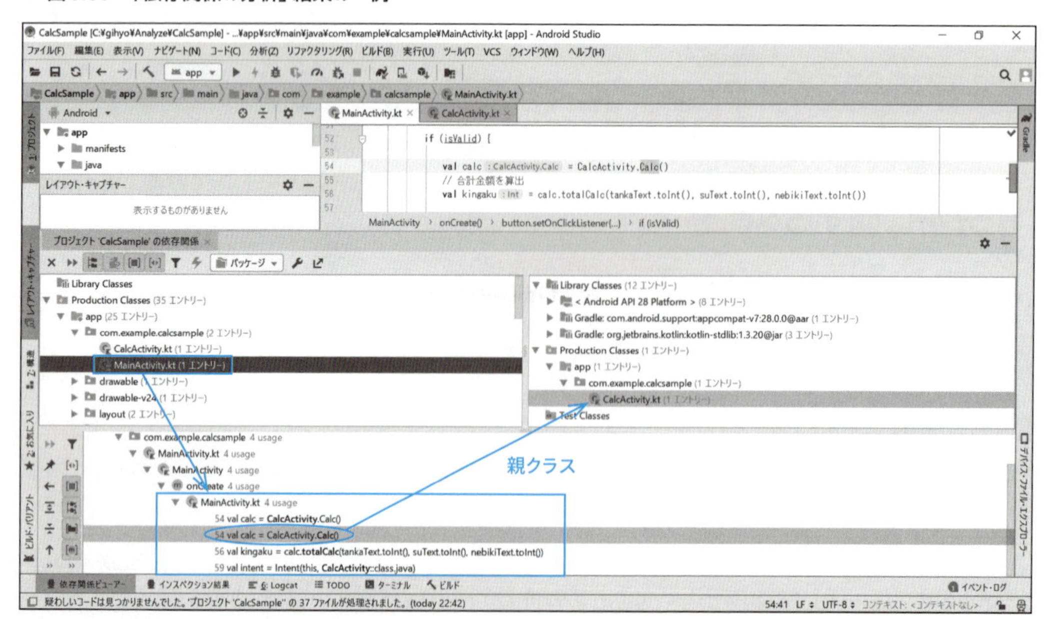

逆方向の依存関係の分析

「逆方向の依存関係の分析」では、クラスやライブラリ、モジュールの依存関係を「子」から「親」の逆方向で分析します。

1. 分析したいクラスやパッケージなどを選択します。
2. Android Studioのメインメニューから、「分析（Z）」→「逆方向の依存関係の分析（B）」を選択します。
3. 「逆方向の依存関係分析 スコープの指定」ダイアログボックスでは、「分析スコープ」欄で、分析対象となるスコープ（範囲）を選択して、「OK」ボタンをクリックします（**図8.34**）。

▼ **図8.34　「逆方向の依存関係の分析」の結果例**

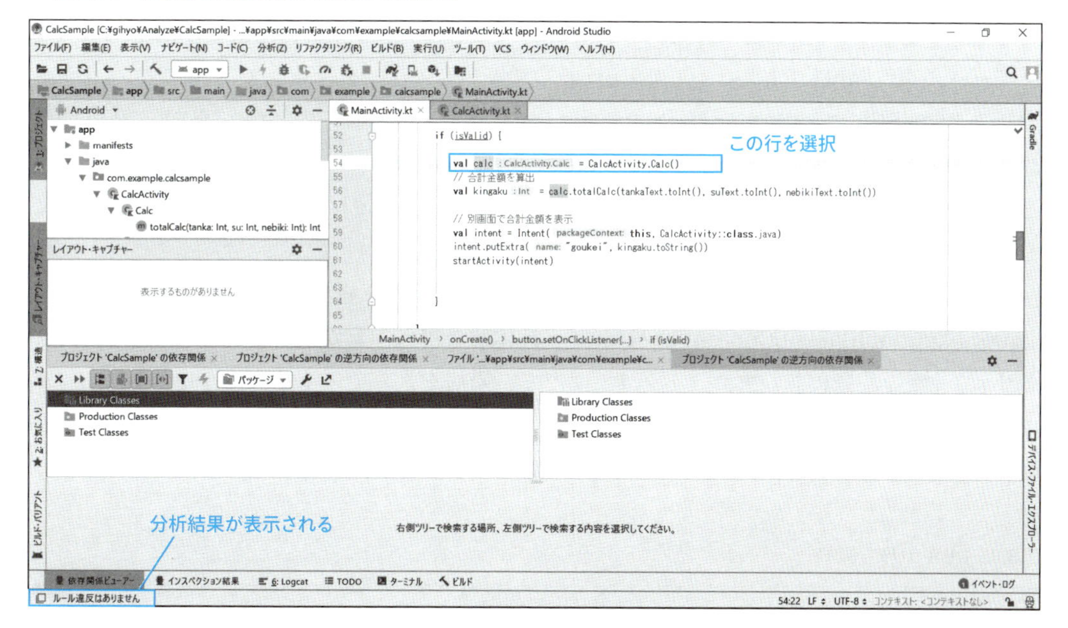

8-4 インスペクションの実際

それでは、Android Studioの分析メニューにある機能を使って、具体的なインスペクション（検査）の例をあげておきましょう。

インスペクション結果「セキュリティ」の例

P.298でも紹介した「コードのインスペクション」を使用すると、実際にどのようなインスペクションができるのか、具体的な例をもとに見ていきましょう。なお、対象とするプロジェクトは、これまで取り上げてきた「CalcSample」プロジェクトとします。まずは、Android Studioのメインメニューから、「分析(Z)」→「コードのインスペクション(I)」を選択して、「インスペクション スコープの指定」ダイアログボックスでは、「プロジェクト全体」をスコープにして、インスペクションを実行します。

それでは、今回のプロジェクトのインスペクション結果の各項目について具体的に確認していくことにしましょう。

「インスペクション結果」ウィンドウの「セキュリティ」欄を選択すると、**図35**のように、「AllowBackup/FullBackupContent 問題」という具体的な警告内容が表示されます。さらに、「セキュリティ」欄の左側にある▼部分をクリックして、階層を進んでいくと、この問題が潜むファイルとファイル内のコードを見ることができます。

図8.36では、今回の問題となる「AllowBackup」のコードが右側に表示されています。

▼ **図8.35 セキュリティ例①**

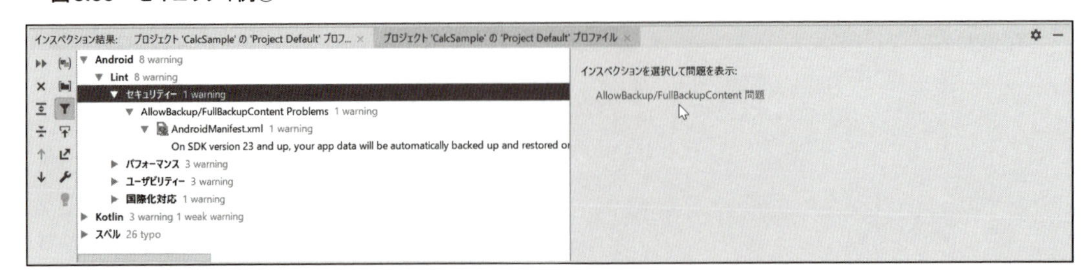

▼ 図8.36　セキュリティ例②

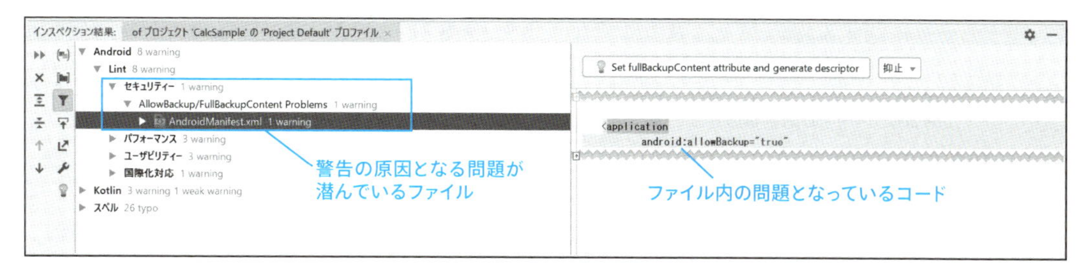

ONEPOINT

図8.36の右側のコードは、読み取り専用のため、編集することはできません。

Android 6.0（API レベル 23）以降を対象としたアプリでは、アプリの自動バックアップやフルデータ バックアップと復元が可能となり、先のコード部分では、デフォルトで、自動バックアップを有効にしています。しかし、バックアップの範囲や設定を適切に行っていないと、アプリの重要情報の漏洩や改ざんのリスクがあるため、警告の対象となっています。

もし、自動バックアップを無効にするには、「セキュリティ」欄の該当ファイル「AndroidManifest.xml」を右クリックして、ショートカットメニューから「ソースに移動（J）」をクリックしてください。そうすれば、**図8.37**のように、該当ファイル「AndroidManifest.xml」がエディターで開くため、編集が可能となります。

▼ 図8.37　該当ファイル「AndroidManifest.xml」を編集した

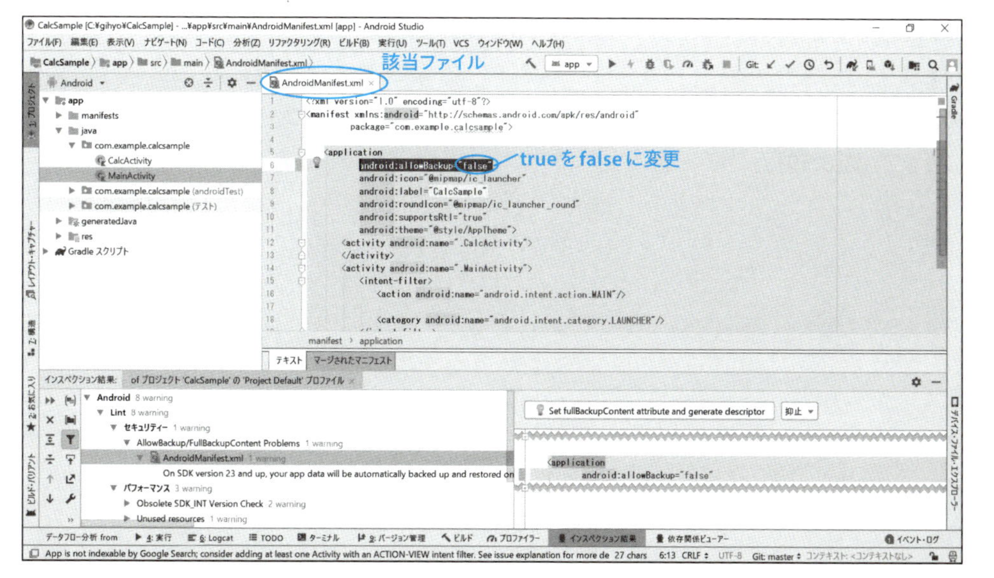

再度「コードのインスペクション」を行うと、「インスペクション結果」ウィンドウには先の「セキュリティー」に関する警告が表示されなくなります(**図8.38**)。

▼ **図8.38 「セキュリティー」の警告は表示されなくなった**

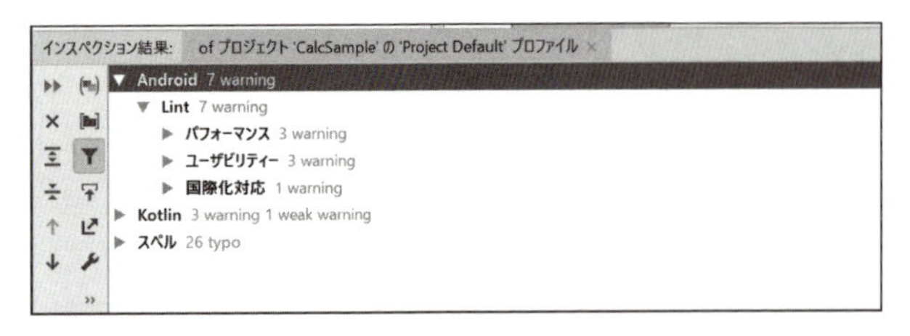

 プロファイルを共有する

プロジェクトの問題を分析するためには、インスペクションのデフォルト設定を変更することもあります。またチーム開発では、メンバー全員が同じインスペクションの設定を利用できるように、プロファイルを共有する必要性も生じます。

インスペクションの設定はプロファイルと呼ばれる「設定用のファイル」に格納されています。以下に、プロファイルを共有する手順を示しておきましょう。

元になる設定ファイルをエクスポートする

1. Android Studioのメインメニューから、「ファイル(F)」→「設定(T)」をクリックし、「設定」ダイアログボックスが表示されたら、左側のメニューから「エディター」→「インスペクション」を選択します。
2. 右側の「プロファイル:」欄で「Project Default 」を選択し、プロジェクト用の設定を共有できるようにします(**図8.39**)。

▼ 図8.39　「プロファイル:」欄で「Project Default」を選択

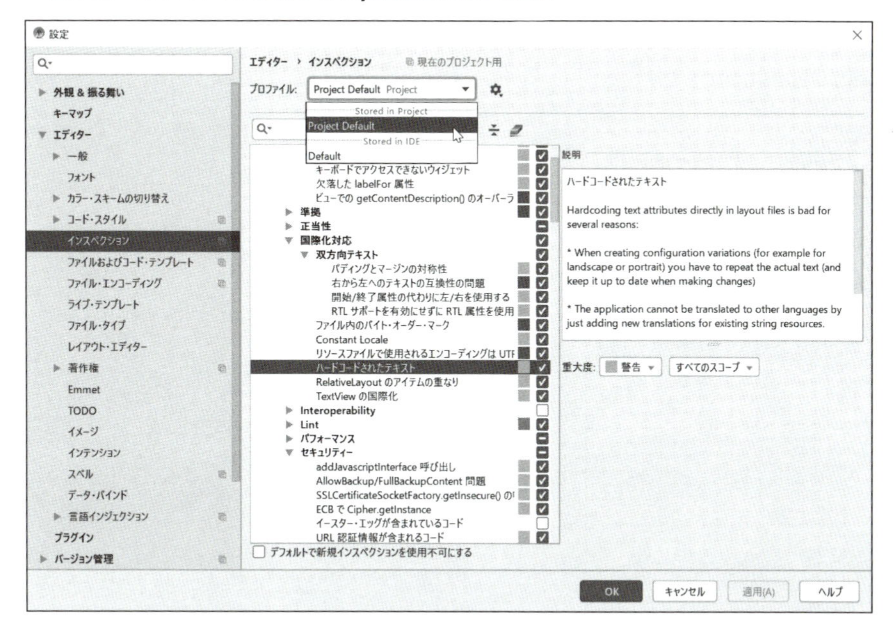

③　「プロファイル:」欄の右側にある歯車のアイコン「Show Scheme Actions」をクリックして、リストから「エクスポート」を選択します（図8.40）。

▼ 図8.40　「Show Scheme Actions」アイコンのリストから「エクスポート」を選択

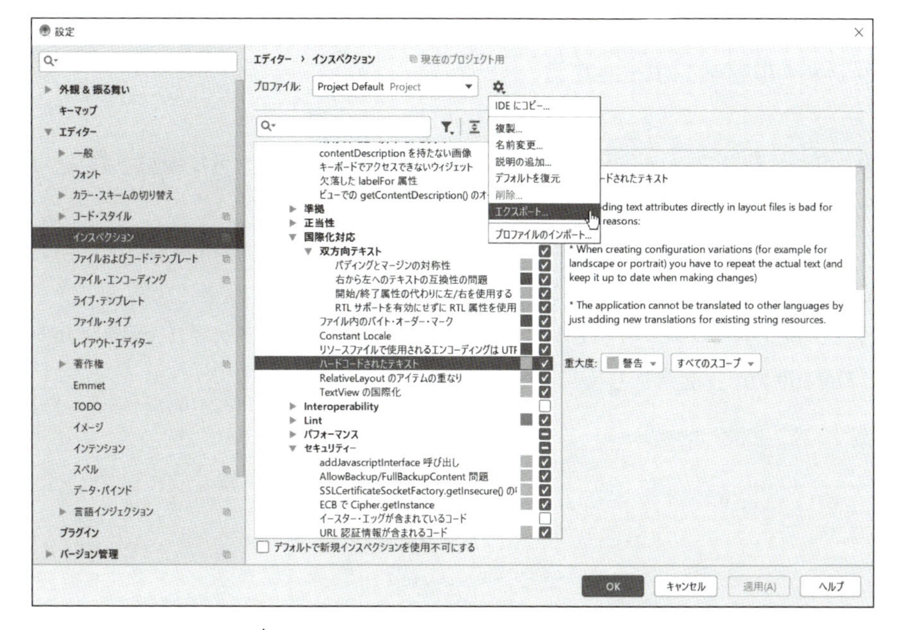

4 「ターゲット・ファイル」ダイアログボックスの「エクスポート先」欄で、設定ファイルの保存先を選択して、「OK」ボタンをクリックします(**図8.41**)。ちなみに、設定ファイルのデフォルト名は、「Project Default.xml」です。

▼ **図8.41 「ターゲット・ファイル」ダイアログボックス**

他のPCに設定ファイルをインポートする

1 他のPCで「設定」ダイアログボックスを選択し、「設定」ダイアログボックスが表示されたら、左側のメニューから「エディター」→「インスペクション」を選択します。

2 右側の「プロファイル:」欄で「Project Default 」を選択し、「Show Scheme Actions」アイコンをクリックして、リストから「ファイルのインポート」を選択します。

3 「パスの選択」ダイアログボックスが表示されたら、用意しておいた設定ファイル(デフォルト名では「Project Default.xml」)を選択して、「OK」ボタンをクリックします。

インスペクション結果「パフォーマンス」の例

次は、「インスペクション結果」ウィンドウの「パフォーマンス」の具体例をとりあげてみましょう。

Android Studio上でのパフォーマンスとは、アプリの性能です。アプリが実装している計算処理が速ければ、パフォーマンスが良いとされます。

今回の例では、パフォーマンス部分に2種類で合計3つの警告が表示されていますが、分かりやすく、かつよくある具体例として、「Unused resources」の警告について取り上げます。

「パフォーマンス」欄の左側にある▼部分をクリックし、さらに「Unused resources」の▼部分をクリックすると、警告の該当ファイルとファイル内のコードが表示されます（**図8.42**）。

▼ **図8.42　「Unused resources」の該当ファイルとその内容**

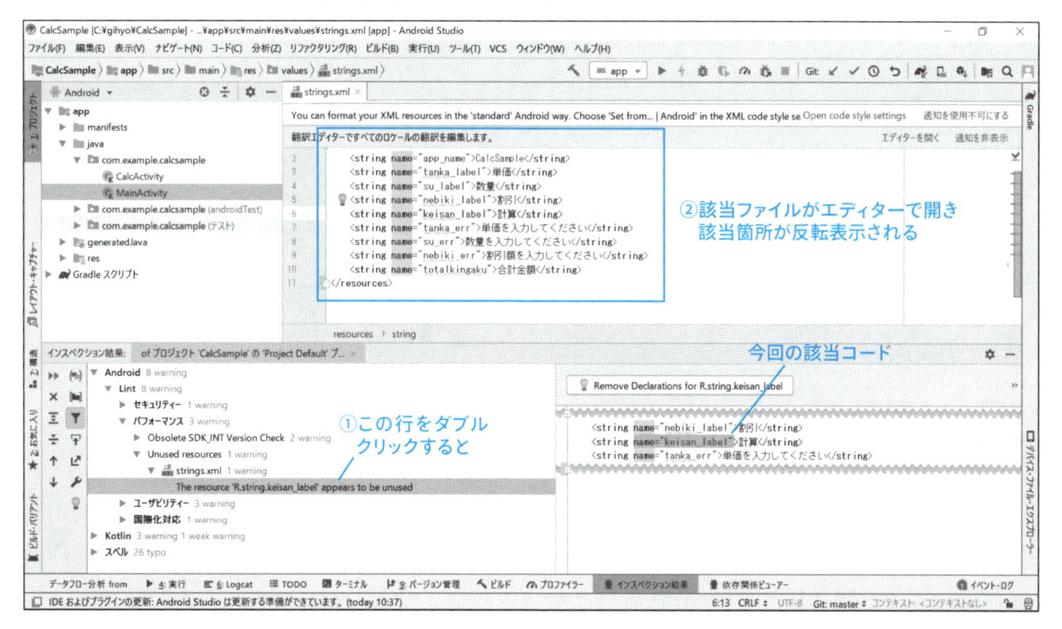

「Unused resources」とは文字通り「使っていないリソース（資源）」です。今回の該当箇所にあるコード「<string name="keisan_label">計算</string>」は、アプリ上で使用されていないため、無駄なリソースです。

このような未使用のリソースが増えると、アプリのサイズが大きくなったり、パフォーマンスに影響を及ぼすことになります。したがって、このように、未使用のリソースを検査し、除去することで、アプリの「パフォーマンス」向上につなげることができます。

インスペクション結果「ユーザビリティ」の例

「ユーザビリティ」とは、操作性であり、「使いやすさ」や「使い勝手」を意味します。今回は、「インスペクション結果」ウィンドウの「ユーザビリティ」にある「Use Autofill」について取り上げていきます。

「ユーザビリティ」欄の左側にある▼部分をクリックし、「Use Autofill」の▼部分をクリックすると、警告の該当ファイルとファイル内のコードが表示されます（**図8.43**）。

▼ **図8.43　「Use Autofill」の該当ファイルとその内容**

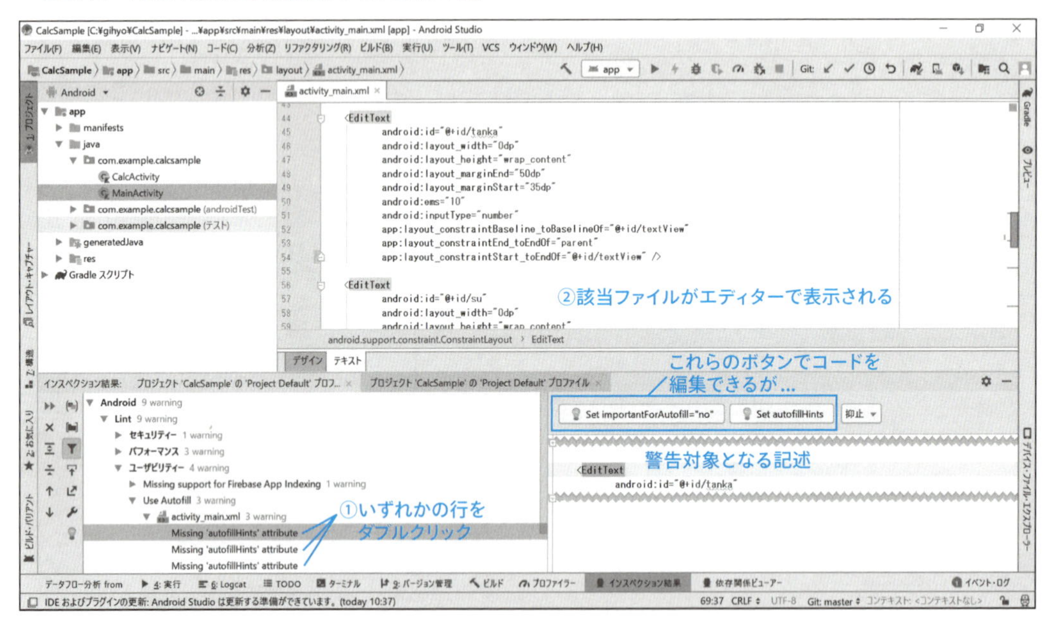

今回の警告対象となっているのは、いずれも「単価」「数量」「値引額」を入力するための「EditText」です。「ユーザビリティ」から判断した場合、これらの入力がしやすい工夫が必要という判断で警告となります。

> **ONEPOINT**
>
> **図8.43**には、「importantForAutofill="no"」や「autofillHints」といった属性を設定するボタンがありますが、これらは、Autofill機能そのものを無効にしたり、該当ファイル以外に処理の追加が必要であったりするため、今回は使用しません。

今回は、入力ガイドに相当する「android:hint」属性を追加することにします（**リスト8.6**）。

▼ リスト8.6　「android:hint」属性を追加する（単価入力部分の例）

```
<EditText
    android:id="@+id/tanka"
    android:layout_width="0dp"
    android:layout_height="wrap_content"
    android:layout_marginEnd="50dp"
    android:layout_marginStart="35dp"
    android:ems="10"
    android:inputType="number"
    android:hint="整数を入力して下さい"            // ①
    app:layout_constraintBaseline_toBaselineOf="@+id/textView"
    app:layout_constraintEnd_toEndOf="parent"
    app:layout_constraintStart_toEndOf="@+id/textView" />
```

リスト8.6の①部分の行を追加することで、アプリ実行時には、入力前に「追加部分」で用意した文字列が半透明で表示されます（**図8.44**）。

▼ 図8.44　「android:hint」属性を追加した場合のアプリ実行例

「android:hint」属性を追加すれば、このようにユーザビリティを考慮したガイドメッセージを用意することができます。なお、ここでは単価入力の例だけを紹介しましたが、他の2か所についても、「android:hint」属性の１行目のみ追加すれば、同じ結果になります。

ONEPOINT

今回の記述例では、次の「国際化対応」の警告対象となりますが、この点については、次ページで触れることにします。

インスペクション結果「国際化対応」の例

インスペクション結果の最後は「国際化対応」です。「国際化対応」とは、アプリを世界中で利用できるように設計することですが、実際にどのような項目が「国際化対応」にあげられているのかを先に見ておきましょう。

「国際化対応」のインスペクション項目は、「インスペクション結果」ウィンドウの「国際化対応」欄を右クリックして、ショートカットメニューから「設定の編集」をクリックすれば、以下のダイアログボックスで確認できます（**図8.45**）。

▼ **図8.45 「インスペクション」ダイアログボックスの「国際化対応」項目**

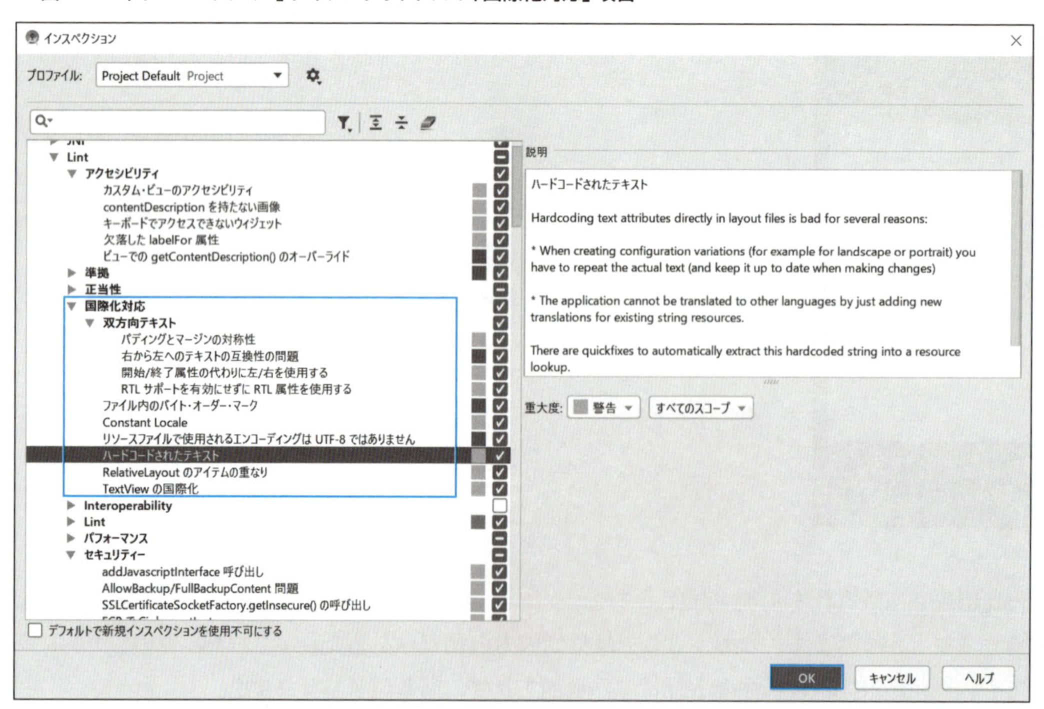

図8.45にある国際化対応の一部を取り上げておきます。

- 双方向テキストの「パディングとマージンの対称性」
  レイアウトの左側に、パディング（padding：要素内の余白）やマージン（margin：要素間の間隔）を指定した場合は、左右の対称性を保つために、右側にも同様の指定が必要となる

- リソースファイルで使用されるエンコーディングはUTF-8ではありません
  Androidアプリは UTF-8を使用する前提となっているため、UTF-8以外のエンコーディングはデフォルトで重大度が「エラー」になっている（**図8.46**）

- ハードコードされたテキスト（Hardcoded text）
  レイアウトファイルで直接テキスト属性をハードコーディング（本来プログラム中に記述すべきでない文字列などを、直接ソースコード中に埋め込むこと）するのは、不適切である

▼ **図8.46　UTF-8以外の文字コードが検出された例**

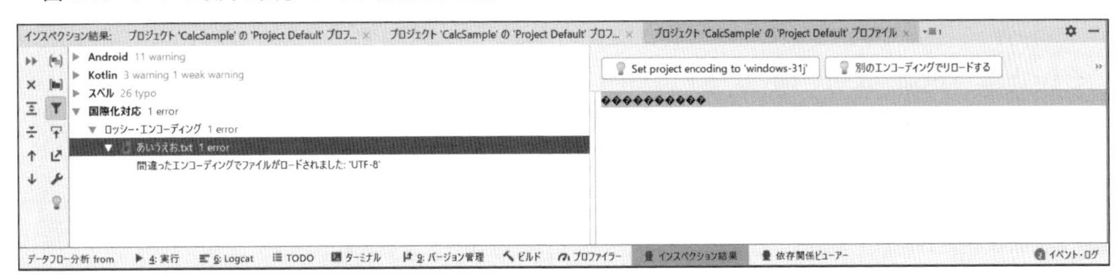

今回の「国際化対応」欄には、「ハードコードされたテキスト「Hardcoded text」の警告」が表示されています（**図8.47**）。

▼ 図8.47 「Hardcoded text」の該当ファイルとその内容

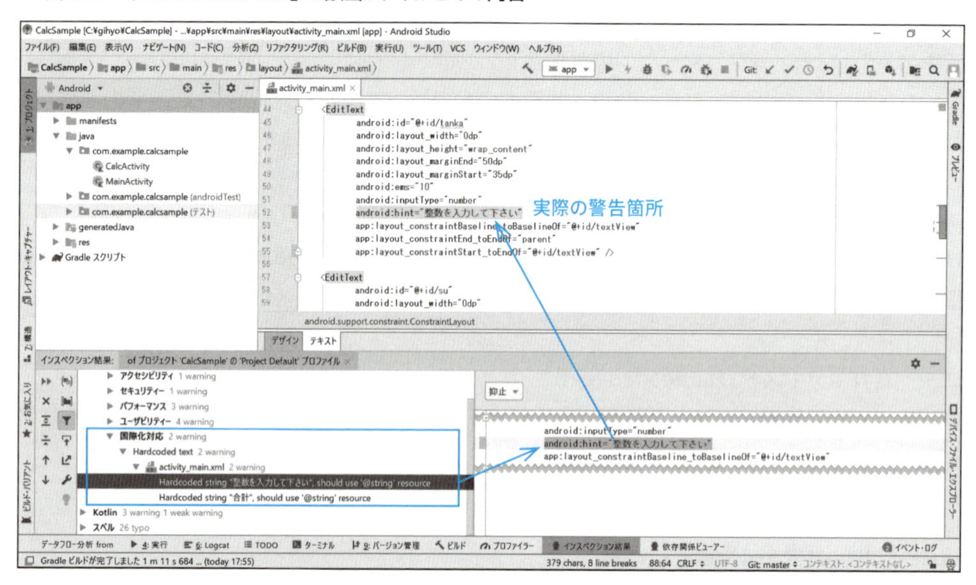

それでは、「国際化対応」欄の「Hardcoded text」の階層にある「activity_main.xml」の下にあるメッセージに従い、警告が出ないようにコードを修正していましょう。

●「activity_main.xml」の下にあるメッセージ

```
Hardcoded string "整数を入力して下さい",should use '@string' resource
Hardcoded string "合計",should use '@string' resource
```

これらのメッセージに従うには、上記のハードコートされたテキストを、文字列を定義するstrings.xmlファイルに定義して、activity_main.xmlからは、それらの文字列を参照できるようにコードを修正すればよいわけです（**図8.48**）。

▼ 図8.48　「Hardcoded text」のコードを修正した例

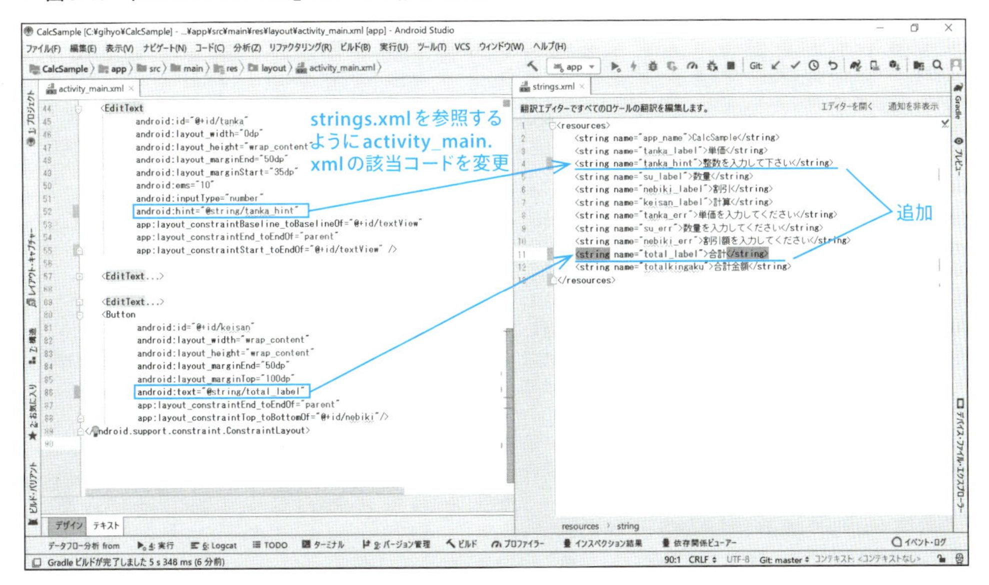

COLUMN　コーディング規約とは

IT企業などで行う開発業務はグループによる作業です。そのため、自分が作成したプログラムは自分だけが分かればよいわけではなく、グループの誰が見ても分かるようにしておく必要があります。誰が見ても分かるプログラムであれば、仕様変更や追加に伴うプログラムの修正があっても、作成者以外の人が対応しやすくなります。

このような理由から、多くの開発プロジェクトでは、「コーディング規約」と呼ばれるプログラムの書き方を統一するためのルールを決めています。コーディング規約は多岐にわたり、数も多いため、以下に、一般的な規約の一部のみあげておきます。

①変数、定数、関数、クラスなどのネーミングルールを統一する
②インデントのタブを禁止する（すべて空白で置き換える）
③ネストしすぎるメソッドを禁止する
④複数の変数の定義を一行で行うことを禁止する
⑤マジックナンバーを禁止する

⑤のマジックナンバーとは、リスト8.Bのように一見しただけでは何の数値なのかわからない数値を意味します。

▼ リスト8.B　マジックナンバーを使ったコード（Javaの例）

```
private boolean checkCount(int count) {
```

```
    boolean status = true;
    if (count >= 10) {
        status = false;
    }
    return status;
}
```

先の例では、3行目の「10」がマジックナンバーに相当します。それでは「10」がどのような意味を持つのかを明確にした例をあげておきましょう（リスト8.C）。

▼ リスト8.C　マジックナンバーを定数にして意味を持たせたコード（Javaの例）

```
private final int MAX_VALUE = 10;

private boolean checkCount(int count) {
    boolean status = true;
        if (count >= MAX_VALUE) {
            status = false;
        }
    return status;
}
```

このように、定数などを使って数値を定義しておけば明確になります。

第9章

Gradleによるビルド方法

Android Studioのビルドツールは「Gradle」がデフォルトになりつつありますが、これまでも、いろいろなビルドツールが登場しており、他のIDEでは現在でも利用可能なものが多々あります。 本章では、ビルドやビルドツールとは何かについて紹介し、その後にGradleの構成や基本設定などについて見ていきます。

本章の内容

9-1 ビルドとビルドツール

Android Studioのビルドツールは Gradle がデフォルトです。ここでは、Gradle を紹介する前に、ビルドそのものの意味や、Gradle が登場するまでのビルドツールなどについて見ていくことにしましょう。

ビルドとビルドツール

第3章でも紹介しましたが、ビルド(build)は、英語で「築く」という意味です。システム開発でのビルドは、複数のプログラムをまとめて、一つのシステムに築き上げる作業ですが、一度築き上げたら完成というわけではなく、構成されるプログラム個々の機能を追加したり、修正することで、何度もビルドを繰り返す必要があります(**図9.1**)。

▼ 図9.1 ビルドのイメージ(Javaの場合)

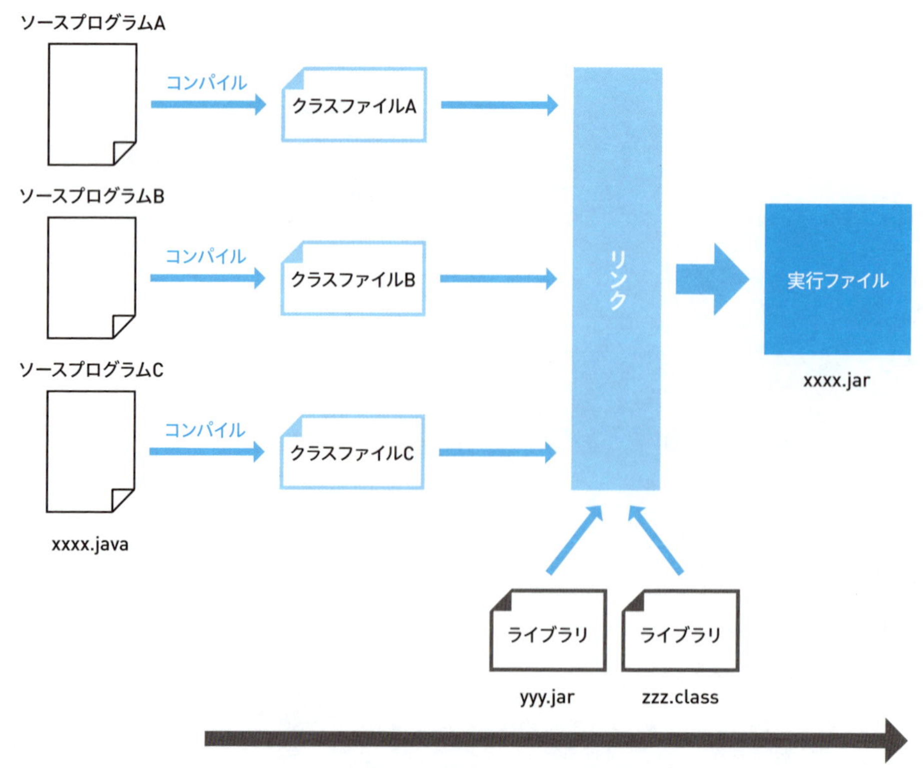

図9.1で示したように、コンパイルからリンクまでの一連の流れがビルドであり、コンパイル対象となるソースプログラムに変更や追加があれば、その分ビルドを繰り返すことになります。そのため、ビルド作業を自動的に効率よく進めるためのビルドツールが、歴史上いくつも登場しています。**表9.1**に、主なビルドツールをあげておきましょう。

▼ **表9.1 主なビルドツール**

ビルドツール	説明
Make	ビルドツールの草分け的な存在。主にC言語などの開発で使われている
Ant	Javaベースのビルドツール。ビルドファイルをXMLで記述する
Maven	Antの後継。Mavenからビルドに必要なライブラリが自動的に入手できるようになった
Gradle	ビルドファイルをGroovyと呼ばれるスクリプト言語で記述。主にJavaやAndroid開発で普及している
Bazel	Google社が社内で利用していたビルドツールをオープンソースとして提供したもの。 多言語に対応しており、ビルドの並列処理を実装しているため高速である

紹介したビルドツールのうち、ビルドの草分け的存在のMakeやAntは「手続き型」で、MavenとGradleは「規約型」のビルドツールであると言えます。「手続き型」では、ソースプログラムの場所やビルドしたファイルの出力先を逐次指定する必要がありますが、「規約型」では、「JARファイルを生成する」「アプリケーションをビルドする」といったような、プロジェクトの定義が明確で、あらかじめ決められたルールに則ってソースプログラムなどを配置していくため、処理がより簡潔になります。

ONEPOINT

Kotlinのプログラムも、JARファイルにすればJavaと同様に実行可能形式のファイルとなります。

Gradleは2007年に開発がスタートしたビルドツールで、MakeやAnt、Mavenなどと比べると歴史は浅いのですが、これまでのビルドツールのように、ビルド内容を記述するための専用ビルドスクリプト「build.gradle」を持っています(**表9.2**)。

▼ 表9.2　ビルドツールのビルドスクリプト

ビルドツール	ビルドスクリプト
make	Makefile
Ant	build.xml
Maven	pom.xml
Gradle	build.gradle

COLUMN **Maven**

前述したようにMavenはAntの後継ツールであり、特にJavaの代表的なビルドツールとして知られています。MavenはXMLでビルドファイルを記述するなど、Antを踏襲した面も持ちながら、Antよりも容易にビルドの設定を行うことができるようになっています。

さらに、プラグインの拡張により、単なるビルドツールではない側面があります。具体的には、JARファイルの作成、ソースプログラムのコンパイルやテストの他に、Javadocやテストレポート、プロジェクトサイトの生成などが可能などと、様々な機能が搭載されている点です。

Gradleの特徴

ここまでで、GradleがAndroid Studioのデフォルトのビルドツールであることがわかりました。すでに**表9.1**で紹介したものも含め、Gradleの主な特徴をあげておきましょう。

- Groovyを利用（AntやMavenのようにXMLでビルド処理を記述するのではなく、Groovyと呼ばれるJavaライクなスクリプト言語を使用する）
- タスクによる処理 タスクと呼ばれる「作業単位」で、ビルド処理を記述する
- Gradleで利用されるライブラリがアップロードできるリポジトリー「jCenter」以外 に、Mavenのセントラルリポジトリーにも対応している

ONEPOINT

リポジトリー（repository）とは、貯蔵庫や倉庫を意味する単語で、ライブラリなどが一元管理されている場所を指します。

Android Studioでは、ビルドをGradleに委譲しています。しかし、GradleはAndroid Studioから独立して実行されるようになっており、GradleはAndroid Studioからも、コマンドラインからも利用可能です。

ところで、Gradleという文字列はAndroid Studioの画面のいたるところで見ることができま

す。Android Studio上では、このように見た目は存在感のあるGradleですが、Gradleはビルドの工程を自動化して管理するため、開発者はGradleをあまり意識することなく、アプリを作成し、実行することができるのです。

ビルドプロセス

プロジェクトを、実機にインストールするAPK（Androidアプリケーションパッケージ）に変換するためには、多くのツールとプロセスを経由します。**図9.2**は、Android Studioの公式ページで紹介されているビルドプロセスの図です。

▼ 図9.2　APKに変換する過程

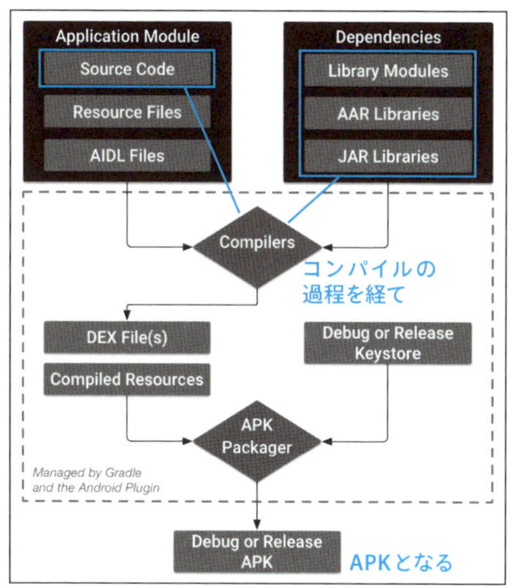

- ビルドプロセスの参考サイト
  https://developer.android.com/studio/build

図で示したように、ソースコードは、それらが依存するライブラリと共にコンパイルされ、デバッグ用もしくはリリース用としてAPKとなります。

> **ONEPOINT**
> APK（Android application package）とは、Googleによって開発されたAndroid専用ソフトウェアパッケージのファイルフォーマットです。

9-2 Gradleツールと機能

ここでは、Android Studioのデフォルトビルドツールである Gradleの利用例や基本機能について紹介していきます。

Gradleツールウィンドウ

まずは、Gradleツールウィンドウにレイアウトされているボタンについて見ていきましょう（図9.3）。

▼ 図9.3　Gradleツールウィンドウ

①現在のプロジェクトに他のプロジェクトのビルドファイルを追加する
②他のGradleプロジェクトなどを削除する
③Gradleタスクを実行する
④ツールウィンドウ内のすべてのノードを展開する
⑤ツールウィンドウ内のすべてのノードを折りたたむ

⑥オフラインモードでGradleプロジェクトを操作する
⑦Gradle設定ダイアログボックスを開く

①②については、他のプロジェクトにあるGradleのビルドファイルなどを追加したり、削除する際に利用できます(**図9.4**)。

▼ **図9.4 他のGradleファイルを追加する際のダイアログボックス**

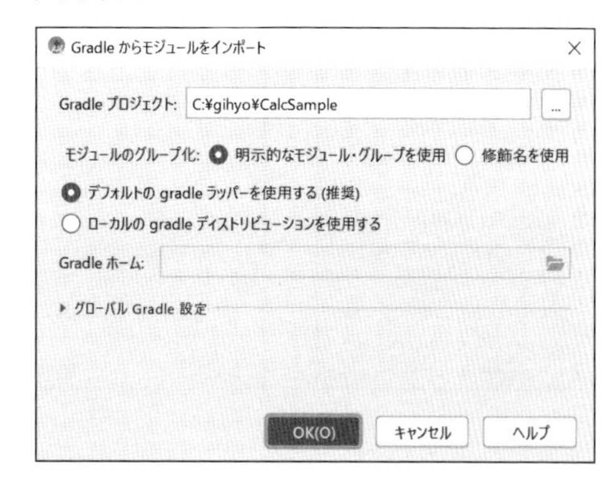

なお、②の削除操作を行った場合、Gradleツールウィンドウが非表示になった場合は、Android Studioのメインメニューから、「ファイル(F)」→「Gradleファイルとプロジェクトを同期」を選択してください(**図9.5**)。なお、「ツールバー」のをクリックしても同じ操作が可能です。

▼ **図9.5 Gradleツールウィンドウが非表示になった場合**

③の「Gradleタスクの実行」については、P.350で具体的な例を取り上げています。④⑤では、Gradleツールウィンドウ下欄に表示されるGradleタスクを展開したり、閉じたりといったことができます(**図9.6**)。

▼ 図9.6　Gradleタスクの表示を展開したり、閉じたりできる

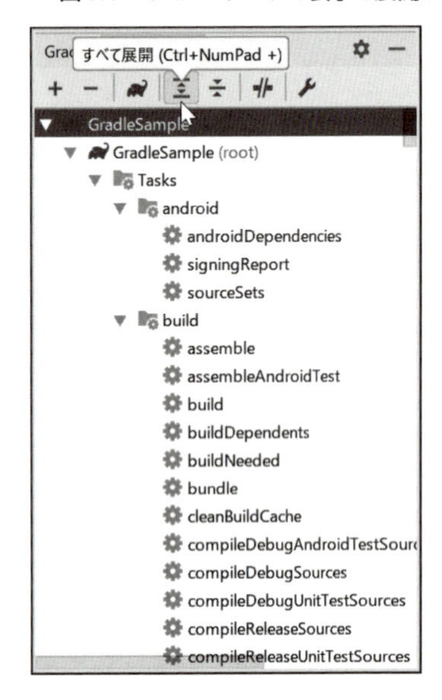

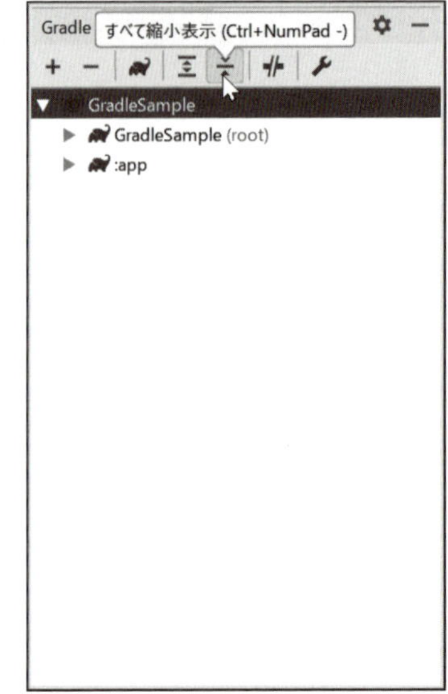

⑥のオフラインモードでは、Gradleの自動同期をオフにすることができます。詳細は後述します。⑦のGradle設定では、Android Studioのメインメニューから、「ファイル(F)」→「設定(T)」をクリックしたときに表示される「設定」ダイアログボックスが、「Gradle」項目を選択した状態で表示されます（**図9.7**）。

▼ 図9.7　Gradle設定ボタンをクリックしたときのダイアログボックス

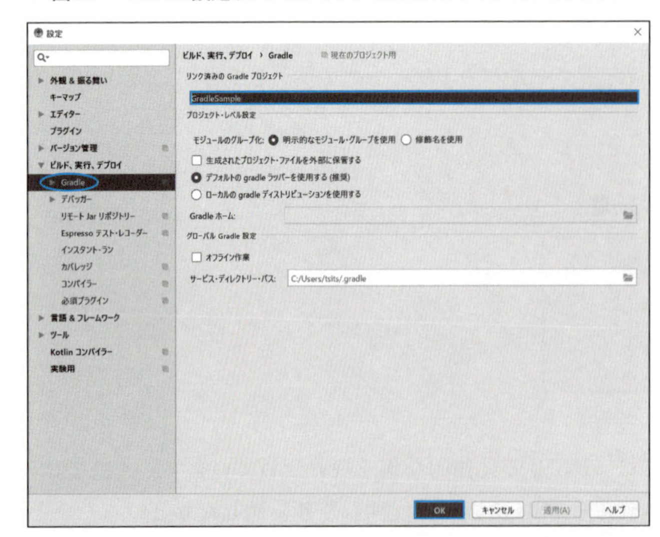

Gradleの自動同期をオフにする

Gradleでは、専用のビルドスクリプトファイル「build.gradle」にプロジェクトで利用したライブラリなどを記述するだけで、自動的に必要なライブラリを追加したり、更新したりといったことができます。これらの作業が自動同期によって行われるのですが、同期に時間がかかることもあるため、自動同期をオフにする設定も知っておくと便利です。

1. Android Studioのメインメニューから、「ファイル(F)」→「設定(T)」をクリックします。
2. 「設定」ダイアログボックスが表示されたら、左側のメニュー階層から「ビルド、実行、デプロイ」→「Gradle」をクリックし、「グローバルGradle設定」欄のオフライン作業にチェックを入れます（**図9.8**）。

▼ 図9.8 「設定」ダイアログボックス

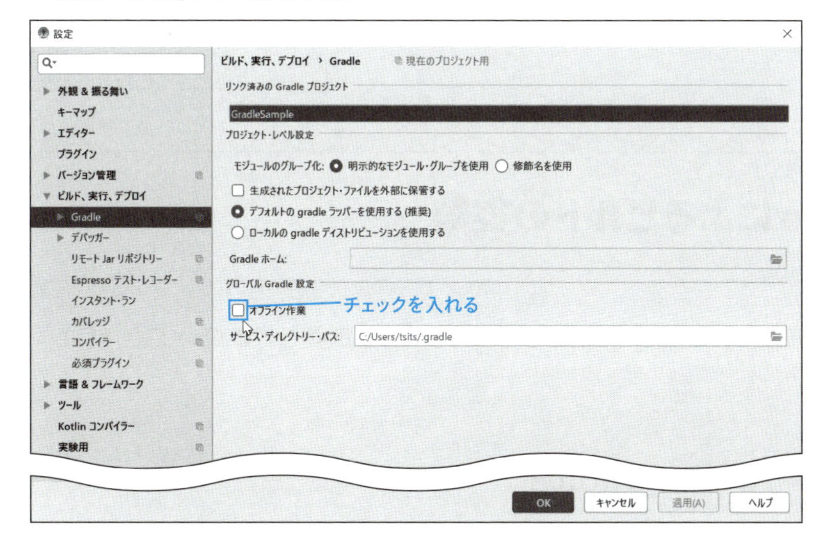

ONEPOINT

手動で同期させたい場合は、P.329で紹介したGradleツールウィンドウのボタンをクリックしてください。

図9.3⑥で紹介したオフラインモードのGradleの自動同期をオフにすると、**図9.9**の「オフライン作業」にチェックが付きます。

▼ 図9.9　オフラインモードなら「オフライン作業」にチェックが付く

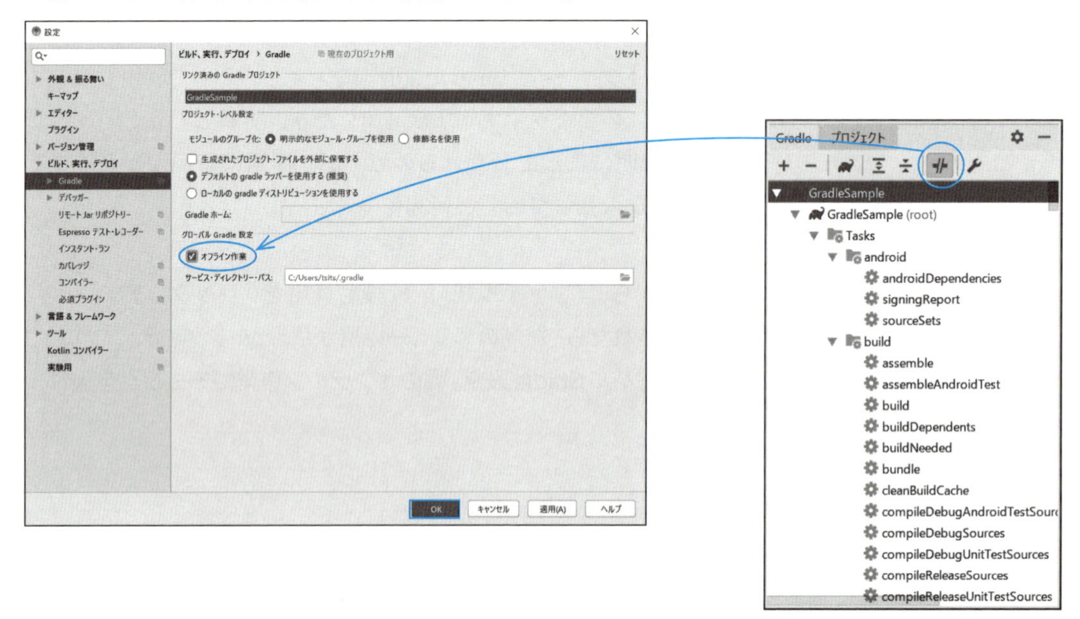

9-3 Gradleによるビルドの実際

Gradleの基本機能を知ったところで、次は、実際の具体的な定義などについて紹介していきます。

 ビルドファイル「build.gradle」

P.326で紹介したように、Gradleのビルドファイルは「build.gradle」です。Gradleではビルドの手順を、Groovyという言語によって記述しますが、それら手順を定義したファイルが、「build.gradle」です（**図9.10**）。

▼ 図9.10 「build.gradle」

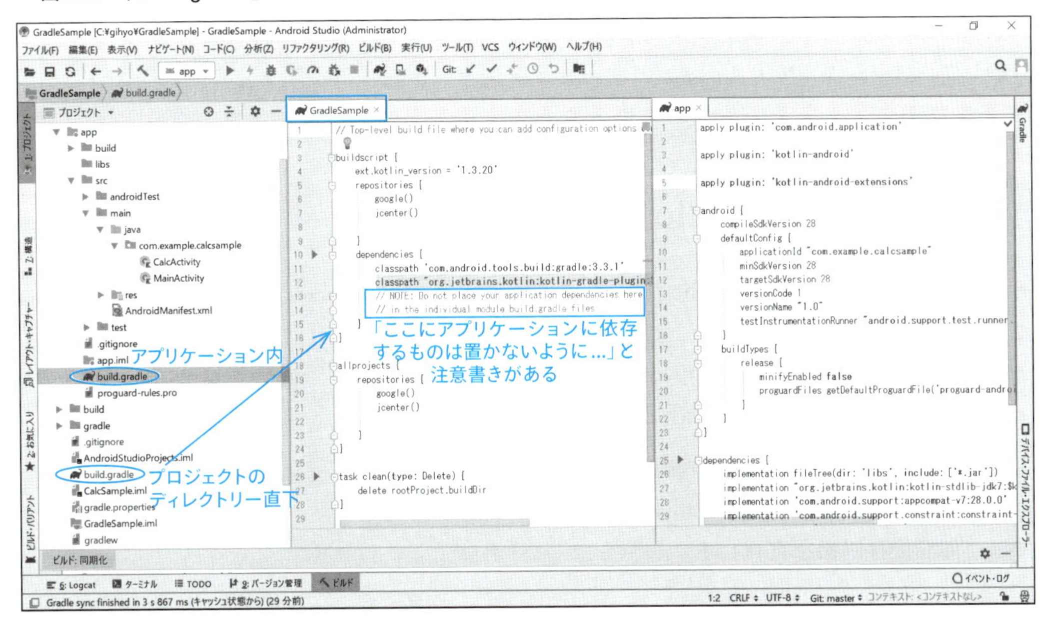

図9.10を見るとわかるように、「build.gradle」ファイルは1つではありません。「build.gradle」ファイルは、プロジェクト直下と、アプリケーション（app）ディレクトリー内にそれぞれ1つずつ存在します。**図9.11**は、プロジェクトが実際に保存されているフォルダーで、2つの「build.gradle」ファイルを表示させたものです。

▼ 図9.11 「build.gradle」ファイルの実際の保存場所

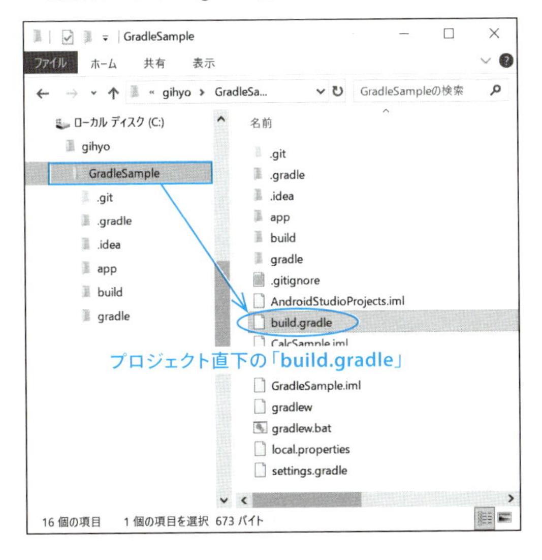

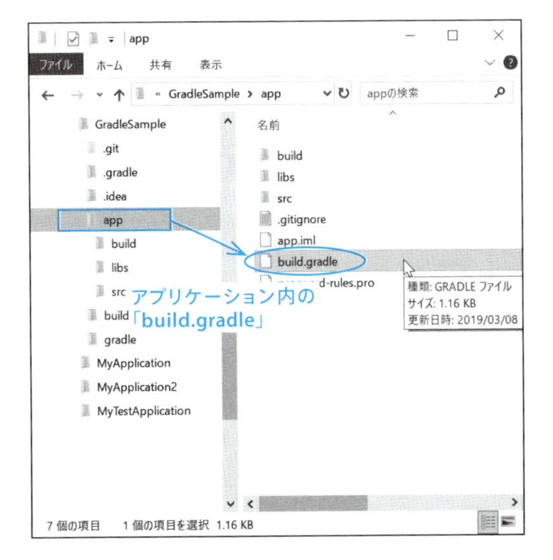

どちらのファイルもビルドの手順を定義したものですが、プロジェクト直下の「build.gradle」には、プロジェクト全体に関する手順を、アプリケーション内の「build.gradle」には、プロジェクトのサブプロジェクトでもあるアプリケーション個々に依存する手順を定義すればよいことになります。

2つの「build.gradle」の定義の実際

それでは先の2つの「build.gradle」に対して、実際にどのような記述をするのかを具体例を通して見ていくことにします。ここでは、8章で紹介したテストの例として、JUnitの最新バージョンであるJUint5を、Android Studioで使用する際に必要となるビルド設定を見ていきましょう。

なお、ビルドスクリプトでJUinit5のような外部のプラグインやライブラリを使用する場合は、まずプロジェクト直下の「build.gradle」にある「dependencies」のブロック内に、JUnit5のクラスパスを追加します。「dependencies」は「依存関係」という意味で、「dependencies」のブロックでは、外部依存関係を宣言します。

1. Android StudioでJUnit5を利用するためのプラグインを追加するため、プロジェクト直下の「build.gradle」へ、以下の行を追加します(**図9.12**)。

▼ **図9.12 プロジェクト直下の「build.gradle」へ、JUnit5のプラグインを追加する**

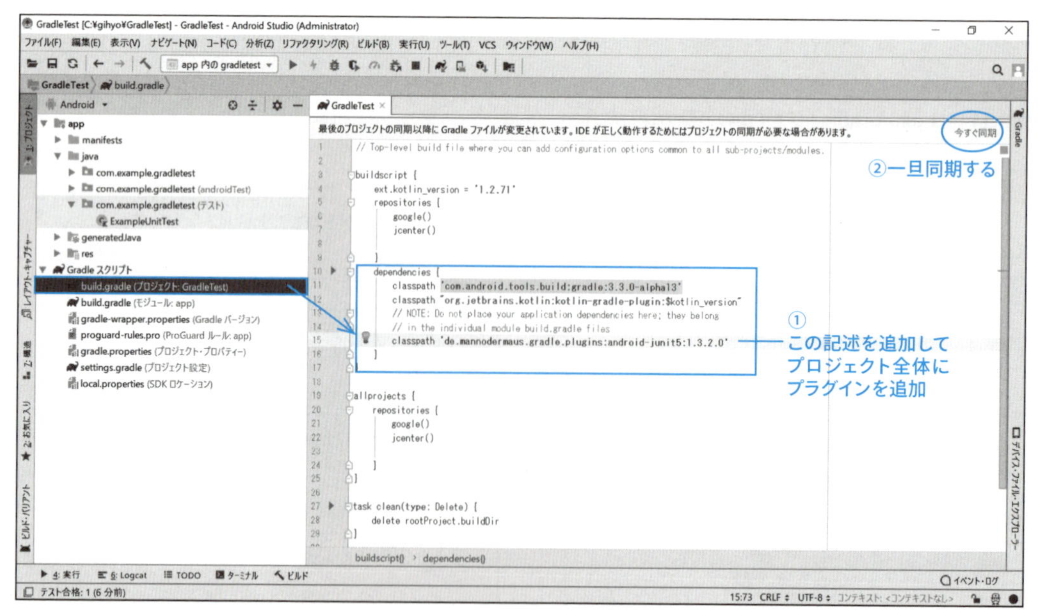

```
dependencies {
    classpath 'com.android.tools.build:gradle:3.3.0-alpha13'
    classpath "org.jetbrains.kotlin:kotlin-gradle-plugin:$kotlin_version"
    // NOTE: Do not place your application dependencies here; they belong
    // in the individual module build.gradle files
    classpath 'de.mannodermaus.gradle.plugins:android-junit5:1.3.2.0'   ・・・追加部分
}
```

2 **図9.12**でも示した、Android Studioの画面右上にある「今すぐ同期」をクリックして、Gradleを同期させ、プラグインの追加が成功することを確認します。

3 アプリケーション内の「build.gradle」の上部に、JUnit5のプラグインを使用するための宣言として、以下の行を追加します。

```
apply plugin: 'de.mannodermaus.android-junit5'
```

4 「dependencies」ブロック内に以下の4行を追加します（**図9.13**）。

▼ **図9.13 アプリケーション内の「build.gradle」にある「dependencies」ブロック**

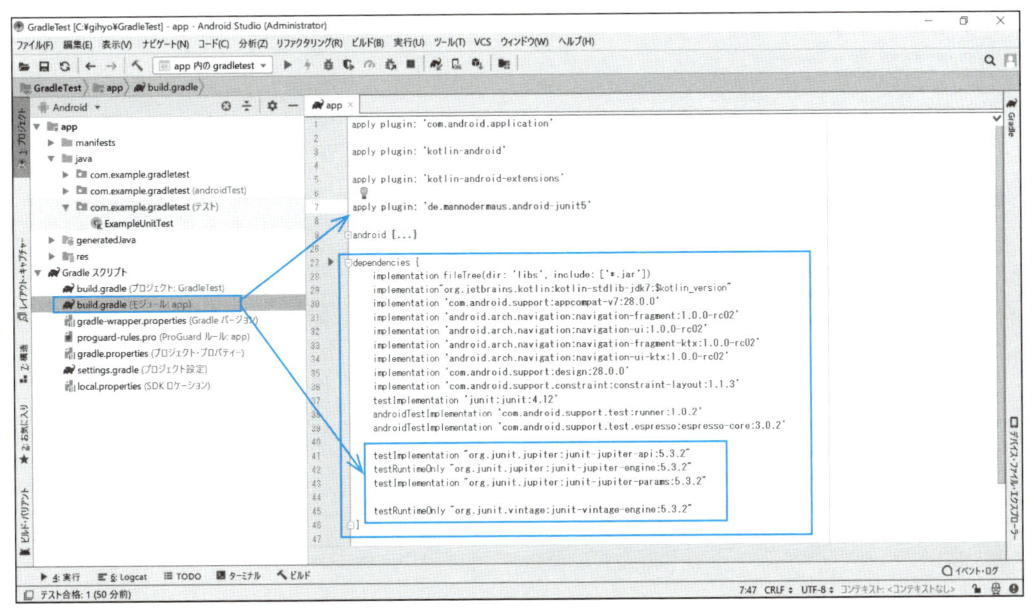


```
dependencies {
                              ：中略
```

```
    testImplementation "org.junit.jupiter:junit-jupiter-api:5.3.2"
    testRuntimeOnly "org.junit.jupiter:junit-jupiter-engine:5.3.2"
    testImplementation "org.junit.jupiter:junit-jupiter-params:5.3.2"

    testRuntimeOnly "org.junit.vintage:junit-vintage-engine:5.3.2"
```

手順1、2が、プロジェクト直下の「build.gradle」対象、手順3、4がアプリケーション内の「build.gradle」対象であることがわかります。なお、手順4の「dependencies」ブロックに追加した記述は、テストのコンパイルや実行時に必要となる依存関係です。

以下に、JUnit5による簡単なテストとその結果を示しておきましょう（**図9.14**）。

▼ **図9.14　JUnit5を利用したテストの例**

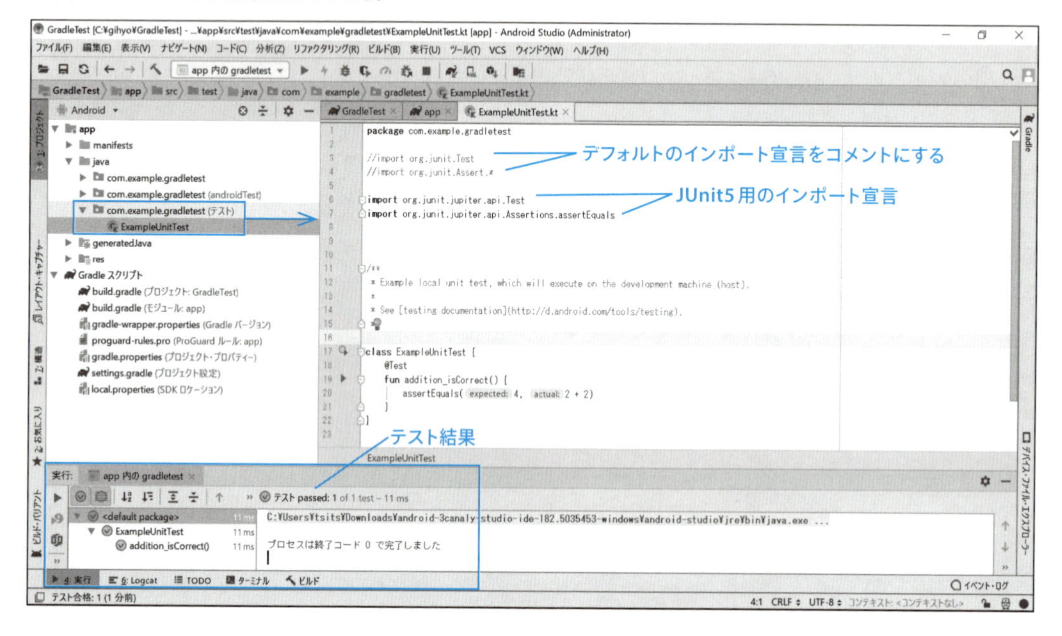

ONEPOINT

JUnitによる具体的なテスト例は8章でとりあげています。

Gradleでライブラリの記述を確認する

次に、Android Studioのメインメニューから、すでに登録（宣言）されているライブラリを見てみましょう。

1. Android Studioのメインメニューから「ファイル」→「プロジェクト構造」を選択します。
2. 「プロジェクト構造」ダイアログボックスに左側にある「Dependencies」をクリックします（**図9.15**）。

▼ **図9.15　すでに宣言（Decclared）されているライブラリが表示される**

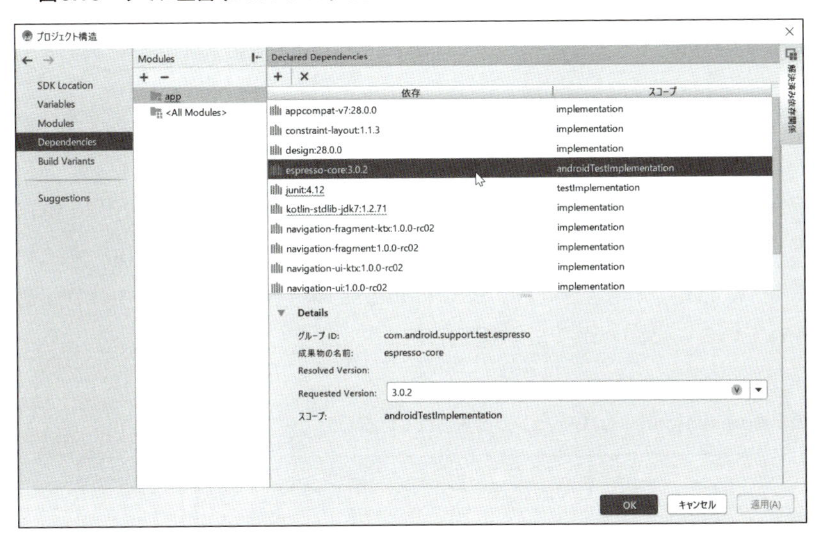

例えば、**図9.15**で示した「espresso-core」は、P.294で紹介した「Espresso Test Recorder」に関連するライブラリです。なおこれらのライブラリは、アプリケーション（app）ディレクトリー内の「build.gradle」に記述されているもので、「プロジェクト構造」ダイアログボックスで「build.gradle」を参照したり、設定することが可能となっています。

試しに、「espresso-core」のバージョンを変えてみましょう（**図9.16**）。

▼ 図9.16 「espresso-core」のバージョンを変えてみる

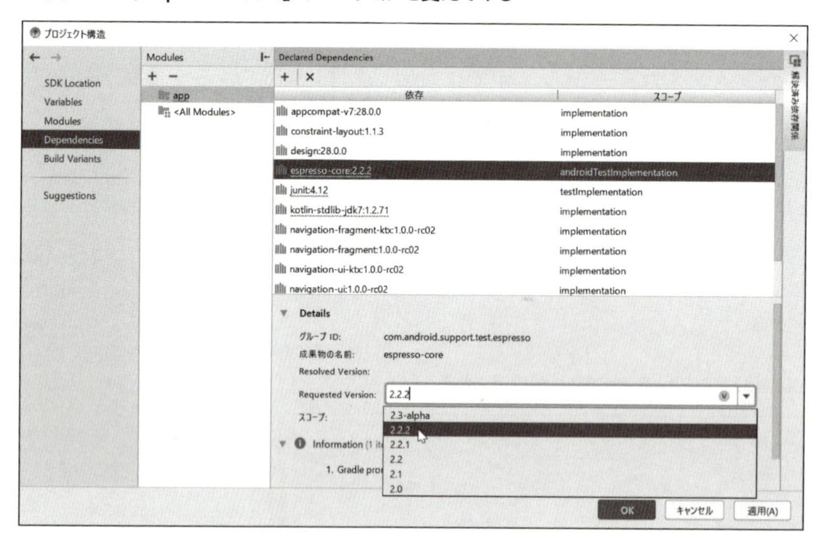

「Declared Dependencies」の下欄にある「Details」の「Requested Version:」のリストから現在とは違うバージョンを選んで、「OK」ボタンをクリックすると、アプリケーション(app)ディレクトリー内の「build.gradle」に記述されている「espresso-core」行のバージョンもリストから選んだバージョンに変更されていることがわかります(**図9.17**)。

▼ 図9.17 「build.gradle」の「espresso-core」もバージョンが変更されている

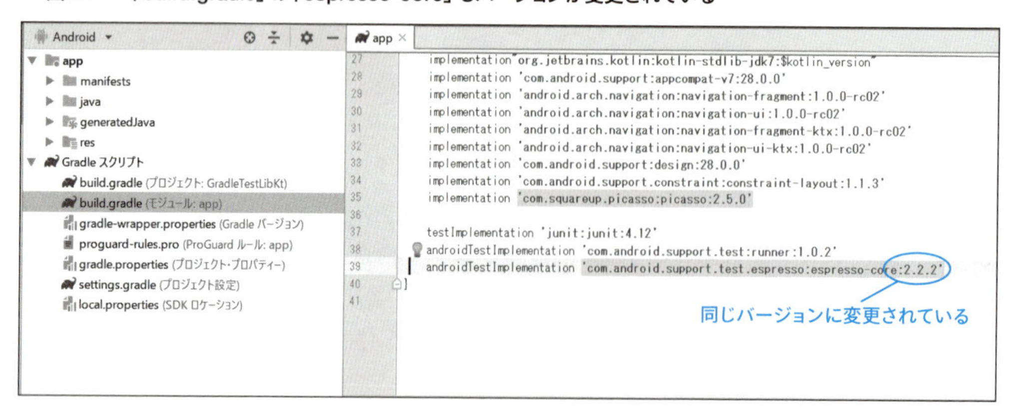

前述のように、「プロジェクト構造」ダイアログボックスは、「build.gradle」の記述を参照しているため、「build.gradle」を直接編集して、「espresso-core」のバージョンを変更しても、「プロジェクト構造」ダイアログボックスの先の箇所が変更されます。

また、「プロジェクト構造」ダイアログボックスでは、宣言済みのライブラリの新バージョンがある場合などに、以下のメッセージが表示され、新バージョンにアップデートすることができます（**図9.18**）。

▼ **図9.18　アップデートの表示例**

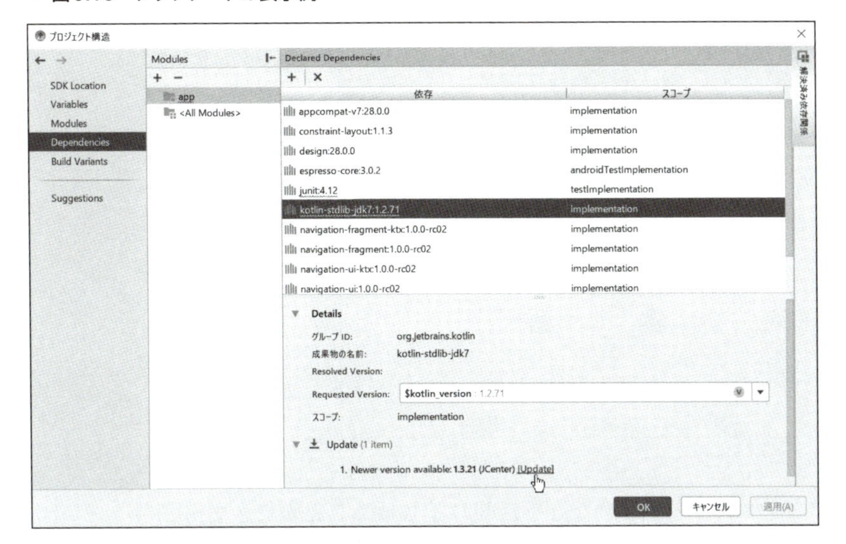

Gradleで独自のライブラリを追加する

ライブラリの記述箇所が確認できたので、今度は、ライブラリを追加する手順を見てみます。以下は、オリジナルのライブラリなどの、新規のライブラリを作成するまでの手順です。

1. Android Studioのメインメニューから「ファイル(F)」→「プロジェクト構造」をクリックします。
2. 「プロジェクト構造」ダイアログボックスの「Modules」にある「＋」ボタン（新規モジュール）をクリックします（**図9.19**）。

▼ **図9.19　「Modules」にある「＋」ボタンをクリック**

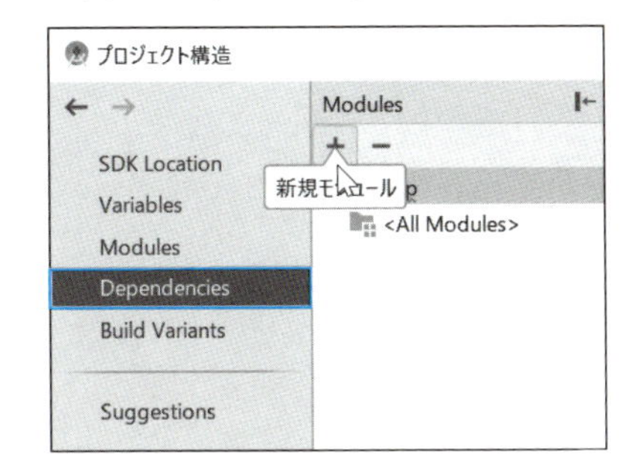

3　「新規モジュール」ダイアログボックスで「Androidライブラリー」や「Javaライブラリー」など、作成したいライブラリーの種類を選択します(**図9.20**)。

▼ **図9.20　「新規モジュール」ダイアログボックス**

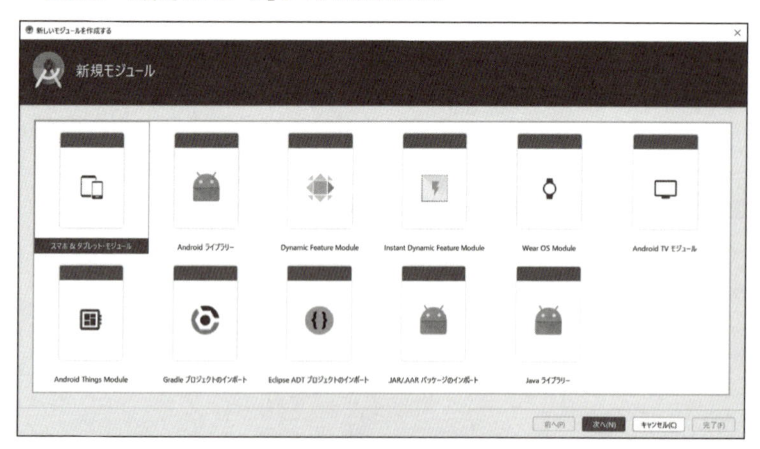

このような手順でオリジナルのライブラリなどを新規に追加することができます。

 ライブラリの追加の実際

先に、オリジナルのライブラリ追加の手順については紹介しましたが、Webサイト上には、Android Studioで利用できる多くのライブラリが公開されており、これら外部のライブラリを使用することで、より効率的に開発を進めることが可能になります。

ここでは、外部のライブラリを追加する事例として、「Picasso」というライブラリを取り上げます(**図9.21**)。Picassoとは、Web上の画像などを簡単にアプリ上に表示させることができるライブラリです。

- Picassoの公式ページURL
  http://square.github.io/picasso/

▼ 図9.21　Picassoの公式ページ

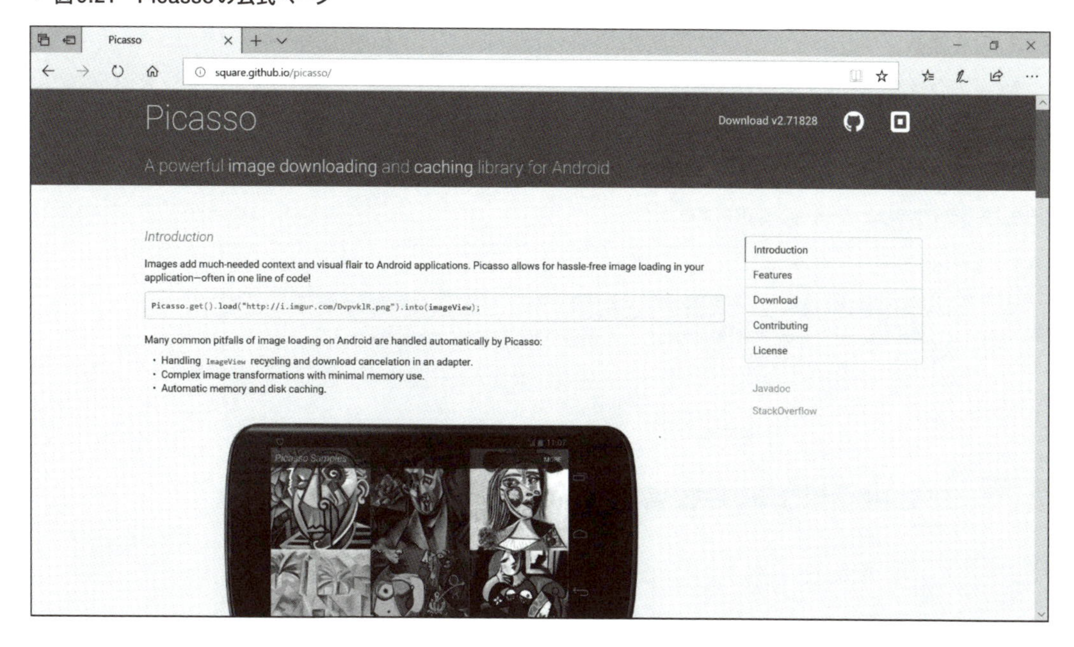

1. Android Studioのメインメニューから「ファイル(F)」→「プロジェクト構造」をクリックします。
2. 「プロジェクト構造」ダイアログボックスの「Declared Dependencies」欄にある「+」ボタン（依存関係の追加）をクリックします（**図9.22**）。

▼ 図9.22　「Declared Dependencies」欄にある「+」ボタン（依存関係の追加）

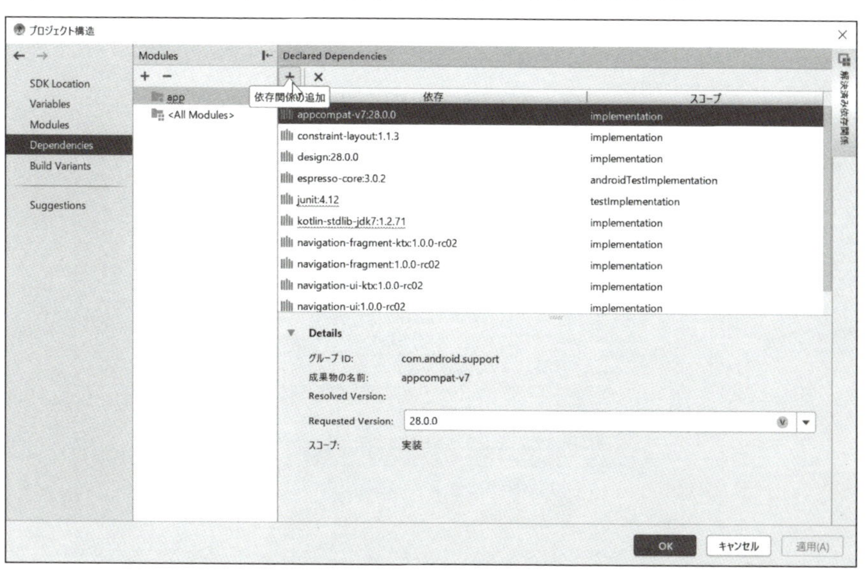

3 「ライブラリー依存関係を追加する」ダイアログボックスでは、「名前:」欄に「picasso」と入力して<検索>ボタンをクリックします。

4 該当のライブラリを「グループID」から選択し、右側の「バージョン」欄でバージョンを選択して、「OK」ボタンをクリックします（**図9.23**）。

▼ **図9.23　ライブラリとバージョンを選択する**

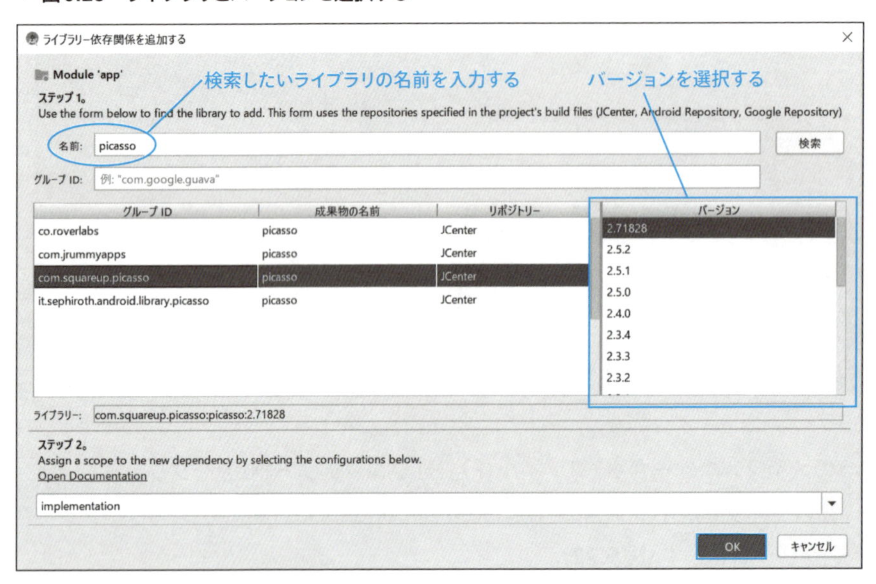

ここまでの作業で、アプリケーション（app）ディレクトリー内の「build.gradle」に、先の設定が反映されています（**図9.24**）。

▼ **図9.24　「build.gradle」にも設定が反映される**

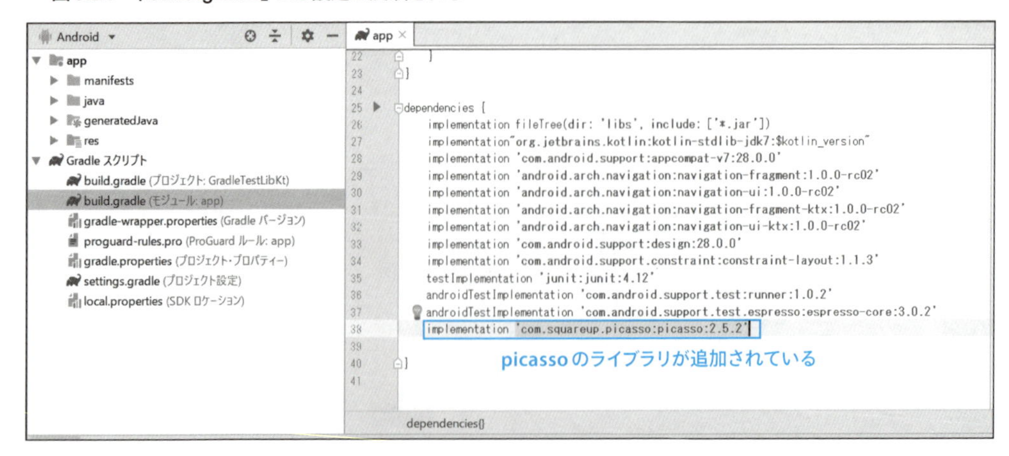

ONEPOINT

P.338で紹介したライブラリ「espresso-core」のときにもふれたように、「プロジェクト構造」ダイアログボックスは「build.gradle」のライブラリ設定を参照しています。

ライブラリの機能を使う

Picassoのライブラリが追加できたので、次は、Picassoのライブラリが持つ機能を利用してみます。Picassoでは、Web上の画像を簡単にアプリで表示させるだけでなく、画像サイズの変更や回転などの編集も可能です。

以下にPicassoの利用に関して編集が必要となるファイル（**リスト9.1**～**リスト9.3**）とKotlin／Javaのソースプログラムの該当部分をあげておきましょう（**リスト9.4**、**リスト9.5**）。

具体的には、AndroidManifest.xml（**リスト9.1**）はインターネットを利用するための記述を、activity_main.xml（**リスト9.2**）は画像をレイアウトするためのタグの追加記述を、strings.xml（**リスト9.3**）はアプリで使用する文字列を追加しています。実行例は**図9.25**になります。

▼ **リスト9.1 「AndroidManifest.xml」（ディレクトリー：app→manifests内）**

```
<manifest xmlns:android="http://schemas.android.com/apk/res/android"
    package="com.example.gradletestlibkt">

  <uses-permission android:name="android.permission.INTERNET" />
        ：中略
</manifest>
```

▼ **リスト9.2「activity_main.xml」（ディレクトリー：app→res→layout内）**

```
<?xml version="1.0" encoding="utf-8"?>
<android.support.constraint.ConstraintLayout
    ...省略 ...
    tools:context=".MainActivity">

    <ImageView
        android:id="@+id/image1"
        android:scaleType="centerCrop"
        android:layout_width="match_parent"
        android:layout_height="match_parent"
        android:contentDescription="@string/img_description" />

</android.support.constraint.ConstraintLayout>
```

（ImageView部分：追加）

▼ リスト9.3　「strings.xml」(ディレクトリー：app→res→values内)

```
<resources>
    <string name="app_name">GradleTestLibKt</string>
    <string name="img_description">image</string>  ―追加
</resources>
```

ONEPOINT

「AndroidManifest.xml」「activity_main.xml」「strings.xml」の記述は、KotlinもJavaも同じです。

▼ リスト9.4　MainActivity.kt

```
            ：前略
import com.squareup.picasso.Picasso;
            ：中略
class MainActivity : AppCompatActivity() {

    override fun onCreate(savedInstanceState: Bundle?) {
        super.onCreate(savedInstanceState)
        setContentView(R.layout.activity_main)

        val img = findViewById<ImageView>(R.id.image1)

        Picasso.with(this)
            .load("・・・ここにWebサイトのURLを記述する・・・")
            .into(img)

    }
}
```

▼ リスト9.5　MainActivity.java

```
            ：前略
import com.squareup.picasso.Picasso;
            ：中略
public class MainActivity extends AppCompatActivity {

    @Override
    protected void onCreate(Bundle savedInstanceState) {
        super.onCreate(savedInstanceState);
        setContentView(R.layout.activity_main);

        ImageView img = (ImageView)findViewById(R.id.image1);

        Picasso.with(this)
```

```
            .load("・・・ここにWebサイトのURLを記述する・・・")
            .into(img);

    }
}
```

図9.25 Picassoを使ったアプリの実行例

通常、Web上の画像をアプリで表示するためには、接続に関する処理などを考え、記述する必要がありますが、Picassoを使うと、前述したような簡単なコードで実装が可能です。

COLUMN **プラグインとライブラリ**

P.334のJUnit5で紹介した「プラグイン」も、ライブラリと同じように、既存のプログラムへ追加機能を提供するものでした。それでは、プラグインとライブラリにはどのような違いがあるのでしょうか。ここで整理しておきましょう。

- プラグイン
  特定のプログラムの機能を追加するためのプログラム。初めから導入されておらず、後から追加することで拡張機能を提供する
- ライブラリ
  関数やサブルーチンなどと呼ばれる、特定の機能を持つプログラムを複数集め、他のプログラムで利用できるようにしたもの

上記だけの説明ではどちらも特定、または他のプログラムで利用するためのプログラムであるという共通点があります。しかし、プラグインは特定のプログラムを拡張するための小さなプログラムであるのに対し、ライブラリは、ライブラリそのものがプログラムとして単独で機能することのない、単なる部品である点が両社の違いと言えます。

ちなみに、「Google Chrome」などのブラウザソフトや、画像編集ソフトの「Photoshop」など、ソフトウェアの種類に関係なく、様々なプラグインがそれぞれのソフトウェアに用意されています。一方のライブラリは、JavaやKotlin、C#、Pythonなど、多くのプログラム言語で利用されています。

Gradleのビルドスクリプト

これまで取り上げてきた「build.gradle」は、Android Studioプロジェクトに最初から用意されるGradleによる専用のビルドスクリプトファイルです。前述のようにbuild.gradleは、プロジェクト直下と、アプリケーション(app)ディレクトリー内の計2つ存在します。本章で取り上げている「GradleSample」プロジェクト直下のbuild.gradleを再度見てみると、**リスト9.6**のような構成になっていることがわかります。

▼ **リスト9.6 プロジェクト直下のbuild.gradleの構成**

```
buildscript {                           // ① ビルドに関する記述ブロック
    ext.kotlin_version = '1.3.20'       // ② すべてのモジュールで共有するものを宣言
    repositories {                      // ③ 外部への依存関係を解決するためのリポジトリーを記述
        google()
        jcenter()
```

```
    }
    dependencies {    // ④ 外部依存関係に関するものを記述
        classpath 'com.android.tools.build:gradle:3.3.1'
        classpath "org.jetbrains.kotlin:kotlin-gradle-plugin:$kotlin_version"
        // NOTE: Do not place your application dependencies here; they belong
        // in the individual module build.gradle files
    }
}

// ⑤ ルートプロジェクトを含む共通処理を記述
allprojects {
    repositories {
        google()
        jcenter()

    }
}

// ⑥ Gradleタスク（ここではルートプロジェクトのビルドディレクトリの削除）
task clean(type: Delete) {

    delete rootProject.buildDir
}
```


ONEPOINT

リポジトリーは貯蔵庫や保管場所を意味する言葉です。外部のプラグインやライブラリは、リポジトリーから取得する必要があります。

次にアプリケーション（app）ディレクトリーにある「build.gradle」の構成を見てみましょう（**リスト9.7**）。

▼ リスト9.7 アプリケーション（app）ディレクトリーにある「build.gradle」の構成

```
apply plugin: 'com.android.application'     // ① プラグインを使うための宣言
        ：中略
android {                                   // ② ビルドの情報を記述
        ：中略
    defaultConfig {                         // ③ デフォルトの設定を記述
        ：中略
    }
    buildTypes {                            // ④ ビルドごとの設定を記述
        ：中略
```

```
    }
}

dependencies {                          // ⑤ 外部依存関係に関する記述
    ：中略
}
```

このように、ビルドスクリプト「build.gradle」は、多くの宣言や設定で構成されており、Android Studioプロジェクトのビルドが効率よく行われています。

 Gradleタスクを作成する

Gradleのビルドスクリプト「build.gradle」には、いろいろな宣言や設定に関する記述がありましたが、Gradleでは、P.326でも紹介したように、Groovyとよばれるオープンソースのスクリプト言語を用いて、ビルドスクリプトを作成します。

ONEPOINT

Groovyは、JVM（Java Virtual Machine：Java仮想マシン）で動作するJavaに似た文法が特徴のスクリプト言語です。

Groovyでは、タスクでスクリプトを作成することが基本です。「Gradle」ツールウィンドウをみると、先の「build.gradle」にある多くのタスクを確認することができます（**図9.26**）。

それでは、Gradleタスクの作成方法について紹介しましょう。

▼ 図9.26 「Gradle」ツールウィンドウでタスクが確認できる

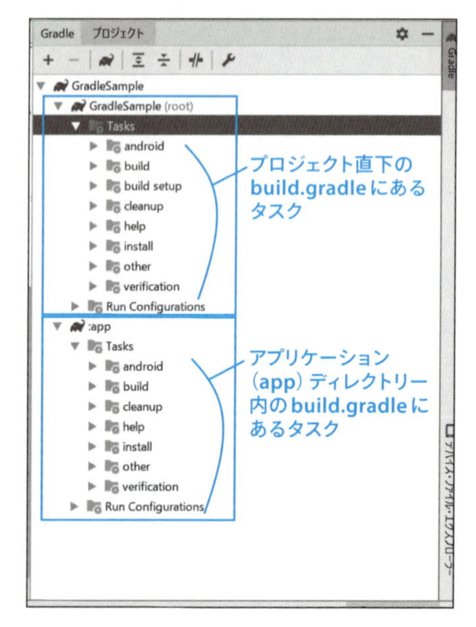

●Gradleタスクの書式

```
task タスク名 {
  処理
}
```

ここでは、オリジナルのGradleタスクを記述する基本的な例についてとりあげます。Groovyでは、「task」というキーワードの後に、任意のタスク名を記述することが可能です。以下は、「hello」というタスクで、「Hello World」を出力する例です。

```
task hello {
    println 'Hello World'
}
```

今回のタスクは、アプリケーション(app)ディレクトリーにある「build.gradle」の最下行に追加しました。追加後は、エディターウィンドウの左側にある実行用のマークをクリックして、表示されたメニューから、「実行(U)」をクリックしてください(**図9.27**)。

▼ **図9.27　helloタスクを実行した例**

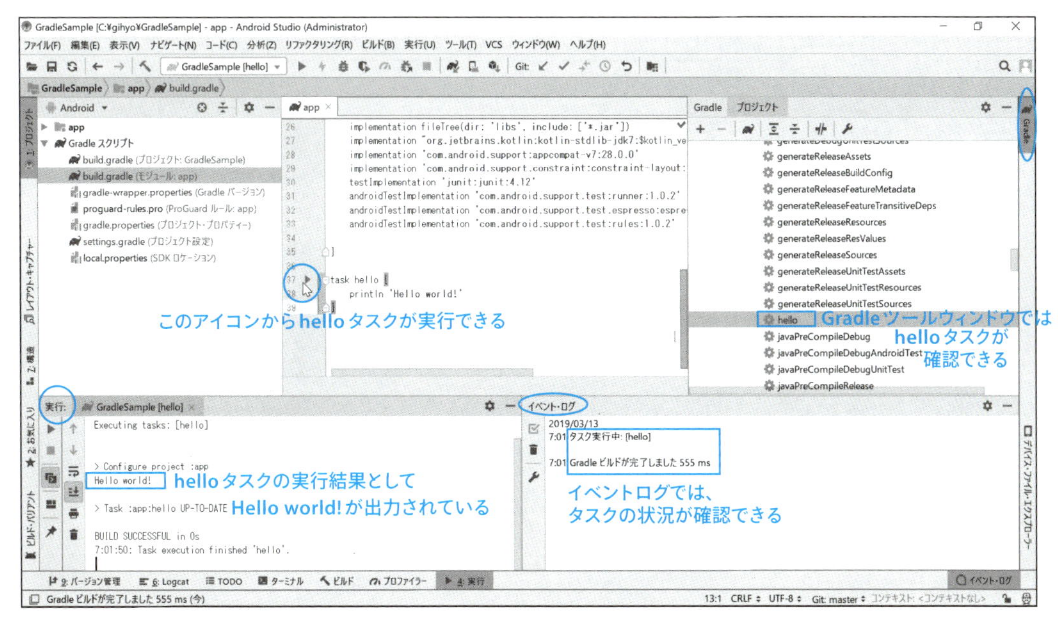

出力結果は、Android Studioの「実行」ウィンドウに表示されます。その他、Gradleツールウィンドウやイベントログウィンドウなどで、タスクのビルド状況などが確認できます。

Gradleタスクにアクションを追加する

Gradleのタスクでは、アクションと呼ばれるメソッドを利用することもできます。**リスト9.8**の例は、先のタスクにdoLastとdoFirstメソッドを追加したものです。

▼ **リスト9.8　アクションメソッドを追加したタスクの例（testaction）**

```
task testaction{
    doLast {
        println("End!!");
    }
    doFirst {
        println("Start!!");
    }
}
```

これらのメソッドは名前通りの意味があり、「doFirst」はタスクの最初に実行され、「doLast」は最後に実行されます。**図9.28**の実行結果を見ると、記述した順番とは逆順に、メソッドの仕様通りに実行されていることがわかります。

▼ **図9.28　「testaction」タスクの実行例**

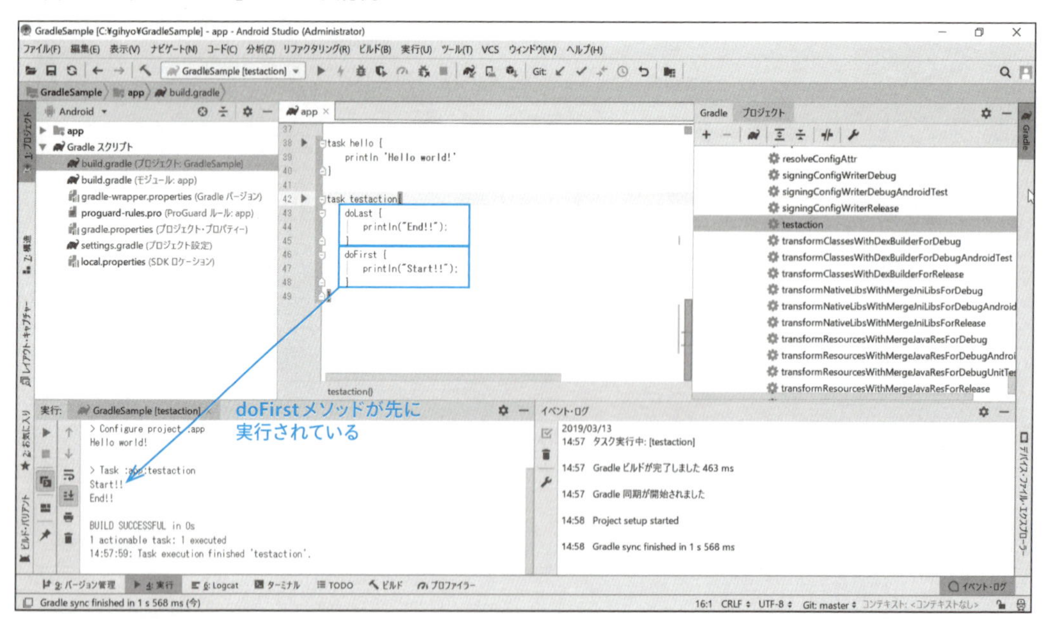

コマンドラインでのタスクを実行する

Gradleは個々のプロジェクトとは独立しているため、コマンドラインから、特定のタスクを指定して実行することも可能です。

Android Studio上で、コマンドを実行するには、「ターミナル」ウィンドウを利用します。また、ターミナルでは、「gradlew」というコマンドを使います。gradlewは、Gradleラッパー（wrapper）と呼ばれるもので、Gradleビルドを実行すると、Gradleを自動的にダウンロードして、ビルドを実行するため、Gradleがインストールされていない環境下でもビルドを可能にします。

> **ONEPOINT**
> Gradleラッパーのgradlewは、Windowsでは、gradlew.batというバッチファイル、macOSやLinuxでは、gradlew.shという名のシェルスクリプトで提供されています。

それでは、コマンドラインで、先のhelloタスクを実行してみましょう（**図9.29**）。

```
gradlew -q hello
```

▼ **図9.29　コマンドラインでhelloタスクを実行した例**

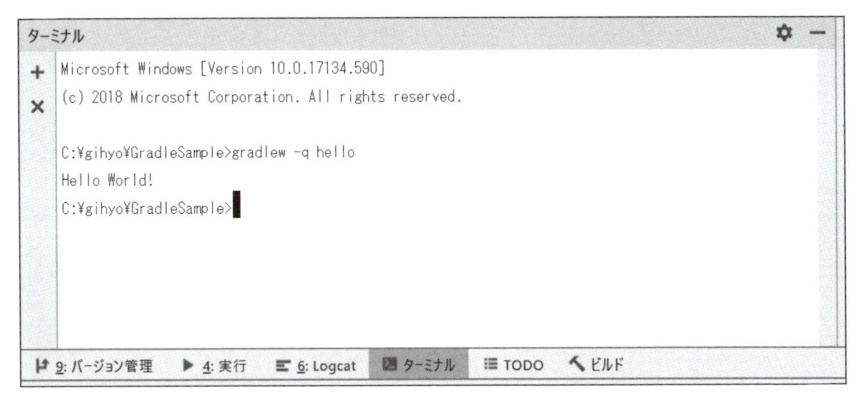

コマンドラインにある「-q」は、エラーのログだけを出力するためのオプションです。ちなみに、gradlew -hと入力すると、オプションが一覧表示されます。

COLUMN　リポジトリーを変更する

P.334で取り上げた、プロジェクト直下のbuild.gradleの構成にあったリポジトリー(repositories)のデフォルトは、GoogleとJCenterです。Googleは、Google社が、JCenterは、JFrog社が運営しているリポジトリーですが、これらの他に、P.326で紹介したように、Mavenのセントラルリポジトリーにも対応しています。もし、Mavenのセントラルリポジトリーから取得したいものがある場合は、mavenCentral() を追加してください(**図9.A**)。

▼ **図9.A　Mavenのセントラルリポジトリーを追加した例**

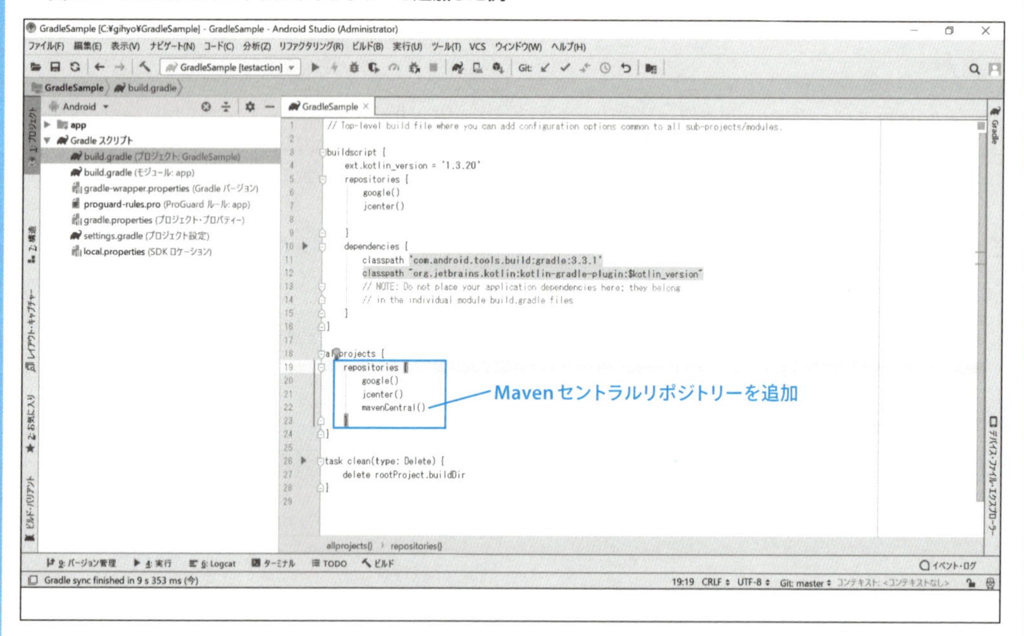

第10章

Gitによるバージョン管理

IT企業でのプログラム開発は、複数人で行うことがほとんどであり、チーム開発では、バージョン管理が重要です。最終章となる第10章では、複数人でのプログラム開発を効率よく行うために、Gitを使ったAndroid Studioで実現できるバージョン管理の具体例について紹介していきます。

本章の内容

10-1 チーム開発に必要な前提知識

IT企業におけるシステム開発のほとんどは、チームで行います。まずは、チームについて改めて考えてみることにしましょう。チームの定義が明確になれば、チーム開発で必要なものが見えてきます。

グループとチームの違い

複数人で作業をする場合の単位は、チーム以外にグループがあります。では、チームとグループはどう違うのでしょうか？ 辞書などではそれぞれ次のように説明されています。

- グループ（group）
  仲間、集団。共通する性質などで分類された人や物「例）Aグループ、上位グループ、グループ企業」
- チーム（team）
  ある目標や目的を達成するために作られたグループ。スポーツや共同作業を遂行するために作られたグループ「例）プロジェクトチーム、サッカーチーム」

もうおわかりですね。チームは単なる複数人の集まりではなく、

「目標や目的を達成するために作られたグループ」

というわけです。
そしてシステム開発をチームで行うことは、

「システムの完成を目標としたグループによる作業」

であり、チームに属するメンバーは、チームとして行動する必要があります。

チーム開発とチームワーク

システム開発に限らず、チームとして行動するには、「チームワーク（team work）」が大切です。普段からよく耳にするこの言葉を改めて調べてみると、

「目標や目的を達成するために、チームメンバーで役割を分担して協働すること」

ということです。

また、チームワークを良くするためには、最低でも次のような条件をクリアする必要があります。

①目標や目的が明確である
②メンバーの役割がきちんと決まっている
③メンバーが同じ情報を共有している必要がある

この中でも、チーム開発においては、③の仕組み作りが大切です。①、②であげた目標や目的、そしてメンバーの役割分担が明確でメンバーがいかにやる気になって開発に臨んでいても、同じ情報を共有できなければ各々が制作したプログラムが結合できなかったり、無駄な作業やバグが発生する可能性が高くなり、その結果メンバーのモチベーションが下がりチームワークが低下します。次の**図10.1**は、チームメンバー各々が作成したプログラムについての情報が共有できていないケースです。

▼ **図10.1　チーム開発で情報共有ができないと**

チーム開発で情報共有ができないと…

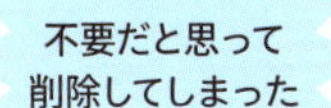

互いに新しい機能があって結合できない

チーム開発では情報の共有が重要なテーマとなります。これらを怠れば、ソースプログラムの差異や競合が発生する可能性が高くなり、その結果バグや手戻りが発生し、チームワークの低下はもちろんのこと、進捗やシステムの品質に大きな影響を及ぼすことになりかねません。

チーム開発で重要なバージョン管理

チーム開発の中でも、重要 な管理の一つが「バージョン管理」です。バージョン管理では、「いつ」「誰が」「何を」変更したかを記録していきます。適切なバージョン管理を行えば、どのソースプログラムを更新すればよいかといったことが明確になり、**図10.1**で示したようなトラブルを未然に防ぐことができます。

以下に、バージョン管理を行う具体的なメリットについてあげておきましょう。

- 誰がいつ変更したかがわかる（変更内容の履歴が残せる）
- どこが変更されているのかが把握しやすい（変更内容の差分確認が容易）
- 古いバージョンに戻すこともできる
- 他メンバーの更新内容を誤って上書きすることを防止できる

ONEPOINT

バージョン管理には、ソースプログラムの管理だけでなく、仕様書などのドキュメント類の管理も含まれます。

COLUMN　チケット管理とは

チーム開発では、バージョン管理以外に、チケット管理も重要になります。チケット(ticket)は、日常では入場券や乗車券などをイメージしますが、システム開発というプロジェクトを管理する際には、「実施すべき作業」「修正すべきバグ」といった項目をチケットとして扱い、それぞれの具体的な内容、優先度、担当者、期日、進捗状況などを管理します。

本書では、チケット管理の詳細については触れませんが、以下にプロジェクト管理ができるオープンソースソフトウェアで、かつ代表的なチケット管理ツールでもある「Redmine」を紹介しておきます(**図10.A**、**図10.B**)。

▼ **図10.A　Redmineの日本語サイト(http://redmine.jp/)**

▼ **図10.B　Redmineのチケット管理画面例**

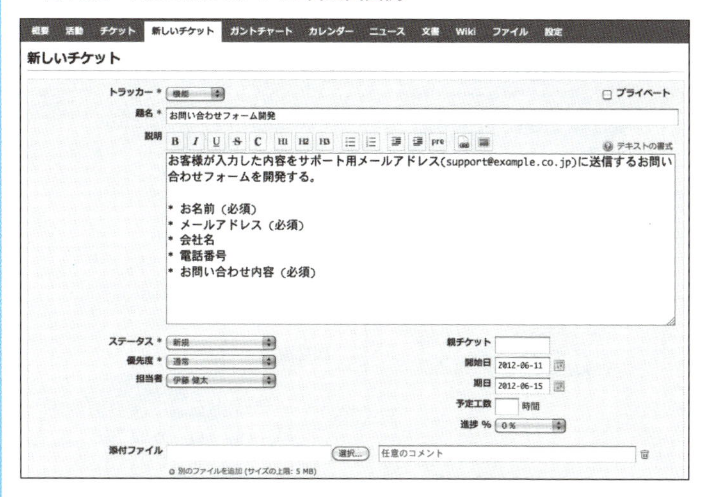

バージョン管理システム

バージョン管理システムは、「集中管理型」と「分散管理型」の2つに大別されます(**図10.2**)。集中管理型は、いわゆる「クライアント・サーバー型」のバージョン管理システムで、サーバーに置かれた「リポジトリー(貯蔵庫)」と呼ばれる場所にソースプログラムなどを保存します。チームメンバーは、サーバーのリポジトリーを共有しており、ソースプログラムをリポジトリーから取り出して更新作業を行います。また、更新作業が終了したら、リポジトリーに戻すため、リポジトリーとは常に接続されている必要があります。

▼ 図10.2 集中管理型と分散管理型のバージョン管理システム

集中管理型のバージョン管理システム

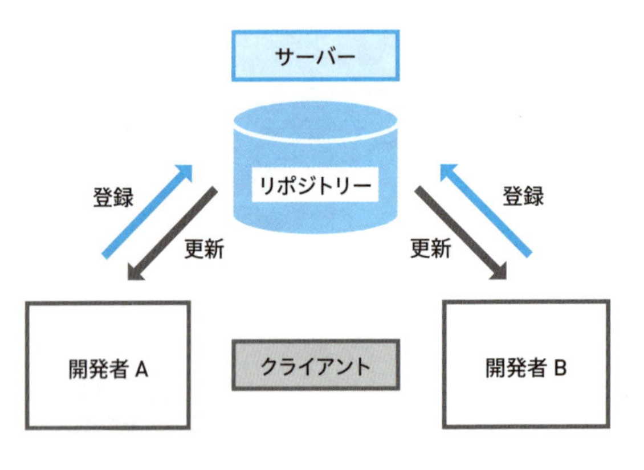

分散管理型のバージョン管理システム

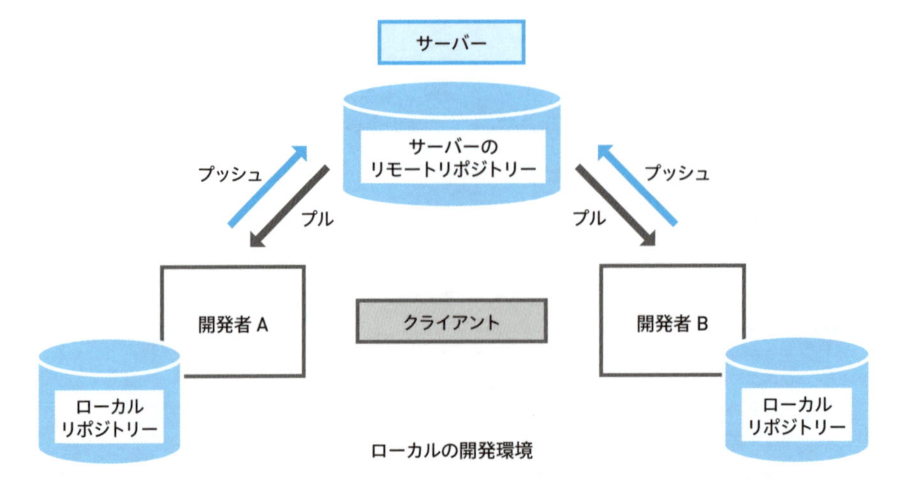

「分散管理型」では、リポジトリーを複数用意できるため、機能追加やバグ修正などの作業それぞれにリポジトリーを用意して、本筋とは離れた作業を並行して行うことが可能です。

「集中管理型」「分散管理型」それぞれの代表的なバージョン管理システムを**表10.1**に示します。

▼ **表10.1　代表的なバージョン管理システム**

バージョン管理システム名	管理型	特徴
CVS (Concurrent Versions System)	集中管理型	集中管理型の草分け的なシステム。リポジトリーは基本的にUnix (Linux) 系OSのサーバーで動作 (Windows系のものは有償)
SVN (Subversion)	集中管理型	CVSの後継。CVSはファイル単位での管理だったが、SVNでは、リポジトリー単位となった。「VisualSVN Server」というWindows用のサーバーソフトウェアが利用できる
Git	分散管理型	ネットワークに接続されていなくても、ローカルのリポジトリーを 使ってバージョン管理ができる。また、チームで利用する場合は、サーバーの役割としてGitHubというサービスなどが利用できる

COLUMN
分散管理型バージョン管理システムのブランチ機能

チーム開発では、複数のメンバーが並行して別々の機能追加を行ったり、バグ修正を行うことがあります。分散管理型のバージョン管理システムでは、このような作業を「ブランチ」と呼ばれる機能でサポートします。「ブランチ (branch)」は「枝」を意味しますが、分散管理型のバージョン管理システムでは、機能追加やバグ修正などで、本筋とは枝分かれさせたい部分をブランチで管理して、コード編集の作業を個別に行うことが可能になっています (**図10.C**)。

▼ **図10.C　ブランチのイメージ**

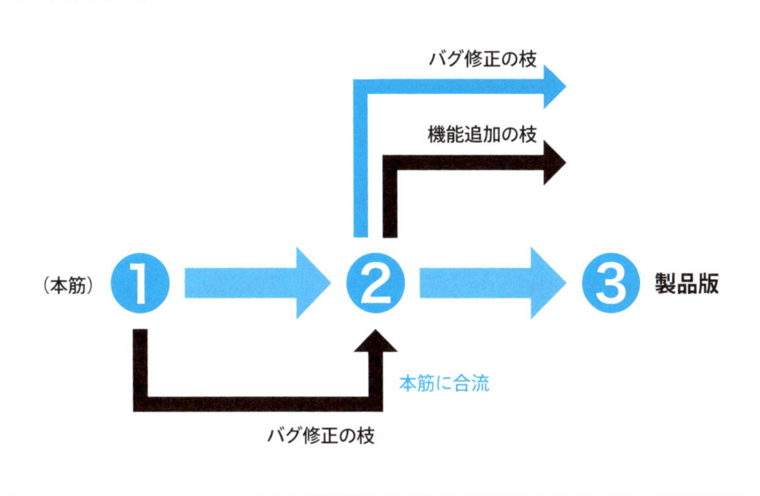

10-2 Gitによるチーム開発

現在主流のバージョン管理システムは「分散管理型」と呼ばれるもので、その中でも代表的なものが「Git」です。本章の最後に、チーム開発をテーマにして、Gitの利用シーンを紹介しましょう。

GitとGitHub

P.359でも取り上げましたが、Gitは現在主流となっている「分散管理型」のバージョン管理システムの一つです。前述した「集中管理型」のSubversionなどが、リポジトリー(リモートリポジトリー)をサーバーで一元管理していたのに対して、Gitでは、リポジトリーを開発者それぞれのコンピュータ上に複製して、「ローカルリポジトリー」として管理します。ローカルリポジトリーを持つことで、サーバーにアクセスする回数が軽減し、運用しやすくなるなどといった利点があります。

GitHubとは

Gitがトレンドとなった一因に「GitHub」の存在があります。GitHubは、米GitHub社が2008年4月より開始したサービスです(**図10.3**)。Gitのホスティングサービスとして、Gitのローカルリポジトリーをリモートリポジトリーとして管理できるサーバーとしての役割だけでなく、SNSのように、他の開発者とのコミュニケーションツールを搭載しているため、特にチーム開発に適しています。

▼ **図10.3　GitHubのサイト**

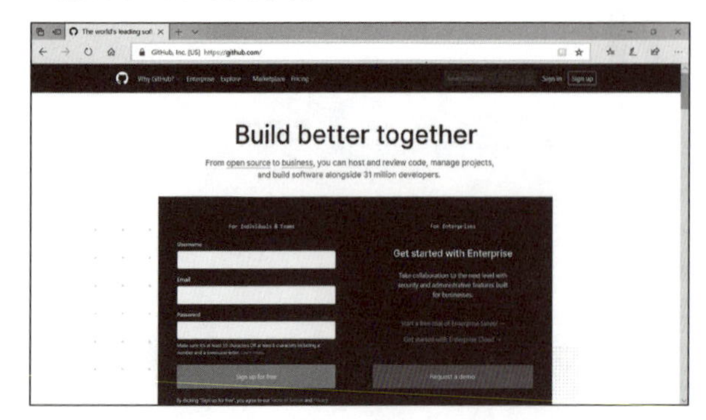

ONEPOINT

ホスティングサービスとは、ユーザーが運営や管理をしなくても利用できるサービスを指します。

GitHubを利用してみる

チーム開発におけるGitの利用にはGitHubが必要不可欠です。GitHubの利用には、アカウントが必要となるため、まずはアカウントの登録手順をあげておきます。

1 GitHubのサイト（https://github.com）にアクセスし、右上の「Sign up」をクリックします。

2 Join GitHubの画面では、必要な情報を入力して、「Create an account」ボタンをクリックします（**図10.4**）。ちなみに、各項目の右側に緑のチェックが付けば、入力した項目は使用可能と判断されるため、次の項目へ進むことができます。

▼ **図10.4　Join GitHubの画面では必要な情報を入力**

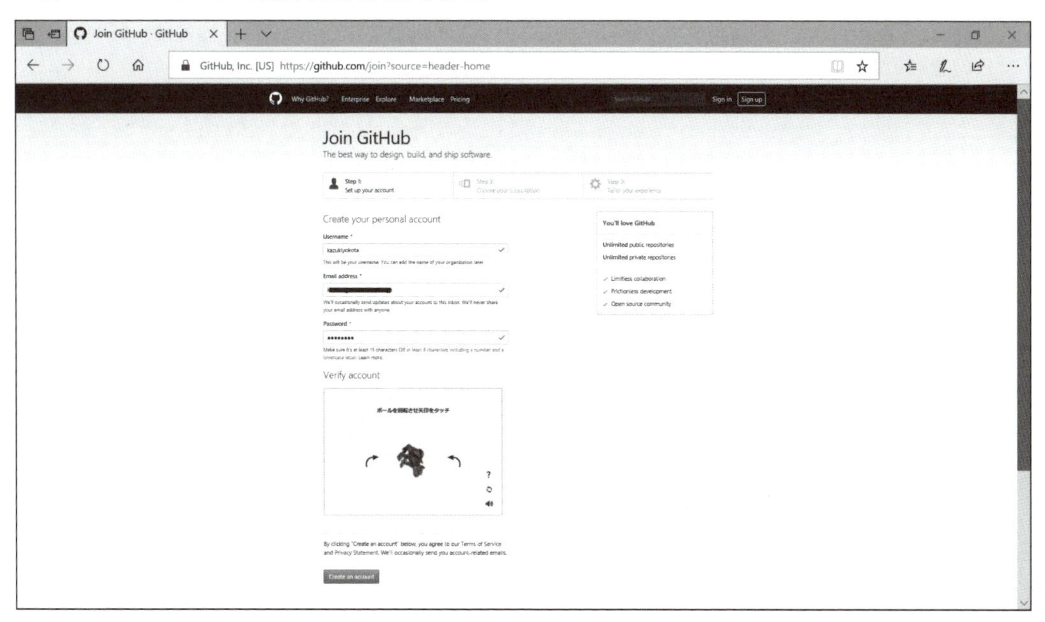

3 「Welcome to GitHubの画面では、無料プランの「Free」が選択されている状態で「Continue」ボタンをクリックします（**図10.5**）。

▼ **図10.5 無料プラン「Free」を選択する**

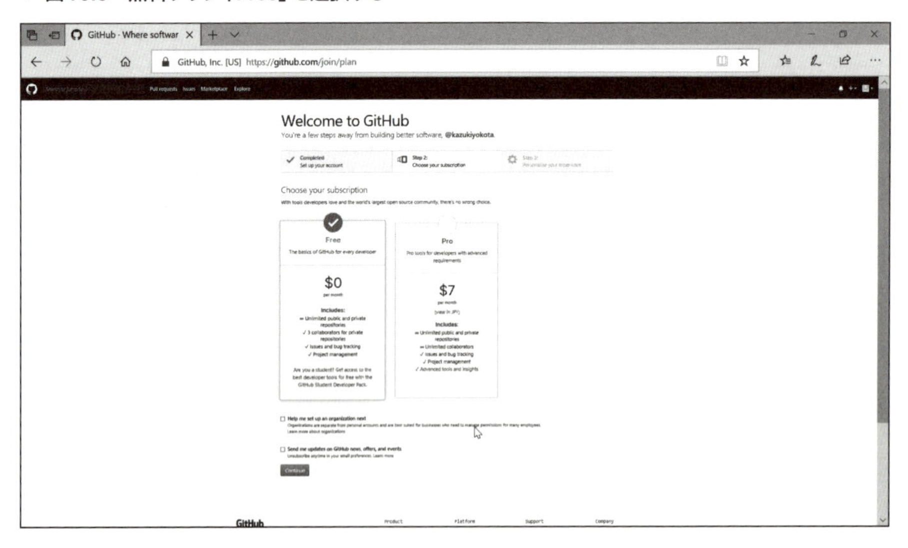

ONEPOINT

「Free」を選択すると、制限付きでの無料利用となります。制限なしで利用したい場合は、右側の「Pro」を選択してください。ただし、月7ドルの有料となります。

4 次の画面では、アンケート項目に答えて「Submit」ボタンをクリックするか、答えたくない場合は、「skip this step」をクリックして次へ進みます(**図10.6**)。

▼ **図10.6 アンケートに答えるか否かで次へ進む**

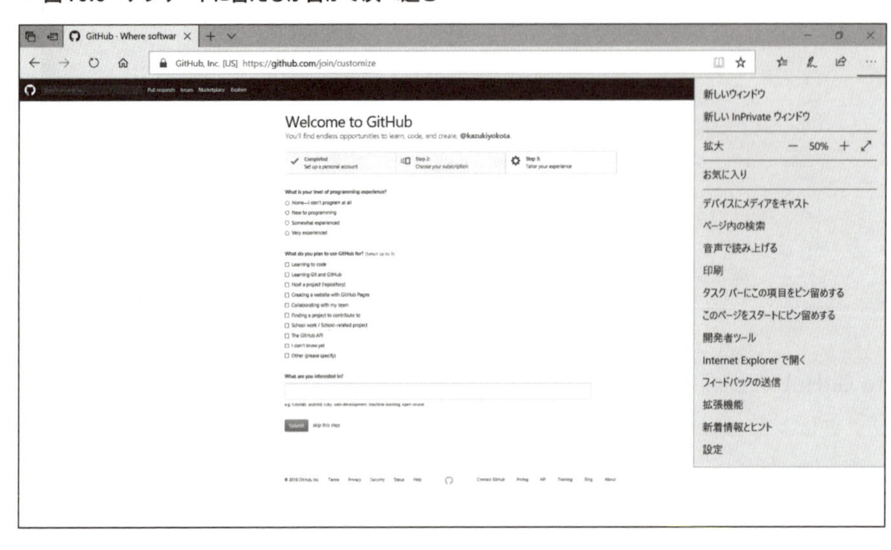

5　「Please verify you email address」の画面では、手順 2 で登録したメールアドレス宛のメールを確認するようにというメッセージが表示されているので、メールを確認します（**図10.7**）。

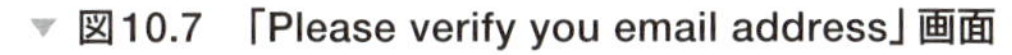

▼ **図10.7　「Please verify you email address」画面**

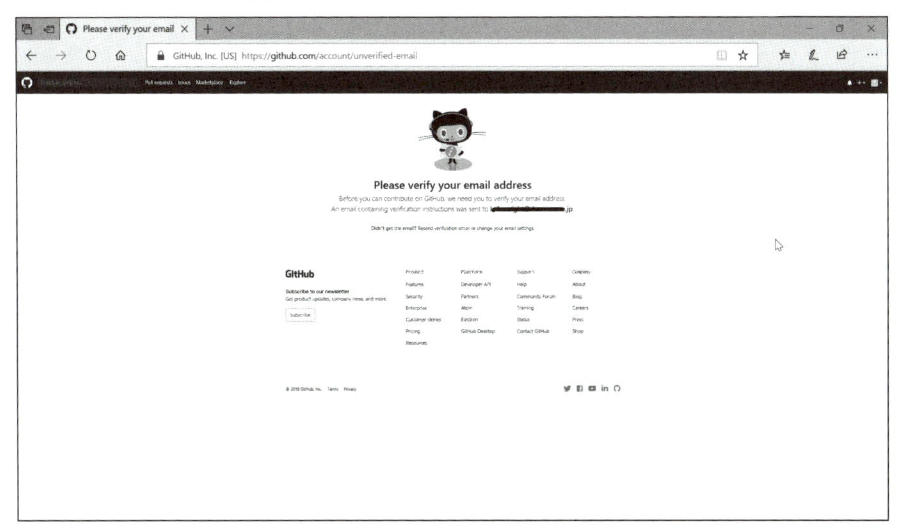

6　受信したメールにある「Verify email address」をクリックします（**図10.8**）。

▼ **図10.8　「Verify email address」をクリックする**

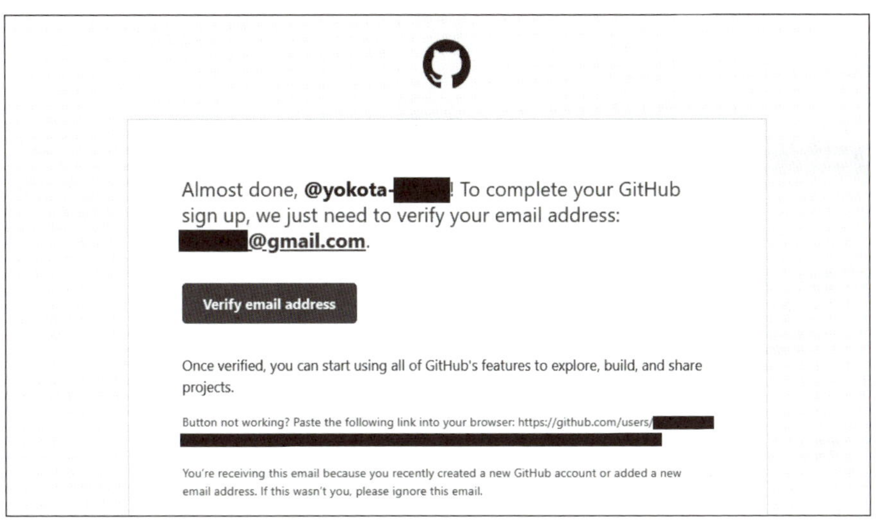

登録したメールアドレスに、「Thanks for verifying your email address」というタイトルで、

図10.9に示す内容のメールが届けば登録完了となります。

▼ 図10.9 登録完了を示すメールの内容

リポジトリーを作成する

Gitでは、開発者のコンピュータ側のリポジトリーをローカルリポジトリー、GitHub側をリモートリポジトリーと呼びます。ここでは、GitHub側のリモートリポジトリーを作成します。

1. GitHubの画面にある「Start a project」ボタンをクリックします(**図10.10**)。

▼ 図10.10 「Start a project」ボタンをクリックする

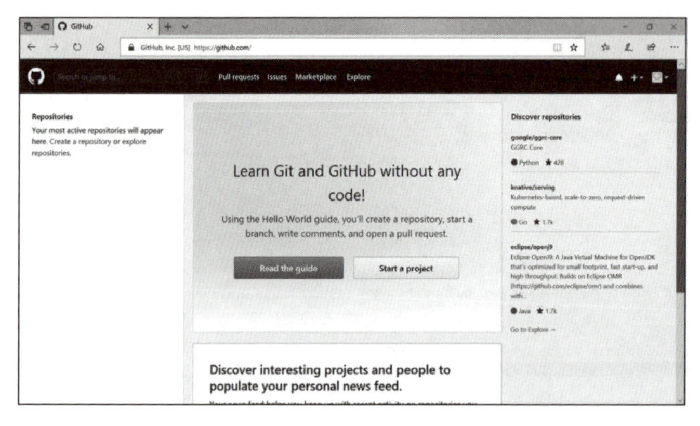

2. 「Create a new repository」の画面では、「Repository name」にリポジトリー名を入力して、「Public」が選択されている状態で「Create repository」ボタンをクリックします(**図10.11**)。

▼ 図10.11 リポジトリーを作成する画面

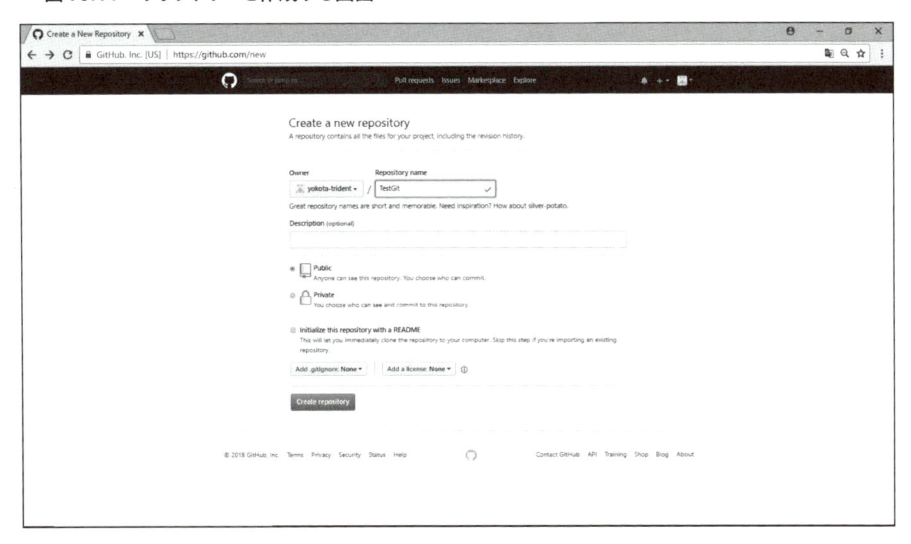

プロジェクトをコミットする

次に、Android Studioのプロジェクトをコミットする手順を紹介しましょう。まずは、Gitのローカルリポジトリーを作成する手順をあげておきます。

1 Android Studioのメインメニューにある「VCS」→「バージョン管理統合を使用可能にする(E)」をクリックします(**図10.12**)。

▼ 図10.12 「バージョン管理統合を使用可能にする(E)」をクリックする

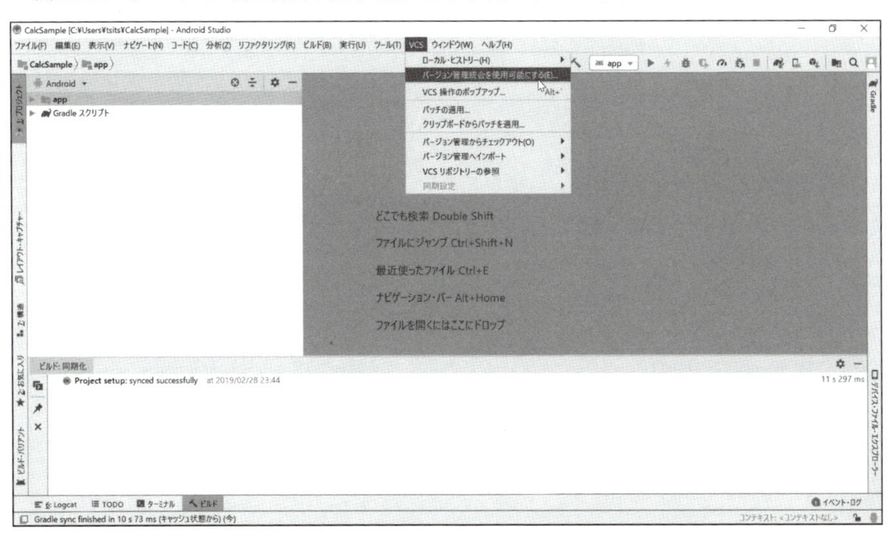

2 「バージョン管理統合を使用可能にする」ウィンドウが表示されるので、「プロジェクト・ルートに関連付けるバージョン管理システムを選択:」欄で「Git」を選択して、「OK」ボタンをクリックします(**図10.13**)。

▼ **図10.13 「バージョン管理統合を使用可能にする」ウィンドウ**

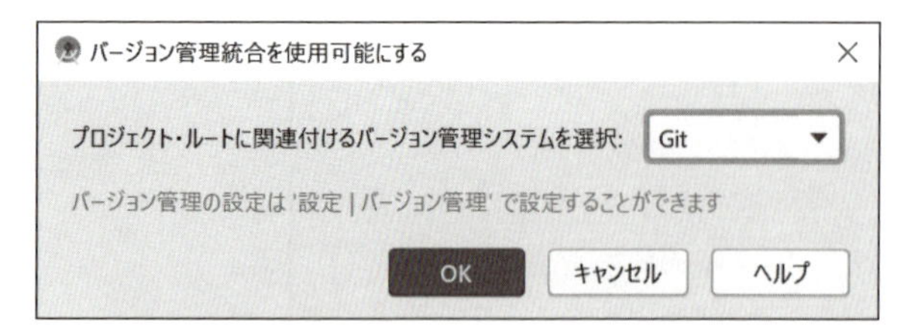

> **ONEPOINT**
> リポジトリーを任意のディレクトリーに作成する場合は、P.368のコラムを参照してください。

3 プロジェクトの最上部のディレクトリー「app」を右クリックして、ショートカットメニューから、「Git(G)」→「追加」をクリックし(**図10.14**)、作成したリポジトリーにプロジェクトのファイルを追加します。

▼ **図10.14 ショートカットメニューから、「Git(G)」→「追加」をクリックする**

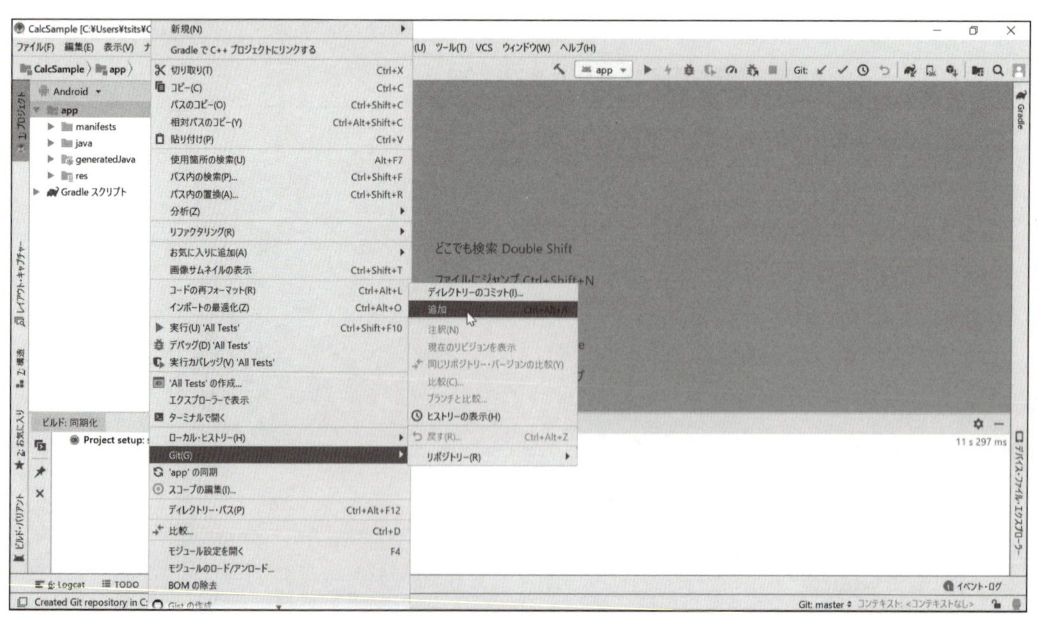

4 再度プロジェクトの最上部のディレクトリー「app」を右クリックして、ショートカットメニューから、「Git(G)」→「ディレクトリーのコミット (I)」をクリックします。Android Studioのメインメニューから、「VCS」→「Git(G)」→「ディレクトリーのコミット (I)」をクリックしても同じ操作ができます。

5 「変更のコミット」ダイアログボックスが表示されたら、「作成者」や「コミット・メッセージ」欄に必要項目を入力して、「コミット (I)」ボタンをクリックします (**図10.15**)。

▼ **図10.15 「変更のコミット」ダイアログボックス**

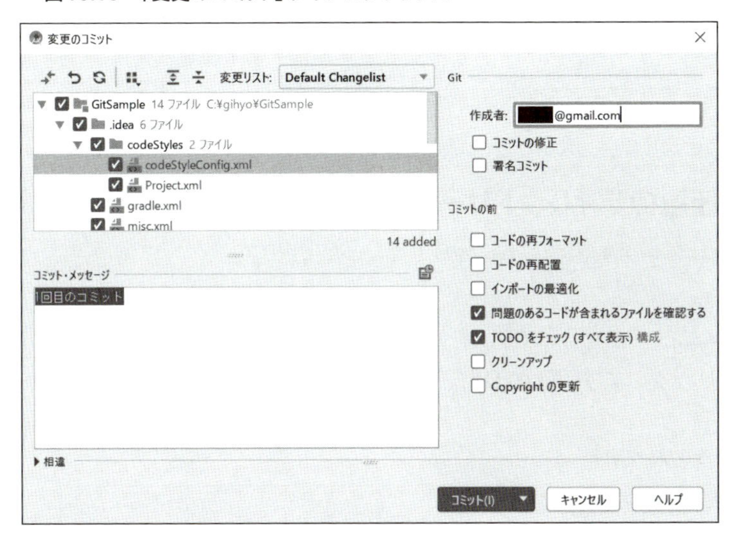

ONEPOINT

「作成者」には、P.363で作成したGitHubのアカウント名や登録時のメールアドレスを入力します。

コミット時に警告があると**図10.16**のダイアログが表示されます。警告の内容を確認したり、修正したい場合は、「レビュー (R)」ボタンを、コミットを続ける場合は「コミット (I)」をクリックしてください。もし、「コミット (I)」をクリックした後に、「Gitへファイル追加」メッセージが表示された場合は、「はい (Y)」をクリックして進んでください。

▼ **図10.16 コミット時に警告があった場合のメッセージ**

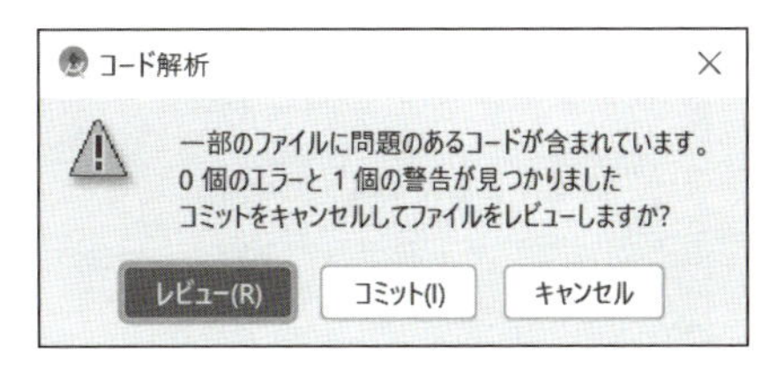

なお、コミットが成功したか否かは、Android Studioの画面右下にある「イベント・ログ」ウィンドウで確認できます。**図10.17**に成功した場合と失敗した場合のそれぞれのメッセージをあげておきましょう。

▼ **図10.17 「イベント・ログ」ウィンドウでコミットの成功や失敗が確認できる**

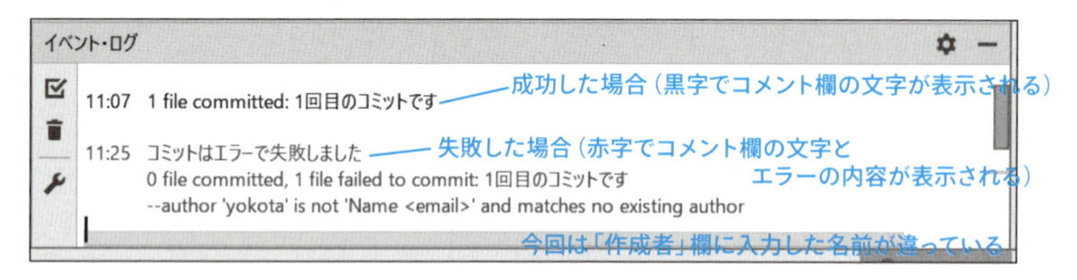

COLUMN リポジトリーを任意のディレクトリーに作成する

以下の手順で、リポジトリーを任意のディレクトリーに作成することができます。

1. Android Studioのメインメニューから、「VCS」→「バージョン管理へインポート」→「Gitリポジトリーの作成」をクリックします（**図10.D**）。

▼ **図10.D 「Gitリポジトリーの作成」をクリックする**

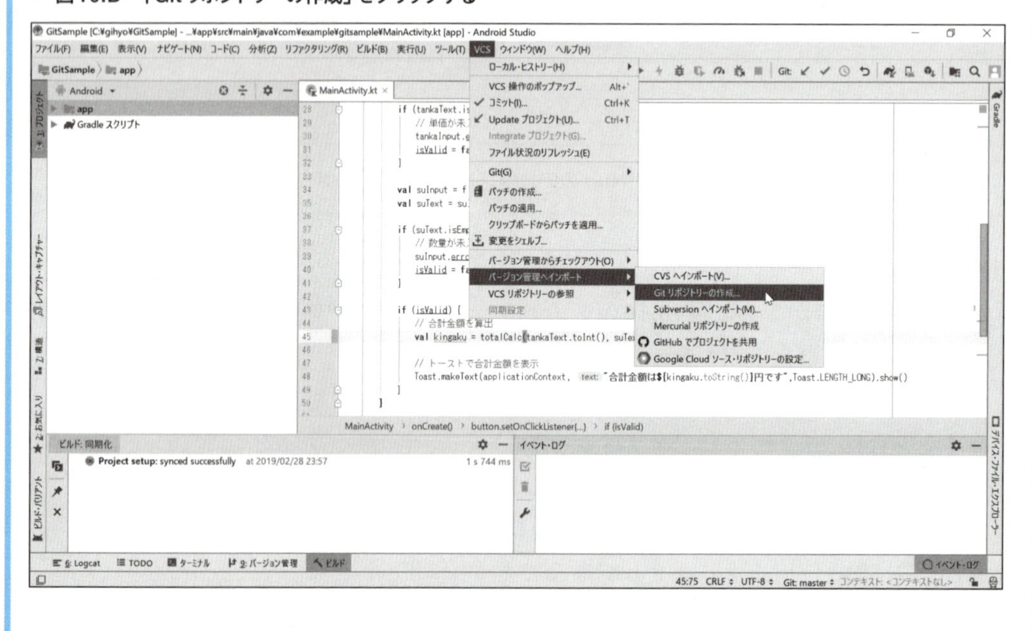

2 「Gitリポジトリーの作成」ダイアログボックスが表示されたら、リポジトリーを作成したい任意のディレクトリーを選択して、「OK」ボタンをクリックします(**図10.E**)。

▼ **図10.E 「Gitリポジトリーの作成」ダイアログボックス**

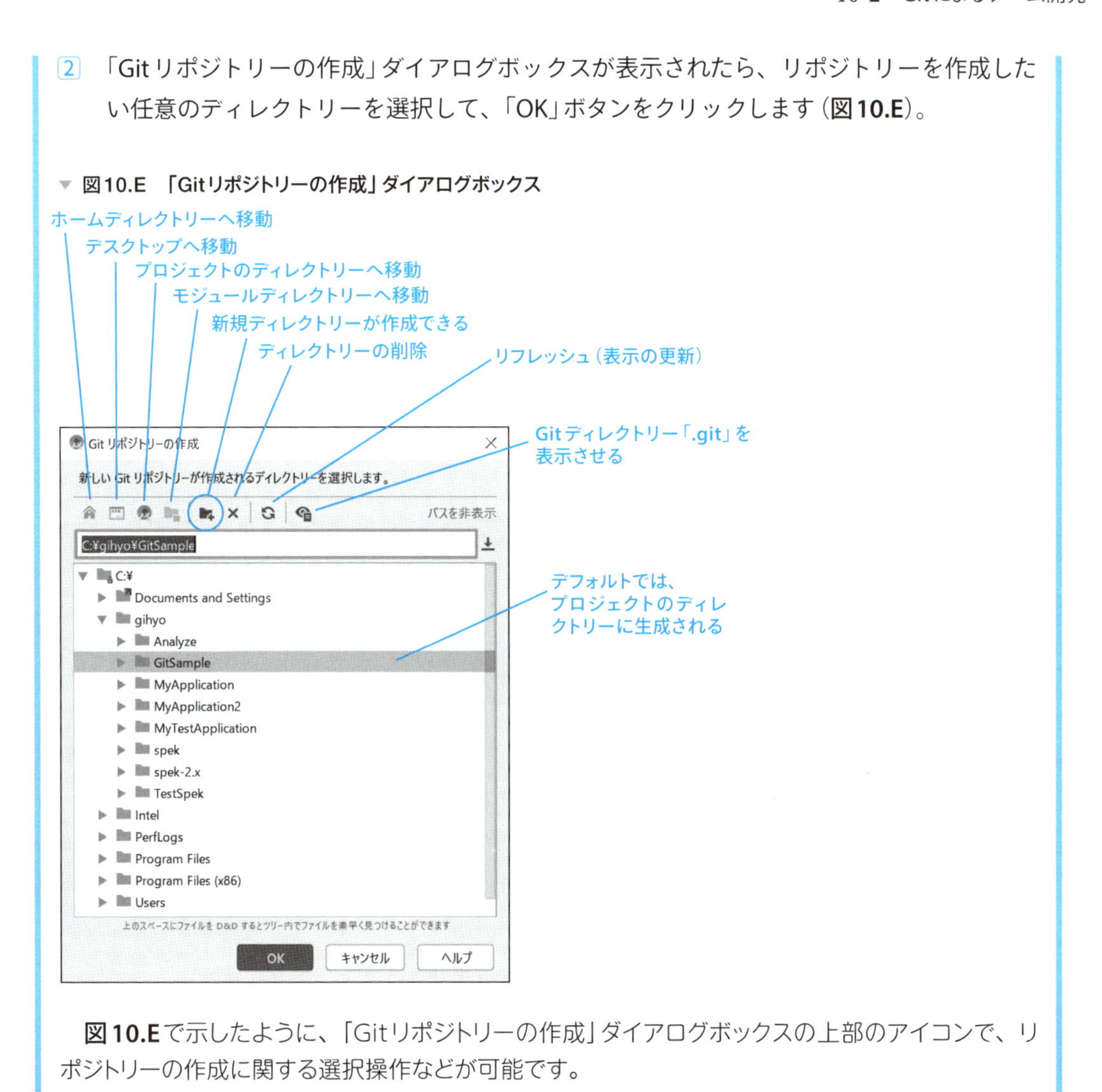

図10.Eで示したように、「Gitリポジトリーの作成」ダイアログボックスの上部のアイコンで、リポジトリーの作成に関する選択操作などが可能です。

コミットしたプロジェクトをGitHubへアップロードする

次に、コミットしたプロジェクトをP.360で作成したGitHubへアップロードしてみましょう。

1 Android Studioのメインメニューから、「VCS」→「バージョン管理へインポート」→「GitHubでプロジェクトを共用」を選択します(**図10.18**)。

▼ 図10.18　「VCS」メニューにある「GitHubでプロジェクトを共用」を選択する

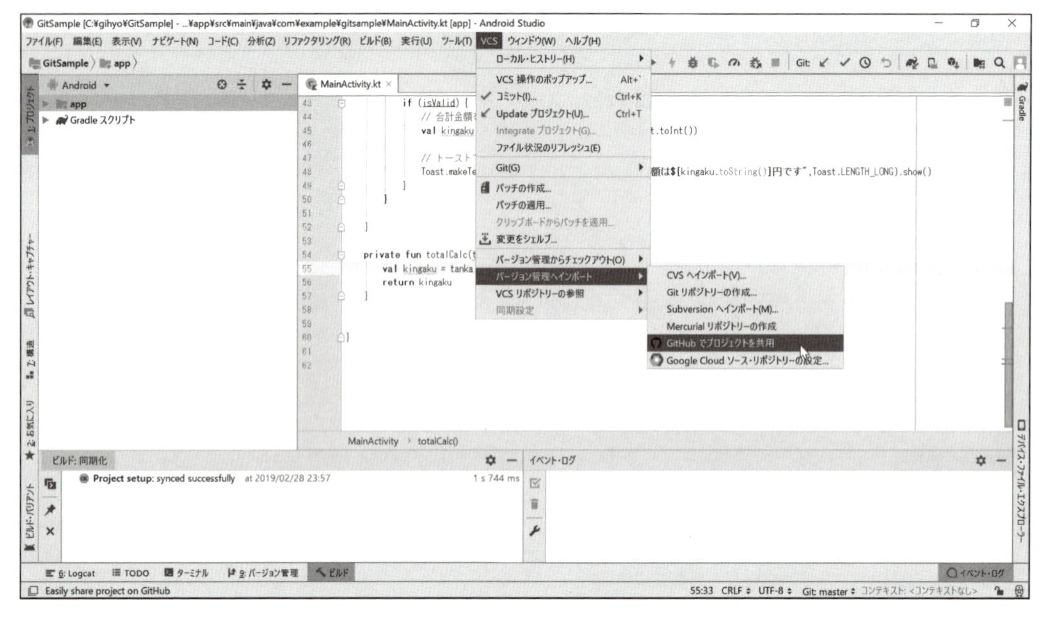

[2]　「GitHubでプロジェクトを共用」ダイアログボックスが表示されたら、説明欄などに必要事項を入力して「共用」ボタンをクリックします（**図10.19**）。

[3]　「Githubにログイン」ダイアログボックスでは、P.360で作成したGitHubへログインするためのアカウント（メールアドレスとパスワード）を入力して、＜ログイン＞ボタンをクリックします（**図10.20**）。

▼ 図10.19「GitHubでプロジェクトを共用」ダイアログボックス

▼ 図10.20　「Githubにログイン」ダイアログボックス

[4]　手順[2]とは異なる「GitHubでプロジェクトを共用」ダイアログボックスが表示されるので、「共用」ボタンをクリックします（**図10.21**）。

▼ 図10.21 新たな「GitHubでプロジェクトを共用」ダイアログボックス

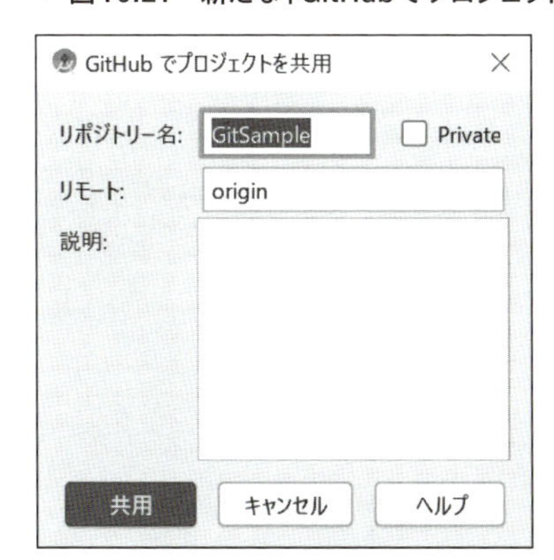

ONEPOINT

デフォルトでは、リポジトリー名はプロジェクト名と同じです。

5 Android Studioの画面右下に「Successfully shared project on GitHub」というメッセージが表示されたら、GitHubへのアップロードが完成です(**図10.22**)。

▼ 図10.22 「Successfully shared project on GitHub」のメッセージ

メッセージの下側にある「リポジトリー名」をクリックすれば、GitHub上にアップロードしたリポジトリーが確認できます(**図10.23**)。

▼ 図10.23　GitHub上のアップロードしたリポジトリー

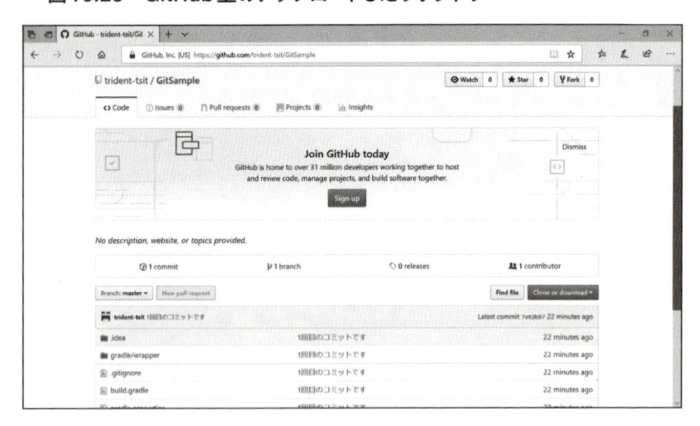

GitHubのプロジェクトを共有する（プロジェクトのチェックアウト）

次に、GitHubにアップロードしたリポジトリー（プロジェクト）を、他のユーザーが共有する手順について取り上げていきます。

1. Android Studioを起動したときの初期画面で、「バージョン管理からプロジェクトをチェック・アウト」メニューの右側にある▼をクリックして、リストから「Git(G)」を選択します（**図10.24**）。

▼ 図10.24　「バージョン管理からプロジェクトをチェック・アウト」メニュー

2. 「リポジトリーのクローン」ダイアログボックスでは、「URL:」欄に共有したいプロジェクトが存在するGitHubのURL（ここでは「https://github.com/trident-tsit/GitSample」）を入力します。「テスト」ボタンをクリックすれば、接続テストが行えます（**図10.25**）。

▼ 図10.25 「リポジトリーのクローン」ダイアログボックス

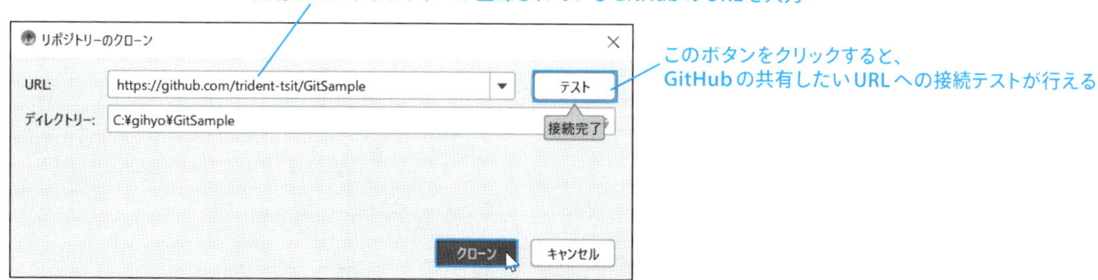

3 手順2のダイアログボックスで「クローン」ボタンをクリックして、GitHub上のリポジトリーのクローンを作成します（もし、「リポジトリーのクローン」ダイアログボックスで「テスト」ボタンや「クローン」ボタンをクリックした後に、「File not found: git.exe」と表示された場合の対処については後述します）。

4 「バージョン管理からチェックアウト」メッセージが表示されたら、「はい（Y）」をクリックします（**図10.26**）。

▼ 図10.26 「バージョン管理からチェックアウト」メッセージ

これで、GitHubにあるリポジトリーのクローンを他のユーザーが利用できるようになります。

「File not found: git.exe」と表示された場合

GitHubのリポジトリーを共有しようとした際に、「File not found: git.exe」と表示された場合は、git.exeというプログラムを入手してインストールする必要があります（**図10.27**）。

以下に、OSがWindowsの64ビットPCを利用する場合の手順をあげておきましょう。

▼ 図10.27 「File not found: git.exe」と表示された場合

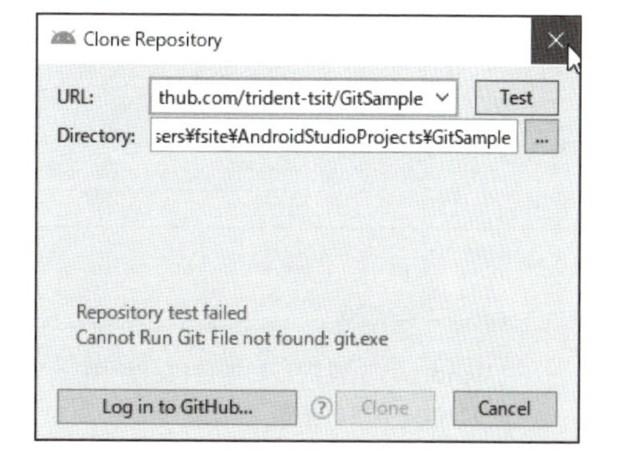

1 以下のサイトにアクセスします（**図10.28**）。
https://git-scm.com/downloads

▼ **図10.28　git.exeのダウンロードサイト**

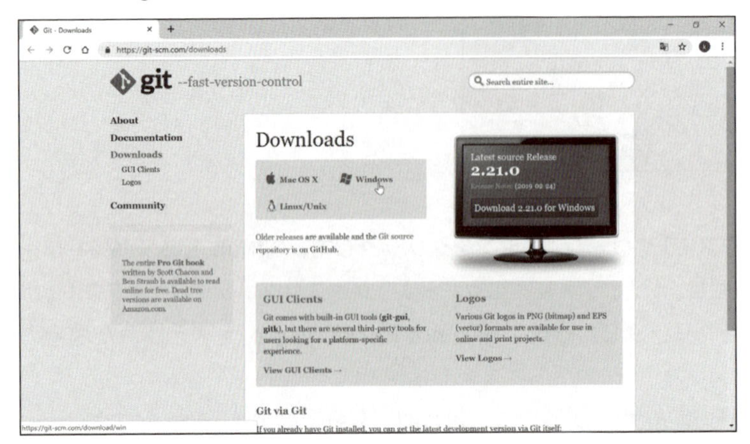

2 「Downloads」の部分では、利用するOS（今回はWindows）をクリックします（**図10.29**）。

▼ **図10.29　Windowsをクリックした後の画面**

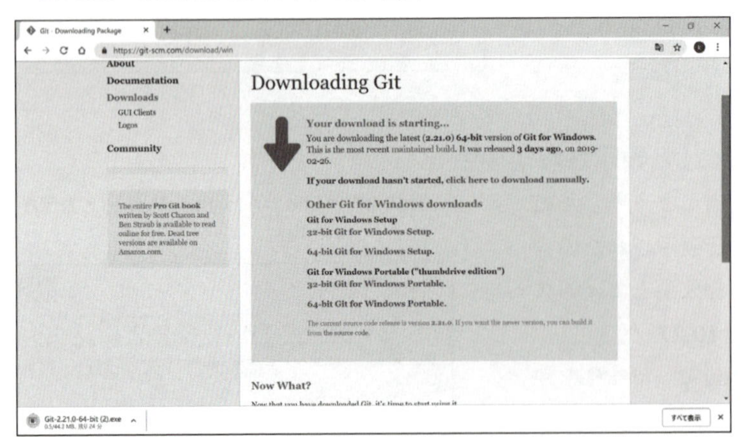

> **ONEPOINT**
> Windowsを選択した場合は、手順2の操作の後に64ビット版のWindows用git.exeが自動的にダウンロードされます。

3　ダウンロードしたプログラムファイルをダブルクリックして実行後、セットアップの画面が表示されるので、「Next」ボタンをクリックします（**図10.30**）。

▼ **図10.30　git.exeのセットアップ画面**

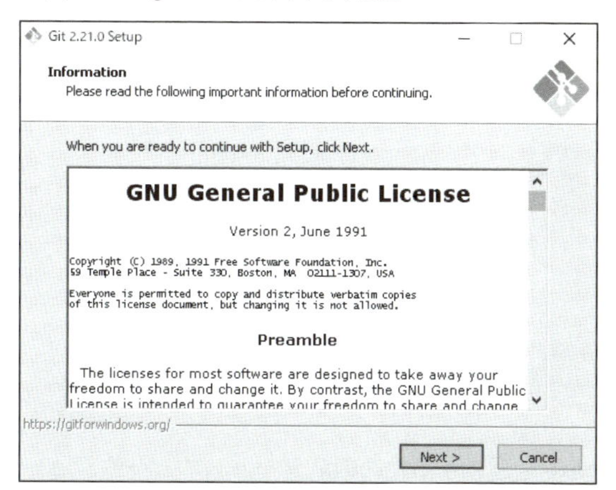

4　次の「Select Destination Location」画面では、インストール先を選択して「Next」ボタンをクリックします（**図10.31**）。

▼ **図10.31　「Select Destination Location」画面**

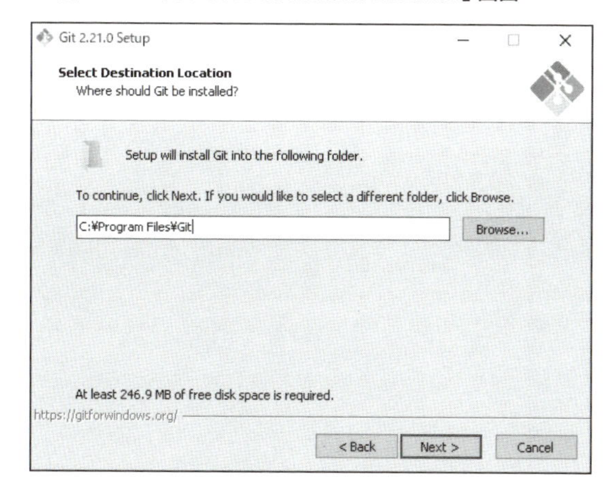

5　「Select Components」の画面では、インストールしたいコンポーネントを選択して「Next」ボタンをクリックします（**図10.32**）。

▼ 図10.32　「Select Components」画面

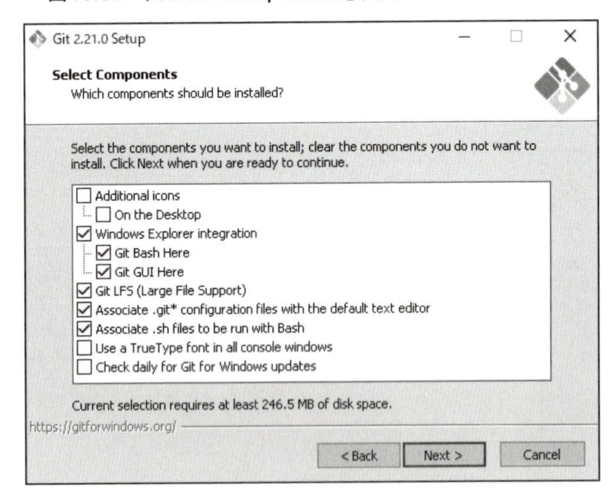

6 「Select Start Menu Folder」の画面では、git.exeを起動するためのスタートメニューやショートカットの設定を行うことができますが、デフォルトのままで「Next」ボタンをクリックします（**図10.33**）。

▼ 図10.33　「Select Start Menu Folder」画面

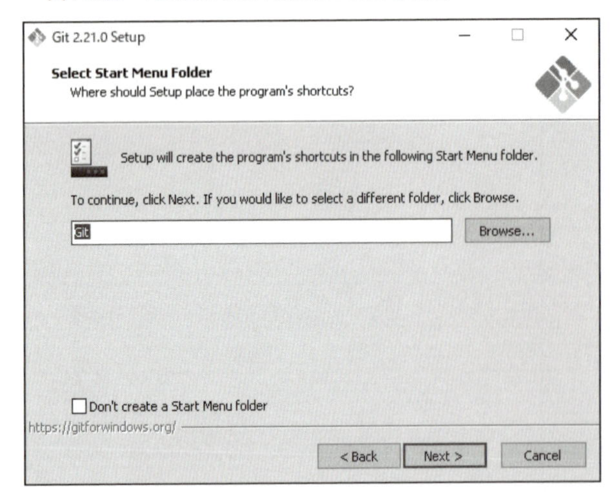

7 「Choosing the default editor used by Git」の画面では、Gitを編集するためのエディターを選択できますが、デフォルトのままで「Next」ボタンをクリック（**図10.34**）してください。先の「Adjusting your PATH environment」の画面では、コマンドラインからのGitの利用方法も選択できますが、デフォルトのままで「Next」ボタンをクリックします。

▼ 図10.34 「Choosing the default editor used by Git」画面

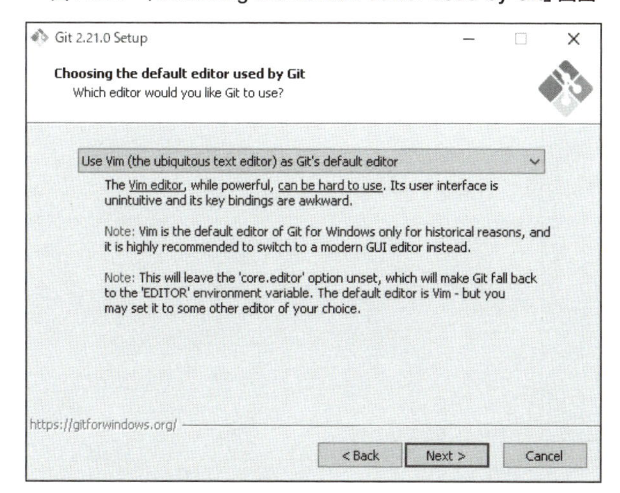

8 「Choosing HTTPS transport backend」の画面では、デフォルトのままで「Next」ボタンをクリックします（**図10.35**）。

▼ 図10.35 「Choosing HTTPS transport backend」画面

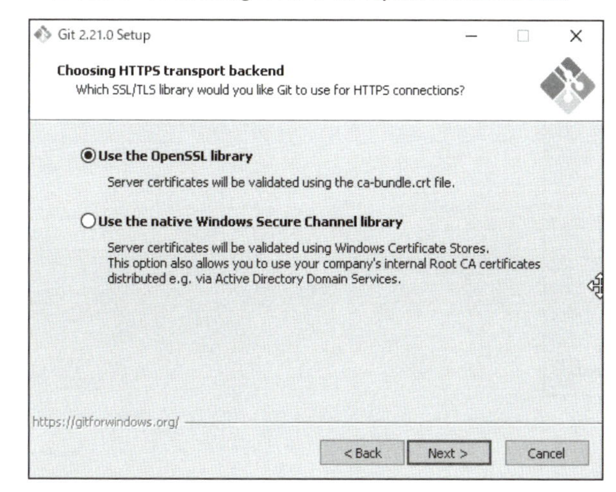

9 「Configuring the line ending conversions」の画面では、チェックアウトの改行コードの設定が選択できますが、デフォルトのままで「Next」ボタンをクリックしてください。「Configuring the terminal emulator to use with Git Bash」の画面では、端末エミュレータに関する選択ができますが、デフォルトのままで「Next」ボタンをクリックします（**図10.36**）。

▼ 図10.36　「Configuring the terminal emulator to use with Git Bash」画面

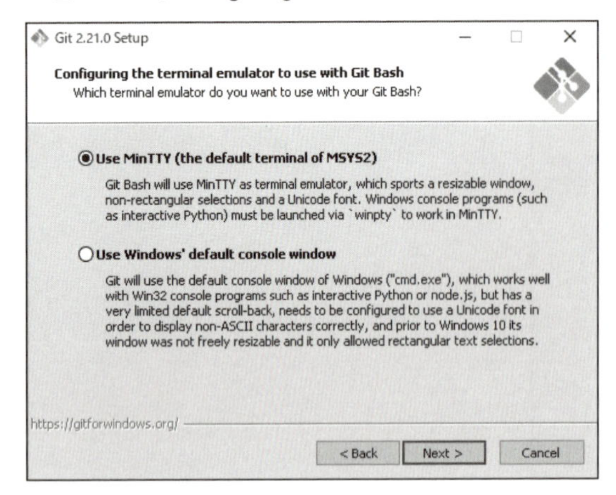

⑩ 「Configuring extra options」の画面は、オプションの設定なので、デフォルトのままで「Install」ボタンをクリックします（**図10.37**）。

▼ 図10.37　「Configuring extra options」画面

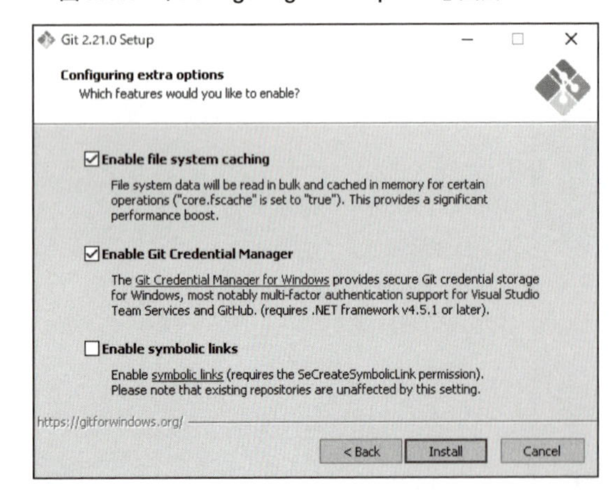

10-3 Gitの実践

最後にチーム開発において、Gitを利用した基本的なバージョン管理を行う手順について紹介します。

 GitHubのプロジェクトを共有する（バージョン管理）

それでは、Gitを利用した基本的なバージョン管理について取り上げていきましょう。先に今回の作業内容を**図10.38**に示します。

▼ 図10.38　Gitを利用した基本的なバージョン管理

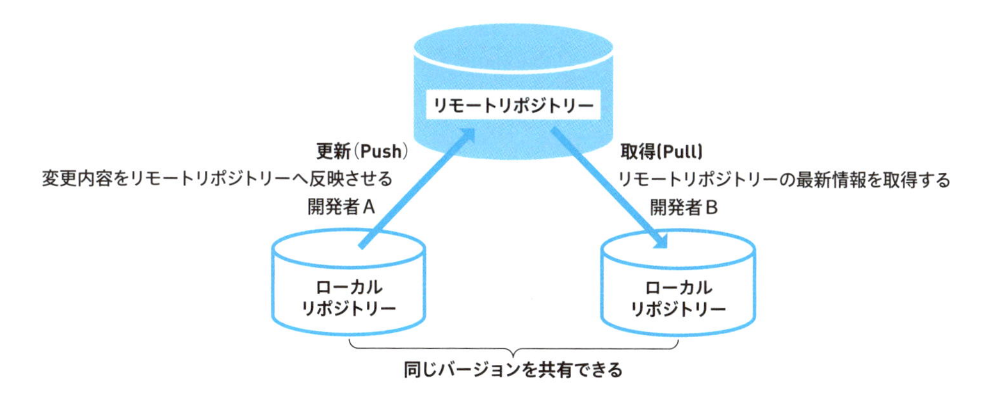

今回は、「CalcGitSample」というプロジェクトを例にあげます。先にこのプロジェクトの実行結果を見ておきましょう（**図10.39**）。「CalcGitSample」は、単価と数量を掛けた合計金額をトーストで表示させる簡単なプロジェクトです。

▼ 図10.39　「CalcGitSample」を実行させた

ここでは、P.379で取り上げた作業内容で、2人の開発者が「CalcGitSample」を共有しているところから話を進めます。現時点の状態を**図10.40**に、これから行う作業を**図10.41**で示しておきます。

▼ 図10.40　2人の開発者が「CalcGitSample」を共有

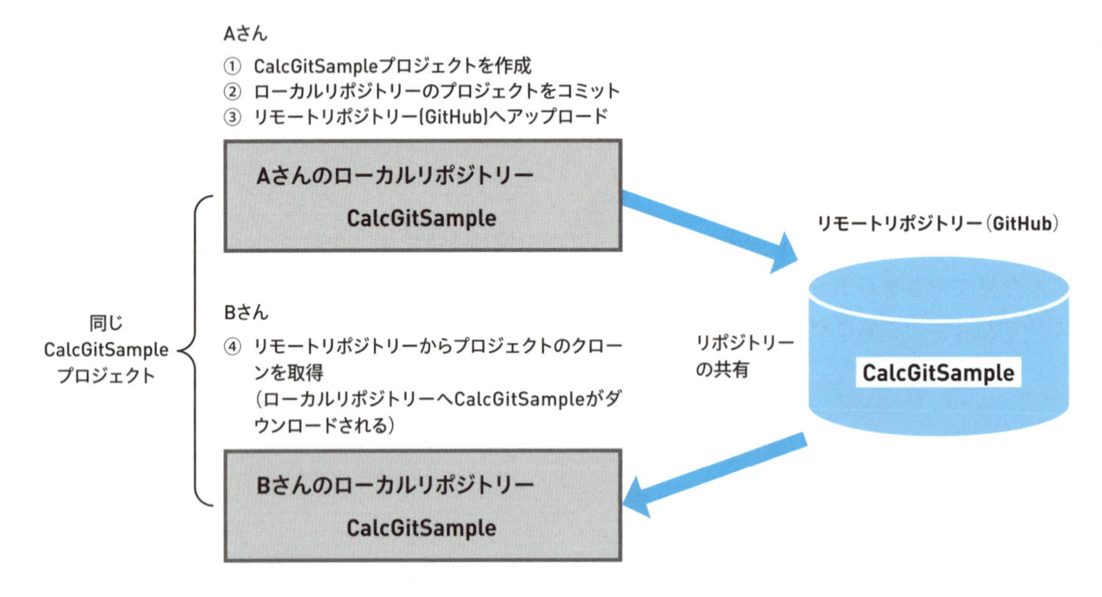

▼ 図10.41　これから行う作業

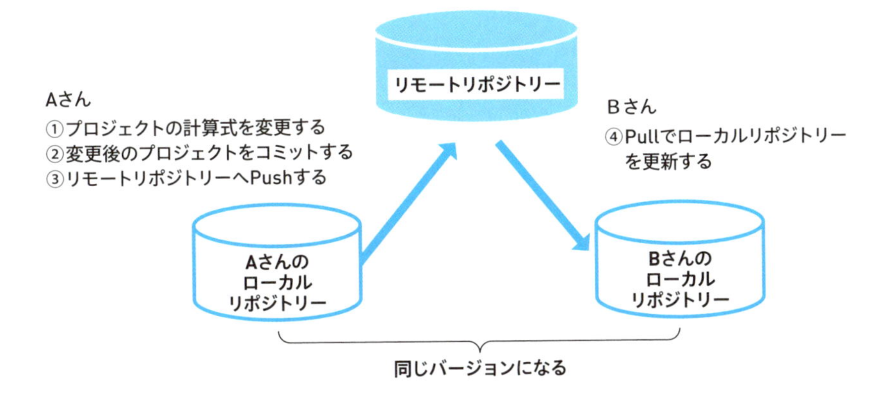

それでは、**図10.31**の作業を進めていきましょう。

Aさんが計算式を変更する

まずはAさんが現在のプロジェクトにあるソースプログラムの計算式を、数量が10以上なら1割引き（掛け率0.9）の合計金額となるように変更します（**リスト10.1**）。

▼ リスト10.1　変更後の計算式

```
//合計金額を算出（数量が10以上なら1割引きに変更）
val nebikikake = 0.9    //掛け率
var nebikiflg = false  //値引チェック用フラグ
var kingaku = 0        //合計金額格納用変数

if(suText.toInt() >= 10){
    nebikiflg = true
}

if(nebikiflg){
    //値引きありのとき
    kingaku = (tankaText.toInt() * suText.toInt() * nebikikake).toInt()
}else{
    //値引きなしのとき
    kingaku = tankaText.toInt() * suText.toInt()
}
```

図10.42に示すように、計算式の変更後は、数量が10以上のときに値引が適用された合計金額が表示されます。

▼ 図10.42 計算式変更後の実行結果

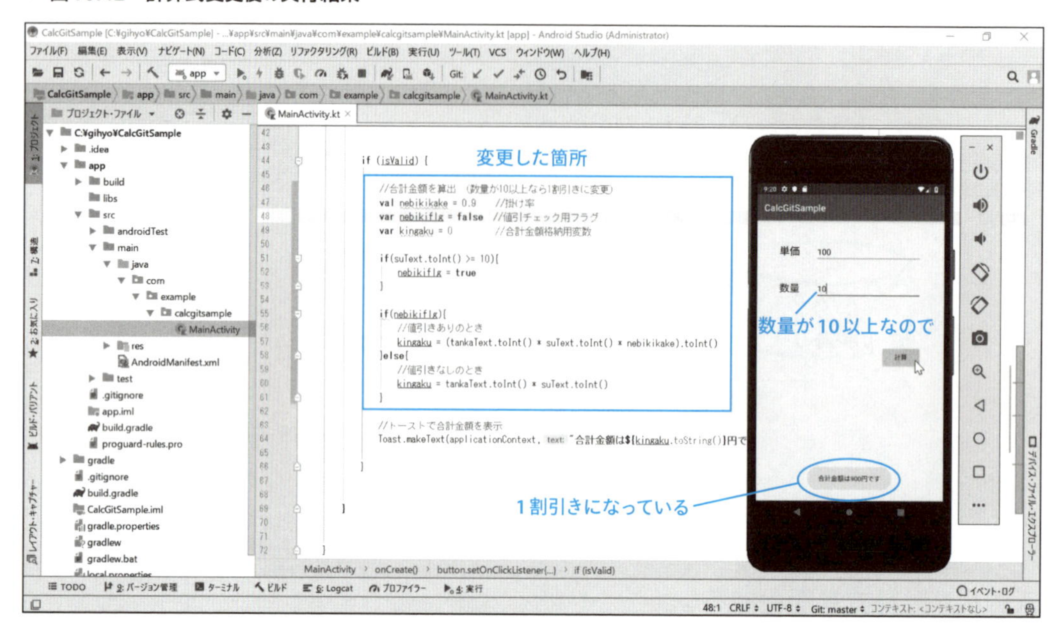

Aさんが変更後のプロジェクトをコミットする

次に、Aさんは、変更後のプロジェクトをローカルリポジトリーに変更結果を反映させるため、コミットの操作を行います。

Android Studioのメインメニューから「VCS」→「コミット(I)」をクリックし、「変更のコミット」ダイアログボックスが表示されたら、P.367と同様に、作成者やコミットメッセージを入力して、「コミット(I)」ボタンをクリックします(**図10.43**)。

▼ 図10.43 「変更のコミット」ダイアログボックス

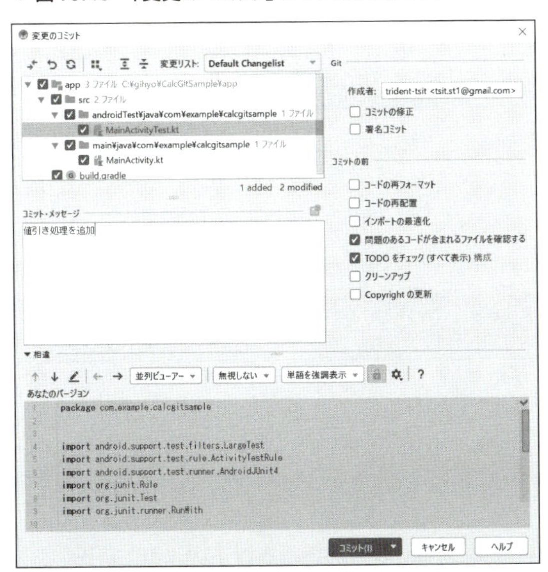

COLUMN **コミット時に警告が表示された**

先のソースコード(**リスト10.1**)では、コミット時に**図10.F**の「コード解析」メッセージが表示されます。

▼ 図10.F 「コード解析」メッセージ

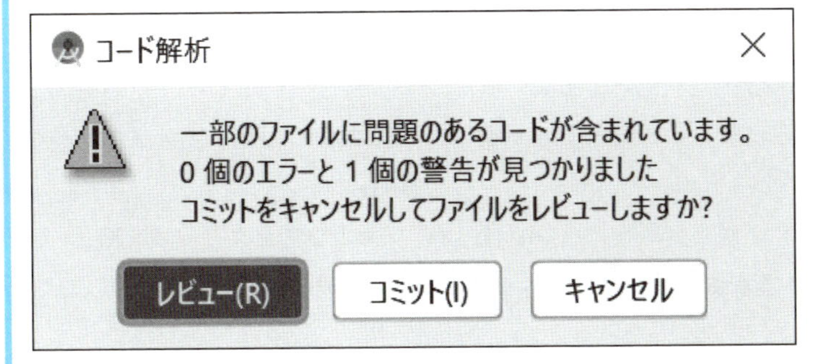

メッセージにある「コミット(I)」ボタンをクリックして、警告を無視してコミットすることもできますが、警告を除去するには、「レビュー(R)」ボタンをクリックしてください。Android Studioの下部に表示された「メッセージ」ウィンドウで、警告メッセージが確認できます(**図10.G**)。

▼ 図10.G 「メッセージ」ウィンドウで警告が確認できる

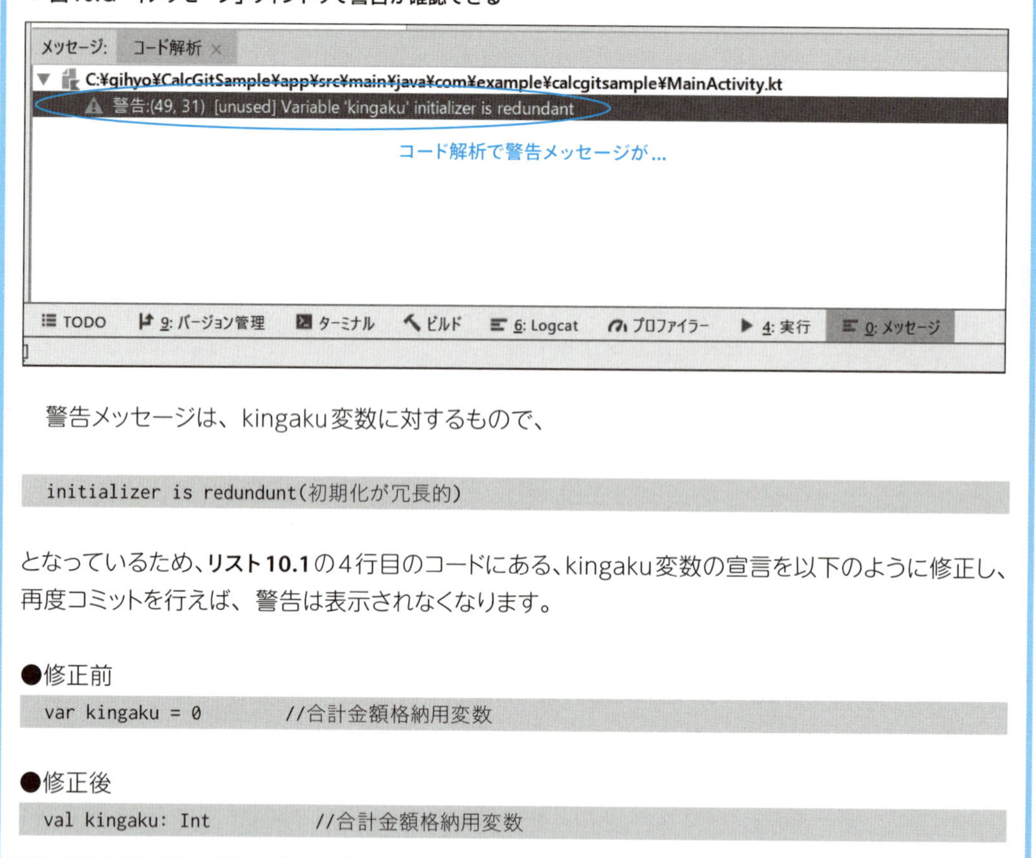

警告メッセージは、kingaku変数に対するもので、

```
initializer is redundunt(初期化が冗長的)
```

となっているため、**リスト10.1**の4行目のコードにある、kingaku変数の宣言を以下のように修正し、再度コミットを行えば、警告は表示されなくなります。

●修正前

```
var kingaku = 0         //合計金額格納用変数
```

●修正後

```
val kingaku: Int            //合計金額格納用変数
```

Aさんが変更後のプロジェクトをプッシュする

次に、Aさんは、変更後のプロジェクトをリモートリポジトリーであるGitHubにプッシュ(アップロード)します。

Android Studioのメインメニューから「VCS」→「Git(G)」→「プッシュ」をクリックし、「コミットのプッシュ」ダイアログボックスが表示されたら、「プッシュ(P)」ボタンをクリックしてください(**図10.44**)。

▼ **図10.44 「コミットのプッシュ」ダイアログボックス**

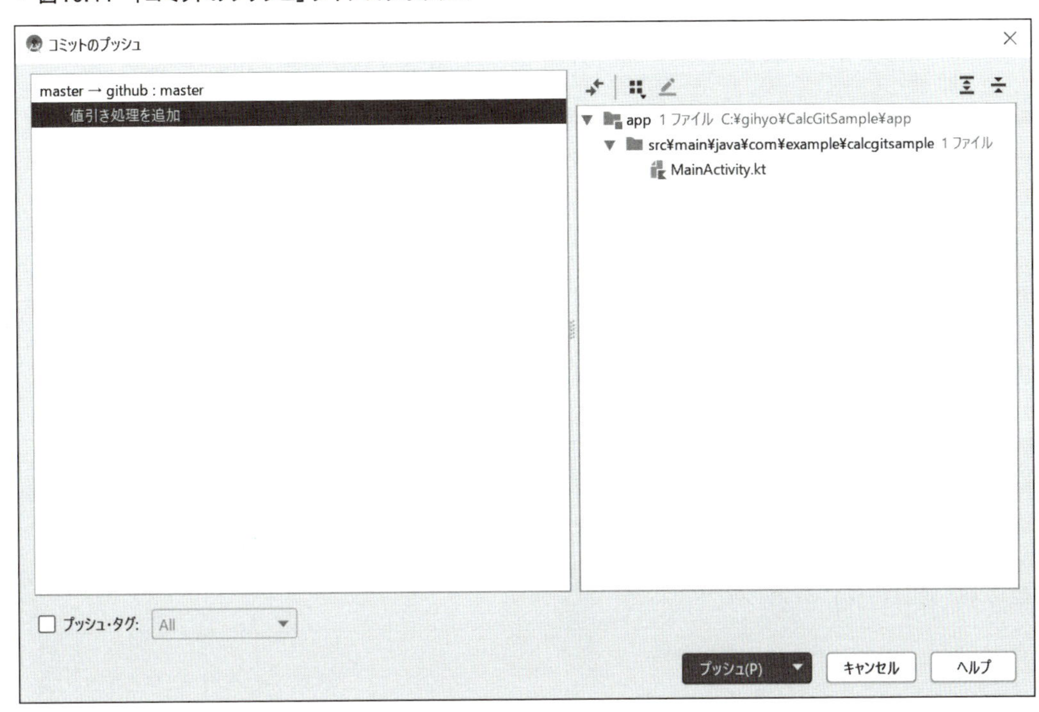

これで変更後のプロジェクトをリモートリポジトリーへアップロードできました。次は、Bさんが、Bさんのローカルリポジトリーを変更後のプロジェクトに更新します。

Bさんが変更後のプロジェクトをプル（ローカルリポジトリーを更新）する

Bさんの Android Studio で、メインメニューから「VCS」→「Git(G)」→「プル＜Pull＞」をクリックします。なお、AさんとBさんの画面が区別しやすいように、Bさんの Android Studio は英語表記のままにしています。

「変更のプル（Pull Changes）」ダイアログボックスでは、デフォルトのままで、「Pull」ボタンをクリックします（**図10.45**）。

▼ 図10.45 「変更のプル(Pull Changes)」ダイアログボックス

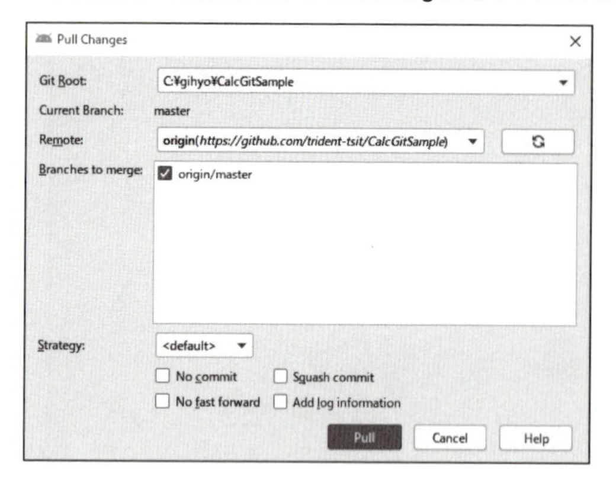

これで、Aさんが変更したプロジェクトとBさんのプロジェクトが同じバージョンになりました(**図10.46**)。

▼ 図10.46 同じバージョンのプロジェクト

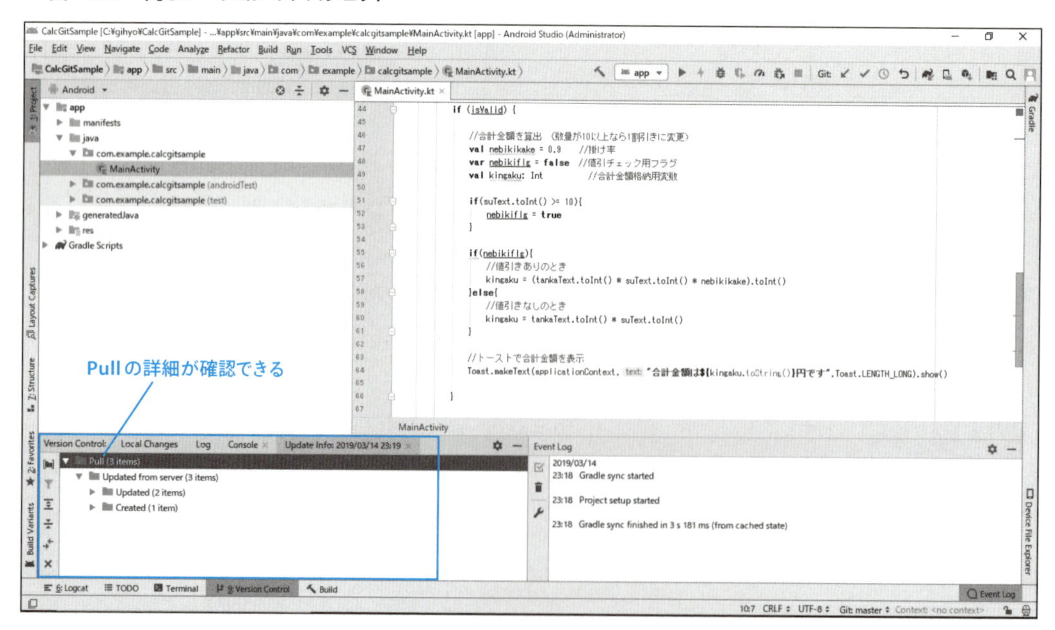

図10.46で示したように、「バージョン管理(Version Control)」ウィンドウで、プル(Pull)の詳細が確認できます。

なお、この後もプロジェクトの変更作業を行えば、「変更のコミット」ダイアログボックスで前バージョンとの違いが確認できます(**図10.47**)。

▼ 図10.47　「変更のコミット」で前バージョンとの違いが確認できる

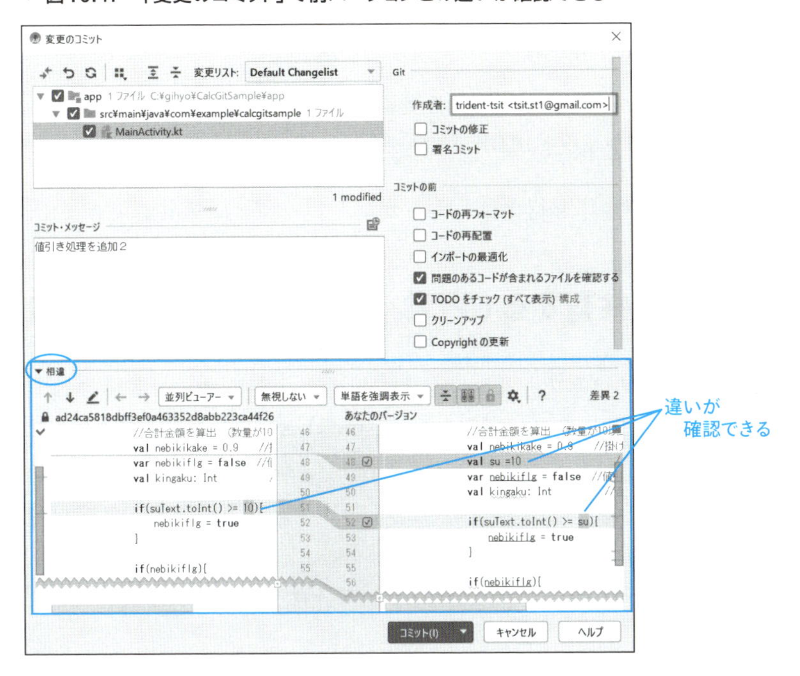

また、リモートリポジトリー「GitHub」では、コミット時のコメントと共に、どのファイルがどのタイミングで更新されたかなどの履歴が確認できます（**図10.48**）。

▼ 図10.48　リモートリポジトリー内のプロジェクト

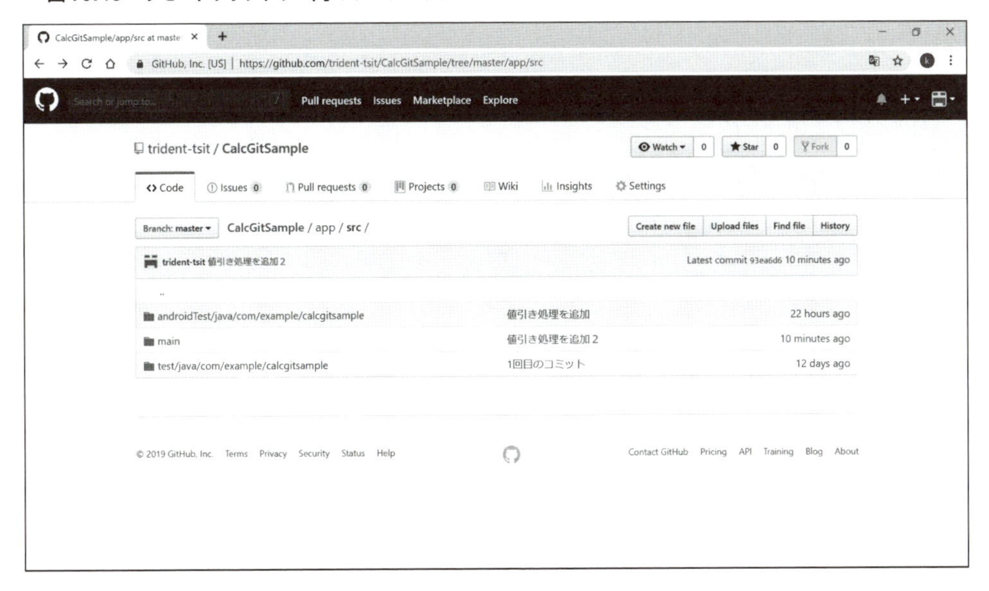

ところで、今回はAさんが変更したプロジェクトを共有しましたが、もし、Bさんのプロジェクトを変更したバージョンを最新バージョンとして共有したいなら、

- Bさんが「コミット」→「プッシュ」でリモートリポジトリーを更新
- Aさんが「プル」で(Bさんが変更したプロジェクト)リポジトリーを共有

というように、先とは逆の立場で同様の操作を行えば、両者が同じバージョンを共有できます。

GitHubのプロジェクトを共有する(ブランチによるバージョン管理)

Gitによるバージョン管理では、P.359のコラムで示したようにメインのバージョンは保持しつつ、別のバージョンを管理することができます。ブランチ(branch)とは文字通り「枝」を意味します。**図10.C**で示したように、プロジェクトの本筋となる「main」から枝分かれしたブランチを用意すれば、本筋のプロジェクトに影響しない、独立したバージョンを管理することが可能になります。

それでは、Aさんのプロジェクトから「testver」というブランチを作成してみましょう。

1. Android Studioのメインメニューから「VCS」→「Git(G)」→「ブランチ(B)」をクリックし、「Gitブランチ」ウィンドウが表示されたら、「新規ブランチ」をクリックします。
2. 「新規ブランチの作成」ウィンドウでは、新規ブランチ名(ここではtestver)を入力して「ブランチをチェックアウトする」にチェックが付いていることを確認後、「OK」ボタンをクリッします。
3. Android Studioのメインメニューから「VCS」→「Git(G)」→「ブランチ(B)」をクリックします(**図10.49**)。

▼ **図10.49 「新規ブランチの作成」ウィンドウ**

新規ブランチの作成
新規ブランチ名:
testver
☑ ブランチをチェックアウトする
OK キャンセル

ONEPOINT

ブランチをチェックアウトすると、現在のブランチ（プロジェクト）を切り替えることができます。

4 Android Studioのメインメニューから「VCS」→「コミット」をクリック後、「VCS」→「Git(G)」→「プッシュ」をクリックします。

5 「コミットのプッシュ」ダイアログボックスでは、手順3で作成したブランチが表示されていることを確認して、「プッシュ（P）」ボタンをクリックします（**図10.50**）。

▼ **図10.50　「コミットのプッシュ」**

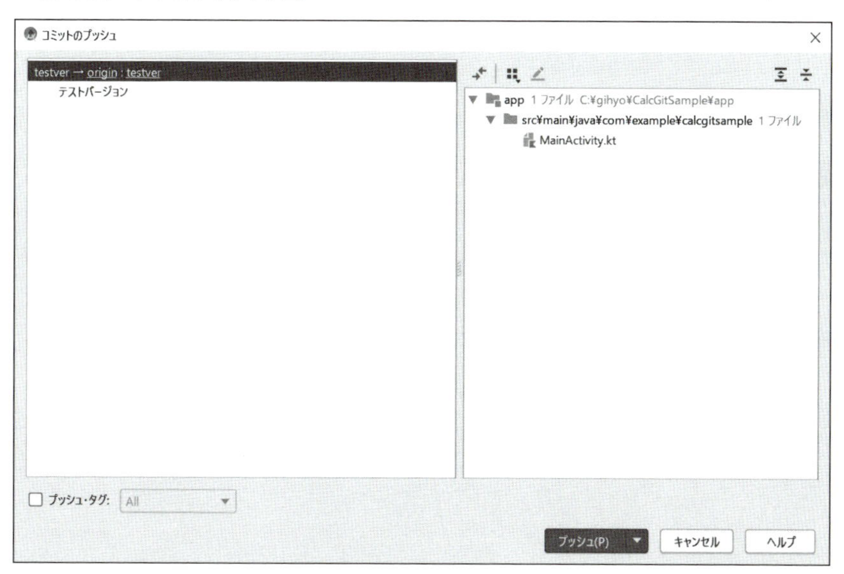

上記の手順でブランチを作成して、本流とは別に管理することができます。**図10.51**は、ブランチを2つ作成した場合のGitHubの内容を表示しています。

▼ 図10.51 ブランチを2つ作成した場合のGitHubの様子

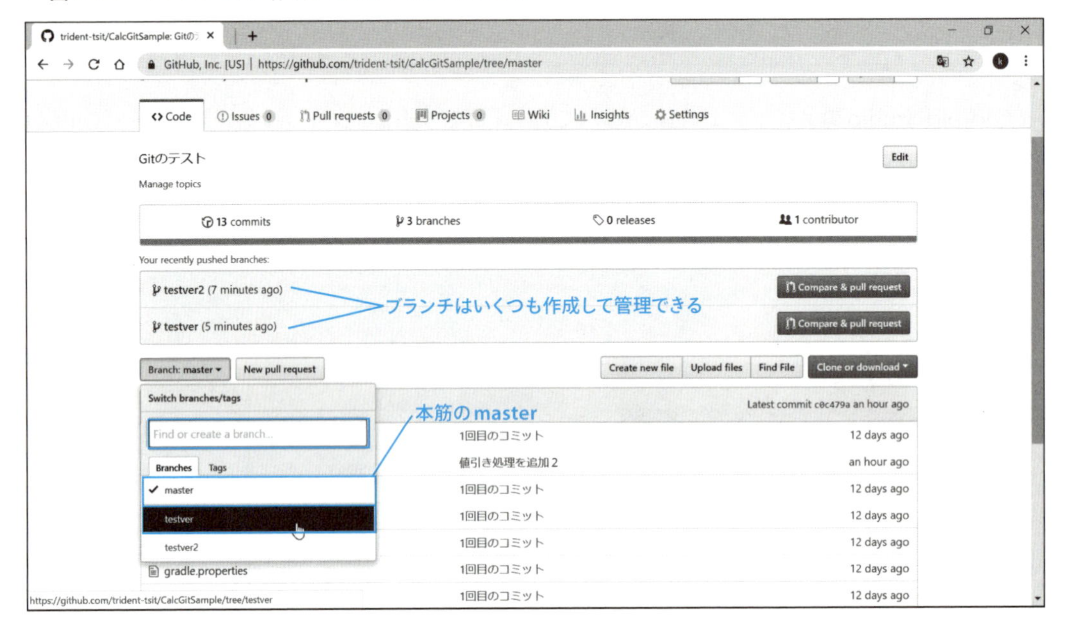

このように、本筋のmasterとは別に、ブランチが管理されていることが確認できます。

付　録

macOSで Android Studioを使う

本書では、WindowsでのAndroid Studioの利用を取り上げてきましたが、Android Studioは、LinuxやmacOSでも利用可能です。巻末付録として、macOSでAndroid Studioを利用する場合の、ダウンロード、インストール、そして簡単なアプリの作成手順について紹介します。

本章の内容

A-1 macOSでAndroid Studioを使う

Apple社のOSであるmacOSは、同じくApple社の「Mac」と呼ばれるPCで動作します。また、Apple社は、Androidスマートフォンやタブレットのライバル製品でもある、iPhoneやiPadのメーカーでもあるため、通常Macでは、iPhoneやiPadで動作するiOS(iPhoneやiPadのOS)用のアプリを、1章で紹介したXCODEで作成するのがデフォルトでもあります。

しかし、そのような外様とも言える環境下でもAndroid Studioを利用することが可能です。

macOS用のAndroid Studioをダウンロードからインストールまで

MacでAndroid Studioのダウンロードサイトにアクセスすると、**図A.1**で示したように、Mac用のAndroid Studioがデフォルトでダウンロードできるサイトが表示されます。

▼ 図A.1　Mac用のAndroid Studioがデフォルトでダウンロードできる

それでは、Mac用のAndroid Studioをダウンロードするところから、インストールまでに手順をあげていきます。なお、ここで紹介するmacOSは、2019年6月時点で最新バージョンの「macOS Mojave」です。

1. ダウンロードボタンをクリックすれば、「利用規約に同意する」旨の画面が表示されるので、画面右下にある「上記の利用規約を読み、同意します。」にチェックして、その下の「ANDROID STUDIO FOR MAC ダウンロード」ボタンをクリックしてください（**図A.2**）。

▼ 図A.2　ANDROID STUDIO FOR MAC ダウンロード画面

2. ダウンロードしたAndroid Studioのプログラムは、「Finder」のメインメニューにある「移動」→「ダウンロード」に格納されます（**図A.3**）。

▼ 図A.3　ダウンロードしたAndroid Studioのプログラムが格納されている場所

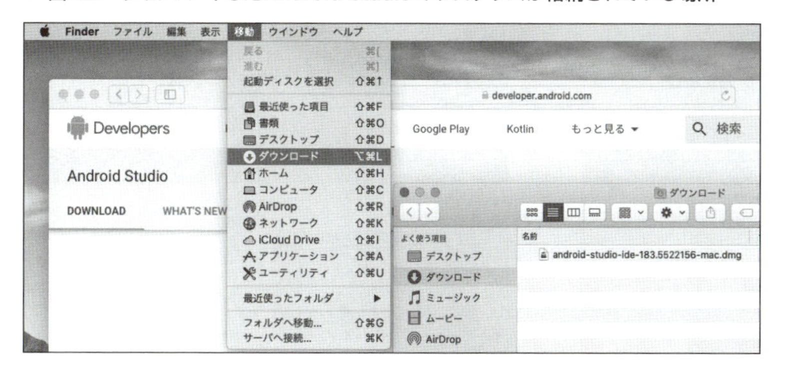

3. ダウンロードしたAndroid Studioのプログラム「android-studio-ide-xxx.xxxxxxx-mac.dmg」をダブルクリックすると、**図A.4**のウィンドウが表示されるため、左側にある「Android Studio」を右側の「Applications」フォルダへドラッグしてください。
4. **図A.5**のメッセージが表示されたら、「開く」ボタンをクリックしてください。

▼ 図A.4　「Android Studio」を「Applications」フォルダへドラッグする

▼ 図A.5　「インターネットからダウンロードされたアプリケーション」メッセージ

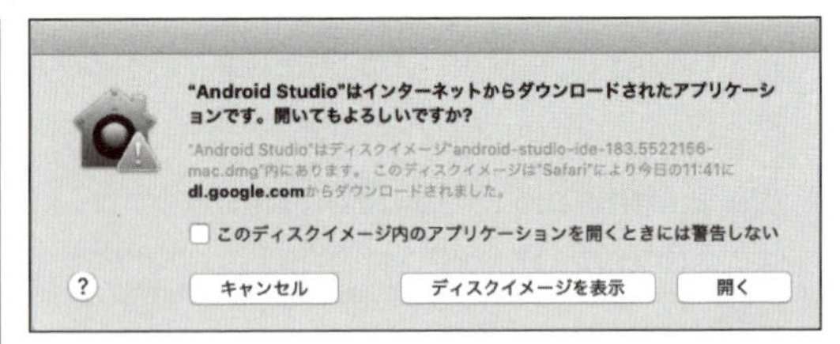

5　「Android Studioをアプリケーションにコピー中」「Android Studioを検証中」といったメッセージができるのでしばらく待ちます。すると、これまでの設定を引き継ぐか否かのメッセージが表示されるので、「Do not import settings」を選択して「OK」ボタンをクリックします。

6　Google社がAndroid Studioとその関連ツールの匿名の使用状況データを収集することを許可するか否かのメッセージが表示されるので、どちらかのボタンをクリックします。

7　「Android Studio Setup Wizard」が起動したら、「Next」ボタンをクリックしてください（**図A.6**）。

8　「Install Type」の画面では、「Standard」を選択して、「Next」ボタンをクリック後、「Select UI Theme」の画面では、いずれかを選択して（ここでは「Light」）、「Next」ボタンをクリックします（**図A.7**）。

▼ 図A.6　「Android Studio Setup Wizard」

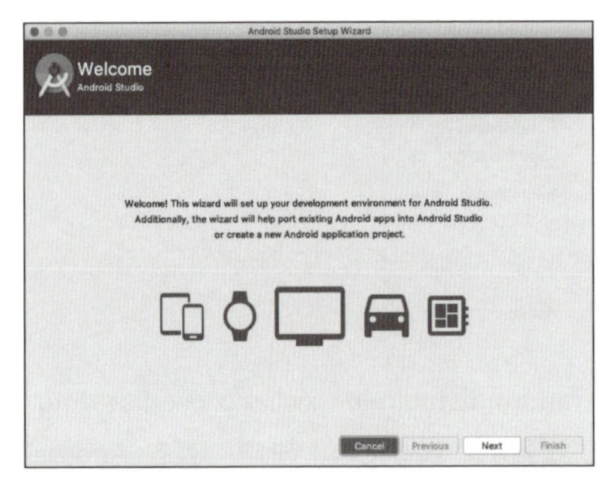

▼ 図A.7　「Select UI Theme」の画面

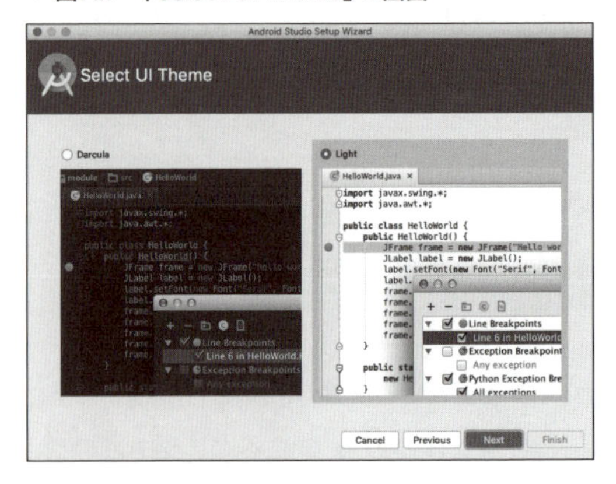

9　「Verify Settings」の画面が表示されたら、「Finish」ボタンをクリックしてください。インストー

ルがスタートします。

10 インストールが始まると、「Downloading Components」画面が表示されます。「HAXM Installationが変更を加えようとしています。」のメッセージが表示されたら、Macにログインする際のパスワードを入力して、「OK」ボタンをクリックしてください（**図A.8**）。

▼ 図A.8　「HAXM Installationが変更を加えようとしています。」のメッセージ

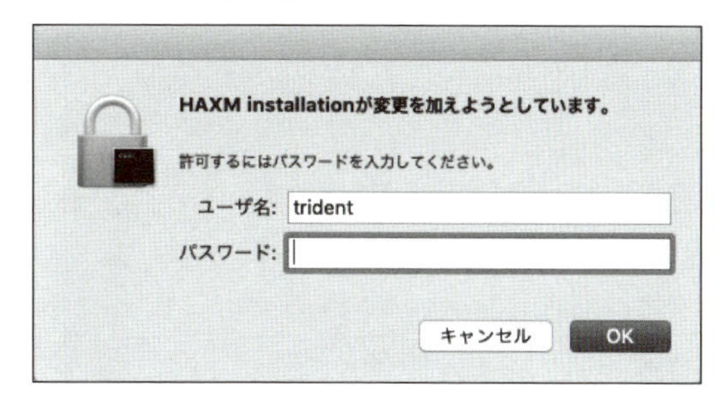

ONEPOINT

HAXM（Hardware Accelerated Execution Manager）は、Android Studioのエミュレータ 動作速度を改善するために必須となるため、インストールが必要です。

「Finish」ボタンがクリック可能になれば、クリックしてインストールは完了です。インストールが完了すると、Android Studioの起動画面が表示されます（**図A.9**）。

▼ 図A.9　Android Studioの起動画面

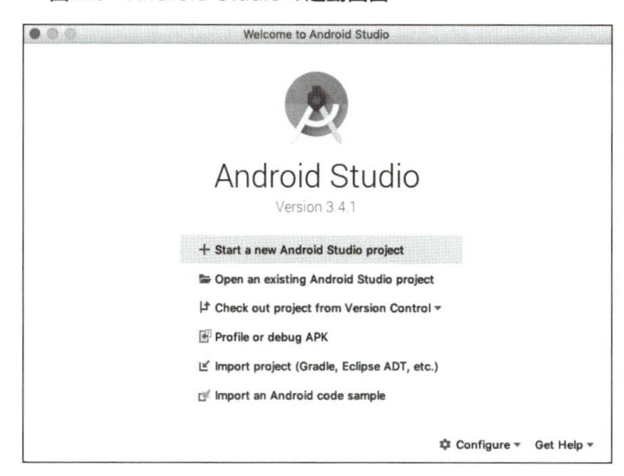

エミュレータの用意からアプリの実行まで

インストールが完了したら、次はエミュレータを用意しましょう。まずは、「Android Studioの起動画面」の右下にある「Configure」メニューから「AVD Manager」を選択してください。

1 「Configure」メニューから「AVD Manager」を選択します（**図A.10**）。

2 「Your Virtual Devices」画面では、「Create Virtual Device」ボタンをクリックします（**図A.11**）。

▼ 図A.10　「Configure」メニューから「AVD Manager」を選択する

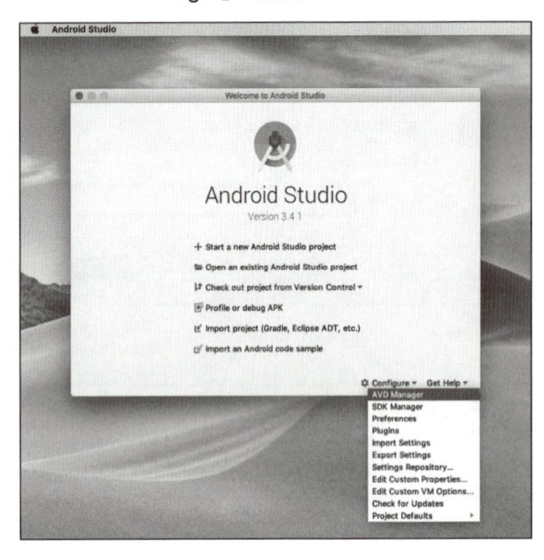

▼ 図A.11　「Your Virtual Devices」画面の「Create Virtual Device...」ボタン

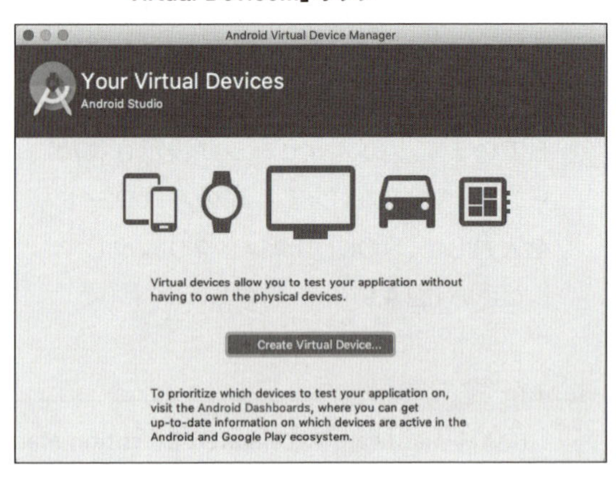

3　「Select Hardware」画面では、左側の「Category」欄で「Phone」が選択されていることを確認して、中央から、デバイスを選択（ここではPixel3）して「Next」ボタンをクリックしてください（**図A.12**）。

4　「License Agreement」の画面では、「Accept」を選択して「Next」ボタンをクリックし先に進み、次の「System Image」画面では、Android Studio OSのバージョンを選択して（ここでは一番上のQ）、「Next」ボタンをクリックしてください（**図A.13**）。

▼ 図A.12　「Select Hardware」画面でエミュレータのデバイスを選択する

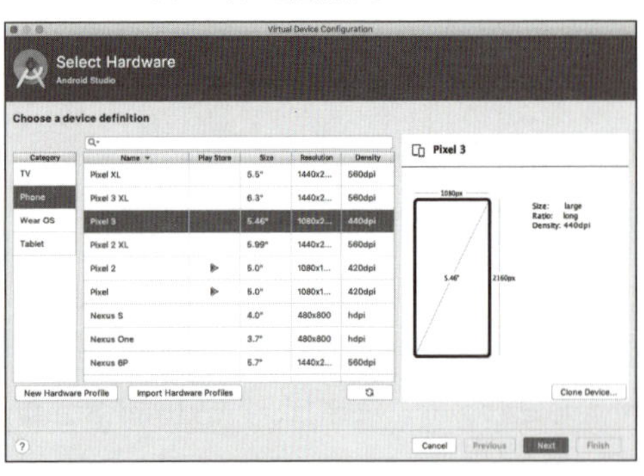

▼ 図A.13　「System Image」画面

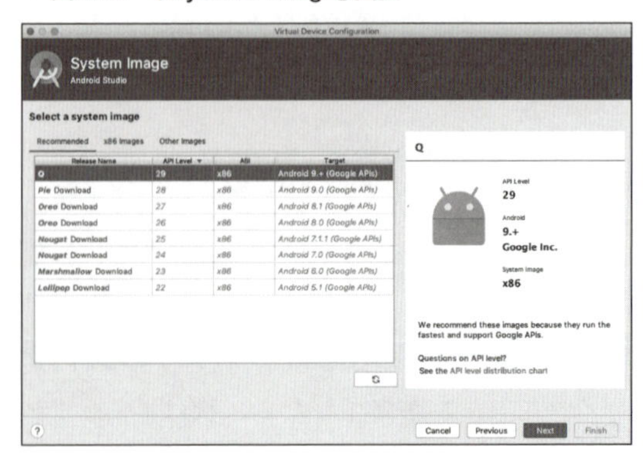

5　「Android Virtual Device(AVD)」の画面では、「Finish」ボタンをクリックします（**図A.14**）。

▼ 図A.14 「Android Virtual Device(AVD)」画面

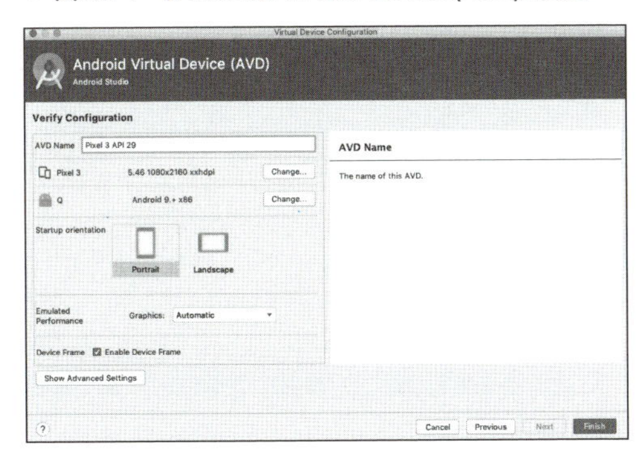

アプリの作成

最後にMac用Android Studioを使った簡単なアプリの作成手順を紹介します。

1. Android Studioの起動画面にある「Start a new Android　Studio project」をクリックします。
2. 「Choose your project」画面では、「Basic Activity」を選択して「Next」ボタンをクリックします。
3. 「Configure your project」画面では、**図A.13**の⑤で示したAPIのレベル及び、Androidのバージョン（ここではAPI29 Android9.+(Q)）を選択して、「Finish」ボタンをクリックしてください（**図A.15**）。
4. Android Studioの画面が起動して、Gradleの同期がスタートするので、しばらく待ちます。Windowsの時と同様に、実行メニューなどからアプリを実行させると、エミュレータでアプリが実行され、「Hello World」が表示されます（**図A.16**）。

▼ 図A.15 「Configure your project」画面

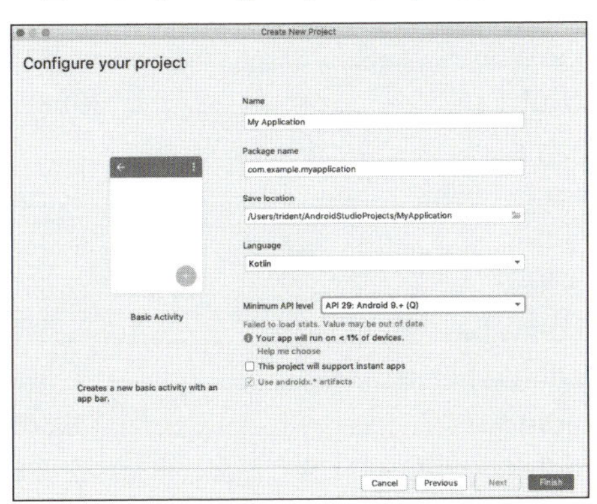

▼ 図A.16 アプリが実行された

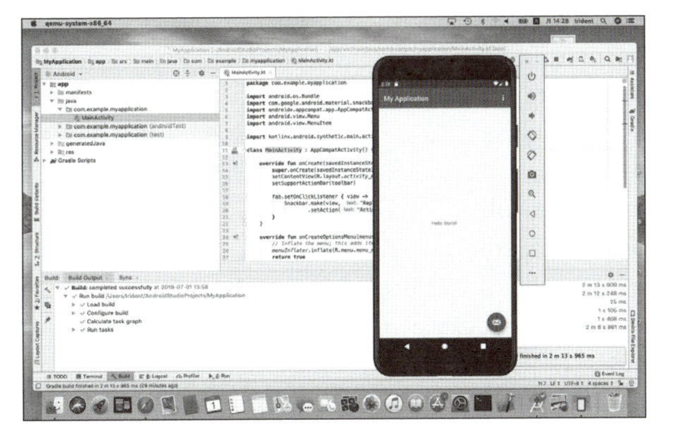

索引

記号

A

B

C

D

E・F

G・H

おわりに

本書を最後まで読んでいただき、ありがとうございます。

Android Studioを使ったAndroidアプリ開発を主体にした書籍はたくさんありますが、本書は、Android Studioそのものに焦点をあてたユニークな構成です。さらに、新人エンジニアを対象としているため、Android Studioの基本的な機能しか取り上げておりませんが、これからAndroidアプリ開発を始めようとしている、あるいは始めているけれど...といった皆様のモチベーションアップにつながることを期待してやみません。また、教育機関やIT企業様の新入社員研修等においても、ご活用いただけますと幸いです。

本書が少しでもお役に立てることを願っています。

本書サポートページ
- https://gihyo.jp/book/2019/978-4-297-10648-5

Special Thanks

- 株式会社ジェイテック 技術部 部長 酒井 章次様
- 株式会社ジェイテック 技術部 主任 尾野 宏様

  技術的なアドバイスを多々いただきました。

- 伊藤 泰子 様

  3，4，6章を担当いただきました。

- 学校法人河合塾学園 トライデントコンピュータ専門学校

  http://computer.trident.ac.jp/

  「プロになる。本気で目指す。」をスローガンに、情報化社会の発展に貢献することを目的に設立された専門学校。社会の動きに柔軟に対応しながら、これからの時代を担う上で不可欠な能力をもった人材の創出を目指している。1984年設立。

- 株式会社ジェイテック

  https://www.j-tech.jp

  Web系一次請け案件や大規模な基幹システム案件・組込制御案件を中心に、クオリティの高いシステム開発を実現する技術者集団。社名（英語表記：J_TECH）には、JapanとTechnologyの意味が込められている。1997年設立。

［著者］
横田 一輝（よこた かずき）
学校法人 河合塾学園 トライデントコンピュータ専門学校 常勤講師
学校教育に従事しつつ、「エフサイト（f-site.com）」代表として、
中小企業のICT化支援も行っている。
・主な著書：『Javaエンジニアのための Eclipseパーフェクトガイド』（技術評論社）

● **カバー・本文デザイン**
轟木 亜紀子（トップスタジオデザイン室）
● **DTP**
朝日メディアインターナショナル株式会社
● **編集**
原田 崇靖
● **技術評論社ホームページ**
https://gihyo.jp/book

Android Studioパーフェクトガイド（Kotlin／Java対応版）

2019年8月9日　初版　第1刷発行

著者	横田一輝
発行者	片岡　巌
発行所	株式会社技術評論社
	東京都新宿区市谷左内町21-13
	電話　03-3513-6150　販売促進部
	03-3513-6160　書籍編集部
印刷／製本	株式会社加藤文明社

定価はカバーに表示してあります。

ISBN978-4-297-10648-5　C3055
Printed in Japan

■ **お問い合わせについて**
本書の内容に関するご質問は、下記の宛先までFAXまたは書面にてお送りください。なお電話によるご質問、および本書に記載されている内容以外の事柄に関するご質問にはお答えできかねます。あらかじめご了承ください。

〒162-0846
東京都新宿区市谷左内町21-13
株式会社技術評論社　書籍編集部
「Android Studioパーフェクトガイド
（Kotlin／Java対応版）」質問係
FAX番号　03-3513-6167

なお、ご質問の際に記載いただいた個人情報は、ご質問の返答以外の目的には使用いたしません。また、ご質問の返答後は速やかに破棄させていただきます。